普通高等院校计算机基础教育"十四五"系列教材
金山办公编委会审核

贾小军　童小素◎编著
姜志强◎主审

办公软件高级应用与案例精选

WPS Office BANGONG RUANJIAN GAOJI YINGYONG
YU ANLI JINGXUAN

| 微课版 |

中国铁道出版社有限公司
CHINA RAILWAY PUBLISHING HOUSE CO., LTD.

内 容 简 介

本书根据教育部考试中心制定的《全国计算机等级考试二级 WPS Office 高级应用与设计考试大纲（2021 年版）》中对 WPS Office 高级应用与设计的要求，以 WPS Office 为操作平台编写而成，适用于 WPS Office 2019 及以上版本。本书分为两篇，第 1 篇为 WPS Office 高级应用，深入浅出地介绍了 WPS 文字高级应用、WPS 表格高级应用、WPS 演示高级应用以及 WPS 其他组件高级应用等知识。第 2 篇为 WPS Office 高级应用实用案例，共精选了 15 个不同应用领域的典型案例并提供完整的素材与操作步骤。

本书内容新颖、图文并茂、直观生动、案例典型、注重操作、重点突出，附有重要知识点及案例操作的微视频二维码。本书适合作为高等院校各专业学习"办公自动化高级应用"课程的教材，也可作为参加国家计算机等级考试二级 WPS Office 高级应用与设计的辅导用书，或作为企事业单位办公自动化高级应用技术的培训教材，以及计算机爱好者的自学参考书。

图书在版编目（CIP）数据

WPS Office 办公软件高级应用与案例精选 / 贾小军，童小素编著 .—北京：中国铁道出版社有限公司，2022.1（2025.1 重印）
普通高等院校计算机基础教育"十四五"规划教材
ISBN 978-7-113-28604-0

Ⅰ.①W… Ⅱ.①贾… ②童… Ⅲ.①办公自动化 - 应用软件 - 高等学校 - 教材 Ⅳ.① TP317.1

中国版本图书馆 CIP 数据核字（2021）第 247159 号

书　　名：WPS Office 办公软件高级应用与案例精选
作　　者：贾小军　童小素

策　　划：刘丽丽　　　　　　　　　　　编辑部电话：（010）51873090

责任编辑：刘丽丽　许　璐
封面设计：MXK DESIGN STUDIO
责任校对：安海燕
责任印制：赵星辰

出版发行：中国铁道出版社有限公司（100054，北京市西城区右安门西街 8 号）
网　　址：https://www.tdpress.com/51eds
印　　刷：三河市兴达印务有限公司

版　　次：2022 年 1 月第 1 版　2025 年 1 月第 8 次印刷
开　　本：880 mm×1 230 mm　1/16　印张：20.5　字数：587 千
书　　号：ISBN 978-7-113-28604-0
定　　价：59.50 元

版权所有　侵权必究

凡购买铁道版图书，如有印制质量问题，请与本社教材图书营销部联系调换。电话：（010）63550836
打击盗版举报电话：（010）63549461

前　言

WPS Office 是现代商务办公中使用率极高的办公辅助工具之一，它的重要性越来越为人们所熟知。熟练应用办公软件，掌握办公软件高级应用的人才是社会急需的人才。本书旨在深化 WPS Office 高级理论知识，加强计算机实际操作技能，提高 WPS Office 办公效率，是结合教育部考试中心制定的《全国计算机等级考试二级 WPS Office 高级应用与设计考试大纲（2021 年版）》中对 WPS Office 高级应用与设计的要求，以 WPS Office 为操作平台编写而成的，适用于 WPS Office 2019 及以上版本。本书结合实际应用案例，深入分析和详尽讲解了 WPS 办公软件高级应用知识及操作技能。

本书分为两篇。第 1 篇为 WPS Office 高级应用，深入浅出地介绍了 WPS 文字高级应用、WPS 表格高级应用、WPS 演示高级应用及 WPS 其他组件高级应用等知识。这些内容在总结基本操作的基础上，着重介绍一些常用的、具有较强操作技巧的理论知识，并以例题的形式进行操作导引，以便读者能够有的放矢地进行学习并掌握相关理论知识及操作技巧；第 2 篇为 WPS Office 高级应用实用案例，共精选了 15 个不同应用领域的典型案例，其中 WPS 文字 4 个、WPS 表格 4 个、WPS 演示 3 个以及 WPS 其他组件 4 个。这些案例均来自学习和工作中有一定代表性和难度的日常事务操作，每个案例均从"问题描述""知识要点""操作步骤"和"操作提高"4 个方面进行详细论述。对于每个案例，提供了完整的素材与操作步骤。这些案例从不同侧面反映了 WPS Office 在日常办公事务处理中的重要作用以及使用 WPS Office 的操作技巧。

本书内容新颖、图文并茂、直观生动、案例典型、注重操作、重点突出，不仅注重 WPS Office 知识的提升和扩展，强调高级应用，体现高级应用自动化、多样化、模式化和技巧化的特点，而且注重案例和实际应用，并结合 WPS Office 日常办公软件应用的典型案例进行讲解，举一反三，有助于读者学习提高和扩展计算机知识和应用能力，也有助于读者发挥创意，灵活有效地处理工作中遇到的问题。书中典型的实例和细致的描述能为读者使用 WPS Office 办公软件提供捷径，并能有效地帮助读者提高办公软件高级应用操作水平，从而提升工作效率。

本书适合作为高等院校各专业学习"办公自动化高级应用"课程的教材，也可作为参加国家计算机等级考试二级 WPS Office 高级应用与设计的辅导用书，或作为企事业单位办公软件高级应用技术的培训教材，以及计算机爱好者的自学参考书。本书附有重要知识点以及案例操作的微视频二维码，为方便教师组织教学，本教材还配备了相应的多媒体教学课件以及供教学及自学使用的操作素材。

本书由贾小军、童小素编著，主要负责全书的编写与统稿工作，骆红波、刘子豪等参与编写。本书通过了金山办公编委会审核，并由北京金山办公软件股份有限公司高级副总裁姜志强担任主审。

本书在编写过程中得到了嘉兴大学教务处的大力支持，使得本书能够尽早与读者见面。本书获教育部人文社会科学研究规划基金项目（SPOC混合教学视域下师与生行为分析及预测研究，项目编号：18YJA880032）、教育部高等教育司2021年第一批产学合作协同育人项目（教高司函〔2021〕14号）（WPS Office高级应用SPOC资源构建、评测及实现，项目编号：202101340013）、教育部高等教育司2022年第一批产学合作协同育人项目（教高司函〔2022〕8号）（Python程序设计一体化资源建设与实践，项目编号：220605876203339）、嘉兴大学课程思政教学研究项目（《Office高级应用》课程思政的实现路径探究，项目编号：851521055）资助。本书也是各位教师在多年"办公自动化高级应用"课程教学的基础上，结合多次编写相关讲义和教材的经验总结而成，同时本书在编写过程中也参考了大量书籍，得到了许多同行的帮助与支持，在此向他们表示衷心的感谢。

由于办公自动化高级应用技术范围广、内容更新快，本书在编写过程中对内容的选取及知识点的阐述上，难免有不足或疏漏之处，敬请广大读者批评指正。

编 者

2023年1月

目 录

第 1 篇　WPS Office 高级应用

第 1 章　WPS 文字高级应用 2

- 1.1　样式与模板 2
  - 1.1.1　样式 2
  - 1.1.2　脚注与尾注 10
  - 1.1.3　题注与交叉引用 11
  - 1.1.4　模板 13
- 1.2　页面布局 14
  - 1.2.1　视图与辅助工具 14
  - 1.2.2　分隔符 17
  - 1.2.3　页眉页脚 19
  - 1.2.4　页面设置 22
  - 1.2.5　文档主题 25
  - 1.2.6　页面背景 26
  - 1.2.7　目录与索引 28
- 1.3　图文混排与表格应用 33
  - 1.3.1　图文混排 34
  - 1.3.2　表格应用 46
- 1.4　域 50
  - 1.4.1　域格式 50
  - 1.4.2　常用域 50
  - 1.4.3　域操作 51
- 1.5　批注与修订 54
  - 1.5.1　设置方法 54
  - 1.5.2　操作方法 55
- 1.6　邮件合并 57
  - 1.6.1　关键环节 58
  - 1.6.2　应用实例 58
- 1.7　WPS 云办公 61
  - 1.7.1　云备份 62
  - 1.7.2　云同步 63
  - 1.7.3　云共享 65
  - 1.7.4　云协作 66
  - 1.7.5　云删除与云回收站 67

第 2 章　WPS 表格高级应用 68

- 2.1　数据的输入 68
  - 2.1.1　数据有效性 68
  - 2.1.2　自定义序列 71
  - 2.1.3　条件格式 72
  - 2.1.4　获取外部数据 74
- 2.2　公式与函数 76
  - 2.2.1　基本知识 76
  - 2.2.2　文本函数 80
  - 2.2.3　数值计算函数 83
  - 2.2.4　统计函数 85
  - 2.2.5　日期时间函数 87
  - 2.2.6　查找函数与引用函数 88
  - 2.2.7　逻辑函数 92
  - 2.2.8　数据库函数 95
  - 2.2.9　财务函数 98
  - 2.2.10　信息函数 100
  - 2.2.11　工程函数 101
- 2.3　数组公式 103
  - 2.3.1　数组 103
  - 2.3.2　建立数组公式 104
  - 2.3.3　应用数组公式 105
- 2.4　创建动态图表 107
- 2.5　数据分析与管理 109
  - 2.5.1　合并计算 110
  - 2.5.2　排序 111
  - 2.5.3　分类汇总 113

2.5.4 筛选 116	3.5.1 动画设计原则 147
2.5.5 数据透视表 119	3.5.2 智能动画 147
2.5.6 模拟分析 124	3.5.3 自定义动画 148
	3.5.4 动画实例 150

第 3 章 WPS 演示高级应用 129

3.6 演示文稿的放映与输出 155
    3.6.1 放映 155
3.1 设计原则与制作流程 129
    3.6.2 输出 159
    3.1.1 设计原则 129
    3.1.2 制作流程 131

第 4 章 WPS 其他组件高级应用 161

3.2 图片处理与应用 132
4.1 PDF 高级应用 161
    3.2.1 图片美化 132
    4.1.1 PDF 文档编辑 161
    3.2.2 智能图形 135
    4.1.2 PDF 页面编辑 169
    3.2.3 多图拼接 135
    4.1.3 PDF 文档转换 172
    3.2.4 图片分割 136
4.2 流程图高级应用 176
3.3 多媒体处理与应用 137
    4.2.1 流程图创建 176
    3.3.1 声音 137
    4.2.2 流程图编辑 178
    3.3.2 视频 138
    4.2.3 流程图页面设置 182
3.4 演示文稿的修饰 139
4.3 思维导图高级应用 183
    3.4.1 模板 140
    4.3.1 思维导图创建 183
    3.4.2 母版 141
    4.3.2 思维导图编辑 185
    3.4.3 版式 142
4.4 表单高级应用 188
    3.4.4 配色方案 143
    4.4.1 表单创建 189
    3.4.5 背景设置 144
    4.4.2 表单编辑 189
    3.4.6 字体替换与设置 146
    4.4.3 表单发布 191
3.5 动画 147

第 2 篇 WPS Office 高级应用实用案例

第 5 章 WPS 文字高级应用案例 194

    5.3.1 问题描述 231
    5.3.2 知识要点 232
案例 5.1 "WPS Office 文字高级应用"
    5.3.3 操作步骤 232
        学习报告 194
    5.3.4 操作提高 240
    5.1.1 问题描述 194
案例 5.4 基于邮件合并的批量数据单生成 240
    5.1.2 知识要点 196
    5.4.1 问题描述 240
    5.1.3 操作步骤 196
    5.4.2 知识要点 243
    5.1.4 操作提高 215
    5.4.3 操作步骤 243
案例 5.2 毕业论文排版 215
    5.4.4 操作提高 252
    5.2.1 问题描述 215
    5.2.2 知识要点 217

第 6 章 WPS 表格高级应用案例 254

    5.2.3 操作步骤 218
案例 6.1 费用报销分析与管理 254
    5.2.4 操作提高 230
    6.1.1 问题描述 254
案例 5.3 期刊论文排版与审阅 231
    6.1.2 知识要点 255

6.1.3 操作步骤 256	案例 7.3 西湖美景赏析 300
6.1.4 操作提高 259	7.3.1 问题描述 300
案例 6.2 期末考试成绩统计与分析 260	7.3.2 知识要点 301
6.2.1 问题描述 260	7.3.3 操作步骤 302
6.2.2 知识要点 261	7.3.4 操作提高 309
6.2.3 操作步骤 261	
6.2.4 操作提高 264	**第 8 章 WPS 其他组件高级应用案例 310**
案例 6.3 家电销售统计与分析 264	案例 8.1 课程归档材料汇总与转换 310
6.3.1 问题描述 264	8.1.1 问题描述 310
6.3.2 知识要点 265	8.1.2 知识要点 310
6.3.3 操作步骤 266	8.1.3 操作步骤 310
6.3.4 操作提高 271	8.1.4 操作提高 311
案例 6.4 职工科研奖励统计与分析 271	案例 8.2 求和算法流程图 312
6.4.1 问题描述 271	8.2.1 问题描述 312
6.4.2 知识要点 273	8.2.2 知识要点 312
6.4.3 操作步骤 273	8.2.3 操作步骤 312
6.4.4 操作提高 277	8.2.4 操作提高 313
	案例 8.3 思维导图设计 314
第 7 章 WPS 演示高级应用案例 278	8.3.1 问题描述 314
案例 7.1 毕业论文答辩演示文稿 278	8.3.2 知识要点 314
7.1.1 问题描述 278	8.3.3 操作步骤 315
7.1.2 知识要点 279	8.3.4 操作提高 316
7.1.3 操作步骤 280	案例 8.4 大学生课堂手机使用调查表设计 317
7.1.4 操作提高 290	8.4.1 问题描述 317
案例 7.2 教学课件优化 290	8.4.2 知识要点 317
7.2.1 问题描述 290	8.4.3 操作步骤 317
7.2.2 知识要点 292	8.4.4 操作提高 318
7.2.3 操作步骤 292	
7.2.4 操作提高 300	**参考文献 319**

第1篇
WPS Office 高级应用

◎ 第1章　WPS 文字高级应用

◎ 第2章　WPS 表格高级应用

◎ 第3章　WPS 演示高级应用

◎ 第4章　WPS 其他组件高级应用

本篇主要讲解 WPS Office 高级应用理论知识，包括 WPS 文字高级应用、WPS 表格高级应用、WPS 演示高级应用以及 WPS 其他组件高级应用等内容。在阐述理论知识的同时，本篇对一些常用的、具有较强操作技巧的理论知识进行操作导引，以便读者能够有的放矢地进行学习并掌握相关理论知识及操作技巧。

第 1 章
WPS 文字高级应用

扫一扫

视频1–1
WPS文字高级
应用技巧概述

WPS 文字是 WPS Office 办公套件中非常重要的组件之一，功能强大，具有方便直观的操作界面、完善的编排功能及种类繁多的对象处理，可帮助用户快捷地实现图文并茂的专业级文档编排工作。

在 WPS Office 中，利用 WPS 文字在功能区的"字体""段落"的功能按钮或"字体""段落"对话框，可以设置文档中的字符和段落格式，例如文字的字体、字号、颜色、效果、字间距及段落的间距、缩进、对齐方式、行距等。这些格式可以方便地用于短文档的排版。但在日常工作中使用 WPS Office 中的 WPS 文字时，常常会遇到长文档中更加复杂的排版要求，则需要使用特殊、便捷的操作方法。本章着重讲解 WPS Office 中 WPS 文字的高级应用，主要涉及样式与模板、页面布局、图文混排与表格、域、文档批注与修订、邮件合并等方面的高级操作方法和技巧，以实现长文档的便捷排版。

1.1 样式与模板

样式是 WPS 文字中最强有力的格式设置工具之一，使用样式能够准确、迅速地实现长文档的格式设置，而且利用样式可以方便地调整格式。例如，要修改文档中某级标题的格式，只要简单地修改该标题样式，则所有应用该样式的标题格式将自动更新。模板是一个预设固定格式的文档，利用模板可以保证同一类文档风格的整体一致。本节将详细介绍样式的操作及应用方法，以及与格式设置相关的脚注与尾注、题注与交叉引用、模板等对象的设置方法。

扫一扫

视频1–2
样式

1.1.1 样式

样式是被命名并保存的一系列格式的集合，它规定了文档中标题、正文以及各选中内容的字符、段落等对象的格式集合，包含字符样式和段落样式。字符样式只包含字符格式，如字体、字号、字形、颜色、效果等，可以应用到任何文字。段落样式既包含字符格式，也包含段落格式，如字体、行间距、对齐方式、缩进格式、制表位、边框和编号等，可以应用于段落或整个文档。被应用样式的字符或段落具有该样式所定义的格式，便于统一文档的所有格式。

在 WPS 文字中，样式可分为内置样式和自定义样式。内置样式是指 WPS 文字为文档中各对象提供的标准样式；自定义样式是指用户根据文档需要而新设定的样式。

1. 内置样式

在 WPS 文字中，系统提供了多种样式类型。单击"开始"选项卡，在功能区的"预设样式"库中显示了多种内置样式，其中"正文""标题 1""标题 2"等都是内置样式名称。单击"预设样式"库右侧的"其他"按钮，在弹出的下拉列表中可以选择其他的内置样式，如图 1-1（a）所示。

选择图 1-1（a）中的"显示更多样式"命令，打开"样式和格式"窗格，如图 1-1（b）所示，或单击文档窗口右侧任务窗格中的"样式和格式"图标 ⌀ 也可打开该窗格。样式名称后面带符号"a"的表示字符样式，带符号"↵"的表示段落样式。单击窗格下方"显示"右侧的下拉按钮，选择"所有样式"，窗格中将显示 WPS 文档可使用的所有样式。

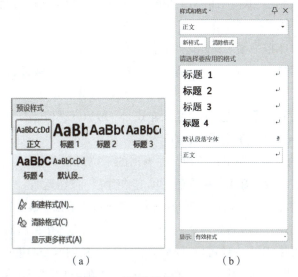

图 1-1　样式设置

下面举例说明应用 WPS 文字的内置样式进行文档段落格式的设置。对如图 1-2（a）所示的原 WPS 文档进行格式设置，要求对章标题应用"标题 1"样式，对节标题应用"标题 2"样式。操作步骤如下：

（1）将插入点定位在文档章标题文本中的任意位置，或选中章标题文本。

（2）单击"开始"选项卡功能区中"预设样式"库中的"标题 1"内置样式即可，或者单击"样式和格式"窗格中的"标题 1"样式。

（3）将插入点定位在节标题文本中任意位置，或选中节标题文本。

（4）单击"预设样式"库中的"标题 2"内置样式，或在"样式和格式"窗格中选择"标题 2"样式。设置后的文档效果如图 1-2（b）所示。

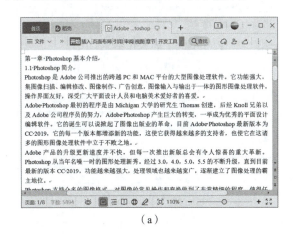
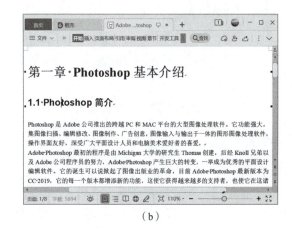

图 1-2　应用"内置样式"

2. 自定义样式

WPS 文字为用户提供的内置样式能够满足常用文档格式设置的需要，但用户在实际应用中常常会遇到一些特殊格式的设置，当内置样式无法满足实际要求时，就需要创建自定义样式并进行应用。

1）创建与应用新样式

例如，创建一个段落样式，名称为"样式0001"，要求：黑体，小四号字，1.5倍行距，段前距和段后距均为0.5行，操作步骤如下：

（1）单击"开始"选项卡功能区中"预设样式"库右侧的"其他"按钮，在弹出的下拉列表中选择"新建样式"命令，弹出"新建样式"对话框，如图1-3所示。或单击文档右侧"样式和格式"窗格中的"新样式"按钮，也会弹出该对话框。

（2）在"名称"文本框中输入新样式的名称"样式0001"。

（3）"样式类型"下拉列表框中有"段落"和"字符"样式，选择默认的"段落"样式。在"样式基于"下拉列表框中选择一个可作为创建基准的样式，一般应选择"正文"。在"后续段落样式"下拉列表框中为应用该样式段落的后续段落设置一个默认样式，一般取默认值。

（4）字符和段落格式可以在该对话框的"格式"栏中进行设置，如字体、字号、对齐方式等。也可以单击对话框左下角的"格式"下拉按钮，在弹出的下拉列表中选择"字体"，在弹出的"字体"对话框中进行字符格式设置。设置好字符格式后，单击"确定"按钮返回。

（5）单击对话框左下角的"格式"下拉按钮，在弹出的下拉列表中选择"段落"，在弹出的"段落"对话框中进行段落格式设置。设置好段落格式后，单击"确定"按钮返回。

（6）在"格式"下拉列表中还可以选择其他项目，将会弹出对应对话框，然后可根据需要进行相应设置。在"新建样式"对话框中单击"确定"按钮，"预设样式"库中将会显示新创建的"样式0001"样式，"样式和格式"窗格中也会显示创建的新样式。

下面将新创建的"样式0001"样式应用于图1-2中文档正文中的第一段。将插入点置于第一段文本的任意位置，单击"预设样式"库中的"样式0001"，或单击"样式和格式"窗格中的"样式0001"，即可将该样式应用于所选段落，操作效果如图1-4所示。也可以选中第一段文本，然后单击"样式0001"实现。

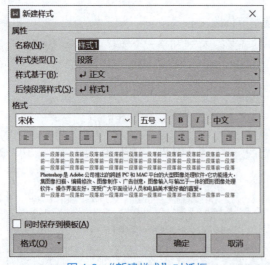

图1-3 "新建样式"对话框

图1-4 应用"样式0001"

2）修改样式

如果预设或创建的样式不能满足排版要求，可以在此样式的基础上进行格式修改，样式修改操作适用于内置样式或自定义样式。下面通过修改刚刚创建的"样式0001"样式为例介绍其修改方法，要求为该样式增加首行缩进2字符的段落格式。操作步骤如下：

（1）单击"样式和格式"窗格中"样式0001"右侧的下拉按钮，在弹出的下拉列表中选择"修改"

命令，或右击"样式 0001"，在弹出的快捷菜单中选择"修改"命令，弹出"修改样式"对话框。也可以右击"预设样式"库中的"样式 0001"，在弹出的快捷菜单中选择"修改样式"命令。

（2）单击对话框左下角的"格式"下拉按钮，选择其中的"段落"命令，打开"段落"对话框。

（3）在"特殊格式"下拉列表框中选择"首行缩进"，度量值设为"2 字符"，单击"确定"按钮，返回"修改样式"对话框，单击"确定"按钮。

（4）"样式 0001"样式一经修改，应用此样式的所有段落格式将自动更新。

3）删除样式

若要删除创建的自定义样式，操作步骤为：

（1）单击"样式和格式"窗格中"样式 0001"右侧的下拉按钮，在展开的下拉列表中选择"删除"命令。

（2）在弹出的对话框中单击"确定"按钮，完成删除样式操作。或右击要删除的样式，在弹出的快捷菜单中进行删除操作。也可以右击"预设样式"库中的"样式 0001"，在弹出的快捷菜单中选择"删除样式"命令。

注意：只能删除自定义样式，不能删除 WPS 文字的内置样式。如果删除了某个自定义样式，WPS 文字将对所有应用此样式的段落恢复到"正文"的默认样式格式。

3. 多级自动编号标题样式

1）项目符号与编号

项目符号用于表示段落的并列关系，在选中的段落前面自动加上指定类型的符号；编号用于表示段落的次序，在选中的段落前面自动加上按升序排列的指定类型的编号序列。在文档中的某些段落添加项目符号和编号的目的是使段落结构清晰，增加层次感。

（1）添加项目符号与编号，操作步骤如下：

① 在文档中选中要添加项目符号或编号的段落，单击"开始"选项卡功能区中的"项目符号"下拉按钮 或"编号"下拉按钮 ，弹出对应的下拉列表。

② 在弹出的下拉列表中选择一种项目符号或编号样式即可，"项目符号"和"编号"下拉列表分别如图 1-5、图 1-6 所示。

图 1-5 "项目符号"下拉列表

图 1-6 "编号"下拉列表

（2）自定义项目符号和编号。如果对系统预定义的项目符号和编号不满意，可以为选中的段落设置自定义的项目符号和编号。若要自定义项目符号，操作步骤如下：

①选择要定义项目符号的段落，选择图1-5中的"自定义项目符号"命令，打开"项目符号和编号"对话框，如图1-7（a）所示。在此对话框中可以设置项目符号及编号，也可以是多级编号。

②在对话框中选择一种项目符号，单击"自定义"按钮，弹出"自定义项目符号列表"对话框，如图1-7（b）所示。

③单击"字符"按钮，在打开的"符号"对话框中选择需要的项目符号，单击"确定"按钮返回。

④单击"字体"按钮，在打开的"字体"对话框中对项目符号进行格式设置，单击"确定"按钮返回。

⑤单击"高级"按钮，对话框扩展，可以设置项目符号缩进位置及制表位位置。

⑥最后单击"确定"按钮即可添加自定义的项目符号。

若要自定义编号，操作步骤如下：

①选择要定义编号的段落，选择图1-6中的"自定义编号"命令，打开"项目符号和编号"对话框，此时自动处于"编号"选项卡中。

②在对话框中选择一种编号，单击"自定义"按钮，弹出"自定义编号列表"对话框，如图1-7（c）所示。

③在该对话框可以设置编号格式、样式。在"编号格式"文本框中输入需要的编号格式（不能删除"编号格式"文本框中带有灰色底纹的数值）。还可以设置编号缩进位置及制表位位置。

④单击"确定"按钮返回，然后再单击"确定"按钮即可添加自定义的编号格式。

还可以按如下操作步骤打开"项目符号和编号"对话框：右击要添加或修改项目符号或编号的段落，在弹出的快捷菜单中选择"项目符号和编号"命令。

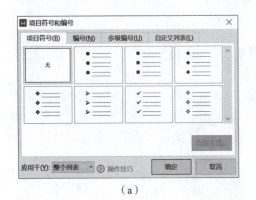  

（a） （b） （c）

图1-7 "项目符号和编号"设置

（3）删除项目符号和编号。添加的项目符号或编号可以被全部删除或部分删除。若要全部删除，首先选择要删除的多个项目符号或编号，直接单击"开始"选项卡功能区中的"项目符号"或"编号"图标即可；或者分别单击图1-5项目符号库和图1-6编号库中的"无"；或者在"项目符号和编号"对话框中选择"无"，单击"确定"按钮实现。若要删除某个段落前面的项目符号或编号，等同于文档字符的删除方法，可直接删除。

2）多级编号标题样式

视频1-3
多级编号标题样式

WPS文字中的多级编号是指将编号之间的层次关系进行多级缩进排列，常用于文档的目录或章节层次编制，是一种非常实用的排版技巧。借助于内置样式库中的"标题1""标题2""标题3"等，可实现多级编号标题样式的排版操作。举例说明，如图1-2（a）所示的文档，要求：章名使用样式"标题1"并居中，编号格式为"第X章"，其中X为自动编号，例如第1章；节名使用样式"标题2"并左对齐，格式为多级编号，形如"X.Y"，其中X为章数字序号，Y为节数字序号（例如"1.1"），且为自动编号。

可以通过两种方法实现该操作。

方法1，可以借助多级编号的方法来实现，操作步骤如下：

（1）将插入点定位在第一章所在段落中的任意位置或选择该段落并右击，在弹出的快捷菜单中选择"项目符号和编号"命令，弹出"项目符号和编号"对话框。也可以用其他方法打开"项目符号和编号"对话框。

（2）在对话框中单击"多级编号"选项卡，然后选择带"标题1""标题2""标题3"的多级编号项，形如 ，如图1-8所示。单击"自定义"按钮，弹出"自定义多级编号列表"对话框。单击对话框中的"高级"按钮，对话框将扩展为图1-9所示的界面。

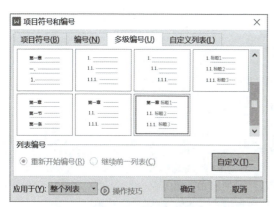

图1-8 "项目符号和编号"对话框

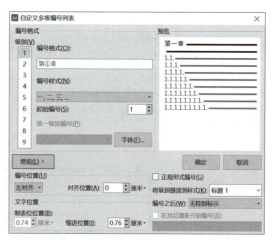

图1-9 "自定义多级编号列表"对话框

（3）在对话框的"级别"列表框中，显示有序号1~9，说明可以同时设置1~9级的标题格式，各级标题格式效果形如右侧的预览列表。默认为第1级标题格式。在"编号格式"下方文本框中自动出现"第①章"，此"①"为自动编号格式。若无，可在"编号样式"下拉列表框中选择一种编号格式，将自动添加。"编号样式"下方的下拉列表框用来设置编号的类型，例如"1,2,3,…"表示阿拉伯数字，"一，二，三，…"表示中文编号"一""二""三"。本例选择其中的"1,2,3,…"编号样式。

（4）单击"字体"按钮，弹出"字体"对话框，设置自动编号的字体格式，"中文字体"默认为"宋体"，"西文字体"默认为"（使用中文字体）"，此处选择"西文字体"为"Times New Roman"，单击"确定"按钮返回。

（5）"缩进位置"设置为0厘米，"将级别链接到样式"下拉列表框中默认为"标题1"，若无，需要选择"标题1"，在"编号之后"下拉列表框中选择"空格"，其余设置项取默认值。至此，章标题的编号格式设置完成。

（6）在"级别"处单击"2"，在"编号格式"下方的文本框中将自动出现序号"①.②."。其中"①"表示第1级序号，即章序号，"②"表示第2级序号，即为节序号，它们均为自动编号，删除最后的符号"."，该多级编号为所需的编号。若文本框中无编号"①.②"，可按如下方法添加：首先将第1级中编号"①"复制到第2级的编号格式文本框中，然后在编号后面手工输入"."，最后在"编号样式"下拉列表框中选择"1,2,3,…"即可。单击"字体"按钮，在弹出的"字体"对话框中，将西文字体设置为"Times New Roman"，单击"确定"按钮返回。

（7）"缩进位置"设置为0厘米，"将级别链接到样式"下拉列表框中默认为"标题2"，若无，需要选择"标题2"，在"编号之后"下拉列表框中选择"空格"，其余设置项取默认值。至此，节标题的编号格式设置完成。

（8）若还要设置第3级、第4级等多级编号，可按相同方法进行设置，最后单击"确定"按钮，关闭"自定义多级编号列表"对话框。

（9）插入点所在的段落将变成带自动编号"第1章"的章标题格式。删除原来的字符"第一章"。

（10）将章标题调整为居中对齐，可以通过修改"预设样式"库中的"标题1"来实现（功能区中的"居中对齐"对齐方式仅对单个章标题有效）。右击"预设样式"库中的"标题1"，在弹出的快捷菜单中选择"修改样式"命令，弹出"修改样式"对话框，单击"格式"栏中的"居中"图标，单击"确定"按钮。章标题将自动居中对齐。

（11）应用建立起来的章标题及节标题样式。将插入点定位在文档中的其余章标题中，单击"预设样式"库中的"标题1"样式，则章标题将自动设为指定的格式，删除标题中原来手工输入的章编号。将插入点定位在文档的节标题中，单击"预设样式"库中的"标题2"样式，则节名设为指定的格式，删除节标题中原来手工输入的节编号。

各级标题样式应用后的效果如图1-10所示。

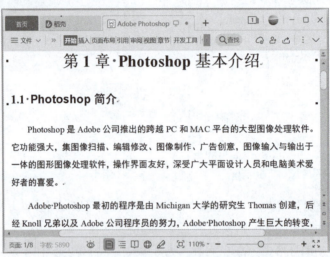

图1-10　多级编号标题样式应用后的效果

方法2，可以借鉴已建立的多级编号或直接修改多级编号的方法来实现，操作步骤如下：

（1）将插入点定位在第一章所在段落中的任意位置或选择该段落并右击，在弹出的快捷菜单中选择"项目符号和编号"命令，弹出"项目符号和编号"对话框。

（2）在对话框中单击"自定义列表"选项卡。在自定义列表中显示的是WPS文字中已使用的多级编号，如图1-11所示。单击其中需要的某种多级编号格式，在右侧的列表预览中将显示该多级编号的各级编号形式，单击"确定"按钮，将应用该样式。

（3）若"自定义列表"中无列表显示，则需要创建多级编号。在"项目符号和编号"对话框中单击"多级编号"选项卡。

（4）选择任意一种多级编号，例如第3种，形如 ，如图1-12所示。

（5）单击"自定义"按钮，弹出"自定义多级编号列表"对话框，如图1-13所示。

（6）单击"级别"列表中的"1"，设置章标题编号格式。在"编号格式"下方文本框中"①"的左侧和右侧分别输入"第"和"章"，删除其中的符号"."。选择"编号样式"下拉列表框中的"1,2,3,…"。单击"字体"按钮，在弹出的"字体"对话框中，"西文字体"选择"Times New Roman"，单击"确定"按钮返回。

（7）单击"高级"按钮，"自定义多级编号列表"对话框将扩展。"缩进位置"设置为0厘米，选择"将级别链接到样式"下拉列表中的"标题1"，选择"编号之后"下拉列表中的"空格"。完成章标题编号的设置，如图1-14所示。

图 1-11 "自定义列表"选项卡

图 1-12 "多级编号"选项卡

图 1-13 "自定义多级编号列表"对话框（1）

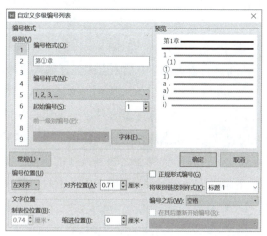

图 1-14 "自定义多级编号列表"对话框（2）

（8）单击"级别"列表中的"2"，设置节标题编号格式。将第 1 级（章标题）的编号格式"①"复制在第 2 级（节标题）的"编号格式"的文本框中编号"②"的左侧，手工输入符号"."并删除"②"右侧的符号"."，最终节标题编号形式为"①.②"。单击"字体"按钮，在弹出的"字体"对话框中，"西文字体"选择"Times New Roman"，单击"确定"按钮返回。

（9）"缩进位置"设置为 0 厘米，选择"将级别链接到样式"下拉列表框中的"标题 2"，选择"编号之后"下拉列表中的"空格"。完成节标题编号的设置，如图 1-15 所示。

（10）按类似方法可以设置更多级别的标题样式，如第 3 级、第 4 级、第 5 级，直至第 9 级。

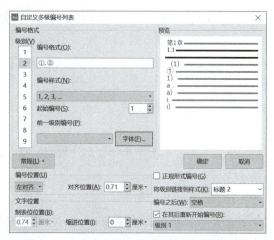

图 1-15 "自定义多级编号列表"对话框（3）

视频1-4
脚注与尾注

1.1.2 脚注与尾注

WPS 文档中的脚注与尾注主要用于对局部文本进行补充说明，例如单词解释、备注说明或提供文档中引用内容的来源等。脚注通常位于当前页面的底部，用来说明每页中要注释的内容。尾注位于文档结尾处，用来集中解释需要注释的内容或标注文档中所引用的其他文档名称。脚注和尾注由两部分内容组成：引用标记及注释内容。引用标记可使用自动编号或自定义标记。

在 WPS 文档中，脚注和尾注的插入、修改和编辑方法完全相同，区别在于它们出现的位置不同。本节以脚注为例介绍其相关操作，尾注的操作方法类似。

1. 插入及修改脚注

在 WPS 文档中，可以同时插入脚注和尾注，也可以在文档中的任何位置添加脚注或尾注。默认设置下，WPS 文字在同一文档中对脚注和尾注采用不同的编号方案。插入脚注的操作步骤如下：

（1）将插入点移到要插入脚注的文本位置处，单击"引用"选项卡功能区中的"插入脚注"按钮，此时定位处出现脚注标记。

（2）在当前页最下方插入点闪烁处输入注释内容，即可实现插入脚注操作。

插入第 1 个脚注后，可按相同方法插入第 2 个、第 3 个……并实现脚注的自动编号。如果用户要修改某个脚注内容，将插入点定位在该脚注内容处，然后直接进行修改。也可在两个脚注之间插入新的脚注，编号将自动更新。如图 1-16 所示，文档中插入了两个脚注。

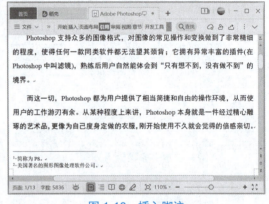

图 1-16　插入脚注

2. 隐藏或显示脚注分隔符

在 WPS 文档中，用一条短横线将文档正文与脚注或尾注分隔开，这条线称为注释分隔符，默认为显示该注释分隔符，也可以隐藏该分隔符。单击"引用"选项卡功能区中的"脚注/尾注分隔符"图标即可隐藏该注释分隔符，再次单击即可重新显示。

3. 删除脚注

要删除单个脚注，只需选中文本右上角的脚注标记，按【Delete】键即可删除脚注内容。WPS 文字将自动对其余脚注编号进行更新。

要一次性删除整个文档中的所有脚注，可利用"查找和替换"对话框实现。操作步骤如下：

（1）单击"开始"选项卡功能区中的"查找替换"下拉按钮，选择下拉列表中的"替换"命令，弹出"查找和替换"对话框。

（2）将插入点定位在"查找内容"文本框中，单击"特殊格式"下拉按钮，选择下拉列表中的"脚注标记"，"替换为"文本框中设为空。

（3）单击"全部替换"按钮，系统将出现替换完成对话框，单击"确定"按钮即可实现对当前文档中全部脚注的删除操作。

如果要替换尾注，可在"特殊格式"下拉列表中选择"尾注标记"命令，其余操作步骤相似。

4. 脚注与尾注的相互转换

脚注与尾注之间可以进行相互转换，操作步骤如下：

（1）将插入点移到某个要转换的脚注注释内容处并右击，在弹出的快捷菜单中选择"转换至尾注"命令，即可实现脚注到尾注的转换操作。

（2）将插入点移到某个要转换的尾注注释内容处并右击，在弹出的快捷菜单中选择"转换至脚注"

命令，即可实现尾注到脚注的转换操作。

除了前面介绍的插入脚注与尾注的方法外，还可以利用"脚注和尾注"对话框来实现脚注与尾注的插入、修改及相互转换操作。单击"引用"选项卡功能区右下角的"脚注和尾注"对话框启动器按钮，弹出"脚注和尾注"对话框，如图1-17（a）所示，可以插入脚注或尾注，也可以设定多种格式。在对话框中单击"转换"按钮，将出现图1-17（b）所示的对话框，可实现脚注和尾注之间的相互转换。

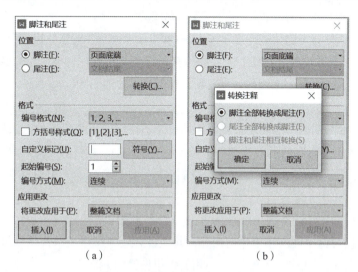

图 1-17 "脚注和尾注"对话框

1.1.3 题注与交叉引用

题注是指添加到表格、图表、公式或其他项目上的编号标签，由标签及编号组成，通常编号标签后面还带有短小的注释说明。使用题注可以使文档中的项目更有条理，方便阅读和查找。交叉引用是在文档的某个位置引用文档另外一个位置的内容，类似于超链接，但交叉引用一般是在同一文档中进行相互引用。在创建某一对象的交叉引用之前，必须先标记该对象，才能将对象与其交叉引用链接起来。

扫一扫

视频1-5
题注与交叉引用

1. 题注

在 WPS 文字中，可以在插入表格、图表、公式或其他项目时自动添加题注，也可以为已有的表格、图表、公式或其他项目添加题注。

通常，表格的题注位于表格的上方，图片的题注位于图片的下方，公式的题注位于公式的右侧。对文档中已有的表格、图表、公式或其他项目添加题注，操作步骤如下：

（1）图片下方（或表格上方）有较短的、独立的一行文字，表示其为图片（或表格）的注释内容，通常置于题注编号之后，此时可将插入点定位在该行文本的最左侧。若无，在文档中选中想要添加题注的项目，例如图片，建立题注后再输入注释内容。单击"引用"选项卡功能区中的"题注"按钮，弹出"题注"对话框，如图1-18所示。

（2）在"标签"下拉列表中选择一个标签，如图、表、图表、公式等。若要新建标签，可单击"新建标签"按钮，在弹出的"新建标签"对话框中输入要使用的标签名称，单击"确定"按钮返回，即可建立一个新的题注标签。

（3）单击"编号"按钮，弹出"题注编号"对话框，可以设置编号格式，也可以将编号和文档的章节序号联系起来，选中"包含章节编号"即可。单击"确定"按钮返回"题注"对话框。

（4）如果是通过插入点定位的插入题注位置，图1-18对话框中的"位置"下拉列表框为灰色不可选状态；若第1步为选中图片（或表格），可在"位置"下拉列表框中选择"所选项目下方"或"所选项目上方"，用来确定题注放置的位置。

（5）单击"确定"按钮，完成题注的添加，在插入点所在位置（或者，所选项目下方或上方）将会自动添加一个题注。

（6）第二个题注的添加方法类似，由于已经选择好了题注标签及编号格式，在图 1-18 所示的对话框中均取默认值，单击"确定"按钮即可。或者将已生成题注的标签复制到要添加题注的文本处，按【F9】键进行题注编号的更新。

根据需要，用户可以修改题注标签，也可以修改题注的编号格式，甚至可以删除标签。如果要修改文档中某一题注的标签，只需先选择该标签并按【Delete】键删除标签，然后再重新添加新题注。如果在"题注"对话框中单击"删除标签"按钮，则会将选择的标签从"题注"的下拉列表中删除。WPS 文字默认的表、图、图表和公式标签不能删除，只有新添加的标签才能删除。

2. 交叉引用

在 WPS 文字中，可以在多个不同的位置使用同一个引用源的内容，这种方法称为交叉引用。建立交叉引用就是在要插入引用内容的地方建立一个域（一种公式），当引用源发生改变时，交叉引用的域将自动更新。可以为标题、脚注、书签、题注、段落编号等项目创建交叉引用。本节以创建的题注为例介绍交叉引用。

1）创建交叉引用

创建的交叉引用仅可引用同一文档中的项目，其项目必须已经存在。若要引用其他文档中的项目，首先要将相应文档合并到该文档中。创建交叉引用的操作步骤如下：

（1）将插入点移到要创建交叉引用的位置，单击"引用"选项卡功能区中的"交叉引用"按钮 交叉引用，弹出"交叉引用"对话框。也可以单击"插入"选项卡功能区中的"交叉引用"按钮。

（2）在"引用类型"下拉列表框中选择要引用的项目类型，如图、表、图表、公式等，图 1-19 的引用类型为标签"图"，在"引用内容"下拉列表框中选择要插入的信息内容，如"完整题注""只有标签和标号""只有题注文字"等。一般选择"只有标签和标号"。在"引用哪一个题注"列表框中选择要引用的题注，然后单击"插入"按钮。

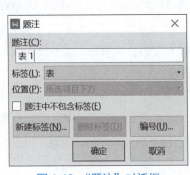

图 1-18 "题注"对话框

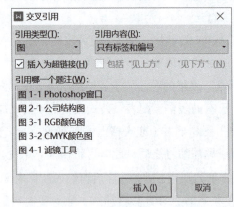

图 1-19 "交叉引用"对话框

（3）选中的题注编号将自动添加到文档中的指定位置。单击"关闭"按钮，退出交叉引用操作。

（4）按照上述方法可继续选择其他题注，实现多个交叉引用的操作。

2）更新交叉引用

当文档中被引用项目发生了变化，例如添加、删除或移动了题注，题注编号将发生改变，交叉引用应随之改变，称为交叉引用的更新。可以更新一个或多个交叉引用，操作步骤如下：

（1）若要更新单个交叉引用，选中该交叉引用；若要更新文档中所有的交叉引用，选中整篇文档。

（2）右击所选对象，在弹出的快捷菜单中选择"更新域"命令，即可实现单个或所有交叉引用的更新。也可以选中要更新的交叉引用或整篇文档,按功能键【F9】实现交叉引用的更新。

1.1.4 模板

扫一扫

视频1-6
模板

模板是一种文档类型,是一类特殊的文档,所有的WPS文档都是基于某个模板创建的。模板中包含了文档的基本结构及设置信息(如文本、样式和格式)、页面布局(如页边距和行距)、设计元素(如特殊颜色、边框和底纹)等。WPS文字支持多种类型的模板,其本身模板的扩展名为"wpt"。同时,还支持Word文档的模板,相应的扩展名分别是"dot""dotx""dotm"。其中,"dot"为Word 97-2003模板的扩展名;"dotx"为Word标准模板的扩展名,但不能存储宏;"dotm"为Word中存储了宏的模板的扩展名。

用户在打开WPS文字时就启用了模板,该模板为WPS文字的默认模板,其包含宋体、五号、两端对齐、A4纸型等信息。WPS文字提供了许多预先定义好了的模板,可以利用这些模板快速建立文档。

1. 利用模板创建文档

WPS文字提供了许多被预先定义的模板,可快速创建基于某种模板的文档。当打开WPS文字后,该操作可通过新建操作来实现,主要有以下5种方法。

(1)单击标签栏中的"新建标签"按钮"➕",或单击选项卡栏左侧的"文件"菜单"≡ 文件",然后单击"新建",弹出新建页面,如图1-20所示。新建页面提供了丰富的模板,以分类方式排列,可以搜索、选择所需要的模板。大部分模板需要会员身份才能使用,少部分模板可以免费使用。选择好一种模板并单击进行下载,即可根据此模板创建一个新文档。

图1-20 新建页面

(2)单击选项卡栏左侧的"文件"菜单"≡ 文件",在弹出的下拉列表中选择"新建"命令,然后在下级列表中选择一种文档创建方法。

① 新建:弹出新建页面,可以根据需要选择模板创建新文档。

② 新建在线文字文档:用来创建在线文档,支持多人同时在线查看、编辑文档,文档内容可实时同步更新。

③ 本机上的模板:根据本地提供的模板创建新文档。

④ 从稻壳模板新建:在"稻壳素材"库中选择已有模板创建新文档。

(3)单击标签栏左侧的"首页",在弹出的WPS Office页面中单击"新建"按钮,弹出"新建"页面,然后根据需要选择模板创建新文档。

（4）按快捷键【Ctrl+N】，快速创建一个基于同类型的空白文档。

2. 创建新模板

当 WPS 文字提供的现有模板不能满足用户需求时，可以创建新模板。创建新模板主要有两种方法：利用已有模板创建新模板或利用已有文档创建新模板。

（1）利用已有模板创建新模板，操作步骤如下：

① 根据上述方法选择一种模板创建新文档，然后根据需要在新建的文档中进行编辑，主要是进行内容及格式的设置。

② 单击"文件"菜单，选择"另存为"命令，弹出"另存为"对话框，如图 1-21（a）所示。

③ 在"文件类型"下拉列表框中选择模板类型，可以是 WPS 的 wpt 模板或 Word 文档模板，对话框中将自动转到 WPS 存放模板的位置处，为子文件夹 zh_CN，如图 1-21（b）所示。当然，也可以更改保存位置。

④ 单击"保存"按钮，即可将设置的模板保存到指定位置。

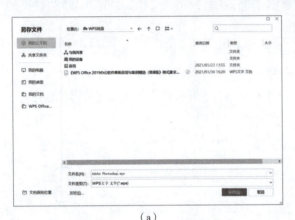
（a）

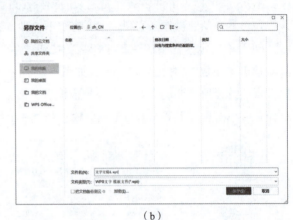
（b）

图 1-21 "另存为"对话框

（2）利用已有文档创建模板，操作步骤如下：

① 打开已经编辑好多种格式的现有 WPS 文档。

② 单击"文件"菜单，选择"另存为"命令，弹出"另存为"对话框，在"另存为"对话框中进行设置并保存模板。

1.2 页面布局

除了对文档内容进行多种格式编辑外，WPS 文字还提供了对页面进行高级设计的工具，主要包括视图与辅助工具、分隔符、页眉页脚、页面设置、页面背景、文档主题以及目录与索引，本节将对这些内容进行详细介绍。

1.2.1 视图与辅助工具

扫一扫

视频1-7
视图与辅助工具

视图是指文档的显示方式。在不同的视图方式下，文档中的部分内容会突出显示，有助于更有效地编辑文档。另外，WPS 文字还提供了其他辅助工具，帮助用户编辑和排版文档。

1. 视图方式

WPS 文字提供了页面视图、全屏显示、阅读版式、写作模式、大纲视图、Web 版式共 6 种视图显示方式。

1）页面视图

页面视图是 WPS 文字最基本的视图方式，也是 WPS 文字默认的视图方式，用于显示文档打印的外观,与打印效果完全相同。在页面视图方式下可以看到页面边界、分栏、页眉页脚等项目的实际打印位置,可以实现对文档的多种排版操作,具有"所见即所得"的显示效果。

在页面视图下,默认方式下直接显示相邻页面的页边距区域。该区域可以隐藏,将鼠标指针移到该区域并双击,前后页仅相隔一条线;若要再次显示该区域,再次双击即可。

2)全屏显示

全屏显示将隐藏选项卡及相应的功能区,只保留标题栏和文字编辑区,给用户提供了更大的文字区域。借助快捷菜单,可以进行一些编辑操作,例如复制、剪切、粘贴、字符格式及段落格式设置等。全屏显示界面如图1-22(a)所示。

3)阅读版式

阅读版式视图以图书的分栏样式显示文档内容,不能修改文档内容,标题栏、选项卡、功能区等窗口元素被隐藏起来。在阅读版式视图中,用户可以通过单击阅读工具进行操作,如"目录导航""显示批注""突出显示""查找"等,如图1-22(b)所示。

（a）

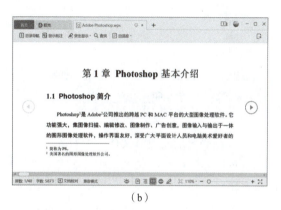
（b）

图 1-22　全屏显示和阅读版式视图

4)写作模式

在写作模式视图中,选项卡及相应的功能区隐藏起来,为用户提供了一个简洁的文档输入及编辑状态,用户可以输入文字或编辑文字格式。其左侧提供了一个显示文档结构的目录,用户可以快速定位到相应的章节位置。写作模式界面如图1-23(a)所示。

5)大纲视图

大纲视图主要用于设置文档的标题和显示标题的层级结构,并可以方便地折叠和展开各种多层级的文档,广泛用于长文档的快速浏览和设置,特别适合较多层次的文档,如图1-23(b)所示。

在大纲视图中,利用"大纲"选项卡功能区中的命令按钮,可以实现文档标题的快速设置及显示。其中,按钮 实现将所选内容提升至大纲的最高级别;按钮 实现将所选内容级别提升一级;按钮 实现将所选内容级别下降一级;按钮 实现将所选内容下降为正文文本;按钮 实现将所选内容上移一个标题或一个对象;按钮 实现将所选内容下移一个标题或一个对象;按钮 实现展开下级的内容;按钮 实现折叠下级的内容。

6)Web 版式

Web版式视图以网页的形式显示文档内容,其外观与在Web或Internet上发布时的外观一致。在Web版式视图中,还可以看到背景、自选图形和其他在Web文档及屏幕上显示文档时常用的效果,但不显示页码和节信息,为一个没有分页符的长页。Web版式视图适用于发送电子邮件和创建网页,如图1-24所示。

用户可以方便地实现6种视图之间的相互转换。单击"视图"选项卡功能区中的某种视图方式实现从当前视图方式切换到对应视图方式下，或单击 WPS 文字窗口右下角文档视图控制区域"▣≣▥◉♪"中的某个视图按钮实现切换，但第二种方式仅能在页面视图、阅读版式、写作模式、大纲视图、Web 版式等 5 种视图之间进行切换。

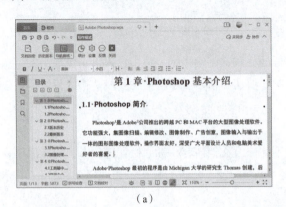
（a）

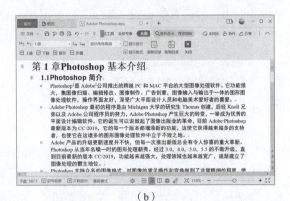
（b）

图 1-23　写作模式和大纲视图

2．辅助工具

WPS 文字提供了许多辅助工具，如标尺、导航窗格、显示比例等，可以方便用户编辑和排版文档。

1）标尺

标尺用来测量或对齐文档中的对象，作为设置字体大小、行间距等格式的参考。标尺上有明暗分界线，可以对页边距、分栏的栏宽、表格的行和高等对象进行快速调整。当选中表格中的部分内容时，标尺上面会显示分界线，拖动鼠标即可调整。拖动鼠标的同时按住【Alt】键可以实现微调。WPS 文字中的标尺包括水平标尺及垂

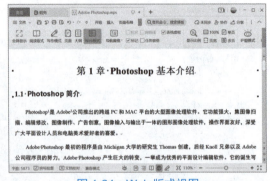
图 1-24　Web 版式视图

直标尺，默认为隐藏，其打开方式如下：选择"视图"选项卡功能区中的"标尺"复选框即可，再次单击可隐藏，或者单击文档编辑窗口右侧垂直滚动条顶端的标尺图标▨实现显示或隐藏。

2）导航窗格

导航窗格在 WPS 文档中的一个单独的窗格中显示文档各级标题，使文档结构一目了然，导航窗格可位于文档编辑区的左侧或右侧，默认为隐藏。在导航窗格中，可以单击各级标题、页面或通过查找和替换文本或对象来进行导航。选择"视图"选项卡功能区中的"导航窗格"下拉按钮，在弹出的下拉列表中选择"导航窗格"的显示位置（靠左或靠右），可打开导航窗格，如图 1-25 所示。单击左侧的某级标题，在右边的窗格中将会显示所对应的标题及其内容。通过单击"导航窗格"中标题前面的按钮⌄实现下级标题的折叠，单击按钮›实现下级标题的展开。利用"导航窗格"中的"章节"导航可查看每页的缩略图并快速定位到相应页，并且利用"导航窗格"中的"查找和替换"按钮可以快速查找文本、对象及进行替换操作。

导航窗格还可以通过"章节"选项卡功能区中的"章节导航"按钮进行显示或隐藏。

3）显示比例

为了便于浏览文档内容，可以缩小或者放大屏幕上的字体和图表比例，但不会影响文档的实际打印效果。该操作可以通过调整显示比例来实现，其操作方法主要有以下两种：

（1）单击"视图"选项卡功能区中的"显示比例"按钮，弹出图 1-26 所示的"显示比例"对话框，可以根据需要选择或设置文档显示的比例。功能区中还可以直接单击 100%、页宽、单页、多页按钮实

现文档内容按既定比例进行缩放。

（2）单击文档窗口状态栏右侧的"显示比例"按钮（百分比），在弹出的下拉列表中选择缩放比例。

（3）通过单击状态栏右侧的"显示比例"滑动按钮"———⊙———"中的+、—按钮或移动滑块也可实现文档内容的放大或缩小。

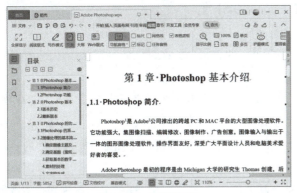

图 1-25　导航窗格

图 1-26　"显示比例"对话框

1.2.2　分隔符

WPS 文字提供的分隔符主要有分页符、分节符及分栏符，本节介绍这 3 种分隔符的使用方法。

1. 分页符

在 WPS 文字中输入文档内容时系统会自动分页。如果要从文档中的某个指定位置开始，之后的文档内容在下一页出现，此时可以在指定位置插入分页符进行强制分页。操作方法如下：

将插入点定位在要分页的位置，单击"插入"选项卡功能区中的分页按钮，弹出下拉列表，如图 1-27（a）所示。选择下拉列表中的"分页符"命令，将在文档中的插入点处实现分页，此时，插入点后面的文档内容将自动在下一页中出现，如图 1-27（b）所示。或者单击"页面布局"选项卡功能区中的"分隔符"下拉按钮，弹出下拉列表，选择其中的"分页符"命令。或按快捷键【Ctrl+Enter】实现分页。

分页符为一行虚线，默认为可见。若要删除分页符，单击分页符，按【Delete】键删除。

扫一扫

视频1–8
分隔符

（a）

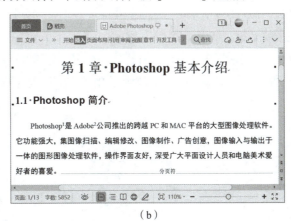

（b）

图 1-27　分页符及其操作结果

2. 分节符

建立 WPS 新文档时，WPS 文字将整篇文档默认为一节，所有对文档的页面格式设置都是应用于整篇文档的。节是文档格式化的最大单位，只有在不同的节中，才可以设置不同的页眉页脚、页边距、页面方向、纸张方向或版式等页面格式。为了实现对同一篇文档中不同位置的页面进行不同的格式操作，可以将整篇文档分成多个节，根据需要为每节设置不同的文档格式。插入分节符的操作步骤如下：

（1）将插入点定位在需要插入分节符的位置，单击"页面布局"选项卡功能区中的"分隔符"下拉按钮，将出现一个下拉列表，如图1-27（a）所示。

（2）在下拉列表中的"分节符"区域中选择分节符类型，其中的分节符类型如下：

① 下一页分节符：表示分节符后的文本将从新的一页开始。

② 连续分节符：新节与其前面一节同处于当前页中。

③ 偶数页分节符：新节中的文本显示或打印在下一偶数页上。如果该分节符已经在一个偶数页上，则其下面的奇数页为一空页，对于普通的书籍就是从左手页开始的。

④ 奇数页分节符：新节中的文本显示或打印在下一奇数页上。如果该分节符已经在一个奇数页上，则其下面的偶数页为一空页，对于普通的书籍就是从右手页开始的。

（3）选择分节符类型为"下一页"，即在插入点处插入一个分节符，并将分节符后面的内容自动显示在下一页中。

插入分节符的方法还有：单击"插入"选项卡功能区中的分页按钮，在弹出的下拉列表中选择分节符类型。或者单击"章节"选项卡功能区中的"新增节"下拉按钮，在弹出的下拉列表中选择分节符类型。

删除分节符等同于文档中字符的删除方法，将插入点定位在分节符的前面，按【Delete】键。当删除一个分节符后，分节符前后两段将合并成一段，新合并的段落格式遵循如下规则：对于文字格式，分节符前后段落中的文字格式即使合并后也保持不变，如字体、字号、颜色等；对于段落格式，合并后的段落格式与分节符前面的段落格式一致，如行距、段前距、段后距等；对于页面设置格式，被删除分节符前面的页面将自动应用分节符后面的页面设置，如页边距、纸张方向、纸张大小等。

3. 分栏符

在WPS文字中，分栏用来实现在文档中以两栏或多栏方式显示选中的文档内容，被广泛应用于报刊和杂志的排版编辑中。在分栏的外观设置上，既可以控制栏数、栏宽以及栏间距，还可以方便地设置分栏长度。分栏的操作步骤如下：

（1）选中要分栏的文本，单击"页面布局"选项卡功能区中的"分栏"下拉按钮，在展开的下拉列表中选择一种分栏方式。

（2）下拉列表中默认只能选择小于4栏的文档分栏，若选择下拉列表中的"更多分栏"命令，弹出"分栏"对话框，如图1-28（a）所示。

（3）在对话框中，可以设置栏数、栏宽、分隔线、应用范围等。设置完成后，单击"确定"按钮完成分栏操作。图1-28（b）所示为将选中的文本设置为两栏形式后的效果。

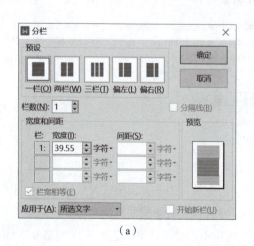

（a）

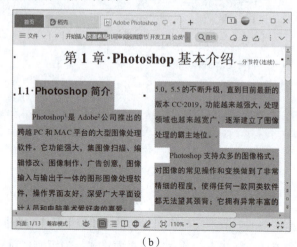

（b）

图1-28 "分栏"对话框及分栏效果

1.2.3 页眉页脚

扫一扫
视频1-9
页眉与页脚

页眉和页脚分别位于文档中每页的顶部和底部，用来显示文档的附加信息，其内容可以是文档名、作者名、章节名、页码、日期时间、图片及其他一些域。可以将文档首页的页眉页脚设置成与其他页不同的形式，也可以对奇数页和偶数页设置不同的页眉页脚，甚至将不同节的页眉页脚设置为不同的内容。

添加或编辑页眉页脚内容，需要进入页眉页脚编辑状态，操作方法主要有3种：

（1）单击"插入"选项卡功能区中的"页眉页脚"按钮，插入点将自动定位在页眉编辑处，并居中显示，同时出现"页眉页脚"选项卡，其功能区如图1-29所示。

（2）单击"章节"选项卡功能区中的"页眉页脚"按钮进入页眉编辑状态。

（3）将指针指向文档中任意页的最上方，出现提示信息，双击，进入页眉编辑状态。或者将指针指向文档中任意页的最下方，出现提示信息，双击，进入页脚编辑状态。

图1-29 "页眉页脚"功能区

退出页眉页脚编辑状态的操作方法主要有3种：

（1）单击"页眉页脚"选项卡的功能区右侧的"关闭"按钮，返回文档内容编辑状态。

（2）指针指向文档内容的任意区域并双击，即可返回文档内容编辑状态。

（3）单击"插入"选项卡的功能区中带灰色底纹的"页眉页脚"按钮，或单击"章节"选项卡的功能区中带灰色底纹的"页眉页脚"按钮，可自动退出页眉页脚编辑状态，返回文档内容编辑状态。

1. 添加页眉页脚

要添加页眉页脚，只需在文档中某一页的页眉或页脚中输入相应的内容即可，WPS文字将把它们自动地添加到每一页中，操作步骤如下：

（1）进入"页眉页脚"编辑状态后，在页眉处可以直接输入页眉内容。

（2）单击"页眉页脚"选项卡功能区中的"页眉页脚切换"按钮，插入点将定位到页脚编辑区（或直接单击页脚编辑区），直接输入页脚内容。也可以单击功能区中的"页脚"下拉按钮，在展开的下拉列表中选择某种内置的页脚样式。

（3）输入页眉页脚内容后，双击正文任意位置退出"页眉页脚"编辑状态，或用其他方法退出。

页眉内容输入后，默认状态下的页眉横线为无，可以根据需要加入。操作方法为：进入"页眉页脚"编辑状态后，单击"页眉页脚"选项卡功能区中的"页眉横线"下拉按钮，在弹出的下拉列表中选择一种横线样式即可加入。还可以通过功能区中的"日期和时间""图片""域"按钮实现在页眉或页脚中添加相应的信息。

2. 页码

在WPS文档中，页码是一种放置于每页中标明次序，用以统计文档页数、便于读者检索的编码或其他数字。加入页码后，WPS文字可以自动而迅速地编排和更新页码。在WPS文字中，页码通常放在页面顶端（页眉）、页面底端（页脚）。插入页码的操作步骤如下：

（1）单击"插入"选项卡功能区中的"页码"下拉按钮，弹出下拉列表，如图1-30（a）所示。

（2）在弹出的下拉列表中，选择页码放置的样式，既可以放置在页眉，也可以放置在页脚。选择后将自动显示阿拉伯数字样式的页码。

（3）也可以选择"页码"下拉列表中的"页码"命令，弹出"页码"对话框，如图1-30（b）所示。

（4）在对话框的"样式"下拉列表框中选择编号的格式,在"位置"下拉列表中选择页码所处的位置，页码中可以包含"章节号"。在"页码编号"栏下可以根据实际需要选择"续前节"或"起始页码"单选按钮，设置页码的应用范围。单击"确定"按钮完成页码的格式设置，并自动插入页码。

（5）插入页码（本例为在页脚区域插入页码）之后，页码编辑状态如图1-30（c）所示。有三个按钮，单击其中任意按钮，将弹出下拉列表：

① 重新编号：实现将当前页的编号重新设置为指定编号。

② 页码设置：设置页码的"样式""位置""应用范围"。可以利用此操作对当前插入的页码格式进行调整。

③ 删除页码：删除本页、整篇文档、本页及之前、本页及之后、本节之中的所有页码。

设置完成后单击"确定"按钮使设置生效。

（6）双击正文任意位置退出页眉页脚编辑状态。

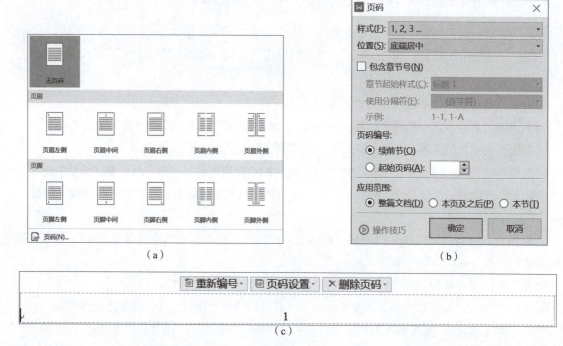

图1-30 "页码"下拉列表，"页码"对话框及页码状态

插入页码的方法还有：单击"章节"选项卡功能区中的"页码"下拉按钮，然后在弹出的下拉列表中选择一种页码格式；或单击"页眉页脚"选项卡功能区中的"页码"按钮；也可以在页眉或页脚状态下直接单击页眉或页脚区域中的按钮 插入页码，在弹出的列表框中进行页码设置，单击"确定"按钮以插入页码。

3. 页眉页脚选项

有些文档的首页没有页眉页脚，或者与文档中其余各页的页眉或页脚内容不同，是因为设置了首页不同的页眉页脚。在有些文档中，要求对奇数页和偶数页分别设置各自不同的页眉或页脚内容，或在文档指定页中设置不同的页眉或页脚，这些操作可以借助页眉页脚选项或借助分节符的组合功能来实现。

1）设置首页不同的页眉或页脚

当希望将文档中首页的页眉页脚设置成与文档中其余各页不同，可通过创建首页不同的页眉或页脚的方法来实现，操作步骤如下：

（1）选中"章节"选项卡功能区中的"首页不同"复选框，形如"首页不同"。

（2）双击文档中的页眉或页脚区域，进入页眉或页脚编辑状态，或用其他方法进入页眉或页脚编辑状态。

（3）将插入点分别移到首页的页眉或页脚处，分别编辑其内容。

（4）将插入点分别移到其他页的页眉或页脚处，根据需要编辑其内容。编辑完成页眉或页脚内容后，退出页眉页脚编辑状态。

2）设置奇偶页不同的页眉或页脚

当希望在文档中的奇、偶页上设置不同的页眉或页脚，例如，在奇数页页眉中使用章标题内容，在偶数页页眉中使用节标题内容，可通过创建奇偶页不同的页眉或页脚的方法来实现，操作步骤如下：

（1）选中"章节"选项卡功能区中的"奇偶页不同"复选框，形如"☑奇偶页不同"。

（2）双击文档中的页眉或页脚区域，进入页眉或页脚编辑状态，或用其他方法进入页眉或页脚编辑状态。

（3）将插入点移到文档的奇数页页眉或页脚处，根据需要编辑其内容。文档中其余各奇数页将自动加上相应的页眉或页脚内容。

（4）将插入点移到文档的偶数页页眉或页脚处，编辑其内容。文档中其余各偶数页将自动加上相应的页眉或页脚内容。

（5）分别编辑完文档奇、偶页的页眉或页脚内容后，双击文档区域，退出页眉页脚编辑状态。

图 1-31 所示的是文档的奇、偶页页眉的设置结果。其中，图 1-31（a）是将文档奇数页的页眉内容设置为文档的章标题内容；图 1-31（b）为将偶数页的页眉内容设置为文档的节标题内容。

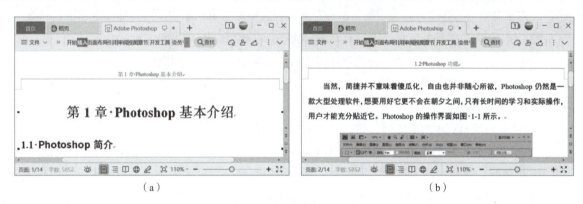

图 1-31　设置奇偶页页眉

设置首页不同或奇偶页不同还有其他操作方法。单击"章节"选项卡功能区右下角的对话框启动器按钮，弹出"页眉/页脚设置"对话框，如图 1-32 所示。在对话框中不仅能对首页不同、奇偶页不同进行设置，还可以对页眉横线、各节中的页眉页脚及页码进行设置，单击"确定"按钮使设置生效。"页眉/页脚设置"对话框还可以通过如下方式打开：进入"页眉页脚"编辑状态后，单击"页眉页脚"选项卡功能区中的"页眉页脚选项"按钮 页眉页脚选项 也可以打开该对话框。

3）设置各节不同的页眉或页脚

在 WPS 文字中，整个文档默认为一节，因此文档中的页面格式为统一格式。节是文档格式化的最大单位，只有在不同的节中，才可以设置不同的页眉页脚、页边距、页面方向、文字方向或版式等页面格式。若要将同一文档根据需要，将某些页的页面格式设为与其他页不一样，则需要将文档分成多节，然后在各节中进行相应操作。分节可以利用分节符来实现。例如，在毕业论文排版中，需要将正文前的部分（封面、中文摘要、英文摘要、目录等）与正文（各章节）两部分应用不同的页码样式，操作步骤如下：

（1）根据文档需要，将文档分成多节。首先将插入点定位在需要分节的位置，单击"页面布局"选

扫一扫

视频1-10
设置各节不同的页眉或页脚

项卡功能区中的"分隔符"下拉按钮，在弹出的下拉列表中选择"下一页分节符"命令进行分节。重复此操作，可在文档中插入多个分节符。

（2）将插入点定位在文档的第1节中，双击文档下边界的页脚区域，进入页脚编辑状态，将插入点重新定位在需要修改页脚格式的所在节的页脚编辑区中。

（3）单击"页眉页脚"选项卡功能区中的"同前节"按钮，断开该节与前一节的页脚之间的链接（默认为链接）。此时，页面中将不再显示"与上一节相同"的提示信息，即用户可以根据需要修改本节现有的页脚内容或格式，或者输入新的页脚内容。

（4）若本节中需要新建页脚的页码，单击页脚区域中的"插入页码"按钮实现。可以通过"重新编号"及"页码设置"按钮进行页码格式的调整，设置完成后，页脚样式将被应用到本节各页面的页脚处。

图 1-32 "页眉/页脚设置"对话框

（5）若要修改本节的页码格式，可借助"重新编号"及"页码设置"按钮实现。

（6）文档中其余各节的页码格式设置方法可参考上述步骤来实现，并且可以根据用户需要设置成不同的页码格式，甚至设置成不同的页脚内容。

（7）若文档中设置了多节，并且要求页码连续，则必须选择"重新编号"下拉列表中的"页码编号续前节"。若不需要页码连续，可在"重新编号"下拉列表中的"页码编号设为"处设定起始页码数字。

（8）双击文档内容的任意区域，退出页脚编辑状态，完成页码格式设置。

毕业论文页脚的页码格式设置的详细操作步骤可参考本书第6章的相应案例。各节不同的页眉设置方法类似于页脚，在此不再举例赘述。

4. 删除页眉页脚

当需要将页眉或页脚内容删除时，可以按如下操作方法进行：

（1）自动删除文档中的页眉或页脚。在页眉页脚编辑状态下，单击"页眉页脚"选项卡功能区中的"页眉"下拉按钮，在弹出的下拉列表中选择"删除页眉"命令，可实现当前节所有页眉内容的删除，其余节按相同方法处理。单击"页脚"下拉按钮，在弹出的下拉列表中选择"删除页脚"命令，可实现当前节所有页脚内容的删除。单击"页码"下拉按钮，在弹出的下拉列表中选择"删除页码"命令，可实现整篇文档中所有页码的删除。

（2）手工删除文档中指定节的页眉或页脚。进入页眉或页脚编辑状态，选择要删除的页眉或页脚内容，按【Delete】键删除，该方法可以实现将本节中所有的页眉或页脚内容删除。

（3）还可以用其他方法对页眉或页脚中的页码进行选择性的删除。在"页眉页脚"编辑状态中，单击页眉或页脚区域中的"删除页码"按钮，可以删除本页、整篇文档、本页及之前、本页及之后、本节之中的所有页码。

1.2.4 页面设置

在 WPS 文字中，页面设置包括页边距、纸张、版式、文档网格、分栏等页面格式的设置。新建文档时，WPS 文字对页面格式进行了默认设置，用户可以根据需要随时进行更改。可以在输入文档之前进行页面设置，也可以在输入文档的过程中或输入文档之后进行页面设置。

1. 页边距

页边距是指页面四周的空白区域，通俗理解是页面的边线到文字的距离。设置页边距，包括调整上、下、左、右边距，操作步骤如下：

扫一扫

视频1-11
页面设置

（1）单击"页面布局"选项卡功能区中的"页边距"下拉按钮，弹出下拉列表，如图1-33（a）所示，选择需要调整的页边距样式；或者在"页边距"按钮右侧的上、下、左、右的文本框中输入"页边距"的具体值进行调整。

（2）若下拉列表中没有所需要的样式，选择下拉列表最下面的"自定义页边距"命令，打开"页面设置"对话框，如图1-33（b）所示；或单击功能区右下角的"页面设置"对话框启动器按钮打开该对话框。

（3）在对话框中，可以设置页面的上（默认为2.54厘米）、下（默认为2.54厘米）、左（默认为3.18厘米）、右边距（默认为3.18厘米），纸张方向（默认为纵向），页码范围及应用范围（默认为本节）。

（4）单击"确定"按钮，完成页边距的设置。

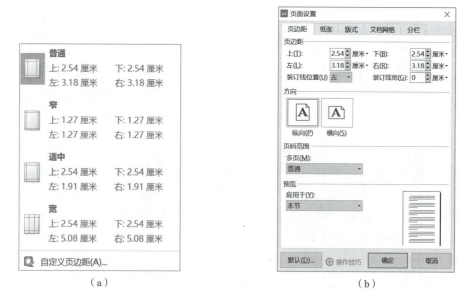

（a）　　　　　　　　　　　　（b）

图1-33　"页边距"下拉列表及"页面设置"对话框

2. 纸张

WPS文字默认的纸张是标准的A4纸型，文字纵向排列，纸张宽度是21厘米，高度是29.7厘米。可以根据需要重新设置或随时修改纸张的大小和方向，操作步骤如下：

（1）单击"页面布局"选项卡功能区中的"纸张方向"下拉按钮，在弹出的下拉列表中选择"纵向"或"横向"。

（2）单击"页面布局"选项卡功能区中的"纸张大小"下拉按钮，弹出下拉列表，选择需要的纸张样式。

（3）若下拉列表中没有所需要的纸张样式，选择下拉列表最下面的"其他页面大小"命令，或单击功能区右下角的"页面设置"对话框启动器按钮，打开"页面设置"对话框，单击"纸张"选项卡，如图1-34（a）所示。

（4）在对话框中设置纸张大小及应用范围。

（5）单击"确定"按钮，完成纸张大小的设置。

3. 版式

版式也就是版面格式，包括节、页眉页脚、边距等项目的设置，操作步骤如下：

（1）打开"页面设置"对话框，单击"版式"选项卡，如图1-34（b）所示。

（2）在该对话框中可以设置"节的起始位置""页眉和页脚""距边界"等。

（3）单击"确定"按钮，完成文档版式的设置。

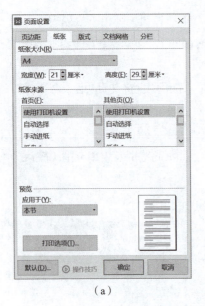
(a)

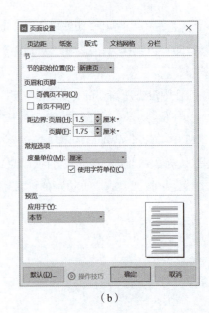
(b)

图1-34 "页面设置"对话框"纸张"和"版式"选项卡

4. 文档网格

可以实现文字排列方向、页面网格、每页行数、每行字数等项目的设置，操作步骤如下：

（1）打开"页面设置"对话框，单击"文档网格"选项卡，如图1-35（a）所示。

（2）根据需要，在对话框中可以设置文字排列方向、网格，每页的行数、每行的字数，应用范围等。

（3）单击"绘图网格"按钮，打开"绘图网格"对话框，如图1-35（b）所示，可以根据需要设置文档网格格式，单击"确定"按钮返回。

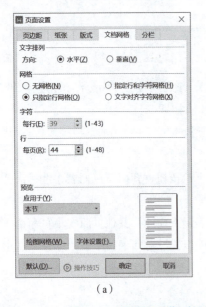
(a)

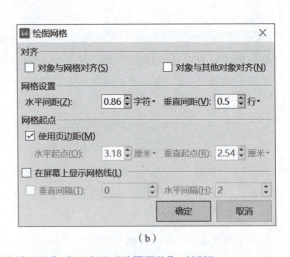
(b)

图1-35 "页面设置"对话框"文档网格"选项卡及"绘图网格"对话框

（4）单击"字体设置"按钮，打开"字体"对话框，可以设置文档的字体格式，单击"确定"按钮返回"页面设置"对话框。

（5）单击"确定"按钮，完成文档网格的设置。

5. 分栏

WPS文字中的分栏操作不但可以通过前面所介绍的方法实现，还可以通过"页面设置"对话框来实现，操作步骤如下：

（1）打开"页面设置"对话框，单击"分栏"选项卡，如图 1-36 所示。

（2）根据需要，在对话框中可以设置分栏的栏数、宽度和间距、应用范围等。

（3）单击"确定"按钮，完成分栏的设置。

1.2.5 文档主题

文档主题是一组具有统一外观的格式风格，包括一组主题颜色（配色方案的集合）、一组主题字体（包括标题字体和正文字体）以及一组主题效果（包括线条和填充效果）。WPS 文字、WPS 表格和 WPS 演示提供了许多内置的文档主题，文档主题可在多种 WPS Office 组件之间共享，使所有 WPS Office 文档都具有统一的外观。WPS 文字的文档主题对以 docx 为扩展名的文档有效，对以 wps 为扩展名的文档无效。

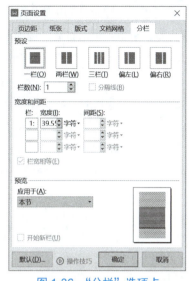

图 1-36 "分栏"选项卡

扫一扫

视频1-12
文档主题

内置文档主题是 WPS 文字自带的主题，若要使用内置主题，操作步骤如下：

（1）打开要应用主题的文档，单击"页面布局"选项卡功能区中的"主题"下拉按钮，弹出下拉列表。

（2）在弹出的下拉列表中，显示了 WPS 文字系统内置的主题库，其中有 Office、相邻、角度等文档主题，默认有 44 个文档主题，如图 1-37 所示。鼠标指针指向某个主题后，将显示该主题名称。

（3）直接选择某个需要的主题，即可应用该主题到当前文档中。

若文档先前应用了样式，然后再应用主题，文档中的样式可能受到影响，反之亦然。

在 WPS 文字中，可以对文档颜色、字体以及效果进行设置，这些设置会立即影响当前文档的外观。

（1）主题颜色：用来设置文档中不同对象的颜色，默认有 11 种预设颜色组合以及多种颜色推荐组合。应用主题颜色的操作步骤如下：

① 单击"页面布局"选项卡功能区中的"颜色"下拉按钮。

② 在弹出的下拉列表中列出了 WPS 文字中所使用的主题颜色组合，如图 1-38 所示。单击其中的一项，可将当前文档的主题颜色更改为指定的主题颜色。

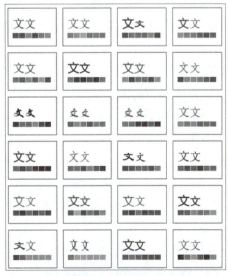

图 1-37 文档主题（部分）

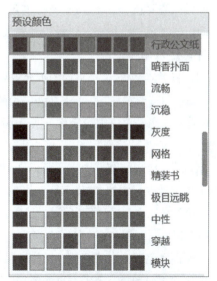

图 1-38 主题颜色（部分）

（2）主题字体：用来设置文档中文字字体，有多种字体组合方式。应用主题字体操作步骤如下：

① 单击"页面布局"选项卡功能区中的"字体"下拉按钮。

② 在弹出的下拉列表中列出了 WPS 文字中所使用的主题字体组合，如图 1-39 所示。单击其中的一项，可将当前文档的字体更改为指定的主题字体。

（3）主题效果：是线条和填充效果的组合。应用 WPS 文字提供的主题效果的操作步骤如下：

① 单击"页面布局"选项卡功能区中的"效果"下拉按钮。

② 在弹出的下拉列表中列出了 WPS 文字中所使用的主题效果，如图 1-40 所示。单击其中的一项，可将当前文档的主题效果更改为指定的主题效果。

图 1-39 主题字体（部分）

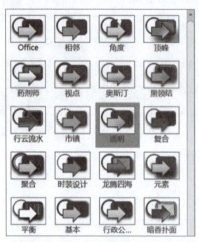

图 1-40 主题效果（部分）

1.2.6 页面背景

页面背景是指显示于 WPS 文档底层的颜色或图案，用于丰富文档的页面显示效果，使文档更美观，增加其观赏性。页面背景包括页面颜色、水印和页面边框。

1. 页面颜色

在 WPS 文字中，系统默认的页面底色为白色，用户可以将页面颜色设置为其他颜色，以增强文档的显示效果。其基本设置方法为，单击"页面布局"选项卡功能区中的"背景"下拉按钮，弹出下拉列表，可根据需要在"主题颜色""标准色""渐变填充""稻壳渐变色"颜色板选择一种颜色，文档背景将自动以该颜色进行填充。也可以通过其他方式进行填充，如调色板、图片背景、其他背景（渐变、纹理、图案）、水印等。

例如，将当前 WPS 文档页面的填充效果设置为"日出江花"形式，操作步骤如下：

（1）单击"页面布局"选项卡功能区中的"背景"下拉按钮，在弹出的下拉列表中选择"图片背景"或"其他背景"级联菜单中的任意一项，弹出"填充效果"对话框，如图 1-41（a）所示。

（2）单击"渐变""纹理""图案"或"图片"选项卡，可以在打开的对应选项卡中选择所需要的填充效果。其中，"渐变""纹理"和"图案"可以在对应列表中直接进行选择，"图片"可以将指定位置的图片文件作为文档背景进行添加。"日出江花"效果在"渐变"选项卡中，选择"预设"单选按钮，在"预设颜色"下拉列表框中选择"日出江花"，还可以设置"透明度"及"底纹样式"，这里取默认值。单击"确定"按钮返回。

（3）页面颜色即指定的颜色，操作效果如图 1-41（b）所示。

若要删除页面颜色，单击"页面布局"选项卡功能区中的"背景"下拉按钮，弹出下拉列表，选择其中的"删除页面背景"命令即可。

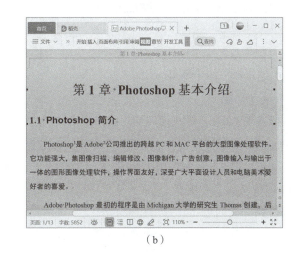

（a） （b）

图 1-41 "填充效果"对话框及页面颜色设置效果

2. 水印

水印是用一种特殊的文档背景，在打印一些重要文件时给文档加上水印，如"绝密""保密""严禁复制"等字样，以强调文档的重要性，水印分为图片水印和文字水印。添加水印的操作步骤如下：

（1）单击"页面布局"选项卡功能区中的"背景"下拉按钮，在弹出的下拉列表中选择"水印"，然后根据需要在"预设水印"或"Preset"列表中选择需要的水印样式即可。

（2）若要自定义水印，选择其中的"自定义水印"或"插入水印"命令，弹出"水印"对话框，如图 1-42（a）所示。

（3）在该对话框中，可以根据需要设置图片水印和文字水印。图片水印是将一幅制作好了的图片作为文档水印。文字水印包括设置水印内容、字体、字号、颜色、版式等格式。

（4）单击"确定"按钮，完成水印设置。图 1-42（b）所示为插入文字水印"Adobe Photoshop"后的操作效果。

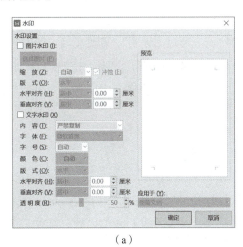
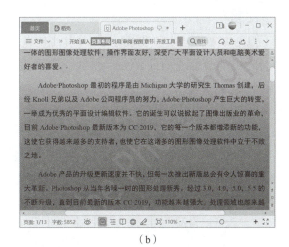

（a） （b）

图 1-42 "水印"对话框及操作效果

添加水印还可以通过下面方法进行操作：单击"插入"选项卡功能区中的"水印"下拉按钮，弹出下拉列表，然后根据需要进行相应的水印添加操作。

文字水印在一页中仅显示为单个水印，若要在同一页中同时显示多个文字水印，可以先制作一幅含有多个文字水印的图片，然后将其作为图片水印的方式加入文档中。

若要修改已添加的水印,按照上面的操作方法打开"水印"对话框,在对话框中可以对现有水印的内容、字体、字号、颜色、版式、对齐及透明度等进行设置,或重新添加水印。

若要删除水印,单击"插入"选项卡功能区中的"水印"下拉按钮,在弹出的下拉列表中选择"删除文档中的水印"命令即可。

3. 页面边框

可以在 WPS 文字的页面四周添加指定格式的边框以增强文档的显示效果,操作步骤如下:

单击"页面布局"选项卡功能区中的"页面边框"按钮,弹出"边框和底纹"对话框,如图 1-43(a)所示。在"页面边框"选项卡中设置页面边框的类型、线型、颜色、宽度等,单击"确定"按钮即可。图 1-43(b)为设置单实线、红色、1.5 磅线宽的页面边框后的效果。

若要删除页面边框,在"边框和底纹"对话框的"页面边框"选项卡中的"设置"列表框中选择"无",单击"确定"按钮,即可删除页面边框。

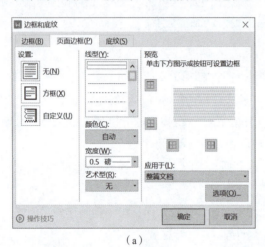
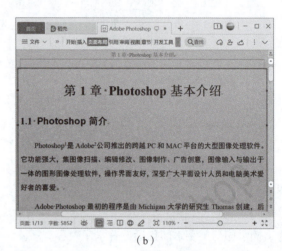

(a)　　　　　　　　　　　　　　　　(b)

图 1-43　"边框和底纹"对话框及操作效果

1.2.7　目录与索引

目录是 WPS 文档中各级标题及每个标题所在的页码的列表,通过目录可以实现文档内容的快速浏览。此外,WPS 文字中的目录包括标题目录和图表目录。索引是将文档中的字、词、短语等单独列出来,注明其出处和页码,根据需要按一定的检索方法编排,以方便读者快速地查阅有关内容。本节将介绍相关知识。

扫一扫

视频1-14
目录

1. 目录

本小节的目录操作主要包括标题目录和图表目录的创建及其修改。

1)标题目录

WPS 文字具有自动编制各级标题目录的功能。编制了目录后,只要按住【Ctrl】键,单击目录中的某个标题,就可以自动跳转到该标题所在的页面。标题目录的操作主要涉及目录的创建、修改、更新及删除。

(1)创建目录。创建目录的操作步骤如下:

① 打开已经预定义好各级标题样式的文档,将插入点定位在要建立目录的位置(一般在文档的开头),单击"引用"选项卡功能区中的"目录"下拉按钮,在弹出的下拉列表中选择一种目录样式,将自动生成目录。或者单击"章节"选项卡功能区中的"目录页"下拉按钮,在弹出的下拉列表中进行选择。

② 也可以选择下拉列表中的"自定义目录"命令，打开"目录"对话框，如图1-44（a）所示。在弹出的对话框中，确定目录显示的对象格式及级别，如制表符前导符、显示级别、显示页码、页码右对齐等。

③ 单击"确定"按钮，完成创建目录的操作，如图1-44（b）所示，其中标题"目录"这两个字符为手动输入。

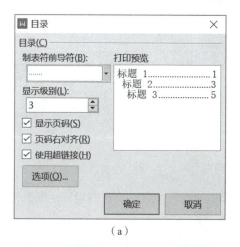

（a）

（b）

图1-44 "目录"对话框及插入目录结果

（2）调整目录级别。WPS文字中的各级标题层次可以根据需要进行调整，以生成相应的目录结构。操作步骤如下：

① 将插入点定位在要调整目录级别的标题行中或选择标题行。

② 单击"引用"选项卡功能区中的"目录级别"下拉按钮 ，在弹出的下拉列表中选择需要的目录级别即可，带√的为当前标题行所处的目录级别。目录级别共有9级，此外还有一级为普通文本。

可以同时选择多个不同级别的标题行或同一级别的标题行，统一设置为同一级别的目录结构。

（3）更新目录。编制目录后，如果文档内容进行了修改，导致标题或页码发生变化，需更新目录。更新目录的操作方法有以下几种：

① 右击目录区域的任意位置，在弹出的快捷菜单中选择"更新域"命令，然后在弹出的"更新目录"对话框中选择"更新整个目录"单选按钮，单击"确定"按钮完成目录更新。

② 单击目录区域的任意位置，按功能键【F9】。

③ 单击目录区域的任意位置，然后单击"引用"选项卡功能区中的"更新目录"按钮 。

（4）删除目录。若要删除创建的目录，操作方法为：单击"引用"选项卡功能区中的"目录"下拉按钮，选择下拉列表底部的"删除目录"命令即可。或者在文档中选中整个目录后按【Delete】键进行删除。

2）图表目录

图表目录是对WPS文档中的图、表、公式等对象编制的目录。对这些对象编制目录后，只要按住【Ctrl】键，单击图表目录中的某个题注，就可以跳转到该题注对应的页面。图表目录的操作主要涉及目录的创建、修改、更新及删除。创建图表目录的操作步骤如下：

（1）打开已经预先对文档中的图、表或公式创建了题注的文档。将插入点定位在要建立图表目录的位置，单击"引用"选项卡功能区中的"插入表目录"按钮" "，弹出"图表目录"对话框，如图1-45（a）所示。

（2）在"题注标签"下拉列表框中选择不同的题注对象，可实现对文档中图、表或公式题注的选择。

如图 1-45（a）所示为选择"表"题注标签的对话框，如图 1-45（b）所示为选择"图"题注标签的对话框。

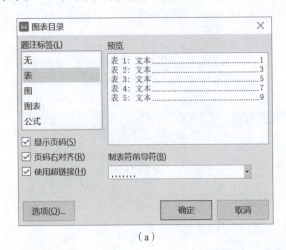
（a）

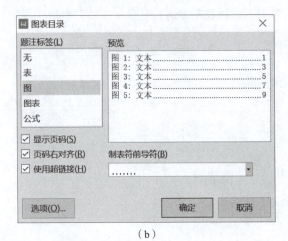
（b）

图 1-45 "图表目录"对话框

（3）在"图表目录"对话框中还可以对其他选项进行设置，如显示页码、页码右对齐、制表符前导符等，与标题目录的设置方法类似。

（4）单击"选项"按钮，弹出"图表目录选项"对话框，可以对图表目录标题的来源进行设置，单击"确定"按钮返回。

（5）单击"确定"按钮，完成图表目录的创建，如图 1-46 所示。其中，"表目录"和"图目录"字符为手动输入。

图表目录的操作还涉及图表目录的修改、更新及删除，其操作和标题目录的相应操作方法类似，在此不再赘述。

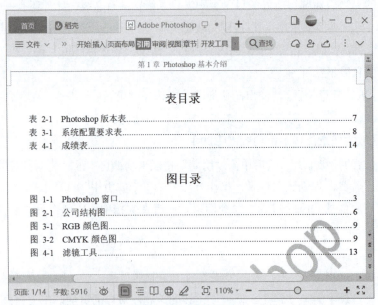

图 1-46 图表目录

2. 索引

索引是将文档中的关键词（专用术语、缩写和简称、同义词及相关短语等对象）或主题按一定次序分条排列，并显示其页码，以方便读者快速查找。索引的操作主要包括标记条目、插入索引目录、更新索引及删除索引等。

• 扫一扫

视频1-15
索引

1）标记条目

要创建索引，首先要在文档中标记条目，条目可以是来自文档中的文本，也可以是与文本有特定关系的短语，如专用术语、缩写、同义词等。条目标记可以是文档中的一处对象，也可以是文档中相同内容的全部对象。标记条目的操作步骤如下：

（1）将插入点定位在要添加索引的位置（标记单个条目，这种索引为位置索引），或选中要创建条目的文本（可标记全部条目）。单击"引用"选项卡功能区中的"标记索引项"按钮，弹出"标记索引项"对话框，如图 1-47 所示。

（2）如果是位置索引，在该对话框中的"主索引项"文本框中输入作为索引标记的内容；如果先选中了要创建索引项的文本，则会自动跳出索引项的内容，例如"Photoshop"。"次索引项"是对索引对象的进一步限制。在"选项"栏中选择"当前页"单选按钮。还可以设置加粗、倾斜等页码格式，通常取默认值。

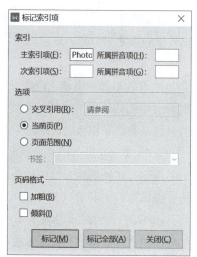

图 1-47 "标记索引项"对话框

（3）单击"标记"按钮即可在插入点位置或选中的文本后面出现索引区域"{ XE "Photoshop" }"。单击"标记全部"按钮，实现将文档中所有与"主索引项"文本框中内容相同的文本建立索引标记。

（4）按照相同方法可建立其他对象的索引标记。

2）插入索引目录

WPS 文字是以 XE 域的形式插入条目的标记，标记好条目后，默认方式为显示索引标记。由于索引标记在文档中也占用文档空间，在创建索引目录前需要将其隐藏。单击"开始"选项卡功能区中的"显示/隐藏段落标记"按钮，可以实现索引标记的隐藏，再次单击为显示。插入索引目录的操作步骤如下：

（1）将插入点定位在要添加索引目录的位置，单击"引用"选项卡功能区中的"插入索引"按钮，弹出"索引"对话框，如图 1-48（a）所示。

（2）根据实际需要，可以设置"类型""栏数""页码右对齐""制表符前导符"等参数。例如，选择"页码右对齐"复选框，设置栏数为"1"，制表符前导符为"点画线"，单击"确定"按钮。

（3）在插入点处将自动插入索引目录，如图 1-48（b）所示。其中，"索引目录"4 个字符为手动输入。

(a)

(b)

图 1-48 "索引"对话框及索引目录

3）更新索引

更改了索引项或索引项所在页的页码发生改变后，应及时更新索引。其操作方法与标题目录更新类似：选中索引，单击"引用"选项卡功能区中的"更新索引"按钮 更新索引 或者按功能键【F9】实现。也可以右击索引目录，在弹出的快捷菜单中选择"更新域"命令实现更新。

4）删除索引

如果看不到索引域（隐藏），单击"开始"选项卡功能区中的"显示/隐藏段落标记"按钮，实现索引标记的显示，选择整个索引项域，包括括号"{ }"，然后按【Delete】键实现删除单个索引标记。索引目录的删除和标题目录的相应操作方法类似。

WPS 文字是以 XE 域的形式插入索引项的标记。单个索引标记可直接删除，若在文档中插入了多个索引标记，这种删除方法比较费时。现在介绍一种利用替换操作一次性地删除文档中所有索引标记的方法，操作步骤如下：

（1）单击"开始"选项卡功能区中的"显示/隐藏编辑标记"按钮，显示文档中所有的索引标记。如果标记已经显示，此操作步骤省略。

（2）单击"开始"选项卡功能区中的"查找替换"下拉按钮，在弹出的下拉列表中选择"替换"命令，弹出"查找和替换"对话框。

（3）在对话框中的"查找内容"文本框中输入"^d"，或者单击"特殊格式"下拉列表，选择其中的"域"（索引标记是一种域）命令，"查找内容"文本框中将自动出现"^d"。

（4）对话框中的"替换为"文本框中不输入内容。

（5）单击"全部替换"按钮，文档中的所有域将自动删除（不仅仅是索引标记）。当然也可以交叉使用"查找下一处"和"替换"按钮实现选择性地删除文档中的域。

（6）单击"取消"按钮或对话框右上角的"关闭"按钮，关闭"查找和替换"对话框。

3. 书签

书签是一种虚拟标记，其主要作用在于快速定位到指定位置，或者引用同一文档（也可以是不同文档）中的特定文字。在 WPS 文档中，文本、段落、图形、图片、标题等项目都可以添加书签。

扫一扫
视频1-16
书签

1）添加和显示书签

在 WPS 文档中添加书签的操作步骤如下：

（1）选中要添加书签的文本（或者将插入点定位在要插入书签的位置），单击"插入"选项卡功能区中的"书签"按钮 书签，弹出"书签"对话框。

（2）在"书签名"文本框中输入书签名，单击"添加"按钮即可完成对所选文本（或插入点所在位置）添加书签的操作。书签名必须以字母、汉字开头，不能以数字开头，不能有空格，但可用下画线分隔字符。

在默认状态下，书签不显示，如果要显示，可通过如下方法设置：

（1）单击"文件"菜单 文件，选择"选项"命令，打开"选项"对话框。

（2）在对话框中的左侧列表中选择"视图"，然后在右侧的"显示文档内容"组中选择"书签"复选框，单击"确定"按钮即可。设置为书签的文本以方括号"[ ]"的形式出现(仅在文档中显示,不会打印出来）。若为插入点，书签的形式为 I。再次选择"书签"复选框，则隐藏书签。

2）定位及删除书签

在文档中添加书签后，打开"书签"对话框，可以看到已经添加的书签。使用"书签"对话框可以快速定位或删除添加的书签。

利用定位操作，可以快速定位文本的位置，操作步骤如下：

（1）打开"书签"对话框，在"书签名"文本框下方的列表框中选择要定位的书签名，然后单击

"定位"按钮,即可定位到文档中书签的位置,添加了该书签的文本会高亮显示。

(2)单击"关闭"按钮即可关闭"书签"对话框。

可以删除添加的书签,操作步骤如下:

(1)打开"书签"对话框,在"书签名"文本框下方的列表框中选择要删除的书签名,然后单击"删除"按钮即可删除已添加的书签。

(2)单击"关闭"按钮即可关闭"书签"对话框。

3)引用书签

在 WPS 文档中添加了书签后,可以对书签建立超链接及交叉引用。

(1)建立超链接,操作步骤如下:

① 在文档中选择要建立超链接的对象,如文本、图像等,或将插入点定位在要插入超链接的位置,单击"插入"选项卡功能区中的"超链接"按钮,弹出"插入超链接"对话框。或者右击要建立超链接的对象,在弹出的快捷菜单中选择"超链接"命令,也会弹出"插入超链接"对话框。

② 单击"链接到"下方的"本文档中的位置",如图 1-49 所示。

③ 选择"书签"标记下面的某个书签名,单击"确定"按钮即为选择的对象建立超链接。若没有选择文本,插入的超链接名称为标签名。也可以在"插入超链接"对话框中单击左侧的"现有文件或网页",然后再单击右侧的"书签"按钮,在弹出的"在文档中选择位置"对话框中选择书签的超链接对象。

(2)建立交叉引用,操作步骤如下:

① 在文档中确定建立交叉引用的位置,然后单击"插入"选项卡功能区中的"交叉引用"按钮,弹出"交叉引用"对话框。也可以单击"引用"选项卡功能区中的"交叉引用"按钮,也会弹出"交叉引用"对话框。

② 在"引用类型"下拉列表框中选择"书签"选项,在"引用内容"下拉列表框中选择"书签文字"选项,如图 1-50 所示。在"引用哪一个书签"列表框中选择某个书签,单击"插入"按钮即可在选中位置处建立交叉引用。

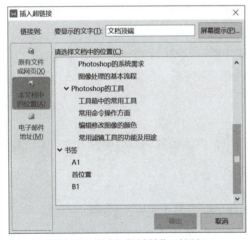

图 1-49 "插入超链接"对话框

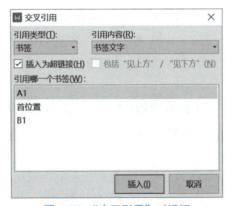

图 1-50 "交叉引用"对话框

1.3 图文混排与表格应用

WPS 文字除了具有强大的文本处理功能外,还提供了强大的图形、图片处理功能。同时,WPS 文字还提供了完善的表格应用功能。在使用这些功能同时,使得用户能够制作出图文并茂、生动形象的 WPS 文档。

1.3.1 图文混排

在 WPS 文字中，对于添加到文档中的图片，除了通过简单的复制操作外，系统在"插入"选项卡中提供了多种插入图片的方式：图片、形状、图标、图表、智能图形、截屏、流程图等。WPS 文字既支持以 wps 为扩展名的 WPS 文档，又支持以 docx 为扩展名的 Word 文档（兼容 Word 文档），但是在两种文档编辑中，其插图按钮的布局及外观有所区别。图 1-51(a)所示为以 wps 为扩展名的文档中的插入按钮，图 1-51(b)所示为以 docx 为扩展名的文档中的插图按钮。用户可根据需要选择其中一类文档进行编辑，本节内容采用以 docx 为扩展名的文档给大家介绍相关内容。

图 1-51 "插入"选项卡的插图按钮

- 图片：用来插入来自文件、扫描仪、手机以及网络的图片，选择不同的对象会弹出相应的"插入图片"对话框，用来确定插入图片的位置及图片名称。
- 形状：用来插入现成的形状，如矩形、圆、箭头、线条、流程图符号和标注等。单击该按钮会弹出下拉列表供用户选择。
- 图标：用来插入现有的、具有一定特色的图标，分成商业、形状、传统/节日等类别，既有收费图标，也有免费图标。单击该按钮会弹出下拉列表供用户选择。
- 图表：用来插入图表，用于演示和比较数据，包括柱形图、折线图、饼图、条形图、面积图等。单击该按钮会自动产生一个 WPS 表格文件，用来专门制作及编辑图表。
- 智能图形：用来插入智能图形，以直观的方式交流信息。智能图形包括图形列表以及更复杂的图形。单击该按钮会弹出"选择智能图形"对话框，用户可根据需要选择图形类型。
- 截屏：用来插入任何未最小化到任务栏的程序窗口的图片，可插入程序的整个窗口或部分窗口的图片。
- 流程图：用来插入或制作流程图，是嵌入 WPS 文字中的一款专门制作流程图的工具。
- 更多：WPS 还提供了更多的制图工具，包括思维导图、几何图、条形码、二维码、化学绘图等，可以根据需要进行选择。

1. 插入图片

在图 1-51 所示的"插入"选项卡功能区中的插图按钮中，提供了各类图的编辑方法。本节将介绍这些图片的编辑及添加方法。

视频1-17 插入图片

1）图片

在 WPS 文字中，图片来自文件、扫描仪、手机以及网络，插入图片的操作步骤如下：

（1）将插入点定位在文档中要插入图片的位置，单击"插入"选项卡功能区中的"图片"下拉按钮，弹出下拉列表，如图 1-52 所示。

（2）根据需要选择要插入的图片进行插入。

本地图片：单击"本地图片"，在打开的"插入图片"窗口中确定文件的位置及文件名，单击"打开"按钮即可插入指定的图片。

扫描仪：单击"扫描仪"，在打开的"选择来源"对话框中选择扫描仪中的图片即可。扫描仪需要连接计算机。

手机传图：单击"手机传图"，在打开的"插入手机图片"对话框中将出现一个二维码，用手机扫描该二维码，然后根据提示将手机中的图片上传，并下载到当前文档中。

稻壳图片：提供了丰富的图片，可以单击某张图片插入，也可以通过搜索框输入关键字，查找需要的图片，然后插入到当前文档中。

图 1-52　插入图片下拉列表

2）形状

WPS 提供的形状分为线条、矩形、基本形状、箭头总汇、公式形状、流程图、星与旗帜、标注共 8 类。操作方法是：选择某类形状后，在文档中拖动鼠标确定其大小，该形状将自动生成。用户一般需要通过插入若干个形状，并通过它们之间的联结，以实现某项功能。

3）图标

WPS 提供了丰富的图标，既有收费图标，也有免费图标。这些图标分成很多类，如箭头、手机、商业、形状等，用户可以直接选择使用，或者通过搜索功能查找需要的图标，置于文档中，相关操作类似于"图片"中的网络图片的操作方法。

4）图表

WPS 文字提供的图表分为图表和在线图表，图表是按系统给定的图表样式生成，在线图表则提供了更为丰富的图表样式，有些需要会员资格才能使用，两者的操作方法类似。操作步骤如下：

（1）将插入点定位在文档中要插入图表的位置，单击"插入"选项卡功能区中的"图表"按钮，选择一种插入图表的方式：

① 图表：弹出"插入图表"对话框，如图 1-53（a）所示。

② 在线图表：弹出下拉列表，如图 1-53（b）所示。

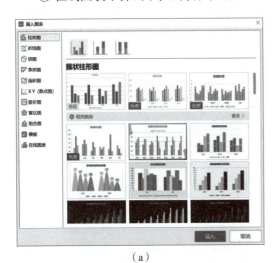

（a）

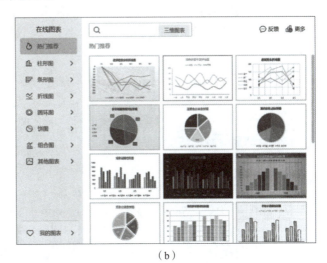

（b）

图 1-53　"插入图表"对话框和"在线图表"列表

（2）根据需要，选择某类图表当中符合要求的图表，单击"插入"按钮（图表样式），或者单击需要的图表（在线图表样式）。

（3）在插入点将自动插入带默认数据区域的图表。

（4）根据需要，重新设置图表的数据区域，以及对生成的图表进行编辑操作。

5）智能图形

视频1-18
智能图形

WPS 文字提供了丰富的智能图形，包括智能图形和关系图，创建方法类似。以创建公司的组织结构图为例，介绍如何创建智能图形以及如何编辑智能图形。

（1）创建智能图形。该类图形的创建步骤如下：

① 将插入点定位在需要插入智能图形的位置，单击"插入"选项卡功能区中的"智能图形"下拉按钮，在弹出的下拉列表中选择"智能图形"命令，弹出"选择智能图形"对话框，如图 1-54 所示。

② 在对话框左边的列表框中选择一种结构，如"组织结构图"，单击"确定"按钮，在插入点处将自动插入一个基本的组织结构图。

③ 输入文字。单击组织结构图中的文本框，直接输入文本。输入一个后单击下一个文本框继续输入，也可通过键盘上的光标键移动。

④ 输入完成后单击智能图形以外的任意位置，完成智能图形的创建，适当调整整个图形的尺寸，效果如图 1-55 所示。

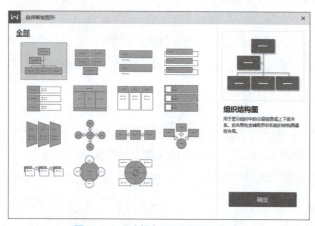

图 1-54 "选择智能图形"对话框

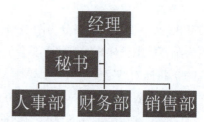

图 1-55 公司组织结构图

（2）智能图形的"设计"和"格式"选项卡。当插入一个智能图形后，系统将自动显示"设计"和"格式"选项卡，并自动切换到"设计"选项卡，如图 1-56（a）所示，"格式"选项卡如图 1-56（b）所示。

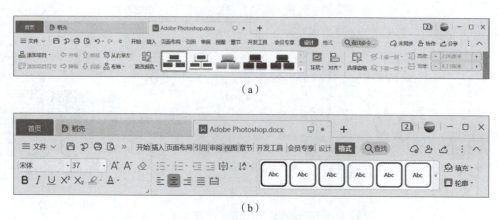

（a）

（b）

图 1-56 智能图形的"设计"和"格式"选项卡

"设计"选项卡包括添加项目（形状）、升降项目（形状）、添加项目符号，可以调整组织结构图的布局、更改颜色、调整样式,并可修改图形的边框、背景色、尺寸等。

"格式"选项卡包括设置文本格式、项目边框及填充设置。

通过智能图形的"设计"和"格式"选项卡,可以对创建的基本的智能图形进行多种编辑操作。同时,WPS 还提供了一种简洁的智能图形项目的操作方法,当选择了智能图形当中某个项目时,在其右侧将自动出现 5 个快捷图标,借助它们可以快速操作,快捷图标如图 1-57 所示。其中,用来添加项目,用来更改布局,用来更改位置,用来添加项目符号,用来调整形状样式。

(3)添加与删除形状。当选择的智能结构图不能满足需要时,可以在指定的位置处添加形状,也可以将指定位置处的形状删除。例如,若要在图 1-55 中的"财务部"右侧添加形状"规划部",操作步骤如下:

① 单击"财务部",选中形状。

② 单击右侧快捷图标中的,在弹出的下拉列表中选择"在后面添加项目",将自动添加一个空白形状。或者单击"设计"选项卡功能区中的"添加项目"下拉按钮,在弹出的下拉列表中选择"在后面添加项目"命令。

③ 输入文本"规划部",效果如图 1-58 所示。

图 1-57　智能图形的快捷图标

图 1-58　改进的公司组织结构图

可以调整整个智能图形或其中一个分支的布局。方法是选择要更改的形状,单击右侧快捷图标中的,在弹出的下拉列表中选择一种布局。或者单击"设计"选项卡功能区中的"布局"下拉按钮,在弹出的下拉列表中选择一种布局即可。

也可以更改某个形状的级别或位置。方法是选择要更改级别的形状,单击右侧快捷图标中的,在弹出的下拉列表中选择"降级""升级""前移""后移"。或者单击"设计"选项卡功能区中的"降级""升级""上移""下移"按钮来实现。

若要删除一个形状,首先选择该形状,然后按【Delete】键即可。

(4)设置智能图形颜色及样式。这里是指对整个智能图形进行颜色和样式的设置,单击智能图形以选择该图形。若要更改智能图形的颜色,操作步骤如下:

① 单击"设计"选项卡功能区中的"更改颜色"下拉按钮,在弹出的下拉列表中选择一种颜色。

② 选中的颜色将自动添加到整个组织结构图中。

若要更改智能图形的样式,可以选择某个形状,单击右侧快捷图标中的,在弹出的列表中选择某个形状样式即可。或者在"设计"选项卡功能区中的"智能样式"库中选择需要的样式。

(5)调整智能图形的形状格式。可以利用智能图形提供的"格式"选项卡功能调整图形中个别形状的格式,包括字符格式、轮廓格式及填充格式。例如,将图 1-58 中的"人事部"形状的格式调整为浅蓝底色、红色文本。操作步骤如下:

① 单击"人事部"项目,选中该形状。

② 单击"格式"选项卡,然后单击功能区中的颜色按钮,选择其中的红色。

③ 单击功能区中的"填充"下拉按钮,在弹出的下拉列表中的"标准色"列表中选择"浅蓝色"即可。

④ 设置后的效果如图 1-59 所示。

WPS 文字中提供了关系图的模板，可以借助这些模板快速生成所需要的关系图，操作步骤如下：

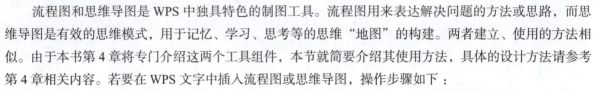

图 1-59　调整的公司组织结构图

① 单击"插入"选项卡功能区中的"智能图形"下拉按钮，在弹出的下拉列表中单击"关系图"，弹出"关系图"对话框。

② 该对话框提供了多种样式的关系图，可按"组织结构图""象限""并列"等分类，还可以选择关系图的项目数。选择一种关系图样式后，单击"插入"按钮，在插入点自动插入带基本样式的关系图。

③ 单击关系图的形状，分别输入文本。借助"绘图工具""文本工具"选项卡提供的功能，可以对关系图中的形状以及整个关系图进行编辑操作。

6）流程图和思维导图

扫一扫

视频1-19
其他图形

流程图和思维导图是 WPS 中独具特色的制图工具。流程图用来表达解决问题的方法或思路，而思维导图是有效的思维模式，用于记忆、学习、思考等的思维"地图"的构建。两者建立、使用的方法相似。由于本书第 4 章将专门介绍这两个工具组件，本节就简要介绍其使用方法，具体的设计方法请参考第 4 章相关内容。若要在 WPS 文字中插入流程图或思维导图，操作步骤如下：

（1）将插入点定位在 WPS 文档中的指定位置，单击"插入"选项卡功能区中的"流程图"下拉按钮 或"更多"中的"思维导图"下拉按钮 ，在弹出的下拉列表中选择插图方式。

① 插入已有流程图或插入已有思维导图：提供若干模板，可以根据需要选择。

② 新建空白图：从无到有创建流程图或思维导图。

③ 导入本地 POS 文件：一种数据文件，可以是数据或图像，以 POS 为扩展名。前提是已保存了此类文件。

（2）通常选择第一种方式，利用模板来生成（WPS 提供了足够多的模板，并且可以在此基础上进行修改），则弹出相应的模板对话框。图 1-60（a）为"请选择流程图"对话框，图 1-60（b）为"请选择思维导图"对话框，可以根据需要选择一种模板，单击"使用该模板"按钮。

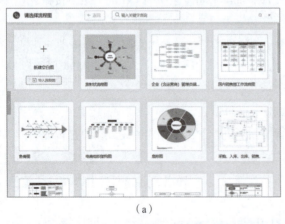
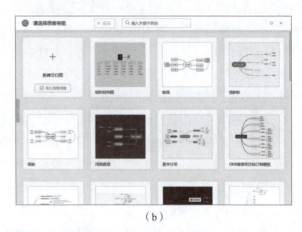

（a）　　　　　　　　　　　　　　　　（b）

图 1-60　"请选择流程图"对话框和"请选择思维导图"对话框

（3）自动打开一个可用于编辑流程图或思维导图的新文件，用户可根据需要对其内容及布局和格式进行编辑、修改。

（4）修改完成后，单击"关闭"按钮，弹出是否保存修改的确认对话框，并可重新命名，保存为用户命名的流程图或思维导图文件。

（5）重复第（2）步操作，在对话框的左侧选择已修改过的流程图或思维导图文件名，单击右侧的"插入到文档"按钮，可将修改后的流程图或思维导图插入到当前文档中。还可以将选择的图形通过单击"编辑"按钮进入编辑环境，或单击"另存为 / 导出"按钮，保存为指定的图像文件、PDF 文件、POS 文件或其他类型的文件。

（6）如果插入到 WPS 文字中的流程图或思维导图需要修改，双击之，可打开流程图或思维导图的编辑环境，然后进行修改。修改后可直接关闭，文档中将显示修改后的流程图或思维导图。

7）截屏

使用键盘上的【Print Screen】键，可将整个屏幕当作图像复制到剪贴板中。按快捷键【Alt+Print Screen】，可将当前活动窗口图像复制到剪贴板中。在 WPS 文字中，专门提供了屏幕截图工具，可以实现将任何未最小化到任务栏的程序窗口图片插入到文档中，也可以插入屏幕上的任意大小图片。操作步骤如下：

（1）将插入点定位在文档中要插入图片的位置。

（2）单击"插入"选项卡功能区中的"更多"下拉按钮，弹出下拉列表，如图 1-61（a）所示。选择一种截图方式（矩形区域截图、椭圆区域截图、圆角矩形区域截图、自定义区域截图），鼠标指针变成一个粗十字形状，拖动鼠标可以剪辑图片的大小。在截图之前，还可以调整截图方法。也可以在图 1-61（a）中选择"截屏工具窗口"命令，弹出图 1-61（b）所示的对话框，选择截图方式。

（3）放开鼠标后将自动弹出一个工具栏，如图 1-61（c）所示，该工具栏提供了多个功能按钮，可以实现将截取的图片"存为 PDF""翻译文字""提取文字"等操作，可根据需要进行选择。若单击"完成"按钮，在插入点处将自动插入截取的图片。

（a）

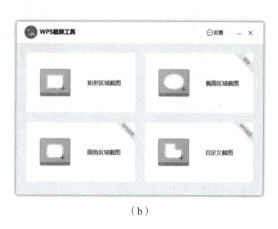
（b）

（c）

图 1-61　截屏下拉列表，"WPS 截屏工具"对话框和截图工具栏

8）更多

"更多"下拉列表中提供了 WPS 文字提供的其他图形的制作方法，如条形码、二维码、几何图、化学绘图。本节介绍常用的条形码及二维码的生成方法，几何图及化学绘图很少使用，在此不作介绍。

条形码和二维码在日常的学习和工作中经常遇到，WPS 提供了条形码和二维码的制作方法，相应的操作步骤如下：

（1）将插入点定位在 WPS 文字中要插入条形码或二维码的位置，单击"插入"选项卡功能区中的"更多"下拉按钮，在弹出的下拉列表中选择"条形码"或"二维码"。

（2）分别弹出"插入条形码"对话框，如图 1-62（a）所示，"二维码"对话框如图 1-62（b）所示。"条形码"对话框：首先选择编码类型（默认为 Code 128），然后在输入文本框处输入产品的数字代码。

"二维码"对话框：在最左侧选择建立二维码的类型（文本、名片、Wi-Fi、电话，默认为文本），输入二维码文本信息，在右侧对二维码进行设置，包括颜色设置、嵌入 Logo、嵌入文字、图案样式以及其他设置。

（3）对于条形码，单击对话框中的"插入"按钮将在插入点处生成条形码。对于二维码，在对话框中单击"确定"按钮将在插入点处生成二维码。

 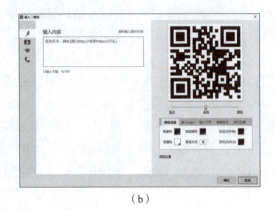

(a) (b)

图 1-62 "条形码"对话框和"二维码"对话框

扫一扫

视频1-20
编辑图形、图片

2. 编辑图形、图片

WPS 文字在"插入"选项卡中提供了插入多种图形及图片的方法，其中，插入的"形状"和"图标"图片默认方式为"浮于文字上方"，其他均以嵌入方式插入到文档中。根据用户需要，可以对这些插入的图形、图片进行多种编辑操作。

1）设置文字环绕方式

文字环绕方式是指插入图形、图片后，图形、图片与文字的环绕关系。WPS 文字提供了 7 种文字环绕方式，它们是嵌入型、四周型环绕、紧密型环绕、穿越型环绕、上下型环绕、浮于文字上方及衬于文字下方，其设置步骤如下：

（1）选择图形或图片，单击"图片工具"选项卡功能区中的"文字环绕"或"环绕"下拉按钮。

（2）在弹出的下拉列表中选择一种环绕方式即可。

设置文字环绕方式还有另外一种方法，其操作步骤如下：

（1）选择图形或图片后，在其右侧将自动产生一个快速工具栏，单击快速工具栏中的"布局选项"图标，在弹出的列表中任选一种环绕方式。

（2）右击要设置环绕方式的图形或图片，在弹出的快捷菜单中选择"设置对象格式"命令，弹出"设置对象格式"对话框，单击"版式"对话框，如图 1-63（a）所示。如需对其他参数设置，可单击对话框中的"高级"按钮，弹出"布局"对话框，单击"文字环绕"对话框，如图 1-63（b）所示。该操作仅对以 wps 为扩展名的 WPS 文档有效，对于以 docx 为扩展名的文档，需要选择快捷菜单中的"其他布局选项"命令才会弹出"布局"对话框。

（3）对以 wps 为扩展名的 WPS 文档中的图片，若插入的为单个图片，不是通过设计、组合等操作生成的图片，如单张图片、单个形状、单个图标、截屏等，双击之，将弹出"设置对象格式"对话框，然后再设置图片的环绕方式。

（4）单击"图片工具"选项卡功能区底部的对话框启动器按钮，将弹出"设置对象格式"对话框。该操作对以 WPS 为扩展名的文档有效。

(a) (b)

图 1-63　环绕方式设置

2）设置大小

对于 WPS 文档中的图形和图片，可以手动使用鼠标拖动图四周的控点的方式调整大小，但很难精确控制。通过如下操作方法可实现精确控制：选择图形或图片，直接在"图片工具"选项卡功能区中的"高度"和"宽度"文本框中输入具体值。或在打开的"设置对象格式"对话框中的"大小"选项卡中进行精确设置；或在打开的"布局"对话框中的"大小"选项卡中进行设置。如果取消"锁定纵横比"复选框，可以实现高度和宽度不同比例的设置。

3）抠除背景与裁剪

抠除背景是指将图片中不必要的信息或杂乱的细节删除，以强调或突出图片的主题。裁剪是指仅取一幅图片的部分区域。

（1）抠除背景的操作步骤如下：

① 在 WPS 文字中选中要进行背景删除的图片，图 1-64（a）所示为原图片。

② 单击"图片工具"选项卡功能区中的"抠除背景"按钮，在弹出的下拉列表中选择"智能抠除背景"命令，弹出"抠除背景"对话框，如图 1-64（b）所示。左侧为操作的图片，右侧用来设置抠图的方法。基础抠图提供了基本的背景标记方法，操作较为烦琐。智能抠图可分别标记背景及前景，操作简便。

③ 单击对话框右侧的"智能抠图"按钮，切换到智能抠图方式下。若要保留图片中的某个区域，单击按钮"保留"，然后在图像区域要保留的区域单击，可在要保留区域内的多个地方选择，以便准确控制保留区域。单击按钮"抠除"，然后在图像区域中要剔除的区域单击，可在要剔除区域内的多个地方选择，以便准确控制剔除区域，如图 1-64（c）所示。在标记保留区域和剔除区域时，可以控制标记的大小，单击其中的圆形符号即可选择大小。若标记错误，可借助撤销、重做、清空操作以及擦除涂抹按钮进行调整，然后重新标记。

④ 单击"长按预览"按钮不放，可查看抠除背景后的效果。也可按住键盘上的空格键不放查看该效果。若不满意，可继续按照前面的操作标记要抠除的背景和保留的目标。

⑤ 单击右下角的"完成抠图"按钮，图像将显示保留的区域，背景部分已剔除，如图 1-64（d）所示。

抠除背景还可以按如下方法操作，选择图片，单击图片右侧的快速工具栏上的"其他"按钮，在弹出的下拉列表中选择抠除背景图标，将弹出图 1-64（b）所示的操作环境。

(a)

(b)

(c)

(d)

图 1-64 删除图片背景

（2）裁剪在以 wps 为扩展名和以 docx 为扩展名的文档中是有所区别的。本文介绍在以 docx 为扩展名的文档中的裁剪操作，操作步骤如下：

① 选中要进行裁剪的图片，图 1-64（a）所示为原图片。

② 单击"图片工具"选项卡功能区中的"裁剪"按钮，在弹出的下拉列表中选择"按形状裁剪"或"按比例裁剪"。若按形状裁剪，在下拉列表中单击所需要的形状即可；若按比例裁剪，选择其中的一种比例即可，如图 1-65（a）所示。

③ 图片四周出现裁剪控点，可以拖动裁剪控点调整裁剪区域，使之仅包含希望保留的图片部分，并将大部分需要删除的区域排除在外，例如仅保留花朵区域。也可以单击图片右侧的显示比例进行调整。

④ 调整完成后，单击非图片区域，完成裁剪操作，也可以按【Esc】键完成裁剪操作。裁剪效果如图 1-65（b）所示。

裁剪还可以按如下方法操作，选择图片，单击图片右侧的快速工具栏上的"裁剪"按钮，然后再进行相应的裁剪操作。

(a)

(b)

图 1-65 裁剪图片

4）调整图片效果

可以调整图片亮度、色彩、效果、压缩图片、图片边框等。选中图片，单击"图片工具"选项卡功能区中的"压缩图片"或"智能缩放"按钮，在弹出的对话框中进行设置，可压缩或放大图片；单击按钮可分别调整图片的对比度和亮度；单击下拉按钮可将图片直接调整灰度、黑白或冲蚀；单击下拉按钮，在弹出的下拉列表中可以就图片的阴影、倒影、发光、柔化边缘、三维旋转等进行详细的设置；单击下拉按钮，在弹出的下拉列表中可以选择给图片添加边框；单击下拉按钮，在弹出的下拉列表可以选择对图片按一定角度旋转。

除了"图片工具"选项卡功能区中的按钮可以实现对图片的效果进行调整，还可以通过"设置对象格式"对话框中的"颜色与线条"标签进行设置。或者在图片右侧的"属性"窗格中对图片的"填充与线条""效果""图片"进行设置，该设置方法仅对 docx 为扩展名的文档中的图片有效。

5）调整形状格式

可以设置插入的形状的格式，但与插入的图片、屏幕截图有所区别。当插入形状后，WPS 将提供"绘图工具"选项卡，可以利用"绘图工具"选项卡功能区中的按钮进行详细设置，主要包括形状线条、轮廓、填充、文本等格式的设置，设置方法与图片的相应操作类似，在此不再赘述。

6）图片转换

WPS 文字对文档中的图片及其内容可以实现转换，例如文字提取、图片提取、图片文字翻译、图片转 PDF 文件。这部分功能位于"图片工具"选项卡功能区的最右侧。如需使用，直接单击相应按钮即可。还可以先选择图片，然后通过图片右侧的快速工具栏中的图标实现图片转换。

① 图片转文字：用于提取图片中的文字，并且可以以文档的方式保存提取的文字。

② 图片提取：用于提取当前文档中的所有图片，并自动保存。

③ 图片转 PDF：将当前文档中选择的图片转换成 PDF 文件，在转换时，还可以添加多张图片进行合并输出。

④ 图片翻译：将当前选择的图片中的文字识别出来并进行翻译，可以自动进行英译中或中译英，并且可以将翻译的文字进行复制。

3. 文本框与艺术字

文本框作为存放文本或图形的独立形状可以存放在页面中的任意位置，它不是普通的文字，而是图形对象。艺术字是文档中具有特殊效果的文字，也是一种图形对象。在 WPS 文字中，插入的文本框及艺术字默认的环绕方式均为"浮于文字上方"，可以根据需要调整为其他环绕方式。

扫一扫

视频1-21
文本框与艺术字

1）编辑文本框

文本框分为横向、竖向和多行文字，可以根据需要进行选择。在文档中插入文本框的方法有直接插入空文本框和在已选择的文本中插入文本框两种。在文档中插入文本框的操作步骤如下：

（1）将插入点定位在文档中的任意位置，单击"插入"选项卡功能区中的"文本框"下拉按钮，在弹出的下拉列表中选择一种文本框形式（横向、竖向、多行文字）。横向表示文字按从左到右、行按从上到下排列。竖向表示文字按从上到下、行按从右到左排列。多行文字表示文本框的大小随着文字的输入自动变大，而横向或竖向生成的文本框不会随着文本的输入自动变大，需要手工调整文本框的大小。

（2）指针变成十字形状，在文档中的适当位置拖动鼠标绘制所需大小的文本框。然后输入文本内容，例如输入文本"天艺数码工作室"。

若需将文档中已有文本转换为"文本框"，可先选中文本，然后选择"文本框"下拉列表中的"横向""竖向""多行文字"命令即可。新生成的文本框及其文本以默认格式显示其效果。

插入文本框后，可以根据需要修改文本框及其文本的格式。例如文本框的形状、样式、效果及文本格式等。操作方法为：选中要修改的文本框，将自动出现"绘图工具"和"文本工具"（效果设置）2个选项卡，利用这2个选项卡功能区中的按钮，实现对文本框的修改，其中，"绘图工具"选项卡可以实现对文本框的形状填充、形状轮廓、形状效果等格式的设置，"文本工具"（效果设置）选项卡可以实现对文本框的文本的字体、文本填充、文本轮廓、文本效果等格式的设置。例如，将"天艺数码工作室"文本框进行如下设置："文本效果"下"转换"中的"倒三角"弯曲效果，字体颜色为"紫色"，字体为"华文行楷"，字号为"二号"，居中对齐，编辑效果如图1-66（a）所示。

或者选择文本框后，通过文本框右侧的快速工具栏提供的图标对文本框进行操作，或者在文档的右侧，通过文本框的属性列表对文本框进行设置。

2）编辑艺术字

艺术字可以有多种颜色及字体，可以带阴影、倾斜、旋转和缩放，还可以更改为特殊的形状。在文档中插入艺术字的操作步骤如下：

（1）将插入点定位在文档中需要插入艺术字的位置，单击"插入"选项卡功能区中的"艺术字"下拉按钮，在弹出的下拉列表中选择一种艺术字样式，在文档中将自动出现一个带有"请在此放置您的文字"字样的文本框。

（2）在文本框中直接输入艺术字内容，例如输入"通信与信息工程学院"，则文档中就插入了艺术字，并以默认格式显示该艺术字的效果。

插入艺术字后，将自动出现"绘图工具"和"文本工具"（效果设置）选项卡，可以根据需要修改艺术字的风格，例如艺术字的形状、样式、效果等，操作方法类似于文本框。例如，将"通信与信息工程学院"艺术字进行如下设置："文本效果"下"转换"中的"波形2"弯曲效果，字体颜色为"红色"、字体为"华文琥珀"，字号为"一号"，编辑效果如图1-66（b）所示。

或者选择艺术字后，通过艺术字右侧的快速工具栏提供的图标对艺术字进行操作，或者在文档的右侧，通过艺术字的属性列表对艺术字进行设置。

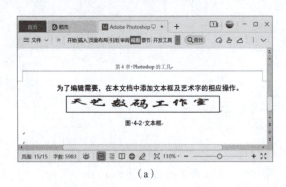
（a）

（b）

图1-66　文本框与艺术字

4. 文档部件

文档部件是一个库，是一个可在其中创建、存储和查找可重复使用的内容片段的库，内容片段包括自动图文集和域，也可以是文档中的指定内容（文本、图片、表格、段落等对象）。文档部件可实现文档内容片段的保存和重复使用。

若要将当前文档中选中的一部分内容保存为文档部件并重复使用，操作步骤如下：

（1）打开文档，选中内容，并对选中内容进行多种格式编辑。例如，选择建立的文本框及其题注。

（2）单击"插入"选项卡功能区中的"文档部件"下拉按钮，然后在弹出的下拉列表中选择"自动图文集"中的"将所选内容保存到自动图文集库"命令。

扫一扫

视频1-22
文档部件与文档封面

（3）弹出"新建构建基块"对话框，如图1-67所示。在"名称"文本框中输入文档部件名称，如"文本框"，其余项取默认值。

（4）单击"确定"按钮，完成将选中的内容以新建的构建基块保存到自动图文集库中。可按相同方法建立若干个文档部件。

（5）打开或新建另外一个WPS文档，将插入点定位在要插入文档部件的位置，单击"插入"选项卡功能区中的"文档部件"下拉按钮，在弹出的"自动图文集"下拉列表中可看到新建的文档部件，如图1-68（a）所示。单击某个已建立的文档部件，该部件将直接重用在文档中。

图1-67 "新建构建基块"对话框

若要修改或删除创建的文档部件，操作步骤如下：

（1）单击"插入"选项卡功能区中的"文档部件"下拉按钮，在弹出的"自动图文集"下拉列表中右击某个文档部件，弹出快捷菜单，如图1-68（b）所示。

（2）快捷菜单中提供了对该文档部件可能的所有操作，例如文档部件的插入位置、编辑属性、删除。选择在某个指定位置插入，可实现在该处插入文档部件；选择"编辑属性"命令，弹出"修改构建基块"对话框，可对其属性进行修改，单击"确定"按钮返回；选择"删除"命令，在弹出的确认对话框中单击"是"按钮即可删除。

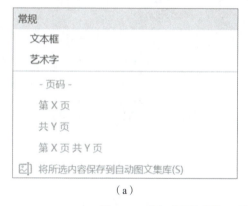

（a）

（b）

图1-68 "自动图文集"下拉列表和"文档部件"快捷菜单

5．文档封面

文档封面是在文档的最前面（作为文档的首页）自动插入一页图文混排的页面，用来美化文档，使用的封面样式可以来自WPS文字的内置"封面页"，也可以来自网络。

为现有文档添加封面的操作步骤如下：

（1）单击"插入"选项卡功能区中的"封面页"下拉按钮。

（2）在弹出的下拉列表中选择一个封面样式。该封面将自动被插入到文档的第一页中，现有的文档内容会自动后移一页。

（3）根据提示信息，还可以添加或修改封面上文本框中的信息，以完善封面内容。

若要删除文档封面，可以单击"插入"选项卡功能区中的"封面页"下拉按钮，在弹出的下拉列表中选择"删除封面"命令即可。也可以把封面当作文档内容，直接删除。

6．数学公式

在WPS文字中编辑科技类或学术类文档时，常常需要输入数学公式，WPS文字中的数学公式是通过公式编辑器输入的。输入公式的基本操作步骤为：将插入点定位在文档中需要插入公式的位置，单

扫一扫

视频1-23
数学公式

击"插入"选项卡功能区中的"公式"按钮,打开公式编辑器,如图1-69(a)所示。在公式编辑框中输入数学公式。在输入公式时,可以根据公式编辑器的工具栏提供的多种数学符号,结合键盘上的字符,实现公式输入。

例如,输入两点距离公式:$d=\sqrt{(y_2-y_1)^2+(x_2-x_1)^2}$,操作步骤如下:

(1)将插入点定位在需要插入公式的位置,利用上述方法打开公式编辑器。

(2)直接输入"d=",单击公式编辑工具栏中的"分式和根式模板",在弹出的下拉列表中选择根号,公式形如"$d=\sqrt{\ }$"。

(3)在根号中输入"(y",然后单击工具栏上的"上标和下标模板",在弹出的下拉列表中选择下标符号,输入"2",公式形如"$d=\sqrt{y_2}$"。

(4)按键盘上的向右光标键,插入点移到与"y"平级的位置,继续输入公式的其余内容,形如"$d=\sqrt{(y_2-y_1)}$"。

(5)单击工具栏上的"上标和下标模板",在弹出的下拉列表中选择上标符号,输入"2",公式形如"$d=\sqrt{(y_2-y_1)^2}$"。

(6)按照上述相似的方法,完成整个公式的输入,如图1-69(b)所示。

(7)单击公式编辑器右上角的"关闭"按钮,退出公式编辑,插入点处将出现输入的公式。

若需修改公式,可双击公式,将自动弹出公式编辑器,然后对公式内容进行修改。公式的删除等同于一般文本字符的删除方法,在此不再赘述。

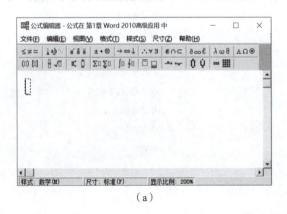
(a)

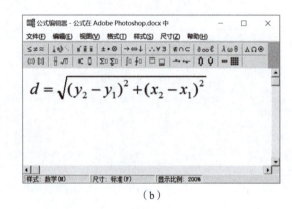
(b)

图1-69 公式编辑器

1.3.2 表格应用

WPS文字提供了方便、快捷的创建和编辑表格的功能,还能够为表格内容添加格式和美化表格,以及进行数据计算等操作,利用WPS文字提供的表格工具,可以制作出符合多种要求的表格。

1. 插入表格

在WPS文字中,系统在"插入"选项卡功能区中的"表格"下拉列表中提供了5种插入表格的方式,它们分别是表格、插入表格、绘制表格、文本转换成表格和插入内容型表格,可根据需要选择一种方式在文档中插入表格。

(1)表格。单击"插入"选项卡功能区中的"表格"下拉按钮,在弹出的下拉列表中的"插入表格"下面拖动鼠标选择单元格数量并单击,完成插入表格操作。利用这种方式最多只能插入一个17列×8行的表格。

(2)插入表格。选择下拉列表中的"插入表格"命令,弹出"插入表格"对话框,确定表格的行数和列数,单击"确定"按钮即可生成指定大小的表格。

（3）绘制表格。选择下拉列表中的"绘制表格"命令，鼠标指针变成一支笔状，拖动鼠标可以得到一个多行多列的表格，并且可以单独绘制表格的行和列。

（4）文本转换成表格。将具有特定格式的多行多列文本转换成一个表格。这些文本中的各行之间用段落标记符换行，各列之间用分隔符隔开。列之间的分隔符可以是逗号、空格、制表符等。转换方法为：选中文本，单击"表格"下拉列表中的"文本转换成表格"命令，弹出"将文字转换成表格"对话框，设置表格的行、列数，单击"确定"按钮完成转换。反之，表格也可以转换成文本，选中表格，单击"表格"下拉列表中的"表格转换成文本"命令，弹出"表格转换成文本"对话框，选择好文字分隔符后，单击"确定"按钮完成转换。

（5）插入内容型表格。WPS 文字提供了具有一定样式的表格模板，可以利用表格模板来生成表格。选择下拉列表中的"插入内容型表格"下面的表格类型，在弹出的对话框中选择一种模板，单击"插入"按钮即可生成表格。

2. 编辑表格

表格建立之后，可在表格中输入数据，并且可以对生成的表格进行多种编辑操作。主要包括对表格内的数据进行格式设置（字符格式和段落格式），对表格本身（包括单元格、行、列、表格）进行多种编辑操作。在 WPS 文字中，这些功能只是在界面和外观的显示方面进行了改进，操作方法及步骤非常类似，在此不再赘述，仅对其中的几个主要功能进行介绍。

扫一扫

视频1-24
编辑表格

将插入点移到表格中的任何单元格或选中整个表格，WPS 文字将自动显示"表格工具"和"表格样式"选项卡，如图 1-70 所示。

（a）"表格工具"选项卡

（b）"表格样式"选项卡

图 1-70　WPS 文字的表格编辑工具

"表格工具"选项卡提供了对表格单元格、行、列及整个表格的编辑，主要包括表格的单元格、行、列的插入、删除，行高、列宽的调整，表格中数据的字符格式、段落格式的设置，数据的排序与计算等方面的操作。

"表格样式"选项卡提供了对表格的样式进行调整的功能，主要包括表格的边框和底纹，表格样式等方面的操作。

（1）单元格的合并与拆分。除了常规的单元格合并与拆分方法外（"表格工具"选项卡功能区中的"合并单元格"按钮和"拆分单元格"按钮，快捷菜单中的"合并单元格"命令和"拆分单元格"命令），还可以通过"表格样式"选项卡功能区中的"擦除"和"绘制表格"按钮来实现。单击功能区中的"擦除"按钮，鼠标指针变成橡皮状，在要擦除的边框线上单击，可删除表格线，实现两个相邻单元格的合并。单击功能区中的"绘制表格"按钮，鼠标指针变成铅笔状，在单元格内按住鼠标左键并拖动，此时将会出现一条虚线，松开鼠标即可插入一条表格线，实现单元格的拆分。还可以设置铅笔的粗细及颜色。

（2）表格的跨页。如果表格放置的位置正好处于两页交界处，称为表格跨页。有两种处理办法：第一种方法是允许表格跨页断行,即表格的一部分位于上一页,另一部分位于下一页,但只有一个标题(适用于较小的表格);另外一种处理方法是在每页的表格上都提供一个相同的标题,使之看起来仍然是一个表格(适用于较大的表格)。第2种方法操作步骤为:选中要设置的表格标题(可以是多行),单击"表格工具"选项卡功能区中的"标题行重复"按钮,系统会自动在因为分页而被拆开的表格中重复标题行信息。

(3)设置表格样式。WPS 文字自带丰富的表格样式,表格样式中包含了预先设置好的表格字体、边框和底纹格式等信息。应用表格样式后,其所有格式将应用到表格中。设置方法:将插入点移到表格任意单元格中,单击"表格样式"选项卡功能区中的"预设样式"库中的某个表格样式即可。如果"预设样式"库中的表格样式不符合要求,单击"预设样式"库右侧的下拉按钮,弹出下拉列表,在下拉列表中选择所需的样式即可。还可以根据需要独立修改表格样式。

(4)"表格属性"对话框与"边框和底纹"对话框。除了可以利用"表格工具"和"表格样式"选项卡实现表格的多种编辑外,还可以利用"表格属性"对话框与"边框和底纹"对话框来实现相应的操作。单击"表格工具"选项卡功能区左侧的"表格属性"按钮,弹出"表格属性"对话框,如图1-71(a)所示。也可以单击功能区中设置单元格高度和宽度区域右下侧的对话框启动器按钮,或右击表格任意区域,在弹出的快捷菜单中选择"表格属性"命令,也会弹出"表格属性"对话框。在"表格属性"对话框中,可对表格、行、列和单元格等对象进行格式设置。

"边框和底纹"对话框的打开方法有多种。在"表格属性"对话框的"表格"选项卡中单击"边框和底纹"按钮可打开该对话框,如图1-71(b)所示。单击"表格样式"选项卡功能区中的"边框"下拉按钮,选择下拉列表中的"边框和底纹"命令,或右击表格任意区域,在弹出的快捷菜单中选择"边框和底纹"命令,也会弹出"边框和底纹"对话框。在"边框和底纹"对话框中,可以对边框、页面边框和底纹进行设置。

(a)

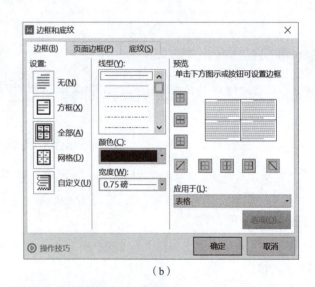
(b)

图1-71 "表格属性"对话框和"边框和底纹"对话框

扫一扫

视频1-25
表格数据处理

3. 表格数据处理

除了前面介绍的表格基本功能外,WPS 文字还提供了表格的其他功能,如表格的排序和计算。

1)表格排序

在 WPS 文字中,可以按照递增或递减的顺序把表格中每行的数据按照某一列的值以笔画、数字、日期及拼音等方式进行排序,而且可以根据表格多列的值进行复杂排序。表格排序的操作步骤如下:

(1)将插入点定位到表格的任意单元格中或选择要排序的行或列,单击"表格工具"选项卡功能区中的"排序"按钮。

（2）整个表格自动被全部选择，同时弹出"排序"对话框。

（3）在"排序"对话框中，在"主要关键字"下拉列表框中选择用于排序的字段（列数），在"类型"下拉列表框中选择用于排序的值的类型，如笔画、数字、日期或拼音等。升序或降序用于选择排序的顺序，默认为升序。

（4）若需要多字段排序，可在"次要关键字""第三关键字"等下拉列表框中指定字段、类型及顺序。

（5）单击"确定"按钮完成排序。

注意：要进行排序的表格中不能有合并或拆分过的单元格，否则无法进行排序。同时，在"排序"对话框中，如果选择"有标题行"单选按钮，则排序时标题行不参与排序；否则，标题行参与排序。

2）表格计算

利用 WPS 文字提供的公式或函数，可以对表格中的数据进行计算，如加（+）、减（—）、乘（*）、除（/）、求和、平均值、最大值、最小值、条件求值等。

（1）单元格引用。利用 WPS 文字提供的函数可进行一些复杂的数据计算，表格中的计算都是以单元格名称或区域进行的。在 WPS 文字表格中，用英文字母 A，B，C，…，从左到右表示列号，用数字 1，2，3，…，从上到下表示行号，列号和行号组合在一起，称为单元格的名称，或称为单元格地址或单元格引用。例如，A1 表示表格中第 1 列第 1 行的单元格，其他单元格名称依此类推。单元格的引用举例说明如下：

① B1：表示位于第 2 列第 1 行的单元格。

② B1，C2：表示 B1 和 C2 共 2 个单元格。B1 和 C2 之间用英文标点符号逗号分隔。

③ A1:C2：表示以单元格 A1 和单元格 C2 为对角的矩形区域，包含 A1，A2，B1，B2，C1，C2 共 6 个单元格。A1 和 C2 之间用英文标点符号冒号分隔，下同。

④ 2:2：表示整个第 2 行的所有单元格。

⑤ E:E：表示整个第 5 列的所有单元格。

⑥ SUM(A1:A5)：SUM 为求和函数，表示求 5 个单元格的所有数值型数据之和。

⑦ AVERAGE(A1:A5)：AVERAGE 为求平均值函数，表示求 5 个单元格数值型数据的平均值。

（2）利用公式进行计算。公式中的参数用单元格名称表示，但在进行计算时则提取单元格名称所对应的实际数据。现举例说明，表 1-1 为学生成绩表，要求计算每个学生的总分及平均分，操作步骤如下：

表 1-1　学生成绩表

姓名	思想道德修养与法律基础	英语一	大学计算机	高等数学	大学物理	总分	平均分
张贵兰	90	91	92	76	86	435	87
成成	86	84	93	86	82	431	86.2
赵越	90	79	91	90	85	435	87
程自成	88	73	93	76	79	409	81.8
王辉	82	93	89	79	83	426	85.2
郭香	83	86	87	88	76	420	84

① 将插入点置于"总分"单元格下方的单元格中，单击"表格工具"选项卡功能区中的"公式"按钮 fx 公式，弹出"公式"对话框。在"公式"文本框中已经显示出了所需的公式"=SUM(LEFT)"，表示对插入点左侧所有单元格的数值求和。根据插入点所在的位置，公式括号中的参数还可能是右侧（RIGHT）、上面（ABOVE）或下面（BELOW），根据需要进行参数设置，或输入单元格或区域的引用。

② 在"数字格式"下拉列表框中选择数字格式，如小数位数。如果出现的函数不是所需要的，可以

在"粘贴函数"下拉列表框中选择所需要的函数。

③ 单击"确定"按钮，插入点所在单元格中将显示计算结果 435。

④ 按照同样的办法，可计算出其他单元格的总分数据结果。

⑤ 平均分的计算方法类似。可以利用公式或函数来实现，选择的函数为 AVERAGE。H2 单元格中的公式为"=AVERGE(B2:F2)"，计算结果为 87。其他单元格的平均分数据结果可以依此进行计算。

⑥ 可用多种方法计算出单元格的数据结果。例如，对于单元格 G2 的数据结果，还可输入公式"=B2+C2+D2+E2+F2""=SUM(B2,C2,D2,E2,F2)"或"=SUM(B2:F2)"得到相同的结果；对于 H2 单元格的数据结果，其公式还可以写成："=(B2+C2+D2+E2+F2)/5""=AVERGE(B2,C2,D2,E2,F2)""=AVERGE(B2:F2)""=SUM(B2:F2)/5"或"=G2/5"等。

（3）快速计算。WPS 文字提供了表格内数据快速计算功能。其功能是对所选择的行或列的数据自动实现求和、平均值、最大值或最小值的计算。计算的结果位于所选择的行或列后面的一个单元格中，如果该行或列不存在，或者该行或列已有数据存在，WPS 将自动创建一行或一列，用来存放计算结果。

（4）更新计算结果。表格中的运算结果是以域的形式插入表格中的，当参与运算的单元格数据发生变化时，可以通过更新域对计算结果进行更新。选择更改了单元格数据的结果单元格，即域，显示为灰色底纹，按功能键【F9】，即可更新计算结果。也可以右击结果单元格（显示为灰色底纹），在弹出的快捷菜单中选择"更新域"命令。

1.4 域

视频1-26
域

域是 WPS 文字中较具特色的工具之一，它是引导 WPS 文字在文档中自动插入文字、图形、页码或其他信息的一组代码，在文档中使用域可以实现数据的自动更新和文档自动化。在 WPS 文字中，可以通过域操作插入许多信息，包括页码、时间和某些特定的文字、图形等，也可以利用它来完成一些复杂而非常有用的功能，例如自动创建目录、插入文档属性信息、实现邮件的自动合并与打印等，还可以利用它来链接或交叉引用其他的文档及项目，也可以利用域实现计算功能等。本节将介绍域的格式、一些常用域和域的基本操作。

1.4.1 域格式

域是 WPS 文字中的一种特殊命令，它分为域代码和域结果。域代码是由域特征字符、域名、域参数和域开关组成的字符串；域结果是域代码所代表的信息。域结果会根据文档的变动或相应因素的变化而自动更新。

域通常用于文档中可能发生变化的数据，如目录、页码、打印日期、总页数等，在邮件合并文档中为收件人单位、姓名、头衔等。

域的一般格式为：{ 域名 [域参数][域开关] }。

（1）域特征字符：即包含域代码的大括号"{ }"，它不能使用键盘直接输入，而是按快捷键【Ctrl+F9】自动产生。

（2）域名：WPS 文字域代码的名称，必选项。例如，"Seq"就是一个域的名称，WPS 文字提供了多种域。

（3）域参数和域开关：设定域类型如何工作的参数和开关，包括域参数和域开关，为可选项。域参数是对域名做进一步的限定；域开关是特殊的指令，在域中可引发特定的操作，域通常有一个或多个可选的域开关，之间用空格进行分隔。

1.4.2 常用域

在 WPS 文字中，域主要有公式、跳至文件、当前页码、书签页码等 23 个域，如表 1-2 所示。

表 1-2　WPS 域

域　名	域　代　码	域　功　能
公式	{ =Formula [Bookmark] [\# Numeric-Picture] }	插入公式
跳至文件	{ HYPERLINK "FileName" [Switches] }	打开并跳至指定文件
当前页码	{ PAGE [* Format Switch] }	插入当前页码
书签页码	{ PAGEREF Bookmark [* Format Switch] }	插入包含指定书签的页码
本节总页数	{ SECTIONPAGES }	插入本节的总页数
自动序列号	{ SEQ Identifier [Bookmark] [Switches] }	插入自动序列号
标记目录项	{ TC "Text" [Switches] }	标记目录项
当前时间	{ TIME [\@ "Date-Time Picture"] }	当前时间
打印时间	{ PRINTDATE [\@ "Date-Time Picture"] [Switches] }	上一次打印时间
创建目录	{ TOC [Switches] }	创建目录
文档的页数	{ NUMPAGES }	文档的页数
文档变量的值	{ DOCVARIABLE "Name" }	插入名为 NAME 文档变量的值
邮件合并	{ MERGEFIELD FieldName [Switches] }	插入邮件合并域
样式引用	{ STYLEREF StyleIdentifier [Switches] }	插入具有类似样式的段落中文本
插入图片	{ INCLUDEPICTURE "FileName" [Switches] }	通过文件插入图片
插入文本	{ INCLUDETEXT "FileName" [Bookmark] [Switches] }	通过文件插入文本
文档属性	{ DOCPROPERTY "Name" }	插入一个文本属性
文件名	{ FILENAME [Switches] }	插入文档的文件名
链接	{ LINK ClassName "FileName" [PlaceReference] [Switches] }	使用 OLE 插入文本的一部分
自动图文集	{ AUTOTEXT AutoTextEntry }	插入"自动图文集"词条
自动图文集列表	{ AUTOTEXTLIST "LiteralText" \s "StyleName" \t "TipText" }	插入基于样式的文字
Set	{ SET Bookmark "Text" }	为书签指定新文字
Ask	{ ASK Bookmark "Prompt" [Switches] }	提示用户指定书签文字

1.4.3　域操作

域操作包括域的插入、编辑、删除、更新和锁定等：

1. 插入域

在 WPS 文字中，域的插入操作可以通过以下 3 种方法实现：

（1）直接选择法。具体操作步骤如下：

① 将插入点移到要插入域的位置，单击"插入"选项卡功能区中的"文档部件"下拉按钮，在弹出的下拉列表中选择"域"命令，弹出"域"对话框，如图 1-72（a）所示。

② 在"域名"列表框中选择域名，如"当前页码"。在右侧"域代码"文本框中将显示该域代码，如图 1-72（b）所示。

③ 单击"确定"按钮完成域的插入。

（2）键盘输入法。如果熟悉域代码或者需要引用他人设计的域代码，可以用键盘直接输入，操作步骤如下：

① 把插入点移到需要插入域的位置，按快捷键【Ctrl+F9】，将自动插入域特征字符"{ }"。

② 在大括号内从左向右依次输入域名、域参数、域开关等参数。按功能键【F9】更新域，或者按快捷键【Shift+F9】显示域结果。

（3）功能按钮操作法。在 WPS 文字中，高级的、复杂的域功能难以手工控制，如邮件合并、样式引用和目录等。这些域的域参数和域开关参数非常多，采用上述两种方法难以控制和使用。因此，WPS 文字把经常用到的一些域操作以功能按钮的形式集成在系统中，通常放在功能区或对话框中，它们可以被当作普通操作命令一样使用，非常方便。

 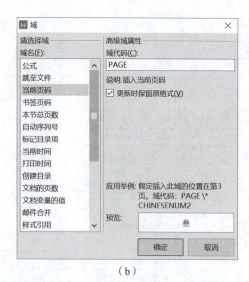

图 1-72 "域"对话框

2. 切换域结果和域代码

域结果和域代码是文档中域的两种显示方式。域结果是域的实际内容,即在文档中插入的内容或图形;域代码代表域的符号,是一种指令格式。对于插入到文档中的域,系统默认的显示方式为域结果,用户可以根据自己的需要在域结果和域代码之间进行切换。主要有以下 3 种切换方法。

(1)单击"文件"菜单中的"选项"按钮,打开"选项"对话框。在对话框右侧的"显示文档内容"栏中选择"域代码"复选框,如图 1-73 所示。单击"确定"按钮完成域代码的设置,文档中的域会以域代码的形式进行显示。

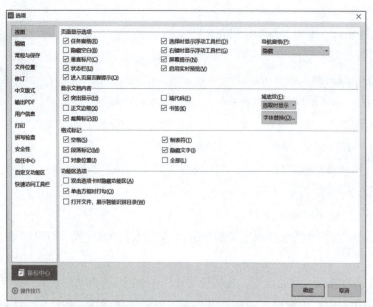

图 1-73 "选项"对话框

(2)可以使用快捷键来实现域结果和域代码之间的切换。选择文档中的某个域,按组合键【Shift+F9】实现切换。按组合键【Alt+F9】可对文档中所有的域进行域结果和域代码之间的切换。

(3)右击插入的域,在弹出的快捷菜单中选择"切换域代码"命令实现域结果和域代码之间的切换。

虽然在文档中可以将域切换成域代码的形式进行查看或编辑,但是在打印时都打印域结果。在某些特殊情况下需要打印域代码,则需选择"选项"对话框"打印"选项卡中的"打印文档的附加信息"栏中的"域代码"复选框。

3. 编辑域

编辑域也就是修改域，用于修改域的设置或修改域代码，可以在"域"对话框中操作，也可以在文档的域代码中直接进行修改。

（1）右击文档中的某个域，在弹出的快捷菜单中选择"编辑域"命令，弹出"域"对话框，根据需要修改域代码或域格式。

（2）将域切换到域代码显示方式下，直接对域代码进行修改，完成后按快捷键【Shift+F9】查看域结果。

4. 更新域

更新域就是使域结果根据实际情况的变化而自动更新，更新域的方法有以下两种：

（1）手动更新。右击要更新的域，在弹出的快捷菜单中选择"更新域"命令即可，也可以按功能键【F9】实现。

（2）打印时更新。单击"文件"菜单中的"选项"按钮，打开"选项"对话框。在打开的"选项"对话框中切换到"打印"选项卡，在右侧的"打印选项"栏中选择"更新域"复选框，此后，在打印文档前将会自动更新文档中所有的域结果。

5. 域的锁定和断开链接

虽然域的自动更新功能给文档编辑带来了方便，但是如果用户不希望实现域的自动更新，可以暂时锁定域，在需要时再解除锁定。若要锁定域，选择要锁定的域，按快捷键【Ctrl+F11】即可；若要解除域的锁定，按快捷键【Ctrl+Shift+F11】实现。如果要将选择的域永久性地转换为普通的文字或图形，可选择该域，按快捷键【Ctrl+Shift+F9】实现，也即断开域的链接。此过程是不可逆的，断开域连接后，不能再更新，除非重新插入域。

6. 删除域

删除域的操作与删除文档中其他对象的操作方法相同。首先选择要删除的域，按【Delete】键或【Backspace】键进行删除。可以一次性删除文档中的所有域，操作步骤如下：

（1）按快捷键【Alt+F9】显示文档中所有的域代码。如果域本来就是以域代码方式显示，此步骤可省略。

（2）单击"开始"选项卡功能区中的"查找替换"按钮，在弹出的下拉列表中选择"替换"，弹出"查找和替换"对话框。

（3）单击"查找内容"下拉列表框中的"特殊格式"下拉按钮，并从下拉列表框中选择"域"，"查找内容"下拉列表框中将自动出现"^d"。"替换为"下拉列表框中不输入内容。

（4）单击"全部替换"按钮，然后在弹出的对话框中单击"确定"按钮，文档中的域将被全部删除。

7. 域的快捷键

应用域的快捷键，可以使域的操作更简便、快捷。域的快捷键及其作用如表1-3所示。

表1-3 域的快捷键及其作用

快　捷　键	作　　用
【F9】	更新域，更新当前选择的所有域
【Ctrl+F9】	插入域特征符，用于手动插入域代码
【Shift+F9】	切换域显示方式，打开或关闭当前选择的域的域代码
【Alt+F9】	切换域显示方式，打开或关闭文档中所有的域代码
【Ctrl+Shift+F9】	解除域连接，将所有选择的域转换为文本或图形，该域无法再更新
【Alt+Shift+F9】	单击域，等同于双击 MacroButton 和 GoToButton 域
【Ctrl +F11】	锁定域，临时禁止该域被更新
【Ctrl+Shift+F11】	解除域，允许域被更新

1.5 批注与修订

当需要对文档内容进行特殊的注释说明时就要用到批注，WPS 文字允许多个审阅者对文档添加批注，并以不同的颜色进行标识。WPS 文字提供的修订功能用于审阅者标记对文档中所做的编辑操作，让作者根据这些修订来接受或拒绝所做的修订内容。

批注是文档的审阅者为文档附加的注释、说明、建议、意见等信息，并不对文档本身的内容进行修改。批注通常用于表达审阅者的意见或对文档内容提出质疑。

修订是显示对文档所做的诸如插入、删除或其他编辑操作的标记。启用修订功能，审阅者的每一次编辑操作，例如插入、删除或更改格式等都会被标记出来，作者可根据需要接受或拒绝每处的修订。只有接受修订，对文档的编辑修改才生效，否则文档内容保持不变。

批注与修订的区别在于批注并不在原文的基础上进行修改，而是在文档页面的空白处添加相关的注释信息，并用带颜色的方框括起来，而修订会记录对文档所做的多种修改操作。

1.5.1 设置方法

用户在对文档内容进行有关批注与修订操作之前，可以根据实际需要事先设置批注与修订的用户名、外观和位置。

1. 用户名设置

在文档中添加批注或进行修订后，用户可以查看到批注者或修订者名称。批注者或修订者名称默认为用户注册 WPS Office 时的账户名，可以根据需要对账户名进行修改。

单击"审阅"选项卡功能区中的"修订"下拉按钮 ，在弹出的下拉列表中选择"更改用户名"命令，弹出"选项"对话框，如图 1-74（a）所示。或通过"文件"菜单中的"选项"命令打开"选项"对话框。在对话框中的"姓名"文本框中输入新用户名，在"缩写"文本框中修改用户名的缩写，单击"确定"按钮使设置生效。

2. 外观设置

主要是对批注和修订标记的颜色、边框、大小等进行设置。单击"审阅"选项卡功能区中的"修订"下拉按钮 ，在弹出的下拉列表中选择"修订选项"，弹出"选项"对话框，如图 1-74（b）所示。或通过"文件"菜单中的"选项"命令打开"选项"对话框。用户可根据实际需要对相应选项进行设置，单击"确定"按钮完成设置。

视频1-27
批注与修订

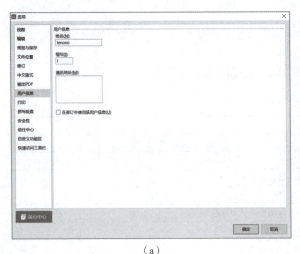

（a）

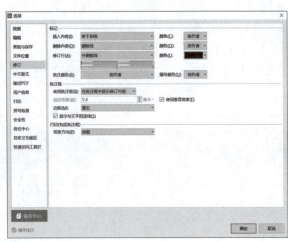

（b）

图 1-74 "选项"对话框

3. 位置设置

在 WPS 文档中，添加的批注位置默认为文档右侧。对于修订，直接在文档中显示修订位置。批注及修订还可以设置成以"垂直审阅窗格"或"水平审阅窗格"形式显示。

单击"审阅"选项卡功能区中的"审阅"下拉按钮，在弹出的下拉列表中选择"审阅窗格"级联菜单中的"垂直审阅窗格"命令，将在文档的左侧显示批注和修订的内容。若选择"水平审阅窗格"命令，将在文档的下方显示批注和修订的内容。

1.5.2 操作方法

批注主要包括批注的添加、查看、编辑、隐藏、删除等操作；修订主要包括修订功能的打开与关闭、修订的查看、审阅，比较文档等操作。

1. 批注操作

（1）添加批注。用于在文档中指定的位置或对选中的文本添加批注，具体操作步骤如下：

① 在文档中选中要添加批注的文本（或将插入点定位在要添加批注的位置），单击"审阅"选项卡功能区中的"插入批注"按钮。

② 选中的文本将被填充颜色，并且用一对括号括起来，旁边为批注框，直接在批注框中输入批注内容，再单击批注框外的任何区域，即可完成添加批注操作，如图 1-75 所示。

（2）查看批注。添加批注后，将鼠标指针移至文档中添加批注的对象上，鼠标指针附近将出现浮动窗口，窗口内显示批注者名称、批注日期和时间以及批注的内容，其中，批注者名称默认为用户注册 WPS Office 时的账户名。在查看批注时，用户可以查看所有审阅者的批注，也可以根据需要分别查看不同审阅者的批注。

单击"审阅"选项卡功能区中的"上一条"或"下一条"按钮，可使插入点在批注之间移动，以查看文档中的所有批注。

文档默认显示所有审阅者添加的批注，可以根据实际需要仅显示指定审阅者添加的批注。单击"审阅"选项卡功能区中的"显示标记"下拉按钮，在弹出的下拉列表中选择"审阅人"，级联菜单中会显示文档的所有审阅者，取消或选择审阅者前面的复选框，可实现隐藏或显示选中的审阅者的批注，其操作界面如图 1-76 所示。

图 1-75　添加批注

图 1-76　查看批注

可以借助"审阅窗格"来定位及查看批注和修订内容。操作方法为：单击"审阅"选项卡功能区中的"审阅"按钮，该按钮变成灰底，如图，同时在文档的右侧自动弹出"审阅窗格"，窗格显示了文档中所有的批注及修订，单击其中某项批注或修订，可定位该批注或修订在文档中的位置，也可以修改其内容。还可以查看指定日期内建立的批注及修订。

（3）编辑批注。如果对批注的内容不满意，可以进行编辑和修改，其操作方法为：单击要修改的某个批注框，直接进行修改，修改后单击批注框外的任何区域，完成批注的编辑和修改。

(4)隐藏批注。可以将文档中的批注隐藏起来,其操作方法为:单击"审阅"选项卡功能区中的"显示标记"下拉按钮,在弹出的下拉列表中选择"批注"命令前面的选择标记即可实现隐藏功能。若要显示批注,再次选择可选中此项功能。

(5)删除批注。可以选择性地进行单个或多个批注删除,也可以一次性地删除所有批注。

① 删除单个批注。右击该批注,在弹出的快捷菜单中选择"删除批注"命令,或单击"审阅"选项卡功能区中的"删除"下拉按钮,在弹出的下拉列表中选择"删除批注"命令。

② 删除所有批注。单击"审阅"选项卡功能区中的"删除"下拉按钮,在弹出的下拉列表中选择"删除文档中的所有批注"命令。

③ 删除指定审阅者的批注。首先要进行指定审阅者操作,然后进行删除操作。单击"审阅"选项卡功能区中的"删除"下拉按钮,在弹出的下拉列表中选择"删除所有显示的批注"命令即可删除指定审阅者的批注。

2. 修订操作

(1)打开或关闭文档的修订功能。在 WPS 文档中,文档的修订功能默认为"关闭"。打开或关闭文档的修订功能的操作如下:单击"审阅"选项卡功能区中的"修订"按钮即可;或者单击"修订"下拉按钮,在弹出的下拉列表中选择"修订"命令。如果"修订"按钮以灰色底纹突出显示,形如 ,则打开了文档的修订功能,否则文档的修订功能为关闭状态。

在修订状态下,审阅者或作者对文档内容的所有操作,如插入、修改、删除或格式设置等,都将被记录下来,这样可以查看文档中的所有修订操作,并根据需要进行确认或取消修订操作。

(2)查看修订。对 WPS 文档进行修订后,文档中包括批注、插入、删除、格式设置等修订标记,可以根据修订的类别查看修订,默认状态下可以查看文档中所有的修订。单击"审阅"选项卡功能区中的"显示标记"下拉按钮,弹出下拉列表。在下拉列表中可以看到"批注""插入和删除""格式设置"等命令,可以根据需要取消或选择这些命令,相应标注或修订效果将会自动隐藏或显示,以实现查看某一项的修订功能。

单击"审阅"选项卡功能区中的"上一条"或"下一条"按钮,可以逐条显示修订标记。

单击"审阅"选项卡功能区中的"审阅"下拉按钮,在弹出的下拉列表"审阅窗格"中选择"垂直审阅窗格"或"水平审阅窗格"命令,将分别在文档的左侧或下方显示批注和修订的内容,以及标记修订和插入批注的用户名和时间。

(3)审阅修订。对文档进行修订后,可以根据需要,对这些修订进行接受或拒绝处理。

如果接受修订,单击"审阅"选项卡功能区中的"接受"下拉按钮,弹出下拉列表,可根据需要选择相应的接受修订命令。

① 接受修订:表示接受当前这条修订操作。

② 接受所有的格式修订:表示接受文档中所有的有关格式的修订操作。

③ 接受所有显示的修订:表示接受指定审阅者所作出的修订操作。

④ 接受对文档所做的所有修订:表示接受文档中所有的修订操作。

如果要拒绝修订,单击"审阅"选项卡功能区中的"拒绝"下拉按钮,弹出下拉列表,可根据需要选择相应的拒绝修订命令。

① 拒绝所选修订:表示拒绝当前这条修订操作。

② 拒绝所有的格式修订:表示拒绝文档中所有的有关格式的修订操作

③ 拒绝所有显示的修订:表示拒绝指定审阅者所作出的修订操作。

④ 拒绝对文档所做的所有修订:表示拒绝文档中所有的修订操作。

接受或拒绝修订还可以通过快捷菜单方式来实现。右击某个修订,在弹出的快捷菜单中选择"接受"

或"拒绝"命令即可实现当前修订的接受或拒绝操作。

（4）比较文档。由于 WPS 文字对修订功能默认为关闭状态，如果审阅者直接修订了文档，而没有添加修订标记，就无法准确获得修改信息。可以通过 WPS 文字提供的比较审阅后的文档功能实现修订前后操作的文档间的对照，具体操作步骤如下：

① 单击"审阅"选项卡功能区中的"比较"下拉按钮，在弹出的下拉列表中选择"比较"命令，弹出"比较文档"对话框。

② 在"比较文档"对话框中的"原文档"下拉列表框中选择要比较的原文档，在"修订的文档"下拉列表框中选择修订后的文档。也可以单击这两个下拉列表框右侧的"打开"按钮，在"打开"对话框中选择原文档和修订后的文档。

③ 单击"更多"按钮，会展开更多选项供用户选择。用户可以对比较内容进行设置，也可以对修订的显示级别和显示位置进行设置，如图 1-77 所示。

④ 单击"确定"按钮，WPS 文字将自动对原文档和修订后的文档进行精确比较，并以修订方式显示两个文档的不同之处。默认情况下，比较结果将显示在新建的文档中，被比较的两个文档内容不变。

如图 1-78 所示，比较文档窗口分 3 个区域，分别显示两个文档的内容以及比较的结果。单击"审阅"选项卡功能区中的"接受"或"拒绝"下拉按钮，在下拉列表中选择所需命令，可以对比较生成的文档进行审阅操作，最后单击"保存"按钮，将审阅后的文档进行保存。

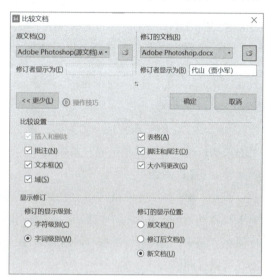

图 1-77 "比较文档"对话框

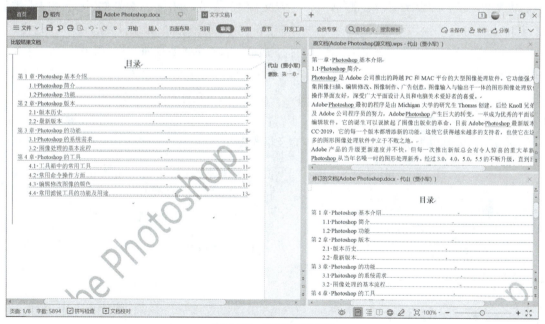

图 1-78 比较后的结果

1.6 邮件合并

在利用 WPS 文字编辑文档时，通常会遇到这样一种情况，即多个文档的文本内容、格式基本相同，

扫一扫

视频1–28
邮件合并

只有数据有所差异，如学生的获奖证书、荣誉证书、信息通知单、成绩报告单、信封等。对于这类文档的处理，可以使用 WPS 文字提供的邮件合并功能，直接从数据源提取数据，将其合并到 WPS 文档中，最终自动生成一系列的文档。

1.6.1 关键环节

要实现邮件合并功能，通常需要如下 3 个关键环节：

（1）创建数据源。邮件合并中的数据源可以是 WPS 文字、WPS 表格文件、Access 数据库、Word 文档、Excel 文档等。可以选择其中一种文件类型并建立数据源。

（2）创建主文档。主文档是一个 WPS 文档或 Word 文档，包含了文档所需的基本内容并设置了符合要求的文档格式。主文档中的文本和图形格式在邮件合并后固定不变。

（3）关联主文档与数据源。利用 WPS 文字提供的邮件合并功能，实现将数据源合并到主文档中的操作，得到最终的合并文档。

1.6.2 应用实例

现在以学生的"获奖证书"为例，说明如何使用 WPS 文字提供的邮件合并功能实现数据源与主文档的关联，最终自动批量生成一系列文档。

1. 创建数据源

采用 WPS 表格文件格式作为数据源。启动 WPS 表格程序，在表格中输入数据源文件内容。其中，第 1 行为标题行，其他行为数据行，共有 10 条数据，如图 1-79 所示，并以"获奖名单 .et"为文件名进行保存。其中，"照片"列中的数据为保存在文件夹"D:\\Picture"中的照片文件名，子文件夹名称之间用双反斜杠间隔。

2. 创建主文档

启动 WPS 文字，设计获奖证书的内容及版面格式，并预留文档中相关信息的占位符。其中格式如下：全文段落格式为左右缩进各 5 字符，单倍行距；"荣誉证书"所在行为华文行楷、一号、加粗并居中对齐，各字符间隔一个空格，段前 2 行，段后 1 行；"单位及日期"行为宋体、小四并右对齐；其余内容为宋体、小三并首行缩进 2 字符；插入一个文本框，并设置文本框格式：宽度为 3 厘米，高度为 3.5 厘米，无边框线，文本框内部边距（上、下、左、右）均为 0 厘米，文本框中输入文本"【照片】"，并将文本框调整到合适的位置，如图 1-86 所示，带"【 】"的文本为占位符。主文档设置完成后，以"荣誉证书 .docx"为文件名进行保存。主文档的内容及格式设置，读者可自行操作，在此不再给出操作步骤。

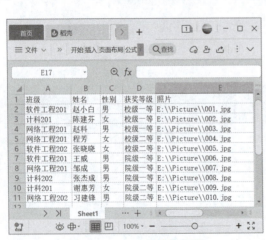

图 1-79　WPS 表格数据源

图 1-80　主文档

3. 关联主文档与数据源

利用邮件合并功能，实现主文档与数据源的关联。基本要求为：【班级】、【姓名】、【照片】及【获奖等级】用 WPS 表格数据源中的数据代替，如果是男生，在姓名后面同时显示"（男）"，否则显示"（女）"，各个同学的照片显示在文本框中。详细操作步骤如下：

（1）打开已创建的主文档"荣誉证书.docx"，单击"引用"选项卡功能区中的"邮件"图标，弹出"邮件合并"选项卡及其功能区。

（2）单击功能区中的"打开数据源"下拉按钮，在弹出的下拉列表中选择"打开数据源"命令，弹出"选择数据源"对话框。在对话框中选择已创建好的数据源文件"获奖名单.et"，单击"打开"按钮。

（3）弹出"选择表格"对话框，选择数据源所在的工作表，默认为表 Sheet1，如图 1-81 所示，单击"确定"按钮将自动返回。

（4）在主文档中选中第 1 个占位符"【班级】"，单击"邮件合并"选项卡功能区中的"插入合并域"按钮，在弹出的下拉列表中选择要插入的域"班级"，如图 1-82 所示。单击"插入"按钮，然后单击"关闭"按钮，"【班级】"变为"《班级》"。

（5）在主文档中选中第 2 个占位符"【姓名】"，按第（4）步操作，插入域"姓名"。

（6）将插入点定位在"《姓名》"的后面，按第（4）步操作，插入域"性别"，在插入的域"《性别》"两边输入一对括号"（）"。

图 1-81 "选择表格"对话框

图 1-82 "插入域"对话框

（7）按照插入域"【班级】"的方法插入域"获奖等级"。

（8）文本框中域"【照片】"的插入，可按下面方法进行操作。

① 选择文本框中的文本"【照片】"并删除，单击"插入"选项卡，选择其功能区中的"文档部件"下拉按钮，在弹出的下拉列表中选择"域"，弹出"域"对话框。

② 在对话框中左侧"域名"列表中单击域名"插入图片"，在右侧"域代码"文本框将自动出现"INCLUDEPICTURE"。修改文本框中的域代码为 INCLUDEPICTURE 'Pic'，如图 1-83 所示，其中字符串"Pic"代表要插入的图片文件名，这里可用任意字符代替。单击"确定"按钮，退出"域"对话框。主文档内容此时如图 1-84 所示。

③ 按快捷键【Alt+F9】，文档中所有的域自动切换到域代码状态，如图 1-85 所示。选择文本框中的域代码中的字符"Pic"并删除，按照插入域"【班级】"的方法插入域"照片"。文本框中的域代码为"{INCLUDEPICTURE "{ MERGEFIELD "照片"}" * MERGEFORMAT}"。

④ 按快捷键【Alt+F9】，文档中所有的域自动切换到域结果状态，与图 1-84 所示的结果相同。

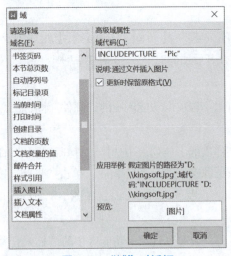

图 1-83 "域"对话框

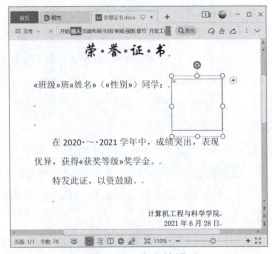

图 1-84 主文档域

（9）单击"邮件合并"选项卡功能区中的"查看合并数据"按钮，并通过功能区中的"首记录""上一条""下一条""尾记录"按钮，可逐条显示各记录对应数据源的数据。除"照片"域结果不能显示外，其余各条数据对应的各个域结果均能正常显示。

（10）单击"邮件合并"选项卡功能区中的邮件合并命令项，实现邮件合并后文档的输出，它们分别是：

① 合并到新文档：将邮件合并的内容输出到新文档中。

② 合并到不同新文档：将邮件合并的内容按照收件人列表输出到不同文档中。

③ 合并到打印机：将邮件合并的内容打印出来。

④ 合并到电子邮件：将邮件合并的内容通过电子邮件发送。

单击"合并到新文档"按钮，弹出"合并到新文档"对话框，如图 1-86 所示。

图 1-85 域代码

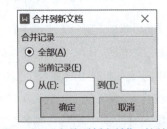

图 1-86 "合并到新文档"对话框

（11）在对话框中选择"全部"单选按钮，然后单击"确定"按钮，WPS 文字将自动合并文档，并将全部记录放到一个新文档"文字文稿 1.docx"中，如图 1-87 所示，生成一个包含 10 条数据信息的长文档。

（12）其中，文本框中并没有显示学生的照片，还是以域名的方式显示，需要进行域的更新操作。单击文档中第一位学生的文本框，按功能键【F9】，文本框中将自动显示该学生的照片。

（13）文档中的其余文本框中的域按步骤（12）进行更新，将自动显示对应学生的照片，操作结果如图 1-88 所示。

第 1 章　WPS 文字高级应用

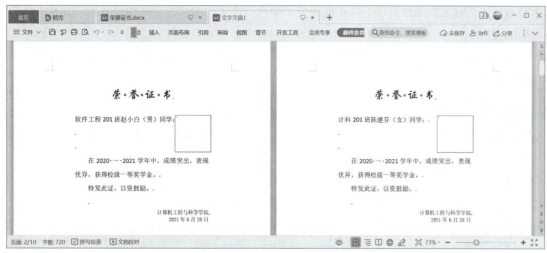

图 1-87　邮件合并文档

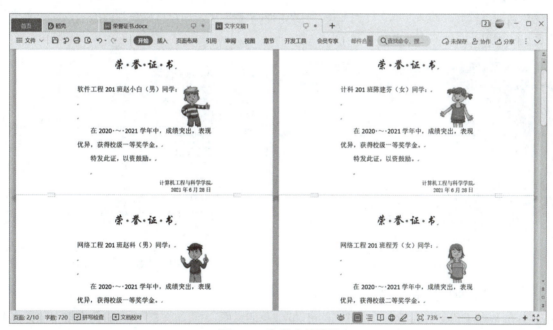

图 1-88　邮件合并结果

（14）选择"文件"菜单中的"另存为"命令对文档"文字文稿 1.docx"重新以"荣誉证书文档.docx"为文件名进行保存。

1.7　WPS 云办公

WPS Office 办公软件提供了强大的云办公服务，使用此服务，用户无论是使用手机端 WPS 还是计算机端 WPS，一旦登录 WPS 账户，便可实现文件或文件夹的云备份、云同步、云共享、云协作等操作，并方便在不同终端访问和管理以及和他人协同编辑以及共享文档。

用户注册 WPS 账号后，将获得 WPS 公司提供的具有一定存储容量的云空间，用以存储各类文档，并可对文档进行管理，实现云办公。从本地计算机进入 WPS 云办公环境的方法主要有三种：

（1）启动 WPS Office 软件（或 WPS 任意组件），单击标签栏左侧的"首页"标签，在弹出的 WPS Office 界面的"我的云文档"中可访问当前账号存储在 WPS 云空间的资源。

（2）双击桌面上的"此电脑"图标，在打开的"文件资源管理器"窗口中双击"WPS 网盘"，当前

扫一扫

视频1-29
云备份与云同步

显示为最近使用的云文档文件列表，可在此环境下实现云办公，如单击"我的云文档"文件夹，可浏览云空间中的资源。

（3）单击任务栏右侧的"WPS办公助手"图标，弹出"WPS办公助手"矩形框，在此界面中实现WPS云办公操作。

1.7.1 云备份

WPS可以将存储在本地计算机上的文件或文件夹上传至云空间进行保存，实现文档的云备份。操作步骤如下：

（1）单击标签栏左侧的"首页"标签，在弹出的WPS Office界面中选择"我的云文档"，进入云空间。

（2）单击右上角账户名下面的"新建"按钮，弹出下拉列表，如图1-89所示。

（3）单击"上传文件"或"上传文件夹"按钮，将弹出"添加文件"或"添加文件夹"对话框，其中，"添加文件"对话框如图1-90所示，"添加文件夹"对话框类似。

（4）在弹出的对话框中选择来自"我的电脑""我的桌面""我的文档"中的文件或文件夹，单击"打开"按钮，即可将选择的文件或文件夹上传到"我的云文档"中。用户可以在当前的"我的云文档"中查看已成功添加的文件或文件夹。

图1-89 "新建"下拉列表

图1-90 "添加文件"对话框

还有以下方法可以实现云备份操作。

（1）在WPS Office界面中，单击"我的电脑""我的桌面""我的文档"，在右侧窗格中选择要上传的文件或文件夹。若是单个文件夹，选择后单击右上角的"上传到我的云文档"按钮，在弹出的"上传到"对话框中确定云空间的目录位置，单击"确定"按钮即可。若是单个文件，选择后再单击右上角的"上传到云，启用'历史版本'功能"按钮，在弹出的"上传到"对话框中确定云空间的目录位置，单击"确定"按钮即可。若选择的是多个文件或文件夹（可以同时多选），单击文件列表上面的"复制"按钮，或右击后选择快捷菜单中的"复制"命令，或按快捷键【Ctrl+C】，然后定位到"我的云文档"中的某个目录位置并右击，选择快捷菜单中的"粘贴"命令，或按快捷键【Ctrl+V】，可将选择的多个文件或文件夹复制到云空间，实现云备份。

（2）打开"文件资源管理器"，双击"WPS网盘"，然后双击窗口上面的"我的云文档"图标，进入"我的云文档"文件夹，通过一般文件或文件夹的"复制""粘贴"命令，可以将本地计算机中选择的文件或文件夹复制到"我的云文档"文件夹中，实现云备份，如图1-91所示。还可以对"我的云文档"进行多种资管理操作，例如文件及文件夹的新建、重命名、复制、移动和删除等，类似于Windows中的"文件资源管理器"的操作方法。

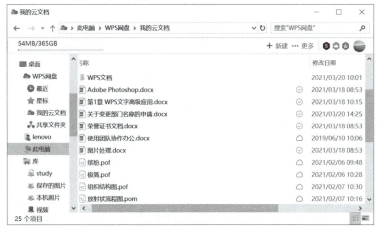

图 1-91 "我的云文档"文件夹

（3）打开本地计算机中的文件或已保存在"我的云文档"中的 WPS Office 文件，进行编辑（也可不编辑），单击"文件"菜单中的"另存为"命令，在弹出的"另存文件"对话框中选择"我的云文档"，然后再确定云空间的相应位置，单击"保存"按钮，实现云备份。

（4）新建 WPS Office 文件，然后选择"文件"菜单中的"保存"或"另存为"命令，也可以按上述方法实现文档的云存储。

在如图 1-89 所示的"新建"下拉列表中，还可以在"我的云文档"中实现各类文件或文件夹的新建，方法是直接单击相应的对象按钮即可，其中：

① 文件夹：在"我的云文档"中新建一个文件夹。
② 共享文件夹：新建一个可供多人管理、编辑文件的文件夹。
③ 同步文件夹：将本地计算机中指定的文件夹同步上传到"我的云文档"中，实现随时查看。
④ 文字、表格、演示、流程图及思维导图：实现在"我的云文档"中新建与之对应的空文件。

1.7.2 云同步

WPS 提供的云同步功能是指将本地计算机中的资源，包括文件或文件夹，自动备份到当前使用的 WPS 账号所对应的云空间，以避免上传备份或用其他存储设备的烦恼，方便远程办公，可分为文件、文件夹及桌面云同步。

1. 文件云同步

文件云同步用于实现自动备份本地计算机中打开或编辑过的文档。通过简单的设置即可实现，操作步骤如下：

（1）单击标签栏左侧的"首页"标签，在弹出的 WPS Office 界面中选择"我的云文档"，进入云空间。

（2）单击 WPS 账号左侧的"设置"图标 ，在弹出的下拉列表中选择"设置"命令，弹出"设置中心"界面。

（3）将"工作环境"列表中的"文档云同步"项设置为"开"状态即可，单击标题栏中"设置中心"右侧的"关闭"按钮以关闭"设置中心"。所有使用 WPS 打开的文档将自动备份到当前云空间中，并可用手机或其他移动办公设置查看及编辑这些文档。

2. 文件夹云同步

WPS 提供的文件夹云同步是将本地计算机中的文件夹同步到 WPS 云空间，同步后，在本地 / 异地对同步的文件夹中存储的资源实施的文件或子文件夹的新建、重命名、删除、复制或移动等操作，均可同步到 WPS 云空间，始终保持最新的状态，实现手机或其他移动设备远程访问及编辑的即时效果。文件夹云同步的操作步骤如下：

（1）双击桌面上的"此电脑"图标，打开"文件资源管理器"，或者用其他方法打开"文件资源管理器"，在窗口中找到需要同步的文件夹，如"E:\WPS 相关文档"。

（2）右击该文件夹，在弹出的快捷菜单中选择"自动同步文件夹到'WPS 云文档'"命令，弹出"让本地文件夹自动同步到云"对话框，如图 1-92 所示。

（3）单击"立即同步"按钮，将弹出"已成功添加同步文件夹"对话框，表示该操作已完成。直接关闭该对话框即可。文件夹云同步后，其图标上将自动添加一个云标识，形如"📁 WPS相关文档"。

实现文件夹云同步的操作还可以通过以下方法实现：

（1）单击图 1-89 所示的"新建"按钮，在弹出的下拉列表中选择"同步文件夹"命令来实现。

（2）在打开的"文件资源管理器"中定位到"WPS 网盘"文件夹，双击文件列表上面的"添加同步文件夹"图标来实现，形如"📁"。

（3）单击任务栏右侧的"WPS 办公助手"图标，弹出"WPS 办公助手"矩形框，单击"同步文件夹"图标来实现。

3. 桌面云同步

WPS 提供的桌面云同步实现将本地计算机桌面上的所有文件或文件夹智能同步到 WPS 网盘，同步后，在本地/异地对桌面上的资源实施的诸如文件或文件夹的新建、重命名、删除、复制或移动等操作，均可同步到 WPS 云空间，始终保持最新的状态，实现手机或其他移动设备远程访问及编辑的即时效果。桌面云同步的操作步骤如下：

（1）在打开的"文件资源管理器"中，定位到"WPS 网盘"文件夹，双击文件列表上面的"同步桌面文件夹"图标，形如"📁"，弹出"开启桌面云同步"对话框，如图 1-93 所示。

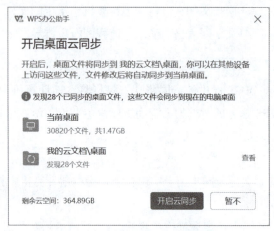

图 1-92 "让本地文件夹自动同步到云"对话框　　　图 1-93 "开启桌面云同步"对话框

（2）单击"开启云同步"按钮，弹出"WPS—桌面云同步"对话框，单击"同步设置"按钮，将弹出"已开启桌面云同步"提示对话框，实现桌面云同步，单击"关闭"按钮退出。WPS 网盘中的桌面图标变为"📁"。

桌面云同步还可以通过以下方法实现，单击任务栏右侧的"WPS 办公助手"图标，弹出"WPS 办公助手"矩形框，单击"桌面云同步（未启用）"图标来实现桌面云同步后，其图标变为"桌面云同步（已启用）"。

如果需要取消桌面云同步，可按以下方法实现。打开"WPS 网盘"文件夹，右击"桌面"图标，在弹出的快捷菜单中选择"管理桌面云同步"命令，弹出"已开启桌面云同步"对话框，单击对话框中最下面的"停用当前桌面云同步"项,弹出"确定停用桌面云同步"对话框,单击"停用同步"按钮即可,桌面图标将变为" "。取消桌面云同步的操作还可以在"WPS办公助手"工具中通过单击"桌面云同步"的方法来实现,或者在WPS Office 标题栏的"首页"下拉列表中的"我的云文档"中实现。此操作方法类似于在"WPS网盘"中的操作法,在此不再赘述。

1.7.3 云共享

扫一扫

视频1-30
其他云操作

存储在WPS账号所对应的云空间中的文件或文件夹可以实现信息共享以提高文档协作效率。对于文件,是以分享形式实现共享的;对于文件夹,是以共享形式实现的。

1. 分享云文件

所有存储在WPS账号相对应的云空间中的文件,均可以链接的形式与他人共享,操作步骤如下:

(1)单击标签栏左侧的"首页"标签,在弹出的WPS Office界面中选择"我的云文档",进入云空间。

(2)在窗口右侧的文件列表中拖动滚动条,找到要分享的文件,该文件右侧将自动出现一个"分享"图标,形如" 分享 ",单击"分享"图标,将弹出有关该文件的分享对话框,如图1-94(a)所示。或者选择要分享的文件,然后单击"分享"图标,或右击文件,在弹出的快捷菜单中选择"分享"命令,均可弹出相应的对话框。

(3)对于首次分享的文档,在对话框中可先设置文档的分享权限,单击"创建并分享"按钮,弹出图1-94(b)所示的对话框。

(a)

(b)

图1-94 "文件分享"对话框

(4)单击"复制链接"按钮,并把该链接发给其他人,就能实现文件的共享。可以发给指定的联系人、发至手机或以文件方式发送。

分享云文件的操作还可以在"WPS网盘"的"我的云文档"文件夹中实现,右击要分享的文件,在弹出的快捷菜单中选择"分享文档"命令即可进行相应的操作。或者在WPS Office中打开文档,单击选项卡右侧的"分享"按钮也可进行分享操作,或单击"文件"菜单,在弹出的下拉列表中选择"分享文档"项来实现。

2. 共享云文件夹

可以在云空间中建立一个文件夹,并将此文件夹与他人共享,参与者可以对文件夹中的资源进行多种管理及编辑，实现云共享，操作步骤如下：

（1）单击标签栏左侧的"首页"标签，在弹出的 WPS Office 界面中选择"我的云文档"，进入云空间。

（2）单击右上角账户名下面的"新建"按钮，在弹出的下拉列表中选择"共享文件夹"按钮，弹出"新建共享文件夹"对话框，如图 1-95（a）所示。

（3）单击"共享文件夹"按钮新建一个共享文件夹，弹出"创建共享文件夹"对话框。也可以在模板列表中选择一种模板进行新建。

（4）输入共享文件夹名称，单击"立即创建"按钮，弹出"邀请成员"对话框。

（5）单击"复制链接"按钮，可以向微信、QQ 或联系人发送链接地址，邀请指定人员加入。单击"关闭"按钮退出。

（6）建立共享文件夹后，还可以继续邀请成员，进行"上传文件"或"上传文件夹"，成员可对上传的文件或文件夹进行多种编辑操作，如图 1-95（b）所示。

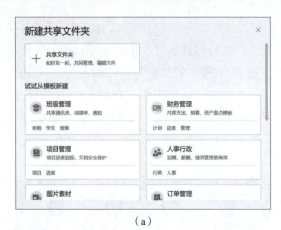
（a）

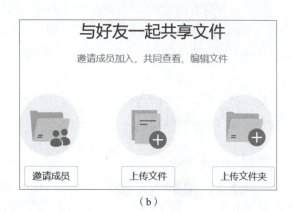
（b）

图 1-95　共享文件夹

创建共享文件夹后，其图标形如" 教材编写 "，也可以取消共享。右击共享文件夹，在弹出的快捷菜单中选择"取消共享"命令，该文件夹将成为普通文件夹。

还可以在"WPS 网盘"中建立共享文件夹，双击"共享文件夹"进入该文件夹，单击账户名左侧的"新建"按钮，在弹出的下拉列表中选择"新建共享文件夹"命令进行创建，或在窗口中右击，在弹出的快捷菜单中选择"新建共享文件夹"命令进行创建。

1.7.4　云协作

WPS 云协作可实现文档的多人在线实时协作，还可以发起或参与远程会议，满足多人协同办公需求。

1. 多人协同编辑

所有存储在 WPS 账号相对应的云空间中的文件，均可供多人编辑，操作步骤如下：

（1）单击标签栏左侧的"首页"标签，在弹出的 WPS Office 界面中选择"我的云文档"命令，进入云空间。

（2）在窗口右侧的文件列表中拖动滚动条，选择相应的文件，然后单击文件列表右侧"进入多人编辑"按钮" 进入多人编辑 "，或右击文件，在弹出的快捷菜单中选择"进入多人编辑"命令，均可打开文档并进入协同编辑模式。其他成员可通过相同的方法同时编辑该文档。

（3）进入多人协同编辑模式，在 WPS Office 文档的右上角可查看当前文档的在线协作人员。鼠标指针指向账号头像即可显示协同人员姓名。

（4）单击头像右侧的"历史记录"图标 ，在弹出的下拉列表中可查看"查看最新改动""历史版本"和"协作记录"。

（5）单击"历史记录"左侧的"远程会议"图标 ，可以实现多人同步观看文档，可利用手机或电脑进行语音及视频讨论。

2. 远程会议

WPS 提供了远程会议功能，可以实现在线会议，操作步骤如下：

（1）单击标签栏左侧的"首页"标签，在弹出的 WPS Office 界面中单击"应用"图标 ，弹出"应用中心"界面。

（2）单击左侧的"分享协作"标签，然后在右侧界面中单击"会议"按钮，进入远程会议，如图 1-96 所示。

（3）如果是会议的发起人，单击"发起会议"按钮，将发起一个远程会议。发起远程会议后，可以邀请成员加入，单击"邀请成员"按钮，将会自动生成本次会议的邀请码，利用链接、二维码、

图 1-96　远程会议

会议接入码等方式邀请他人加入会议。如果要参加会议，单击"加入会议"按钮，输入加入码或者会议链接可加入会议。如果要预约会议，单击"预约会议"按钮，然后确定会议的主题、时间、时长等信息。

1.7.5　云删除与云回收站

类似于 Windows 的"文件资源管理器"，WPS 提供了云空间中的文件管理功能，可对这些文件进行多种操作，如删除、还原。当用户删除了 WPS 云空间中的文件或文件夹后，该文件或文件夹将被放入云回收站中，可以在云回收站中查看或还原被删除的文件或文件夹。

1. 云删除

当 WPS 云空间中的文件或文件夹不需要时，可进行删除。操作步骤如下：

（1）单击标签栏左侧的"首页"标签，在弹出的 WPS Office 界面中选择"我的云文档"命令，进入云空间。

（2）在窗口右侧的文件列表中选择要删除的文件或文件夹，若是单个，右击该文件或文件夹，在弹出的快捷菜单中选择"删除"命令，该文件或文件夹将被移到云回收站中。可同时选择多个文件或文件夹，单击文件列表上方的"删除"按钮即可。或者打开"WPS 网盘"，然后进行类似的删除操作。

2. 云回收站

单击标签栏左侧的"首页"标签，在弹出的 WPS Office 界面中选择"回收站"，可进入云回收站。放入云回收站的文件或文件夹默认的存放周期 90 天，超过后将自动永久删除，当然也可根据需要进行还原或彻底删除。

（1）还原。在云回收站的列表中，右击某个文件或文件夹，在弹出的快捷菜单中选择"还原"命令，该文件或文件夹将还原到删除前的位置。

（2）彻底删除。在云回收站的列表中，右击某个文件或文件夹，在弹出的快捷菜单中选择"彻底删除"命令，该文件或文件夹将从云回收站中彻底删除，从而无法再还原。

第 2 章
WPS 表格高级应用

WPS 表格是 WPS Office 办公软件中的电子表格处理软件，利用 WPS 表格不但能方便地创建和编辑工作表，而且 WPS 表格为用户提供了丰富的函数、公式、图表和数据分析管理的功能。因此，WPS 表格被广泛用于文秘、财务、统计、审计、金融、人事、管理等各个领域。通过本章的学习，可以掌握快速有效地输入和获取数据、复杂公式和函数的应用、图表和数据的分析管理等方面的知识。

2.1 数据的输入

在 WPS 表格中可以输入文本、数字、日期等各种类型的数据。通常的输入数据的方法是：在需要输入数据的单元格中单击，然后输入数据，按回车键或方向键确认。但某些特殊的数据，如职工号（唯一）、职称（有限选项）、学历（有限选项）、成绩（限定范围）、身份证号（限定长度）等，为了实现这类数据快速、正确的输入，可以通过设置数据有效性来实现。又如，某些常用的序列（月份、星期、等差和等比序列等），为了实现这类数据的快速输入，可以通过自定义序列和填充柄实现。WPS 表格数据表的建立除了使用输入的方法外，还可以通过"数据"选项卡下功能区中的"导入数据"按钮来获取本地计算机或网络上的外部数据。

2.1.1 数据有效性

数据有效性是指通过建立一定的规则来限制单元格中输入数据的类型或范围，以提高单元格数据输入的速度和准确性。此外，还可以使用数据有效性定义帮助信息，或圈释无效数据。

1. 禁止输入重复数据

在制作数据表时，经常遇到输入数据必须是唯一的情况，如各类编号、身份证号等，为了防止输入重复的数据，可通过设置数据有效性来实现。禁止输入重复数据的操作步骤如下：

（1）选择禁止输入重复数据的区域，例如 B2:B60，在"数据"选项卡下的功能区中单击"有效性"下拉按钮，选择"有效性"命令，弹出"数据有效性"对话框，在"允许"下拉列表框中选择"自定义"选项，在"公式"文本框中输入公式"=COUNTIF($B$2:$B$60,B2)=1"，如图 2-1 所示。

（2）选择"出错警告"选项卡，在"标题"文本框中输入"错误提示"，在"错误信息"文本区中输入"数据重复"，如图 2-2 所示。

（3）单击"确定"按钮，当在 B2:B60 单元格区域输入数据重复时，即可弹出"错误提示"对话框，禁止用户在其中输入重复数据，如图 2-3 所示。

图 2-1　设置数据有效性条件　　图 2-2　设置出错警告信息　　图 2-3　错误提示

2. 将数据输入限制为下拉列表中的值

在 WPS 表格中输入有固定选项的数据，如职称、学历、性别、婚否、部门等时，如果能直接从下拉列表中选择输入，则可以提高输入的准确性和速度。下拉列表的生成，可以通过数据有效性的设置来实现，具体操作步骤如下。

扫一扫

视频2-1
自定义下拉列表

（1）选择输入有限选项数据的区域，例如 C2:C17，在"数据"选项卡功能区中，单击"有效性"下拉按钮，选择"有效性"命令，弹出"数据有效性"对话框，在"允许"下拉列表框中选择"序列"选项，在"来源"文本框中输入"教授,副教授,讲师,助教"（其中的间隔符逗号需要在英文状态下输入），如图 2-4 所示。

图 2-4　设置数据有效性条件（序列）

（2）单击"确定"按钮，关闭"数据有效性"对话框。返回工作表中，当在 C2:C17 区域内任意单元格输入数据时，单元格右边显示一个下拉按钮，单击此下拉按钮，则弹出下拉选项，如图 2-5 所示，在其中选择一个值填入即可。

此外，利用数据有效性还可以指定单元格输入文本的长度、数的范围、时间的范围等，如图 2-6 所示。

3. 圈释无效数据

圈释无效数据是指系统自动将不符合条件的数据用红色的圈标注出来，以便编辑修改。具体操作步骤如下。

（1）选择要圈释无效数据的单元格区域，例如 B2:E12 单元格区域。在"数据"选项卡下的功能区中，单击"有效性"下拉按钮，选择"有效性"命令，弹出"数据有效性"对话框，在"允许"下拉列表框中选择"整数"，"数据"下拉列表框中选择"介于"，在"最小值"文本框中输入 0，在"最大值"

文本框中输入100,如图2-7所示。

图 2-5　下拉列表

（a）指定文本长度

（b）指定整数范围

（c）指定日期范围

图 2-6　数据有效性设置

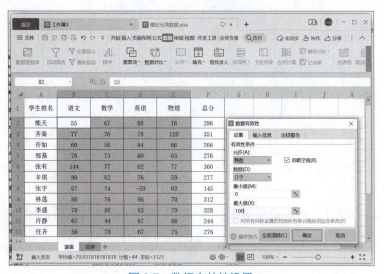

图 2-7　数据有效性设置

（2）单击"确定"按钮,关闭"数据有效性"对话框。在"数据"选项卡下的功能区中,单击"有效性"下拉按钮,选择"圈释无效数据"命令,此时工作表选定区域中不符合数据有效性条件的数据就被红圈标注出来,如图2-8所示。

圈定这些无效数据后,就可以方便地找出和修改了。数据修改正确后,红色的标识圈会自动清除。若要手动清除标注，则可以通过在"数据"选项卡下的功能区中，单击"有效性"下拉按钮，选择"清除验证标识圈"命令，红色的标识圈就会自动清除。

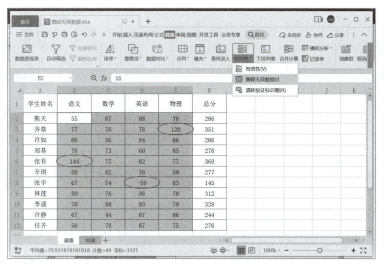

图 2-8　圈释无效数据

2.1.2　自定义序列

在 WPS 表格中输入数据时，如果数据本身存在某些顺序上的关联特性，那么使用 WPS 表格所提供的填充柄功能就能快速地实现数据的输入。通常，WPS 表格中已内置了一些序列，例如"星期日、星期一、星期二、……""甲、乙、丙、……""JAN、FEB、MAR、……""子、丑、寅、……"等，如果要输入上述内置的序列，只要在某个单元格输入序列中的任意元素，把光标放在该单元格右下角，光标变成实心加号后拖动鼠标，就能实现序列的填充。对于系统未内置而个人又经常使用的序列，可以采用自定义序列的方式来实现填充。

1. 基于已有项目列表的自定义序列

（1）在工作表的单元格区域（A1:A4）依次输入一个序列的每个项目，如一季度、二季度、三季度、四季度，然后选定该序列所在的单元格区域。

（2）选择"文件"选项卡中的"选项"命令，在弹出的"选项"对话框中单击"自定义序列"标签，如图 2-9 所示。

（3）此时自定义序列的区域已显示在"导入"按钮左边的文本框中，单击"导入"按钮，再单击"确定"按钮，即完成序列的自定义，如图 2-10 所示。

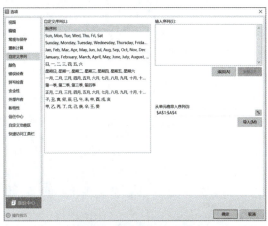

图 2-9　"选项"对话框

图 2-10　导入自定义序列

（4）序列自定义成功后，它的使用方式和内置的序列一样，在某一单元格内输入序列的任意值，拖动填充柄就可以进行填充。

2. 直接定义新项目列表序列

（1）选择"文件"选项卡中的"选项"命令，在弹出的"选项"对话框中单击"自定义序列"标签，如图2-9所示。

（2）在对话框右侧的"输入序列"文本框中，依次输入自定义序列的各个条目，每输完一个条目后按【Enter】键确认，如图2-11所示。

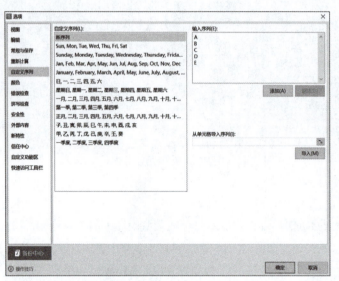

图2-11　输入自定义序列

（3）全部条目输入完毕后，单击"添加"按钮，再单击"确定"按钮，退出自定义序列窗口，完成新序列的定义。

2.1.3　条件格式

条件格式通过为满足某些条件的数据应用特定的格式来改变单元格区域的外观，以达到只需快速浏览即可立即识别一系列数值中存在的差异的效果。

条件格式的设置可以通过WPS表格预置的规则（突出显示单元格规则、项目选取规则、数据条、色阶、图标集）来快速实现格式化，也可以通过自定义规则实现格式化。前者操作比较容易，这里不再赘述。下面重点介绍自定义规则格式化，以图2-12所示的学生成绩表为例，要求：

扫一扫

视频2-2
条件格式

	A	B	C	D	E	F
1	期末成绩表					
2	学生姓名	语文	数学	英语	物理	总分
3	熊天	55	67	88	76	286
4	齐秦	77	76	78	79	310
5	许如	60	56	84	66	266
6	郑基	78	73	60	65	276
7	张有	44	77	62	77	260
8	辛琪	80	62	76	59	277
9	张宇	67	74	59	63	263
10	林莲	80	76	86	70	312
11	李盛	78	88	83	79	328
12	许静	67	44	67	66	244
13	任齐	56	78	67	75	276

图2-12　学生成绩表

第 2 章　WPS 表格高级应用

（1）将各科成绩小于或等于 60 分的单元格字体红色加粗显示。

（2）将成绩表中总分最高的单元格用黄色填充标示。

第（1）题操作步骤如下：

① 选择工作表中要设置格式的单元格区域 B3:E13。

② 在"开始"选项卡的功能区中，单击"条件格式"下拉按钮，弹出图 2-13（a）所示的下拉列表。

③ 选择"新建规则"命令，弹出"新建格式规则"对话框，如图 2-13（b）所示。

④ 在"新建格式规则"对话框中选择"只为包含以下内容的单元格设置格式"，在编辑规则说明处选择"小于或等于"和输入 60，接着单击"格式"按钮，弹出 2-13（c）所示的对话框，在弹出的对话框中设置字形为"粗体"，颜色为"红色"，单击"确定"按钮，设置效果如图 2-13（d）所示。

（a）

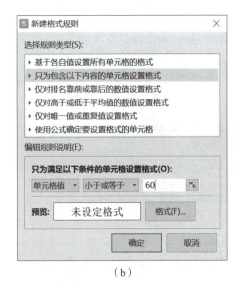
（b）

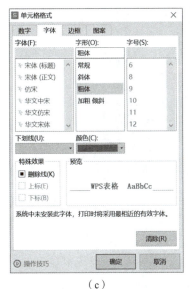
（c）

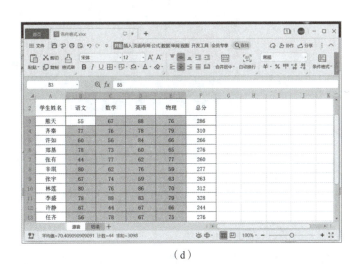
（d）

图 2-13　条件格式（只为包含以下内容的单元格设置格式）

第（2）题操作步骤如下：

① 选择工作表中要设置格式的单元格区域 A3:F13。

② 在"开始"选项卡的功能区中，单击"条件格式"下拉按钮，弹出图 2-13（a）所示的下拉

列表。

③ 选择"新建规则"命令，弹出"新建格式规则"对话框。

④ 在"新建格式规则"对话框中选择"使用公式确定要设置格式的单元格"，在编辑规则说明处输入条件公式：=$F3=MAX($F$3:$F$13)，如图 2-14（a）所示。接着单击"格式"按钮，弹出图 2-14（b）所示的对话框，在弹出的对话框中选择"图案"选项卡，选择颜色"黄色"，单击"确定"按钮，设置效果如图 2-14（c）所示。

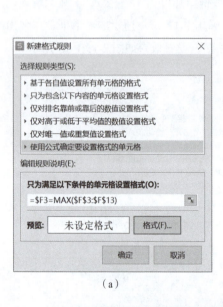
（a）

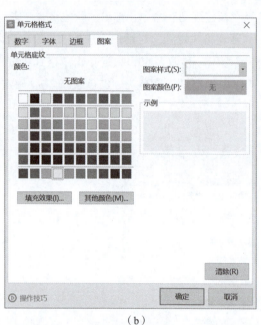
（b）

	A	B	C	D	E	F
2	学生姓名	语文	数学	英语	物理	总分
3	熊天	55	67	88	76	286
4	齐秦	77	76	78	79	310
5	许如	60	56	84	66	266
6	郑基	78	73	60	65	276
7	张有	44	77	62	77	260
8	辛琪	80	62	76	59	277
9	张宇	67	74	59	63	263
10	林莲	80	76	86	70	312
11	李盛	78	88	83	79	328
12	许静	67	44	67	66	244
13	任齐	56	78	67	75	276

（c）

图 2-14　条件格式（使用公式确定要设置格式的单元格）

2.1.4　获取外部数据

用户在使用 WPS 表格进行工作的时候，不但可以使用在 WPS 表格里输入的工作表数据，还可以使用准备好的外部数据导入其中。WPS 表格获取外部数据是通过"数据"选项卡功能区中的"导入数据"功能来实现的，其可以导入文本文件的数据，也可以从 ACCESS 数据库中导入数据等。下面举例介绍如何导入文本文件数据。

例如，要将"房产销售.txt"文本文件导入 WPS 表格中，其操作步骤如下：

（1）新建一个空白工作簿，然后单击"数据"选项卡功能区中的"导入数据"按钮，弹出"第一步：选择数据源"对话框，如图 2-15 所示。

（2）单击"选择数据源"按钮，打开"打开"对话框，选择文本文件存放的路径，找到要打开的文件，如图 2-16 所示。

图 2-15 "第一步：选择数据源"对话框

图 2-16 选择要导入的文件

（3）单击"打开"按钮，弹出"文件转换"对话框，利用此对话框可以预览导入数据的效果，接受默认设置即可，如图 2-17 所示。

（4）单击"下一步"按钮，弹出"文本导入向导 -3 步骤之 1"对话框，选择"分隔符号"单选按钮，如图 2-18 所示。

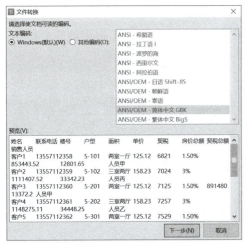

图 2-17 "文件转换"对话框

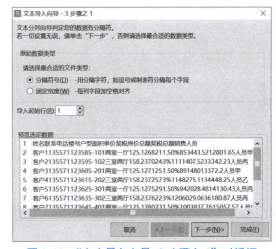

图 2-18 "文本导入向导 -3 步骤之 1"对话框

（5）单击"下一步"按钮，弹出"文本导入向导 -3 步骤之 2"对话框，设置分隔符的种类，选取时取决于导入的文本文件所使用的分隔符，如图 2-19 所示。

（6）单击"下一步"按钮，弹出"文本导入向导 -3 步骤之 3"对话框，设置列的数据类型，一般选择"常规"，也可以对具体列进行单独设置。在"数据预览"框中选中要设置的列，然后设置数据类型即可，如图 2-20 所示。

（7）单击"完成"按钮，数据导入到工作表中，导入完成的效果如图 2-21 所示。

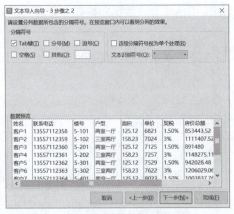

图 2-19 “文本导入向导 -3 步骤之 2”对话框

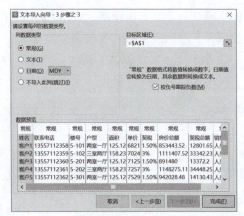

图 2-20 “文本导入向导 -3 步骤之 3”对话框

	A	B	C	D	E	F	G	H	I	J
1	姓名	联系电话	楼号	户型	面积	单价	契税	房价总额	契税总额	销售人员
2	客户1	13557112358	5-101	两室一厅	125.12	6821	1.50%	853443.52	12801.65	人员甲
3	客户2	13557112359	5-102	三室两厅	158.23	7024	3%	1111407.52	33342.23	人员丙
4	客户3	13557112360	5-201	两室一厅	125.12	7125	1.50%	891480	13372.2	人员甲
5	客户4	13557112361	5-202	三室两厅	158.23	7257	3%	1148275.11	34448.25	人员乙
6	客户5	13557112362	5-301	两室一厅	125.12	7529	1.50%	942028.48	14130.43	人员丙
7	客户6	13557112363	5-302	三室两厅	158.23	7622	3%	1206029.06	36180.87	人员丙
8	客户7	13557112364	5-401	两室一厅	125.12	8023	1.50%	1003837.76	15057.57	人员戊
9	客户8	13557112365	5-402	三室两厅	158.23	8120	3%	1284827.6	38544.83	人员戊
10	客户9	13557112366	5-501	两室一厅	125.12	8621	1.50%	1078659.52	16179.89	人员乙
11	客户10	13557112367	5-502	三室两厅	158.23	8710	3%	1378183.3	41345.5	人员甲

图 2-21 文本文件导入成功后的效果

2.2 公式与函数

2.2.1 基本知识

WPS 表格提供了类型丰富的函数，可以通过运算符、单元格引用构造出各种公式以满足各类计算的需要。为了熟练地掌握公式和函数的应用，必须对公式和函数的基本概念有清晰的了解。

1. 公式

公式是 WPS 表格中对数据进行运算的式子。输入公式时，必须以等号（“=”）开头，由操作数和运算符组成，操作数主要包括常量、名称、单元格引用和函数等。运算符主要有算术运算符、关系运算符和字符运算符等。

1）算术运算符

算术运算符是用来完成基本的数学运算，如加法、减法、乘法、乘方、百分比等。

算术运算符有：负号（“-”）、百分数（“%”）、乘幂（“^”）、乘（“*”）、除（“/”）、加（“+”）和减（“-”）。其运算顺序与数学中的运算顺序相同。例如公式：“=3^2”，其值为 9；又如公式：“=E2*F2”，表示将 E2 和 F2 两个单元格的值相乘。

2）关系运算符

关系运算符是用来判断条件是否成立，若条件成立，则结果为 TRUE（真）；若条件不成立，则结果为 FALSE（假）。

关系运算符有：等于（“=”）、小于（“<”）、大于（“>”）、小于等于（“<=”）、大于等于（“>=”）、不等于（“<>”）。

例如，公式“=A2>=500”，表示判断 A2 单元格的值是否大于等于 500，如果大于等于则结果为

TRUE，否则为 FALSE。

3）字符运算符

字符运算符是用来连接两个或多个字符串，形成一个新字符串，其运算符为："&"。

例如，公式：=" 金山 "&"WPS"，其值为："金山 WPS"；又如单元格 A1 存储着"中国"，单元格 A2 存储着"浙江"（均不包括引号），则公式：=A1&A2，其值为"中国浙江"。

2. 单元格引用

单元格引用是 WPS 表格公式的重要组成部分，它用以指明公式中所使用的数据和所在的位置。对单元格的引用分为相对引用、绝对引用、混合引用三种。

视频2-3
单元格引用

1）相对引用

相对引用是指在公式中需要引用单元格的值时直接用单元格名称表示，例如公式："=E2+F2+G2+H2"就是一个相对引用，表示在公式中引用了单元格：E2、F2、G2 和 H2；又如公式："=SUM(B3:E3)"也是相对引用，表示引用 B3:E3 区域的数据。

相对引用的主要特点是，当包含相对引用的公式被复制到其他单元格时，WPS 表格会自动调整公式中的单元格名称。例如在图 2-22（a）中，F3 单元格中的公式是"=B3+C3+D3+E3"，向下拖动填充柄至 F13 单元格。这时，如果单击 F4，发现 F4 的公式不再与 F3 中的公式相同，而是变为："=B4+C4+D4+E4"，地址发生了相对位移。如果单击 F3 单元格并复制，粘贴在 H4 单元格，在 H4 单元格公式变为"=D4+E4+F4+G4"，如图 2-22（b）所示。这主要是由于 H4 单元格相对 F3 单元格，列向右移了两列，行向下移了一行，故公式里的单元格相对引用就发生了相应的位移变化。

（a）

（b）

图 2-22　相对引用

2）绝对引用

绝对引用是指在公式中引用单元格时在单元格名称的行列坐标前加"$"符号，这个公式复制到任何地方，该单元格引用都不会发生变化。行列前加 $,可按功能键 F4 实现。例如在图 2-22（a）中，F3 单元格中的公式是"=B3+C3+D3+E3"，如果用绝对引用把 F3 单元格的公式变为"=$B$3+$C$3+$D$3+$E$3"，然后将鼠标指针移到填充柄上，向下拖动时，会发现每个单元格的值都为 286，公式都为"=$B$3+$C$3+$D$3+$E$3"，保持不变，如图 2-23（a）所示。如果单击 F3 单元格并复制，粘贴在 H4 单元格，发现在 H4 单元格的公式还是为"=$B$3+$C$3+$D$3+$E$3"，如图 2-23（b）所示。

3）混合引用

混合引用是指在一个单元格地址引用中，既有绝对地址引用又有相对地址引用。例如在图 2-22（a）中，F3 单元格中的公式是"=B3+C3+D3+E3"，如果用混合引用把 F3 单元格的公式变为"=$B3+$C3+D$3+E$3"，然后将鼠标指针移到填充柄上，向下拖动时，会发现 F4 单元格公式变为"=$B4+$C4+

D$3+E$3”，如图 2-24（a）所示。如果单击 F3 单元格并复制，在 H4 单元格粘贴，会发现在 H4 单元格的公式变为“=$B4+$C4+F$3+G$3，如图 2-24（b）所示。

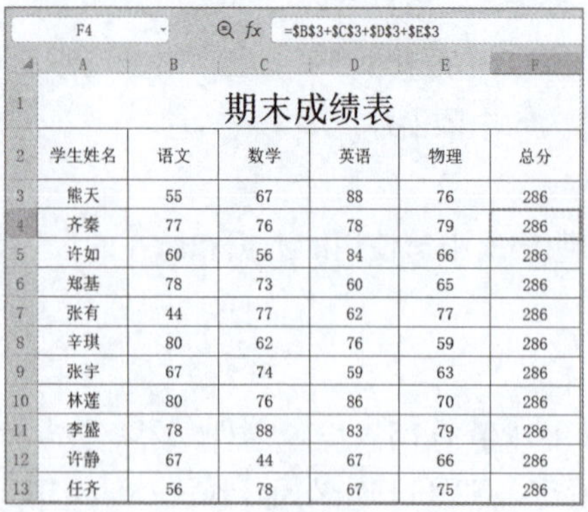

F4 =$B$3+$C$3+$D$3+$E$3

	A	B	C	D	E	F
1	期末成绩表					
2	学生姓名	语文	数学	英语	物理	总分
3	熊天	55	67	88	76	286
4	齐秦	77	76	78	79	286
5	许如	60	56	84	66	286
6	郑基	78	73	60	65	286
7	张有	44	77	62	77	286
8	辛琪	80	62	76	59	286
9	张宇	67	74	59	63	286
10	林莲	80	76	86	70	286
11	李盛	78	88	83	79	286
12	许静	67	44	67	66	286
13	任齐	56	78	67	75	286

（a）

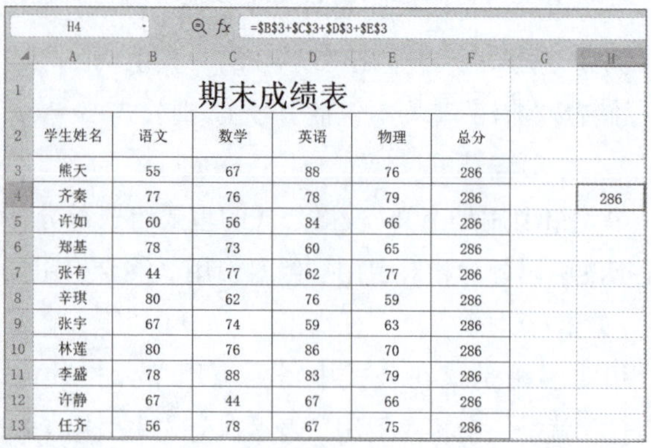

H4 =$B$3+$C$3+$D$3+$E$3

	A	B	C	D	E	F	G	H
1	期末成绩表							
2	学生姓名	语文	数学	英语	物理	总分		
3	熊天	55	67	88	76	286		
4	齐秦	77	76	78	79	286		286
5	许如	60	56	84	66	286		
6	郑基	78	73	60	65	286		
7	张有	44	77	62	77	286		
8	辛琪	80	62	76	59	286		
9	张宇	67	74	59	63	286		
10	林莲	80	76	86	70	286		
11	李盛	78	88	83	79	286		
12	许静	67	44	67	66	286		
13	任齐	56	78	67	75	286		

（b）

图 2-23　绝对引用

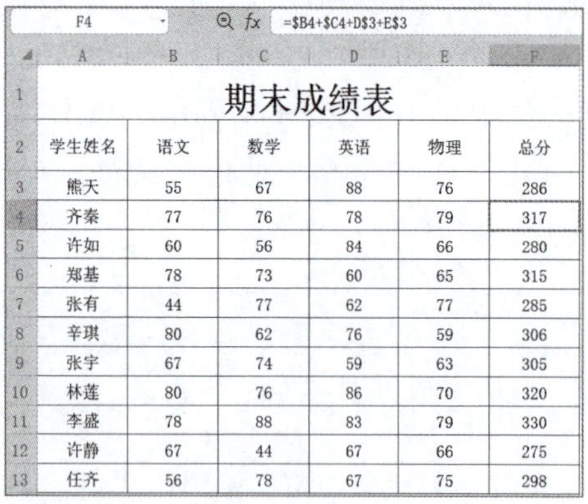

F4 =$B4+$C4+D$3+E$3

	A	B	C	D	E	F
1	期末成绩表					
2	学生姓名	语文	数学	英语	物理	总分
3	熊天	55	67	88	76	286
4	齐秦	77	76	78	79	317
5	许如	60	56	84	66	280
6	郑基	78	73	60	65	315
7	张有	44	77	62	77	285
8	辛琪	80	62	76	59	306
9	张宇	67	74	59	63	305
10	林莲	80	76	86	70	320
11	李盛	78	88	83	79	330
12	许静	67	44	67	66	275
13	任齐	56	78	67	75	298

（a）

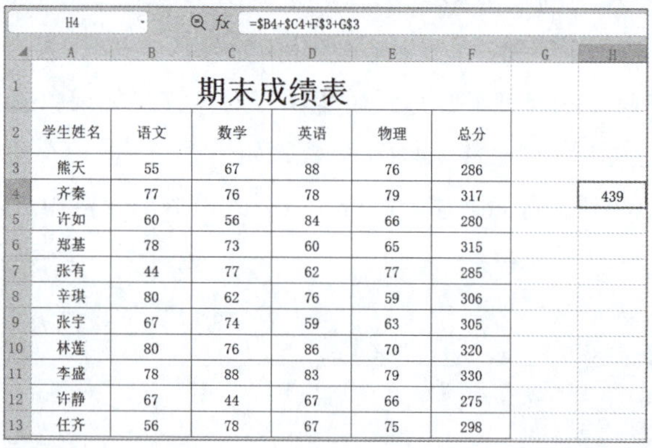

H4 =$B4+$C4+F$3+G$3

	A	B	C	D	E	F	G	H
1	期末成绩表							
2	学生姓名	语文	数学	英语	物理	总分		
3	熊天	55	67	88	76	286		
4	齐秦	77	76	78	79	317		439
5	许如	60	56	84	66	280		
6	郑基	78	73	60	65	315		
7	张有	44	77	62	77	285		
8	辛琪	80	62	76	59	306		
9	张宇	67	74	59	63	305		
10	林莲	80	76	86	70	320		
11	李盛	78	88	83	79	330		
12	许静	67	44	67	66	275		
13	任齐	56	78	67	75	298		

（b）

图 2-24　混合引用

3. 引用运算符

使用引用运算符可以将单元格的数据区域合并进行计算，引用运算符有：冒号（“:”）、逗号（“,”）、空格和感叹号（“！”）。

冒号（“：”）是区域运算符，对左右两个引用之间，包括两个引用单元格在内的矩形区域内所有单元格进行引用。例如，“B2:D5”表示共包含 B2、B3、B4、B5，C2、C3、C4、C5，D2、D3、D4、D5 共 12 个单元格，如果使用公式：“=AVERAGE(B2:D5)”，则表示对这 12 个单元格的数值求平均。

逗号（“,”）是联合引用运算符，联合引用是将多个引用区域合并为一个区域进行引用（又称为“并”），如公式：“=SUM(A1:C3,B5:D7)”，表示对 A1:C3 区域的 9 个单元格和 B5:C7 区域的 6 个单元格共 15 个单元格的数值进行求和。

空格是交叉引用运算符，它取几个引用区域相交的公共部分（又称为“交”）。如公式：“=SUM(A1:D5 B2:E7)”等价于“=SUM(B2:D5)”，即数据区域 A1:D5 和区域 B2:E7 的公共部分。

感叹号（“！”）是三维引用运算符，利用它可以引用另一张工作表中的数据，其表示形式为：“工作表名！单元格引用区域”。

例如：将当前工作表 Sheet1 中 B3:E8 区域中的数据与工作表 Sheet2 中 C3:F8 区域中的数据求和，结果放在工作表 Sheet1 中的 G8 单元格中。

其操作过程是：

（1）选择工作表 Sheet1，单击 G8 单元格。

（2）在单元格中输入公式："=SUM(B3:E8,Sheet2!C3:F8)"。

提示：在引用时，若要表示某一行或几行，可以表示成"行号:行号"的形式，同样若要表示某一列或几列，可以表示成"列标:列标"的形式。例如，6:6、2:6、D:D、F:J 分别表示第 6 行、第 2～6 共 5 行、第 D 列、第 F～J 列共 5 列。

4. 函数

函数是 WPS 表格中为解决那些复杂运算需求而提供的预置算法，如 SUM、AVERAGE、IF、COUNTIF 等。通常，函数通过引用参数接收数据并返回计算结果。函数由函数名和参数构成。

函数的格式为：函数名（[参数1],[参数2],…）

其中，函数名用英文字母表示，函数名后的小括号()是不可少的，参数在函数名后的括号内，其中中括号[]内的参数是可选参数，而没有[]的参数是必选参数，有的函数可以没有参数。函数中的参数可以是常量、名称、单元格引用、数组、公式或函数等，参数的个数和类别由该函数的性质决定。

输入函数的方法有多种，最简便的是单击"编辑栏"上的"插入函数"按钮 fx，弹出"插入函数"对话框，如图 2-25 所示，从中选择所需要的函数，此时，会弹出图 2-26 所示的对话框，利用它可以确定函数的参数。

图 2-25 "插入函数"对话框

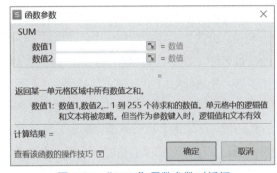

图 2-26 "SUM"函数参数对话框

也可以单击单元格，输入"="后直接在编辑栏里输入函数：= 函数名(参数)。

另外，还可以通过单击"公式"选项卡中"插入函数"命令按钮，或者从"公式"选项卡功能区中单击某一类别的函数命令，从打开的函数列表中单击所需要的函数，如图 2-27 所示。

图 2-27 函数库

5. 名称的创建

名称是一种较为特殊的公式，多数由用户定义，也有部分名称可以随创建列表、设置打印区域等操作自动产生，它可以代表工作表、单元格区域、常量数组等元素。如果在 WPS 表格工作表中定义了一个名称，就可以在公式中直接使用它。

在 WPS 表格中创建名称可以通过下面 3 种方法来实现。

扫一扫

视频2-4
名称的定义与使用

（1）利用名称框创建名称。例如在图 2-28 所示的成绩表中，为 O2 单元格创建名称"期末比例"。具体操作步骤为先选择 O2 单元格，然后在公式栏左侧的名称框中输入名称"期末比例"，并按【Enter】键确认完成名称的创建。若在公式中引用"期末比例"这个名称，则表示引用 O2 这个单元格。

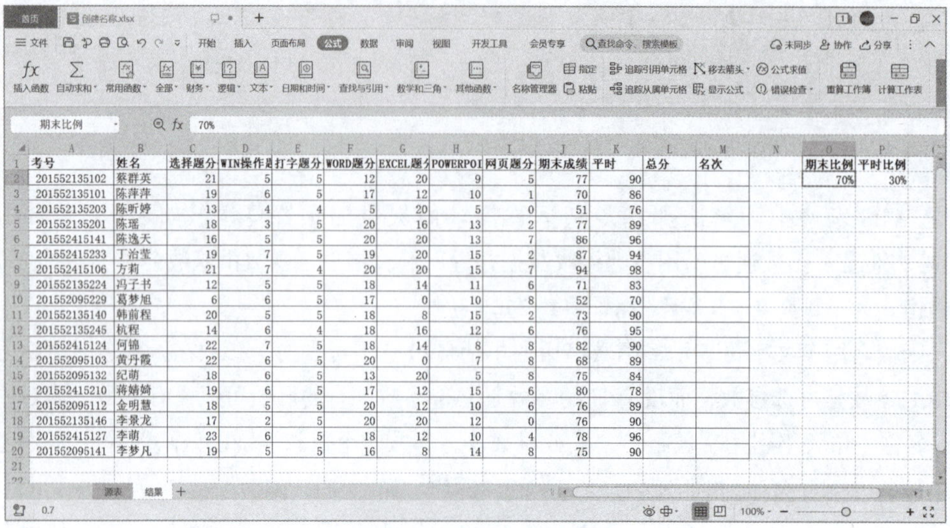

图 2-28 利用名称框创建名称

（2）利用"公式"选项卡功能区中的"名称管理器"按钮创建。例如在图 2-28 所示的成绩表中，为 P2 单元格创建名称"平时比例"。具体操作步骤为先选择 P2 单元格，然后单击"公式"选项卡功能区中的"名称管理器"按钮，打开"名称管理器"对话框，如图 2-29 所示。单击"新建"按钮，在弹出的"新建名称"对话框中输入名称"平时比例"，并单击"确定"按钮，完成名称的创建。

（3）利用"公式"选项卡功能区中的"指定"按钮创建。例如在图 2-28 所示的成绩表中，要创建各题得分的批量名称（C2:C20 区域定义名称为选择题分数，D2:D20 区域定义名称为 WIN 操作题分数等等）。具体操作步骤为先选择 C1:I20 区域（选择要命名的区域，必须包含要作为名称的单元格），然后单击"公式"选项卡功能区中的"指定"按钮，弹出"指定名称"对话框，如图 2-30 所示。在此对话框中，勾选"首行"，作为所选区域的名称，单击"确定"按钮完成名称的创建。

此外，通过"公式"选项卡功能区中的"名称管理器"按钮可以看到已创建的名称，并可以对这些名称进行编辑和删除等操作。

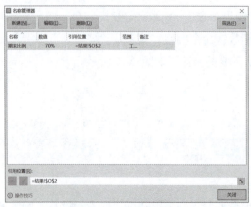

图 2-29 名称管理器

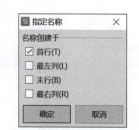

图 2-30 "指定名称"对话框

2.2.2 文本函数

文本函数主要是帮助用户快速设置文本方面的操作，包括文本的比较、查找、截取、合并、替换和删除等操作，在文本处理中有着极其重要的作用。

1. 文本连接函数 CONCAT

格式：CONCAT(字符串1,[字符串2],……)

功能：可将最多255个文本字符串连接成一个文本字符串。连接项可以是字符串、单元格引用或这些项的组合。

参数说明：

（1）字符串1：必需。要连接的第一个文本项。

（2）字符串2：可选。其他文本项，最多为255项。项与项之间必须用逗号隔开。

例如，若在A1单元格中输入字符串"中国"，在B1单元格中输入"浙江"，在C1单元格输入"=CONCAT(A1,B1)"，则函数的返回值为"中国浙江"；如果在C1单元格输入"=CONCAT(A1,B1," 杭州 ")"则函数的返回值为"中国浙江杭州"。这里需要注意的是当其中的参数不是单元格引用而是文本格式，在使用时一定要给文本参数加英文状态下的双引号。

另外，也可以用"&"运算符代替CONCAT函数来连接文本项。例如，=A1&B1 与 =CONCAT(A1,B1) 返回的值相同。

2. 带指定分隔符的文本连接函数 TEXTJOIN

格式：TEXTJOIN(分隔符,忽略空白单元格,字符串1,[字符串2],...)

功能：使用分隔符将多个单元格区域或字符串的文本组合起来。

参数说明：

（1）分隔符：必需，分隔符可以是键盘上的任意符号，比如逗号、分号、#号、减号、感叹号等。

（2）忽略空白单元格：必需，若为TRUE，则忽略空白单元格。

（3）字符串1：必需，表示要连接的文本项1（文本字符串或单元格区域等）。

（4）字符串2：可选，表示要连接的文本项2。

例如，若在A1单元格中输入字符串"中国"，在B1单元格中输入"浙江"，A2单元格为空，在C1单元格输入"=TEXTJOIN(";",TRUE,A1,A2,B1)"，则函数的返回值为"中国;浙江"；若在C1单元格输入"=TEXTJOIN(";",FALSE,A1,A2,B1)"，则函数的返回值为"中国;;浙江"；若在C1单元格输入"=TEXTJOIN("-",TRUE,A1,B1," 杭州 ")"则函数的返回值为"中国-浙江-杭州"。这里需要注意的是当其中的参数不是单元格引用而是文本格式，在使用时一定要给文本参数加英文状态下的双引号。

3. 文本比较函数 EXACT

格式：EXACT(字符串,字符串)

功能：比较两个字符串是否完全相同。如果两个字符串相同，则返回测试结果"TRUE"，反之则返回"FALSE"，字符比较时区分大小写。

例如，若在A1单元格中输入字符串"Wps"，B1单元格中也输入"wps"，在C1单元格中输入公式：

```
=EXACT(A1,B1),
```

则该函数的执行结果为"FALSE"，因为两个字符串的首字母大小写不一样。

4. 文本查找函数 SEARCH

格式：SEARCH(要查找的字符串,被查找的字符串,[开始的位置])

功能：判断要查找的字符串是否包含在被查找的字符串中，若包含，则返回该字符串在原字符串中的起始位置，反之，则返回错误信息"#VALUE!"。

参数说明：

（1）要查找的字符串：必需。

（2）被查找的字符串：必需。

（3）开始的位置：可选，缺省时则从第1个字符开始查找。

该函数不区分大小写。查找时可使用通配符"?"和"*"。其中"?"表示任意单个字符，"*"表示任意字符。如果要表示字符"?"和"*"，则必须在"?"和"*"前加上符号"~"。查找时若要区分大小写，可用函数"FIND"(要查找的字符串, 被查找的字符串, [开始的位置])实现，其用法与SEARCH相同。

例如，若在A1单元格中输入字符串"China"，当在A2单元格中输入函数"=SEARCH("c",A1)"，则函数的返回值为1；如输入函数"=FIND("c",A1)"，则函数的返回值则为"#VALUE!"。

5. 截取子字符串函数

1）左截函数 LEFT

格式：LEFT(字符串, 字符个数)

功能：将字符串从左边第1个字符开始，向右截取指定个数的字符。

例如，若在A1单元格中输入字符串"WPS"，则函数 =LEFT(A1,2) 的返回值为"WP"。

2）右截函数 RIGHT

格式：RIGHT(字符串, 字符个数)

功能：将字符串从右边第1个字符开始，向左截取指定个数的字符。

视频2-5 字符截取函数

3）截取任意位置子字符串函数 MID

格式：MID(字符串, 开始位置, 字符个数)

功能：将字符串从指定位置开始，向右截取指定个数的字符。

例如，若在A1单元格中输入某个学生的计算机等级考试的准考证号"20205532101"，其中第9位代表考试等级，则函数 =MID(A1,9,1) 的返回值为"1"，表示该考生参加的是一级考试。

6. 删除空格函数 TRIM

格式：TRIM(字符串)

功能：删除指定文本或区域中的空格。除了单词之间的单个空格外，该函数可以删除文本中所有的空格，包括前后空格及文本中间的空格。

例如，在A1单元格输入函数"=TRIM(" 中国   浙江 ")"，运行结果为"中国 浙江"，除了中国浙江两个词之间的单个空格外，其余空格全部被删除。

7. 字符长度测试函数 LEN

格式：LEN(字符串)

功能：统计指定字符串中字符的个数，空格也作为字符计数。

例如：在A1单元格输入函数"=LEN(" 中国 浙江 china")"，运行结果为10，汉字同字母一样，一个汉字一个长度，空格也计数。

8. 字符替换函数 REPLACE

格式：REPLACE(原字符串, 开始位置, 字符个数, 新字符串)

功能：对指定字符串，从指定位置开始，用新字符串来替换原有字符串中的若干个字符。

参数说明：原字符串是要进行字符串替换的文本；开始位置是从原字符串中第几个字符位置开始替换；字符个数是原字符串中从起始位置开始需要替换的字符个数；新字符串是要替换成的新字符串。

视频2-6 字符替换函数

当字符个数为 0 时则表示从开始位置之后插入新字符串；当新字符串为空时，则表示从开始位置开始，删除指定字符个数的字符。

例如，在 A1 单元格输入"'057387654321"，在 B1 单元格输入函数"=REPLACE(A1,4,1,1)"则函数的返回结果为"057187654321"，即把原字符串的第四个字符替换为 1；如果在 B1 单元格输入函数"=REPLACE(A1,4,0,1)"，则函数的返回结果为"0571387654321"，即在原字符串第四个字符的位置添加一个字符 1；如果在 B1 单元格输入函数"=REPLACE(A1,4,1,)"，则函数的返回结果为"05787654321"，把原字符串的第四个字符删除。

9. 数据格式转换函数 TEXT

格式：TEXT（值，数值格式）

功能：将数值转换为按指定数值格式表示的文本。如"TEXT(123.456,"$0.00")"的值为"$123.46"，"TEXT(1234,"[dbnum2]")"的值为"壹仟贰佰叁拾肆"。

参数说明：值为数值、计算结果为数字值的公式，或对包含数字值的单元格的引用。数值格式为"单元格格式"对话框中"数字"选项卡上"分类"列表框中的文本形式的数字格式。使用函数 TEXT 可以将数值转换为带格式的文本，而其结果将不再作为数值参与计算。

2.2.3 数值计算函数

数值计算函数主要用于数值的计算和处理，在 WPS 表格中应用范围最广，下面介绍几种常用的数值计算函数。

1. 条件求和函数 SUMIF

格式：SUMIF（区域，条件，[求和区域]）

功能：根据指定条件对指定数值单元格求和。

参数说明：

（1）区域代表用于条件计算的单元格区域或者求和的数据区域。

（2）条件为指定的条件表达式。

视频2-7
条件求和函数

（3）求和区域为可选项，为需要求和的实际单元格区域，如果选择该项，则区域为条件所在的区域，求和区域为实际求和的数据区域；如果忽略，则区域既为条件区域又为求和的数据区域。

例如，公式：=SUMIF(F2:F13,">60")，表示对 F2:F13 单元格区域中大于 60 的数值相加。再如公式：=SUMIF(C2:C13," 男 ",G2:G13)，假定 C2:C13 表示性别，G2:G13 表示奖学金，则该公式的意义就是表示求表中男同学的奖学金总和。

2. 多条件求和函数 SUMIFS

格式：SUMIFS（求和区域，区域1，条件1，[区域2，条件2]，……）

功能：对指定求和区域中满足多个条件的单元格求和。

参数说明：

（1）求和区域为必选项，为求和的实际单元格区域，包括数字或包含数字的名称、区域或单元格引用。

（2）区域 1 为必选项，为关联条件的第一个条件区域。

（3）条件 1 为必选项，为求和的第一个条件。形式为数字、表达式、单元格引用或文本，可用来定义将对哪些单元格进行计数。例如，条件可以表示为 86、">86"、A6、" 姓名 " 或 "32" 等。

（4）区域 2, 条件 2, ……, 可选项。为附加条件区域及其关联的条件。最多允许 127 个区域 / 条件对。

例如，公式：=SUMIFS(G2:G13,C2:C13," 男 ",D2:D13," 计算机 ")，假定 G2:G13 表示奖学金，C2:C13 表示性别，D2:D13 表示专业，则该公式的意义就是表示求表中计算机专业男同学的奖学金总和。

其中：G2:G13 为求和区域（即奖学金）；C2:C13 为第 1 个条件区域（即性别）；" 男 " 为第 1 个条件（即

性别为"男");D2:D13 为第 2 个条件区域(即专业);"计算机"为第 2 个条件(即专业为计算机)。

注意:

(1)只有在求和区域参数中的单元格满足所有相应的指定条件时,才对该单元格求和。

(2)函数中每个区域参数包含的行数和列数必须与求和区域参数和的行数和列数相同。

(3)求和区域与区域 1 位置不能颠倒。

3. 求数组乘积的和函数 SUMPRODUCT

格式:SUMPRODUCT(数组 1,[数组 2],[数组 3],...)

功能:在给定的几组数组中,将数组间对应的元素相乘,并返回乘积之和。该函数一般用以解决利用乘积求和的问题,也常用于多条件求和问题。

参数说明:

(1)数组 1 必需。其相应元素需要进行相乘并求和的第一个数组参数。

(2)数组 2,数组 3,... 可选。2 到 255 个数组参数,其相应元素需要进行相乘并求和。

注意:

(1)数组参数必须具有相同的维数,否则,函数 SUMPRODUCT 将返回错误值 #VALUE!。

(2)函数 SUMPRODUCT 将非数值型的数组元素作为 0 处理。

例如,公式:=SUMPRODUCT(A2:B4,C2:D4),表示将两个数组的所有元素对应相乘,然后把乘积相加,即 A2*C2+A3*C3+A4*C4+B2*D2+B3*D3+B4*D4。

再如公式:=SUMPRODUCT((C2:C13="男")*(D2:D13="计算机"),G2:G13),假定 C2:C13 表示性别,D2:D13 表示专业,G2:G13 表示奖学金,则该公式的意义为求表中计算机专业男同学的奖学金总和。这是该函数多条件求和的应用示例,C2:C13="男"和 D2:D13="计算机"表示条件,两者相乘得一个 0 和 1 构成的一个数组,这个数组和奖学金数组对应元素相乘之和,即为符合条件学生的奖学金总和。

视频2-8
条件求平均函数

4. 条件求平均函数 AVERAGEIF

格式:AVERAGEIF(区域,条件,[求平均值区域])

功能:根据条件对指定数值单元格求平均。

参数说明:

(1)区域代表条件区域或者计算平均值的数据区域。

(2)条件为指定的条件表达式。

(3)求平均值区域为实际求平均值的数据区域;如果忽略,则区域既为条件区域又为计算平均值的数据区域。

例如,公式:=AVERAGEIF(F2:F13,">60"),表示对 F2:F13 单元格区域中大于 60 的数值求平均值。再如公式:=AVERAGEIF(C2:C13,"男",G2:G13),假定 C2:C13 表示性别,G2:G13 表示奖学金,则该公式的意义就是表示求表中男同学的奖学金平均值。

5. 多条件求平均函数 AVERAGEIFS

格式:AVERAGEIFS(求平均值区域,区域 1,条件 1,[区域 2,条件 2],……)

功能:对指定区域中满足多个条件的单元格求平均。

参数说明:

(1)求平均值区域为必选项,是求平均的实际单元格区域,包括数字或包含数字的名称、区域或单元格引用。

(2)区域 1 为必选项,是关联条件的第一个条件区域。

（3）条件1为必选项，是求和的第一个条件。形式为数字、表达式、单元格引用或文本，可用来定义将对哪些单元格进行计数。例如，条件可以表示为86、">86"、A6、或 " 女 " 等。

（4）区域2,条件2,……，为可选项，是附加条件区域及其关联的条件。最多允许127个区域/条件对。

例如，公式：=AVERAGEIFS(G2:G13,C2:C13," 男 ",D2:D13," 计算机 ")，假定 G2:G13 表示奖学金，C2:C13 表示性别，D2:D13 表示专业，则该公式的意义就是表示求表中计算机专业男同学的奖学金平均值。

其中：G2:G13 为求平均值区域（即奖学金）；C2:C13 为第 1 个条件区域（即性别）；" 男 " 为第 1 个条件（即性别为"男"）；D2:D13 为第 2 个条件区域（即专业）；" 计算机 " 为第 2 个条件（即专业为计算机）。

注意：
（1）只有在求平均值区域参数中的单元格满足所有相应的指定条件时，才对该单元格平均。
（2）函数中每个区域参数包含的行数和列数必须与求平均值区域参数的行数和列数相同。
（3）求平均值区域与第 1 个区域位置不能颠倒。

6. 取整函数 INT

格式：INT（数值）

功能：将数字向下舍入到最接近的整数。

例如，A1 单元中存放着一个正实数，用公式："=INT(A1)"，可以求出 A1 单元格数值的整数部分；用公式："=A1-INT(A1)"，可以求出 A1 单元格数值的小数部分。

又如，"=INT(4.63)" 其值为 4，"=INT(-4.3)"，其值为 "-5"。

另 TRUNC 函数和 INT 函数功能类似，都能返回整数。TRUNC 函数是直接去除数字的小数部分，而 INT 函数则是依照给定数的小数部分的值，将数字向下舍入到最接近的整数。

例如，TRUNC(-4.3) 返回 -4，而 INT(-4.3) 返回 -5，因为 -5 是较小的数。

7. 四舍五入函数 ROUND

格式：ROUND（数值，小数位数）

功能：对指定数据，四舍五入保留指定的小数位数。

参数说明：如果小数位数为正，则四舍五入到指定的小数位；如果为 0，则四舍五入到整数。如果小数位数为负，则在小数点左侧（整数部分）进行四舍五入。

例如，公式：=ROUND(4.65,1)，其值为 4.7，又如公式：=ROUND(37.43,-1)，其值为 40。

8. 求余数函数 MOD

格式：MOD（数值，除数）

功能：返回两数相除的余数，结果的正负号与除数相同。

参数说明：数值为被除数。

例如，MOD(3,2) 的值为 1；MOD(-3,2) 的值为 1；MOD(5,-3) 的值为 -1（符号与除数相同）。

2.2.4 统计函数

统计函数主要用于各种统计计算，在统计领域中有着极其广泛的应用，这里仅介绍几个常用的统计函数。

1. 统计计数函数 COUNT

格式：COUNT（值1,［值2］,…）

功能：统计给定数据区域中所包含的数值型数据的单元格个数。

与 COUNT 函数相类似的还有以下函数：

COUNTA(值 1,[值 2], ...) 函数计算参数列表 (值 1, 值 2, ...) 中所包含的非空值的单元格个数。

COUNTBLANK(区域) 函数用于计算指定单元格区域中空白单元格的个数。

2. 条件统计函数 COUNTIF

视频2-9
条件统计函数

格式：COUNTIF (区域 , 条件)

功能：统计指定数据区域内满足单个条件的单元格的个数。

其中：区域为需要统计的单元格数据区域，条件的形式可以为常数值、表达式或文本。条件可以表示为 "<60"、">=90"、" 计算机 " 等。

例如，公式："=COUNTIF(E2:E13,">=90")"，表示统计 E2:E13 区间内 ">=90" 的单元格个数。

3. 多条件统计函数 COUNTIFS

格式：COUNTIFS (区域 1, 条件 1, [区域 2, 条件 2]……)

功能：统计指定数据区域内满足多个条件的单元格的个数。

参数说明

（1）区域 1 为必选项，为满足第 1 个关联条件要统计的单元格数据区域。

（2）条件 1 为必选项，为第 1 个统计条件，形式为数字、表达式、单元格引用或文本，可用来定义将对哪些单元格进行计数。例如，条件可以表示为 90、">=90"、A2、" 英语 " 等。

区域 2, 条件 2,……为可选项。为第 2 个要统计的数据区域及其关联条件。最多允许 127 个区域 / 条件对。

注意：每个附加区域都必须与参数区域 1 具有相同的行数和列数，但这些区域无须彼此相邻。

例如，统计"学生成绩表"中"英语"成绩（在 G2:G13）大于等于 80 分且小于 90 分的人数，可在指定单元格中输入公式："=COUNTIFS(G2:G13,">=80", G2:G13,"<90")"。如果要统计每门课程都大于等于 90 分的人数，可在指定单元格中输入公式："=COUNTIFS(E2:E13,">=90",F2:F13,">=90",G2:G13,">=90",H2:H13,">=90")"。

4. 排位函数 RANK.EQ

视频2-10
排名函数

格式：RANK.EQ (数值 , 引用 , [排位方式])

功能：返回一个数值在指定数据区域中的排位。如果多个值具有相同的排位，则将返回最佳排位。

参数说明：数值为需要排位的数字；引用为数字列表数组或对数字列表的单元格引用；排位方式为可选项，指明排位的方式（ 0 或省略表示降序排位；非 0 表示升序排位）。

例如，求总分的降序排位情况，总分在（I2:I13）区域，则可在指定单元格中输入公式：

```
=RANK.EQ(I2,I$2:I$13)
```

其中：I2 是需要排位的数值，I$2:I$13 是排位的数据区域。即求 I2 在 I$2:I$13 这些数据中排名第几。

另外，RANK.AVG 函数，它也是一个返回一个数字在数字列表中的排位，数字的排位是其大小与列表中其他值的比值；如果多个值具有相同的排位，则将返回平均排位。

RANK 函数是 WPS 表格以前版本的排位函数，其功能同 RANK.EQ 函数。

5. 多条件求最大值函数 MAXIFS

格式：MAXIFS (最大值所在区域 , 区域 1, 条件 1,[区域 2, 条件 2], ...)

功能：返回一组给定条件或标准指定的单元格中的最大值。

参数说明：

（1）最大值所在区域：必需，确定最大值的实际单元格区域。

（2）区域 1：必需，是一组用于条件计算的单元格。

（3）条件 1：必需，用于确定哪些单元格是最大值的条件，格式为数字、表达式或文本。

（4）[区域 2, 条件 2, ...]: 可选，附加区域及其关联条件。最多可以输入 127 个区域 / 条件对。

注意：最大值所在区域和区域 N 参数的大小和形状必须相同，否则会返回 #VALUE 的错误。

例如，公式：=MAXIFS(G2:G13,C2:C13," 男 ",D2:D13," 计算机 ")，假定 G2:G13 表示总分，C2:C13 表示性别，D2:D13 表示专业，则该公式的意义就是表示求表中计算机专业男同学总分的最大值。

其中：G2:G13 为求最大值区域（即总分）；C2:C13 为第 1 个条件区域（即性别）；" 男 " 为第 1 个条件（即性别为"男"）；D2:D13 为第 2 个条件区域（即专业）；" 计算机 " 为第 2 个条件（即专业为计算机）。

此外，WPS 表格还提供了多条件求最小值函数 MINIFS，其参数及使用方法与 MAXIFS 函数相类似，这里不再赘述。

2.2.5　日期时间函数

日期和时间函数主要用于对日期和时间进行运算和处理，常用的有 TODAY()、NOW()、YEAR()、TIME() 和 HOUR() 等。

1. 求当前系统日期函数 TODAY

格式：TODAY()

功能：返回当前的系统日期。

如在 A1 单元格中输入："=TODAY()"，则按 YYYY-MM-DD 的格式显示当前的系统日期。

2. 求当前系统日期和时间函数 NOW

格式：NOW()

功能：返回当前的系统日期和时间。

例如，在 B1 单元格中输入："=NOW()"，则按 YYYY-MM-DD HH:MM 的格式显示当前的系统日期和时间。

3. 年函数 YEAR

格式：YEAR(日期序号)

功能：返回指定日期所对应的四位的年份。返回值为 1900 到 9999 之间的整数。

参数说明：日期序号为一个日期值，其中包含要查找的年份。

例如，A1 单元格内的值是日期"2020-12-25"，则在 B1 单元格内输入公式：=YEAR(A1)，函数的运行结果为"2020"。如果得到的结果是一个日期，只需将其单元格的数据格式设置为"常规"即可。

与 YEAR 函数用法类似的还有月函数 MONTH 和日函数 DAY，它们分别返回指定日期中的两位的月值和两位的日值。

4. 小时函数 HOUR

格式：HOUR(时间序号)

功能：返回指定时间值中的小时数。即一个介于 0(12:00 AM) 到 23(11:00 PM) 之间的一个整数值。

参数说明：时间序号表示一个时间值，其中包含要查找的小时。

与 HOUR 函数用法相类似的函数还有分钟函数 MINUTE(时间序号) 和秒函数 SECOND(时间序号)，MINUTE 函数返回时间值中的分钟数，SECOND() 函数返回时间中的秒数。

5. 求星期几函数 WEEKDAY

格式：WEEKDAY(日期序号,[返回值类型])

功能：返回某日期为星期几。默认情况下，其值为1（星期天）到7（星期六）之间的整数。

参数说明：日期序号为必需项，代表一个日期。应使用 DATE 函数输入日期，或者将日期作为其他公式或函数的结果输入。

返回值类型为可选项，用于确定返回值类型的数字。具体说明如表2-1所示。

表2-1　返回值类型选项不同值的含义

返回值类型	返回的数字
1或省略	数字1（星期日）到数字7（星期六）
2	数字1（星期一）到数字7（星期日）
3	数字0（星期一）到数字6（星期日）

例如，在 A1 单元格内输入"=WEEKDAY(DATE(2021,3,15))"，则返回的结果为2，表示星期一；如果输入"==WEEKDAY(DATE(2021,3,15),2)"，则返回的结果为1，表示星期一。

2.2.6　查找函数与引用函数

在 WPS 表格中，可以利用查找与引用函数的功能实现按指定的条件对数据进行查询、选择与引用等操作，下面介绍常用的查找与引用函数。

扫一扫

视频2-11
查找函数

1. 列匹配查找函数 VLOOKUP

格式：VLOOKUP(查找值,数据表,列序数,[匹配条件])

功能：在数据表的首列查找与指定的数值相匹配的值，并将指定列的匹配值填入当前数据表的当前列中。

参数说明：

（1）查找值是要在数据表第一列查找的内容，它可以是数值、单元格引用或文本字符串。

（2）数据表是要查找的单元格区域或数组。

（3）列序数为一个数值，代表要返回的值位于数据表的第几列。

（4）匹配条件取 TRUE 或默认时，则返回近似匹配值，即如果找不到精确匹配值，则返回小于查找值的最大数值；若取 FALSE，则返回精确匹配值，如果找不到，则返回错误信息"#N/A"。

注意：如果匹配条件为 TRUE 或被省略，则必须按升序排列数据表第一列中的值；否则，VLOOKUP 可能无法返回正确的结果。

例如，在图2-31所示的汽车销售统计表中，根据"汽车型号"，使用 VLOOKUP 函数，将"车系"填入汽车销售统计表的"车系"列中。

操作方法为：单击 F3 单元格，并在其中输入公式："=VLOOKUP(E3,$A$3:$B$10,2,FALSE)"。其中，E3 表示当前数据表中要查找的值；$A$3:$B$10：为查找的数据区域；2表示找到匹配值时，需要在当前单元格中填入 $A$3:$B$10 中第2列对应的内容；FALSE 表示进行精确查找。

再如，根据图2-32所示的"学生成绩表"中提供的信息，将总评成绩换算成其所对应的等级。

其操作方法为在单元格 C2 中输入公式："=VLOOKUP(B2,$F$2:$G$6,2)"，拖动填充柄后便能得到结果。此例属于模糊查找，所以查找区域的第一列分数必须升序排列，同时函数的第四个参数省略或者填入 TRUE 值。

图 2-31　VLOOKUP 函数精确查找示例

图 2-32　VLOOKUP 函数模糊查找示例

2. 行匹配查找函数 HLOOKUP

格式：HLOOKUP（查找值，数据表，行序数，[匹配条件]）

功能：在数据表的首行查找与指定的数值相匹配的值，并将指定行的匹配值填入当前数据表的当前行中。

参数及使用方法与 VLOOKUP 函数相类似。

例如，根据图 2-33 所示的汽车销售统计表中的"汽车型号"，使用 HLOOKUP 函数，将"车系"填入商品销售统计表的"车系"列中。

图 2-33　HLOOKUP 函数应用示例

在 C9 单元格中输入公式：=HLOOKUP(B9,$B$1:$I$2,2,FALSE)，拖动填充柄完成车系的填充。

3. 单行或单列匹配查找函数 LOOKUP

函数 LOOKUP 有两种语法形式：向量和数组。

1）向量

向量为只包含一行或一列的区域。函数 LOOKUP 的向量形式是在单行区域或单列区域（向量）中查找数值，然后返回第二个单行区域或单列区域中相同位置的数值。如果需要指定包含待查找数值的区域，一般使用函数 LOOKUP 的向量形式。

格式：LOOKUP（查找值，查找向量，返回向量）

功能：在查找向量指定的区域中查找值所在的区间，并返回该区间所对应的值。

参数说明：

（1）查找值为函数 LOOKUP 所要查找的数值，可以是数字、文本、逻辑值和单元格引用。

（2）查找向量为只包含一行或一列的区域，可以是文本、数字或逻辑值，但要以升序方式排列，否则不会返回正确的结果。

（3）返回向量只包含一行或一列的区域，其大小必须与查找向量相同。

如果函数 LOOKUP 找不到要查找的值，则查找向量中小于或等于查找值的最大数值。如果查找值小于查找向量中的最小值，函数 LOOKUP 返回错误值 #N/A。

例如，在如图 2-34 所示的汽车销售统计表中，若要根据汽车型号确定其车系，可先建立图 2-34（a）所示的条件查找区域 A2:B10，条件查找区域已按汽车型号升序排列，然后在 F3 单元格中输入公式：=LOOKUP(E3,$A$3:$A$10,$B$3:$B$10)，按【Enter】键后拖动填充柄便能得到结果。

如果建立图 2-34(b)所示的条件查找区域 M1:U2，条件查找区域已按商品名称升序（按行排序）排列，则在 G3 单元格中应输入公式：=LOOKUP(E3,$N$1:$U$1,$N$2:$U$2)，按【Enter】键后拖动填充柄便能得到结果。

函数 LOOKUP 的数组形式为自动在第一列或第一行中查找数值，然后返回数组的最后一行或最后一列中相同位置的值。

（a）

图 2-34　LOOKUP 函数应用举例

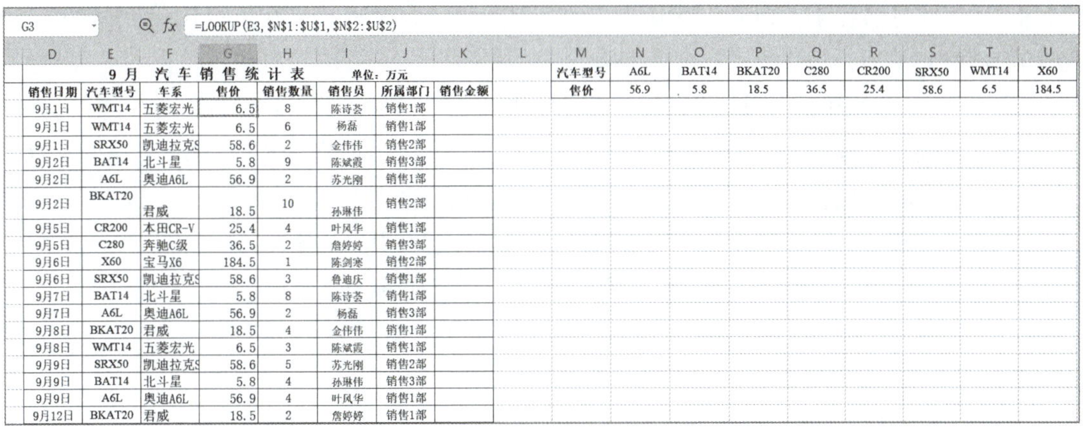

G3			f_x	=LOOKUP(E3,$N$1:$U$1,$N$2:$U$2)												
	D	E	F	G	H	I	J	K	L	M	N	O	P	Q	R	S	T	U
	9月	汽车	销售	统计	表					汽车型号	A6L	BAT14	BKAT20	C280	CR200	SRX50	WMT14	X60
	销售日期	汽车型号	车系	售价	销售数量	销售员	所属部门	销售金额		售价	56.9	5.8	18.5	36.5	25.4	58.6	6.5	184.5
	9月1日	WMT14	五菱宏光	6.5	8	陈诗荟	销售1部
	9月1日	WMT14	五菱宏光S	6.5	6	杨磊	销售1部
	9月1日	SRX50	凯迪拉克S	58.6	2	金伟伟	销售2部
	9月2日	BAT14	北斗星	5.8	9	陈斌霞	销售3部
	9月2日	A6L	奥迪A6L	56.9	2	苏光刚	销售2部
	9月2日	BKAT20	君威	18.5	10	孙琳伟	销售2部
	9月5日	CR200	本田CR-V	25.4	4	叶凤华	销售1部
	9月5日	C280	奔驰C级	36.5	2	詹婷婷	销售3部
	9月6日	X60	宝马X6	184.5	1	陈剑寒	销售1部
	9月6日	SRX50	凯迪拉克S	58.6	3	鲁通庆	销售1部
	9月7日	BAT14	北斗星	5.8	8	陈诗荟	销售2部
	9月7日	A6L	奥迪A6L	56.9	2	杨磊	销售3部
	9月8日	BKAT20	君威	18.5	4	金伟伟	销售1部
	9月8日	WMT14	五菱宏光	6.5	3	陈斌霞	销售1部
	9月9日	SRX50	凯迪拉克S	58.6	5	苏光刚	销售2部
	9月9日	BAT14	北斗星	5.8	4	孙琳伟	销售1部
	9月9日	A6L	奥迪A6L	56.9	4	叶凤华	销售1部
	9月12日	BKAT20	君威	18.5	2	詹婷婷	销售1部

(b)

图2-34 LOOKUP函数应用举例（续）

2）数组

格式：LOOKUP（查找值，数组）

参数说明：

（1）查找值为函数LOOKUP所要在数组中查找的值，可以是数字、文本、逻辑值或单元格引用。

① 如果LOOKUP找不到查找的值，它会使用数组中小于或等于查找值的最大值。

② 如果查找的值小于第一行或第一列中的最小值（取决于数组维度），LOOKUP会返回#N/A错误值。

（2）数组为包含要与查找值进行比较的文本、数字或逻辑值的单元格区域。

LOOKUP的数组形式与HLOOKUP和VLOOKUP函数非常相似。区别在于：HLOOKUP在第一行中搜索查找的值，VLOOKUP在第一列中搜索，而LOOKUP根据数组维度进行搜索，具体说明如下：

（1）如果数组包含宽度比高度大的区域（列数多于行数），LOOKUP会在第一行中搜索查找的值。

（2）如果数组是正方的或者高度大于宽度（行数多于列数），LOOKUP会在第一列中进行搜索。

（3）数组中第一行或第一列的值必须以升序排列。

例如，公式"=LOOKUP("c",{"a","b","c","d";1,2,3,4})"的运行结果为3。

再如，如图2-34所示的汽车销售统计表，要填充车系和单价，用户也可以用数组形式的查找来实现，若条件查找区域如图2-34（a）设置，则在F3单元格中输入公式："=LOOKUP(E3,$A$3:$B$10)"；若条件查找区如图2-34（b）设置，则在G3单元格中输入公式"=LOOKUP(E3,$N$1:$U$2)"，按【Enter】键后拖动填充柄便能得到结果。

4. 引用函数OFFSET

OFFSET函数是WPS表格引用类函数中非常实用的函数之一，无论在数据动态引用，还是在数据位置变换中，该函数的使用频率都非常高。

格式：OFFSET（参照区域，行数，列数，[高度]，[宽度]）

功能：以指定的引用为参照系，通过给定偏移量得到新的引用。返回的引用可以为一个单元格或单元格区域，并可以指定返回的行数或列数。

参数说明：

（1）参照区域表示偏移量参照系的引用区域。参照区域必须为对单元格或相连单元格区域的引用；否则，OFFSET返回错误值#VALUE!。

（2）行数表示相对于偏移量参照系的左上角单元格上（下）偏移的行数。如果使用2作为参数，则说明目标引用区域的左上角单元格比参照区域低 2 行。行数可为正数（代表在起始引用的下方）或负数（代表在起始引用的上方）。

（3）列数表示相对于偏移量参照系的左上角单元格左（右）偏移的列数。如果使用 2 作为参数，则说明目标引用区域左上角的单元格比参照区域靠右 2 列。列数可为正数（代表在起始引用的右边）或负数（代表在起始引用的左边）。

（4）高度为可选项，是所要返回的引用区域的行数。高度必须为正数。

（5）宽度为可选项，是所要返回的引用区域的列数。宽度必须为正数。

例如，在图 2-35 所示的工作表 D8 单元格中输入公式：=OFFSET(A1,2,1,1,1)。

A1 是基点单元格；2 是正数；为向下移动 2 行；1 是正数，为向右移动 1 列；1 是引用 1 个单元格的高度；1 是引用 1 个单元格的宽度，故它的结果是引用了 B3 单元格中数值，其结果为 c。

图 2-35　OFFSET 函数应用示例

2.2.7　逻辑函数

WPS 表格共有 10 个逻辑函数，分别为 IF、IFS、SWITCH、IFERROR、IFNA、AND、NOT、OR、TRUE、FALSE，其中 TRUE 和 FALSE 函数没有参数，表示"真"和"假"；下面重点介绍其余的 8 个逻辑函数。

视频2-12
IF函数

1．条件判断函数 IF

格式：IF (测试条件，真值，[假值])

功能：根据测试条件来决定相应的返回结果。

参数说明：测试条件为要判断的逻辑表达式；真值表示当条件判断为逻辑"真（TRUE）"时要输出的内容；假值表示当条件判断为逻辑"假（FALSE）"时要输出的内容，如果省略则返回"FALSE"。具体使用 IF 函数时，如果条件复杂可以用 IF 的嵌套实现，WPS 表格中 IF 函数最多可以嵌套 7 层。

例如：在图 2-36 所示的工作表中，需要根据年龄和性别来填充 F 列，如为年龄大于等于 40 且性别为男的记录，则在 F 列对应单元格填入"是"，否则填入"否"，计算时只需在 F2 单元格中输入公式："=IF(C2>=40,IF(B2=" 男 "," 是 "," 否 ")," 否 ")"便能得到结果，如图 2-36 所示。

图 2-36　IF 函数应用举例

2. 逻辑与函数 AND

格式：AND(逻辑值1,[逻辑值2],...)

功能：返回逻辑值。如果所有参数值均为逻辑"真"（TRUE），则返回逻辑值"TRUE"，否则返回逻辑值"FALSE"。

参数说明：逻辑值1,逻辑值2,...：表示待测试的条件或表达式，最多为255个。

例如，若在图2-39所示的工作表F2单元格中输入公式："=IF(AND(C2>=40,B2=" 男 "),"是 ","否 ")"，也可以实现F列值的填入，避免了IF函数的嵌套。

与AND函数相类似的还有以下函数：

（1）OR(逻辑值1,[逻辑值2],...) 函数返回逻辑值。仅当所有参数值均为逻辑"假"（FALSE）时，返回逻辑值"FALSE"，否则返回逻辑值"TRUE"。

（2）NOT(逻辑值) 函数对参数值求反。

3. 多条件判断函数 IFS

格式：IFS(测试条件1,真值1,[测试条件2,真值2],……)

功能：检查是否满足一个或多个条件，且返回符合第一个TRUE条件的值。

参数说明：测试条件1为要判断的条件1；真值1表示当条件1判断为逻辑"真（TRUE）"时要输出的内容；如果测试条件1判断为假时，接着判断测试条件2，真值2表示当条件2判断为逻辑"真（TRUE）"时要输出的内容；依此类推。IFS函数允许测试最多127个不同的条件,并且条件间必须按正确的序列（升序或降序）输入。

扫一扫

视频2-13
IFS函数

例如，在图2-37所示的停车情况记录表中，表中的单价列（C列）的值是根据停车价目表中的数值填入，当车型是小汽车时，则在C列对应单元格填入"5"，若车型是中客车时，则在C列对应单元格填入"8"，车型是大客车时，则在C列对应单元格填入"10"，计算时只需在单元格C9中输入公式："=IFS(B9=$A$2,$A$3,B9=$B$2,$B$3,B9=$C$2,$C$3)"便能得到结果，如图2-37所示。

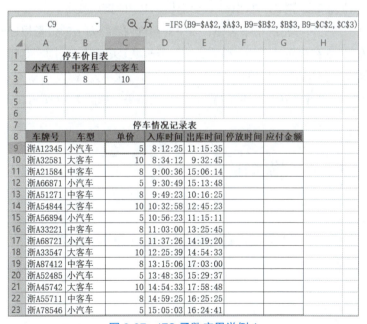

图2-37 IFS函数应用举例1

再如，在图2-38所示的成绩表中，表中等级列的值是根据总分列的数值填入，当总分>=90时，则在C列对应单元格填入"A"；当总分>=80时，则在C列对应单元格填入"B"；当总分>=70时，则在C列对应单元格填入"C"；当总分>=60时，则在C列对应单元格填入"D"；当总分<60时，则C列对

应单元格填入“E”，计算时只需在单元格 C2 中输入公式：

“=IFS(B2>=90,"A",B2>=80,"B",B2>=70,"C",B2>=60,"D",TRUE,"E")”便能得到结果，如图 2-38 所示。

C2 =IFS(B2>=90,"A",B2>=80,"B",B2>=70,"C",B2>=60,"D",TRUE,"E")

	A	B	C
1	姓名	总分	等级
2	严从华	85	B
3	严利	67	D
4	杨琴丹	89	B
5	杨松强	90	A
6	杨晓	97	A
7	姚永芳	65	D
8	叶丹平	45	E
9	叶小华	78	C
10	叶青	86	B
11	尹辉	56	E
12	余红	97	A
13	俞岑芳	94	A
14	郁祥	78	C

图 2-38　IFS 函数应用举例 2

4. 多条件匹配函数 SWITCH

格式：SWITCH(表达式，值 1，结果 1，[值 2，结果 2]，……，[值 253，结果 253]，[默认值])

功能：根据表达式列表计算一个值，并返回与第一个匹配值对应的结果。如果不匹配，则可能返回可选默认值。由于函数最多可包含 254 个参数，所以最多可以使用 253 对值和结果参数。

参数说明：

（1）表达式：必选项，是与值 1~ 值 253 比较的值（如数字、日期或文本等）

（2）值 1~ 值 253：值 N 的值将与表达式的值比较。

（3）结果 1~ 结果 253：结果 N 是在对应值 N 参数与表达式匹配时返回的值。

（4）默认值：可选项，默认值是当在值 N 表达式中没有找到匹配值时要返回的值。当没有对应的结果 N 表达式时，则标识为默认值参数。默认值必须是函数中的最后一个参数。如果没有值参数与表达式匹配，并且未提供默认值参数，则 SWITCH 函数会返回 #N/A 的错误提示。

例如，在图 2-39 所示的停车情况记录表中，表中的单价列（C 列）的值是根据停车价目表中的数值填入，当车型是小汽车时，则在 C 列对应单元格填入“5”，若车型是中客车时，则在 C 列对应单元格填入“8”，车型是大客车时，则在 C 列对应单元格填入“10”，计算时只需在单元格 C9 中输入公式：“=SWITCH(B9," 小汽车 ",5," 中客车 ",8," 大客车 ",10," 不匹配 ")”便能得到结果，如图 2-39 所示。

C9 =SWITCH(B9,"小汽车",5,"中客车",8,"大客车",10,"不匹配")

	A	B	C	D	E	F	G
1	停车价目表						
2	小汽车	中客车	大客车				
3	5	8	10				
4							
5							
6							
7	停车情况记录表						
8	车牌号	车型	单价	入库时间	出库时间	停放时间	应付金额
9	浙A12345	小汽车	5	8:12:25	11:15:35		
10	浙A32581	大客车	10	8:34:12	9:32:45		
11	浙A21584	中客车	8	9:00:36	15:06:14		
12	浙A66871	小汽车	5	9:30:49	15:13:48		
13	浙A51271	中客车	8	9:49:23	10:16:25		
14	浙A54844	大客车	10	10:32:58	12:45:23		
15	浙A56894	小汽车	5	10:56:23	11:15:11		
16	浙A33221	中客车	8	11:03:00	13:25:45		
17	浙A68721	小汽车	5	11:37:26	14:19:20		
18	浙A33547	大客车	10	12:25:39	14:54:33		
19	浙A87412	中客车	8	[illegible]15:06	17:03:00		

图 2-39　SWITCH 函数应用举例 1

再如，如图 2-40 所示的工作表中，要根据 A 列的日期计算日期对应的是星期几（B 列），只需在单元格 B2 中输入公式：

"=SWITCH（WEEKDAY(A2),1,"Sunday",2,"Monday",3,"Tuesday",4,"Wednesday",5,"Thursday",6,"Friday",7,"Saturday")" 便能得到结果，如图 2-40 所示。

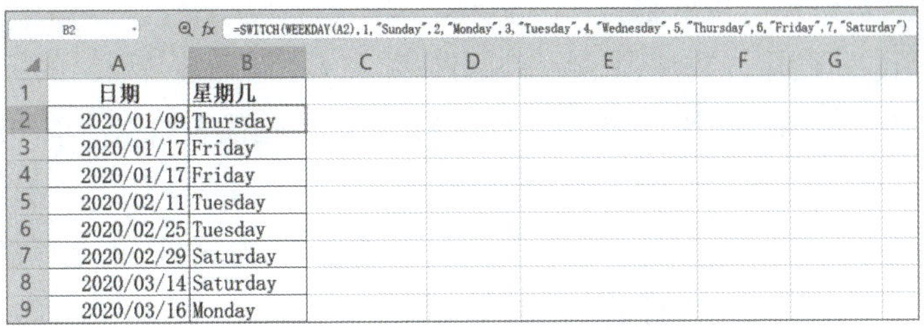

图 2-40　SWITCH 函数应用举例 2

5. 错误处理函数 IFERROR

格式：IFERROR（值，错误值）

功能：用来捕获和处理公式中的错误。如果公式的计算中无错误，则返回值参数的结果；否则将返回错误值参数的结果。

参数说明：

（1）值表示被检查是否存在错误的公式。

（2）错误值表示公式的计算中有错误时要返回的值。计算得到的错误类型有：#N/A、#VALUE!、#REF!、#DIV/0!、#NUM!、#NAME? 或 #NULL!。

如果值或错误值是空单元格，则 IFERROR 将其视为空字符串值 ("")。

如果值是数组公式，则 IFERROR 为值中指定区域的每个单元格返回一个结果数组。

例如，A1 单元格的值为 5，B1 单元格的值为 0，则在 C1 单元格输入公式：=IFERROR(A1/B1, "计算中有错误")，公式的运算结果为"计算中有错误"；如果 B1 单元格的值为 2，公式的运算结果为 2.5。

6. IFNA 函数

格式：IFNA（值，N/A 值）

功能：如果公式返回错误值 #N/A，则返回 N/A 值参数的结果；否则返回值参数的结果。

参数说明：

（1）值为要检测的值，用于检查错误值 #N/A 的参数。

（2）N/A 值表示公式计算结果为错误值 #N/A 时要返回的值。

例如，在 A1 单元格输入公式：

"=IFNA(VLOOKUP("c",{"a","b","d","h";1,2,3,4},2,FALSE),"未找到")"，公式的运算结果为"未找到"。因为在查找区域中找不到字母 c，VLOOKUP 将返回错误值 N/A，则 IFNA 在单元格中返回字符串"未找到"。

2.2.8　数据库函数

数据库是包含一组相关数据的列表，其中包含相关信息的行为记录，而包含数据的列称为字段。列表的第一行包含着每一列的标志项。WPS 表格中具有以上特征的工作表或一个数据清单就是一个数据库。

数据库函数是用于对存储在数据清单或数据库中的数据进行分析、判断，并求出指定数据区域中满足指定条件的值。这一类函数具有以下共同特点：

（1）每个函数都有三个参数：数据库区域、操作域和条件。

（2）函数名以 D 开头。如果将字母 D 去掉，可以发现其实大多数数据库函数已经在 WPS 表格的其他类型函数中出现过。例如，DMAX 将 D 去掉，就是求最大值函数 MAX。

数据库函数的格式及参数的含义如下：

格式：函数名（数据库区域，操作域，条件）。

参数说明：

（1）数据库区域：构成数据清单或数据库的单元格数据区域。

（2）操作域：指定函数所使用的数据列，操作域可以是文本，即两端带引号的标志项，如“出生日期”或“年龄”等，也可以用单元格的引用，如 B1，C1 等，还可以是代表数据清单中数据列位置的数字：1 表示第一列，2 表示第二列，等等。

（3）条件：为一组包含给定条件的单元格区域。可以为参数“条件”指定任意区域，只要它至少包含一个列标志和列标志下方用于设定条件的单元格。

WPS 表格的数据库函数如果能灵活应用，则可以方便地分析数据库中的数据信息。下面介绍一些常用的数据库函数。

扫一扫

视频2-14 数据库函数

1. DSUM

格式：DSUM（数据库区域，操作域，条件）

功能：返回列表或数据库中满足指定条件的记录字段（列）中的数值之和。

参数说明：数据库区域是指构成列表或数据库的单元格区域。操作域是指定函数所使用的数据列。条件为一组包含给定条件的单元格区域。

例如，在图 2-41 所示的工资表中，若要求职称为高级的男职工的应发工资总和，可先在 A19:B20 数据区域中建立条件区域，再在 H19 单元格输入公式：=DSUM(A1:G17,G1,A19:B20) 或 =DSUM(A1:G17," 应发工资 ",A19:B20) 或 =DSUM(A1:G17,7,A19:B20)。

H19　fx　=DSUM(A1:G17,G1,A19:B20)

	A	B	C	D	E	F	G	H
1	编号	姓名	职称	性别	基本工资	工龄	应发工资	
2	001	李云飞	高级	男	10000	34	7754.44	
3	002	刘丽华	初级	女	7000	20	5572.58	
4	003	王强	其他	男	6000	11	4834.91	
5	004	张新宇	高级	男	10000	39	7754.44	
6	005	钱程	其他	男	6000	11	4834.91	
7	006	吴迪	初级	女	7000	14	5572.58	
8	007	杨莹	中级	女	8000	30	6308.87	
9	008	陈晓敏	初级	女	7000	8	5565.29	
10	009	陆虹	其他	女	6000	14	4834.91	
11	010	谢明亮	其他	男	6000	16	4834.91	
12	011	郝晨	中级	男	8000	28	6308.87	
13	012	赵鹏	其他	男	6000	10	4834.91	
14	013	杜平	初级	女	7000	16	5572.58	
15	014	张俊文	中级	男	8000	26	6308.87	
16	015	董彬	其他	男	6000	7	4827.06	
17	016	蒋蓉	中级	女	8000	22	6308.87	
18								
19	职称	性别	工龄		职称为高级的男职工应发工资总和			15508.88
20	高级	男	>35		职称为高级的男职工应发工资平均值			7754.44
21					男职工工龄最大值			39
22					男职工人数			9
23					男职工工龄大于35年的姓名			张新宇

图 2-41　数据库函数的使用

2. DAVERAGE

格式：DAVERAGE（数据库区域，操作域，条件）

功能：返回数据库或数据清单中满足指定条件的列中数值的平均值。

参数说明：数据库区域为构成列表或数据库的单元格区域。操作域为指定函数所使用的数据列。条件为一组包含给定条件的单元格区域。

例如，在图 2-41 所示的工资表中，若要计算职称为高级的男职工的应发工资总和的平均值，可先在 A19:B20 数据区域中建立条件区域，再在 H20 单元格输入公式：

=DAVERAGE(A1:G17,G1,A19:B20) 或 =DAVERAGE(A1:G17," 应发工资 ",A19:B20) 或 =DAVERAGE(A1:G17,7,A19:B20)

3. DMAX

格式：DMAX（数据库区域，操作域，条件）

功能：返回数据清单或数据库的指定列中，满足给定条件单元格中的最大数值。

参数说明：数据库区域为构成列表或数据库的单元格区域；操作域为指定函数所使用的数据列；条件为一组包含给定条件的单元格区域。

例如，在图 2-41 所示的工资表中，若要求男职工工龄最大值，可先在 B19:B20 数据区域中建立条件区域，再在 H21 单元格输入公式：

=DMAX(A1:G17,F1,B19:B20) 或 =DMAX(A1:G17," 工龄 ",B19:B20) 或 =DMAX(A1:G17,6,B19:B20)

另外，DMIN 函数表示返回数据清单或数据库的指定列中满足给定条件的单元格中的最小数值。与 DMAX 使用方法一样，使用时可以参考 DMAX。

4. DCOUNT

格式：DCOUNT（数据库区域，操作域，条件）

功能：返回数据库或数据清单指定字段中，满足给定条件并且包含数值的单元格的个数。

参数说明：数据库区域为构成列表或数据库的单元格区域；操作域为指定函数所使用的数据列；条件为一组包含给定条件的单元格区域。

例如，在图 2-41 所示的工资表中，若要求职称为高级的男职工的人数，可先在 A19:B20 数据区域中建立条件区域，再在 H22 单元格输入公式：

=DCOUNT(A1:G17,E1,A19:B20) 或 =DCOUNT(A1:G17," 基 本 工 资 ",A19:B20) 或 =DCOUNT(A1:G17,5,A19:B20)

注意：应用此公式时，第二个参数操作域必须为数值型列，否则结果为 0。

例如：输入公式 =DCOUNT(A1:G17," 职称 ",A19:B20) 或：=DCOUNT(A1:G17," 性别 ",A19:B20) 的结果都为 0，因为该函数只能统计指定列中符合条件的数值型数据的个数，但职称和性别列都为文本。其实此题的操作域处只要不输入文本列，任意数据列都可以得到正确的结果。

此外，DCOUNTA 函数表示返回数据库或数据清单指定字段中满足给定条件的非空单元格数目，操作域参数没有必须是数值型数据的要求，故上题也可以用公式：=DCOUNTA(A1:G17," 职称 ",A19:B20) 实现。

5. DGET

格式：DGET（数据库区域，操作域，条件）

功能：从数据清单或数据库中提取符合指定条件的单个值。

参数说明：数据库区域为构成列表或数据库的单元格区域。操作域为指定函数所使用的数据列。条件为一组包含给定条件的单元格区域。

提示：

（1）若满足条件的只有一个值，则求出这个值；

（2）若满足条件的有多个值，则结果为；#NUM!；

（3）若没有满足条件的值，则结果为；#VALUE!。

例如，在图 2-41 所示的工资表中，若要求男职工工龄超过 35 年的姓名，可先在 B19:C20 数据区域中建立条件区域，再在 H23 单元格输入公式：

=DGET(A1:G17,B1,B19:C20) 或 =DGET(A1:G17," 姓名 ",B19:C20) 或 =DGET(A1:G17,2,B19:C20)

如果要求男职工工龄超过 30 年的姓名，利用 DGET 函数运算结果为：#NUM!，说明表中满足该条件的姓名有多个。

如果要求男职工工龄超过 40 年的姓名，利用 DGET 函数运算结果为：#VALUE!，说明表中没有满足该条件的姓名。

2.2.9　财务函数

财务函数是财务计算和财务分析的重要工具，可使财务数据的计算更快捷和准确。下面介绍几个常用的财务函数。

1. 求资产折旧值函数 SLN

格式：SLN（原值，残值，折旧期限）

功能：求某项资产在一个期间中的线性折旧值。

参数说明：原值为资产原值；残值为资产在折旧期末的价值（也称为资产残值）；折旧期限为资产的使用寿命。

例如，某公司厂房拥有固定资产 100 万元，使用 10 年后估计资产的残值为 30 万元，求固定资产按日、月、年的折旧值，如图 2-42 所示。计算该资产 10 年后按年、月、日的折旧值只需分别在 B4、B5、B6 单元格中输入下列公式：

```
=SLN(A3,B3,C3)           每年折旧值
=SLN(A3,B3,C3*12)        每月折旧值（一年按 12 月计算）
=SLN(A3,B3,C3*365)       每日折旧值（一年按 365 日计算）
```

	A	B	C
1			
2	固定资产	资产残值	使用年限
3	1000000	300000	10
4	每年折旧值	¥70,000.00	
5	每月折旧值	¥5,833.33	
6	每日折旧值	¥191.78	

图 2-42　资产折旧值函数应用示例

2. 求贷款按年（或月）还款数函数 PMT

格式：PMT（利率，支付总期数，现值，[终值]，[是否起初支付]）

功能：求指定贷款期限的某笔贷款，按固定利率及等额分期付款方式每期的付款额。

参数说明：利率为贷款利率；支付总期数为该项贷款的总贷款期限；现值为从该项贷款开始计算时已经入账的款项（或一系列未来付款当前值的累积和）；终值为未来值（或在最后一次付款后希望得到的现金余额），如果省略，则其值为 0，也就是一笔贷款的未来值为零；是否起初支付为一逻辑值，用于指定付款时间是在期初还是在期末（1 表示期初，0 表示期末，省略时为 0）。

例如，已知某人购车向银行贷款 10 万元，年息为 5.38%，贷款期限为 10 年，分别计算按年偿还和按月偿还的金额（在期末还款），如图 2-43 所示。计算按年偿还和按月偿还的金额只需分别在 B3、B4 单元格中输入函数：

扫一扫

视频2-15
财务函数
PMT、IPMT

```
=PMT(C2,B2,A2,0,0)              （按年还贷）
=PMT(C2/12,B2*12,A2,0,0)        （按月还贷）
```

	A	B	C
1	贷款金额	贷款年数	贷款利率
2	100000	10	5.38%
3	按年偿还金额	¥-13,190.52	
4	按月偿还金额	¥-1,079.33	

图 2-43　函数 PMT 应用示例

3. 求贷款按每月应付利息数函数 IPMT

格式：IPMT（利率，期数，支付总期数，现值，终值）

功能：求指定贷款期限的某笔贷款，按固定利率及等额分期付款方式在某一给定期限内每月应付的贷款利息。

参数说明：利率为贷款利率；期数为计算利率的期数（如计算第一个月的利息则为1，计算第二个月的利息则为2，依此类推），支付总期数为该项贷款的总贷款期数；现值为从该项贷款开始计算时已经入账的款项（或一系列未来付款当前值的累积和）；终值为未来值（或在最后一次付款后希望得到的现金余额），默认时为 0。

例如，已知某人购车向银行贷款 10 万元，年息为 5.38%，贷款期限为 10 年，求第 1 个月、第 2 个月和第 13 个月应付的贷款利息，如图 2-44 所示。

```
=IPMT(C2/12,1,B2*12,A2,0)       （第 1 个月利息）
=IPMT(C2/12,2,B2*12,A2,0)       （第 2 个月利息）
=IPMT(C2/12,13,B2*12,A2,0)      （第 13 个月利息）
```

公式说明：按月还贷时，年利率折算为月利率，还款期数由年换算为月。公式中的最后一个参数 0 表示最后一次还款后余额为 0。

4. 求某项投资的现值函数 PV

格式：PV（利率，支付总期数，定期支付额，[终值]，[是否期初支付]）

功能：返回投资的现值。现值为一系列未来付款的当前值的累积和。

参数说明：利率为贷款利率；支付总期数为总投资（或贷款）期，即该项投资（或贷款）的付款期总数；定期支付额为各期所应支付的金额，其数值在整个年金期间保持不变；终值为未来值，或在最后一次支付后希望得到的现金余额，如果省略，则其值为零，也就是一笔贷款的未来值即为零；是否期初支付为数字 0 或 1，用以指定各期的付款时间是在期初还是期末，0 表示期末，1 表示期初，省略时为 0。

例如，某储户每月能承受的贷款数为 2 000 元（月末），计划按这一固定扣款数连续贷款 25 年，年息为 4.5%，求该储户能获得的贷款数，如图 2-45 所示。

分析：在以上题目中，利率为 4.5%，投资总期数为 25 年（240 个月），每期支付金额为 2 000 元，该贷款的终值为 0，由于是期末贷款，故是否期初支付的值为 0。

计算投资的当前值只需在 B4 单元格中输入函数：

```
=PV(B2/12,C2*12,A2,0,0)
```

视频2-16
财务函数
PV/FV

图 2-44　IPMT 函数应用示例

图 2-45　PV 函数应用示例

5. 求某项投资的未来收益值函数 FV

格式：FV (利率，支付总期数，定期支付额，[现值]，[是否期初支付])

功能：基于固定利率及等额分期付款方式，返回某项投资的未来值。

参数说明：利率为各期利率；支付总期数为总投资期，即该项投资的付款期总数；定期支付额为各期所应支付的金额，其数值在整个年金期间保持不变；现值，即从该项投资开始计算时已经入账的款项，或一系列未来付款的当前值的累积和，也称本金（如果省略现值，则假设其值为零，并且必须包括定期支付额参数）；是否期初支付为数字 0 或 1，用以指定各期的付款时间是在期初还是期末，0 表示期末，1 表示期初，省略时为 0。

注意：

（1）利率和支付总期数单位必须一致。例如，同样是十年期年利率为 8% 的贷款，如果按月支付，利率应为 8%/12，支付总期数应为 10*12；如果按年支付，利率应为 8%，支付总期数为 10。

（2）在所有参数中，支出的款项，如银行存款，用负数表示；收入的款项，如股息收入，用正数表示。

例如，投资者对某项工程进行投资，期初投资 200 万元，年利率为 5%，并在接下来的 5 年中每年追加投资 20 万元，求该投资者 5 年后的投资收益，如图 2-46 所示。计算时只需在 B3 单元格中输入函数：

```
=FV(B2,D2,C2,A2,0)
```

图 2-46　FV 函数应用示例

2.2.10　信息函数

信息函数总共有 18 个函数，其中比较常用的是 IS 类函数（共 11 个）、TYPE 测试函数和 N 转数值函数，下面重点介绍这 3 种函数。

1. IS 类函数

IS 函数包括 ISBLANK、ISTEXT、ISERR、ISERROR、ISEVEN、ISODD、ISLOGICAL、ISNA、ISNONTEXT、ISNUMBER 和 ISREF 函数，统称为 IS 类函数，可以检验数值的数据类型并根据参数取值的不同而返回 TRUE 或 FALSE。IS 类函数具有相同的函数格式和相同的参数，可表示为：

```
=IS 类函数（值）
```

IS 类函数的格式及功能如表 2-2 所示。

表 2-2　IS 类函数说明

函 数 名	格　式	功　　能
ISBLANK	ISBLANK(值)	测试"值"是否为空
ISTEXT	ISTEXT(值)	测试"值"是否为文本
ISERR	ISERR(值)	测试"值"是否为任意错误值（#N/A 除外）
ISERROR	ISERROR(值)	测试"值"是否为任意错误值（包括 #N/A、#VALUE!、#REF!、#DIV/0!、#NUM!、#NAME? 或 #NULL!）
ISLOGICAL	ISLOGICAL(值)	测试"值"是否为逻辑值
ISNA	ISNA(值)	测试"值"是否为错误值 #N/A（值不存在）,
ISNONTEXT	ISNONTEXT(值)	测试"值"是否不是文本的任意项（注意此函数在值为空白单元格时返回 TRUE）。
ISNUMBER	ISNUMBER(值)	测试"值"是否为数值
ISREF	ISREF(值)	测试"值"是否为引用
ISODD	ISODD(值)	测试"值"是否为奇数
ISEVEN	ISEVEN(值)	测试"值"是否为偶数

2．TYPE 测试函数

格式：TYPE(值)

功能：测试数据的类型

参数说明：值可以为任意类型的数据，如数值、文本、逻辑值等。函数的返回值为一数值，具体意义为：1 表示数值；2 表示文本；4 表示逻辑；16 表示误差值；64 表示数组。如果 VALUE 是一个公式，则 TYPE 函数将返回此公式运算结果的类型。

3．N 转数值函数

格式：N(值)

功能：将不是数值形式的值转化为数值形式。

参数说明：值可以为任意类型的值。如果值为一日期，则返回日期表示的序列值；如果值为逻辑值 TRUE，则返回 1，若为 FALSE，则返回 0；如果值为文本数字，则返回对应的数值；如果值为其他类型值，则返回 0。

2.2.11　工程函数

工程函数是属于工程专业领域计算分析用的函数，本节介绍常用的工程函数。

1．进制转换函数

WPS 表格工程函数中提供了二进制（BIN）、八进制（OCT）、十进制（DEC）、十六进制（HEX）之间的数值转换函数。其函数名非常容易记忆，用数字 2 表示转换，故二进制转换为八进制的函数名为 BIN2OCT，BIN2DEC 就表示二进制转换为十进制，等等。这类函数的语法格式为：

函数名（数值，[字符数]）

数值表示待转换的数值，其位数不能多于 10 位，最高位为符号位，后 9 位为数字位。

字符数为可选项，表示所要使用的字符位数。如果省略，函数用能表示此数的最少字符来表示。当转换结果的位数少于指定的位数时，在返回值的左侧自动追加 0。如果需要在返回的数值前置零时，字符数尤其有用。

注意从其他进制转换为十进制的函数只有数值一个参数。

如图 2-47 所示，展示了不同进制之间的转换关系及结果。

B2 =DEC2BIN(A2)

	A	B	C	D	E
1	十进制	二进制	八进制	十六进制	
2	1	1	1	1	
3	2	10	2	2	
4	3	11	3	3	
5	4	100	4	4	
6	5	101	5	5	
7	6	110	6	6	
8	7	111	7	7	
9	8	1000	10	8	
10	9	1001	11	9	
11	10	1010	12	A	
12	11	1011	13	B	
13	12	1100	14	C	
14	13	1101	15	D	
15	14	1110	16	E	
16	15	1111	17	F	

图 2-47 进制转换示例

2. 度量系统转换函数 CONVERT

格式：CONVERT(数值，初始单位，结果单位)

功能：将数值从一个度量系统转换到另一个度量系统中。

参数说明：数值表示需要进行转换的数值；初始单位表示数值的单位；结果单位表示转换后的结果单位。

注意：单位名称区分大小写。

CONVERT 函数的参数初始单位和结果单位所能接受的文本值如图 2-48 所示。

重量和质量	unit	距离	unit	时间	unit	压强	unit	力	unit
克	"g"	米	"m"	年	"yr"	帕斯卡	"Pa"(或 "p")	牛顿	"N"
斯勒格	"sg"	法定英里	"mi"	日	"day"	大气压	"atm"(或 "at")	达因	"dyn"(或 "dy")
磅(常衡制)	"lbm"	海里	"Nmi"	小时	"hr"	毫米汞柱	"mmHg"	磅力	"lbf"
U(原子质量单位)	"u"	英寸	"in"	分钟	"mn"				
盎司(常衡制)	"ozm"	英尺	"ft"	秒	"sec"				
		码	"yd"						
		埃	"ang"						
		宏	"pica"						

能量	unit	液体度量	unit	温度	unit	磁	unit	乘幂	unit
焦耳	"J"	茶匙	"tsp"	摄氏度	"C"(或 "cel")	特斯拉	"T"	马力	"HP"(或 "h")
尔格	"e"	汤匙	"tbs"	华氏度	"F"(或 "fah")	高斯	"ga"	瓦特	"W"(或 "w")
热力学卡	"c"	液量盎司	"oz"	开氏温标	"K"(或 "kel")				
IT 卡	"cal"	杯	"cup"						
电子伏	"eV"(或 "ev")	U.S. 品脱	"pt"(或 "us_pt")						
马力-小时	"HPh"(或 "hh")	U.K. 品脱	"uk_pt"						
瓦特-小时	"Wh"(或 "wh")	夸脱	"qt"						
英尺磅	"flb"	加仑	"gal"						
BTU	"BTU"(或 "btu")	升	"l"(或 "lt")						

图 2-48 convert 函数的单位参数

例如，将气温 35 摄氏度转换为华氏度的值，可以用如下公式实现：=CONVERT(35, "C","F")，转换的结果为 95。

3. 检验两个值是否相等函数 DELTA

格式：DELTA(待测值 1, [待测值 2])

功能：测试两个数值是否相等。如果待测值 1= 待测值 2，则返回 1，否则返回 0。

参数说明：

(1) 待测值 1 表示第一个数值；

(2) 待测值 2 可选项，表示第二个数值。如果省略，假设待测值 2 的值为零。如果待测值 1 和待测值 2 为非数值型，则函数 DELTA 将返回错误值 #VALUE!。

通过统计多个 DELTA 的返回值，可以知道两组数据相符的个数，如图 2-49 所示。

4. 检验数值是否大于阈值函数 GESTEP

格式：GESTEP(待测值，[临界值])

功能：如果待测值大于等于临界值，返回 1，否则返回 0。

参数说明：待测值表示要针对临界值进行测试的值。

临界值为可选项，表示阈值。如果省略临界值的值，则函数 GESTEP 假设其为零。如果任意参数为非数值，则函数 GESTEP 返回错误值 #VALUE!。

例如，用户知道产品质量的上限为 3 克，用 GESTEP 函数统计超出该上限的样品数量，如图 2-50 所示。

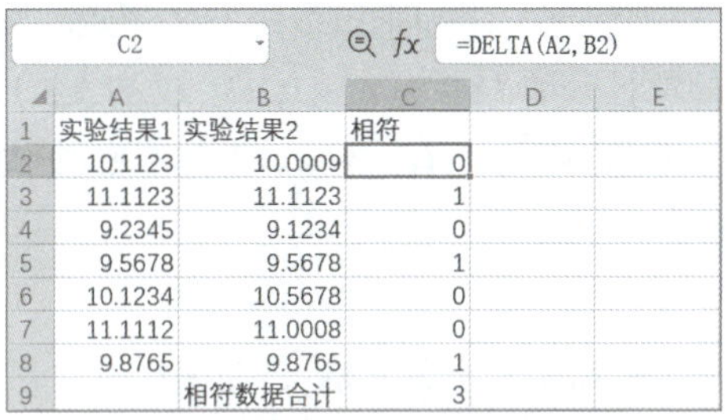

C2　=DELTA(A2,B2)

	A	B	C	D	E
1	实验结果1	实验结果2	相符		
2	10.1123	10.0009	0		
3	11.1123	11.1123	1		
4	9.2345	9.1234	0		
5	9.5678	9.5678	1		
6	10.1234	10.5678	0		
7	11.1112	11.0008	0		
8	9.8765	9.8765	1		
9		相符数据合计	3		

图 2-49　DELTA 函数应用实例

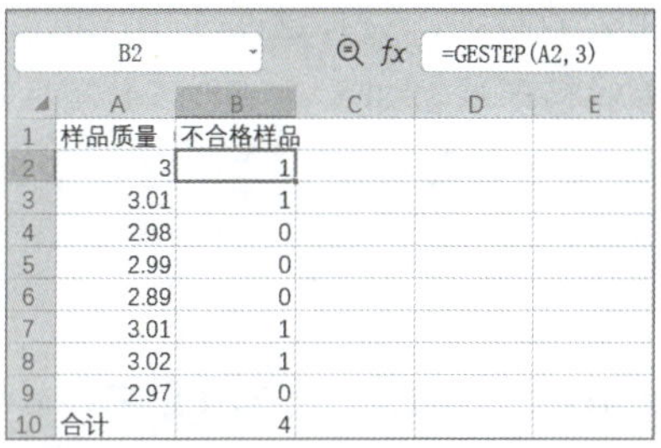

B2　=GESTEP(A2,3)

	A	B	C	D	E
1	样品质量	不合格样品			
2	3	1			
3	3.01	1			
4	2.98	0			
5	2.99	0			
6	2.89	0			
7	3.01	1			
8	3.02	1			
9	2.97	0			
10	合计	4			

图 2-50　GESTEP 函数应用实例

2.3 数组公式

数组公式是 WPS 表格对公式和数组的一种扩充，是以数组为参数的一种公式。利用这些公式，可以完成复杂的运算功能。本节将介绍数组的概念、数组公式的建立以及数组公式的运算规则与应用。

2.3.1 数组

数组是一些元素的简单集合，这些元素可以共同参与运算，也可以个别参与运算。在 WPS 表格中，数组是指一行、一列或多行多列的一组数据元素的集合。数组元素可以是数值、文本、日期、逻辑值或错误值，它们可以是一维的，也可以是二维的，这些维对应着行和列。例如，一维数组可以存储在一行（横向数组）或一列（纵向数组）的范围内。二维数组可以存储在一个矩形的单元格范围内。

WPS 表格中的数组分为两种，一种是区域数组，一种是常量数组。

如果在公式或函数参数中引用工作表的某个单元格区域，且其中的参数不是单元格引用或区域类型，也不是向量时，WPS 表格会自动将该区域引用转换成同维数同尺寸的数组，这个数组就称为区域数组。区域数组通常指矩形的单元格区域，如 A1:B20、B2:B40 等。

常量数组是指直接在公式中写入数组元素，并以大括号 {} 括起来的字符串表达式。

例如：{1,2,3,7,1} 就是一个常量数组。在同一个数组中，可以使用不同类型的值，如 {40,1,3,0,TRUE,FALSE,"a"}

常量数组不能包含公式、函数和其他数组。数字值不能包含美元符号、逗号、圆括号以及百分号。例如：{SQRT(7),6%,$5.36 } 是一个非法的常量数组。

常量数组可以分为一维数组和二维数组。一维数组包括行数组和列数组。一维行数组中的元素用逗号分隔，如 {1,2,3,4}。一维列数组中的元素用分号分隔，如 {1;2;3;4;8;4;18}。由于二维数组中包含行和列，所以，二维数组行内的元素用逗号分隔，行与行之间用分号分割，例如，{1,2,3,4;5,6,7,8} 表示两行四列的二维数组。

扫一扫

视频2-17
数组公式

2.3.2 建立数组公式

在对 WPS 表格工作表的数据进行运算时，通常会遇到下列 3 种情况：

（1）要求运算结果返回的是一个集合；

（2）运算中存在一些需要通过复杂的中间运算过程才能得到最终结果；

（3）要求保证公式集合的完整性，防止用户无意间修改公式。

针对上述三种情况，通常可以使用数组公式来解决。

数组公式是用于建立可以产生多个结果或对可以存放在行和列中的一组参数进行运算的单个公式。它的特点就是可以执行多重计算，返回一组数据结果，并按快捷键【Shift+Ctrl+Enter】产生一对大括号{ }来完成编辑的特殊公式。

数组公式最大的特征就是所引用的参数是数组参数，包括区域数组和常量数组。区域数组是一个矩形的单元格区域，如 $A$1:$D$5；常量数组是一组给定的常量，如 {1,2,3} 或 {1;2;3} 或 {1,2,3;1,2,3}。对于参数为常量数组的公式，则在参数外有大括号 {}，公式外则没有，输入时也不必按快捷键【Shift+Ctrl+Enter】。

1. 数组公式的建立

输入数组公式时，首先选择用来存放结果的单元格区域（可以是一个单元格），在编辑栏输入公式，然后按快捷键【Shift+Ctrl+Enter】，WPS 表格将在公式两边自动加上花括号“{}”。注意：不要自己输入花括号，否则，WPS 表格认为输入的是一个正文标签。

用数组公式求出版社订书的金额，如图 2-51 所示。

（1）选定需要输入公式的单元格区域 F2:F16。

F2 | fx {=D2:D16*E2:E16}

	A	B	C	D	E	F
1	客户	教材名称	出版社	订数	单价	金额
2	c1	新编大学	外语教学	9855	23	226665
3	c2	高等数学	高等教育	3700	25	92500
4	c2	高等数学	高等教育	3500	24	84000
5	c1	概率论与	高等教育	1592	31	49352
6	c1	Visual Ba	浙江科技	1504	27	40608
7	c3	大学信息	科学出版	1249	18	22482
8	c1	化工原理	科学出版	924	40	36960
9	c3	电路	高等教育	869	35	30415
10	c1	化工原理	科学出版	767	38	29146
11	c1	管理学（	中国人民	585	55	32175
12	c1	数字电路	电子工业	555	34	18870
13	c4	复变函数	高等教育	540	29	15660
14	c1	大学文科	高等教育	518	26	13468
15	c4	大学英语	上海外语	500	28	14000
16	c4	C程序设计	浙江科学	500	30	15000

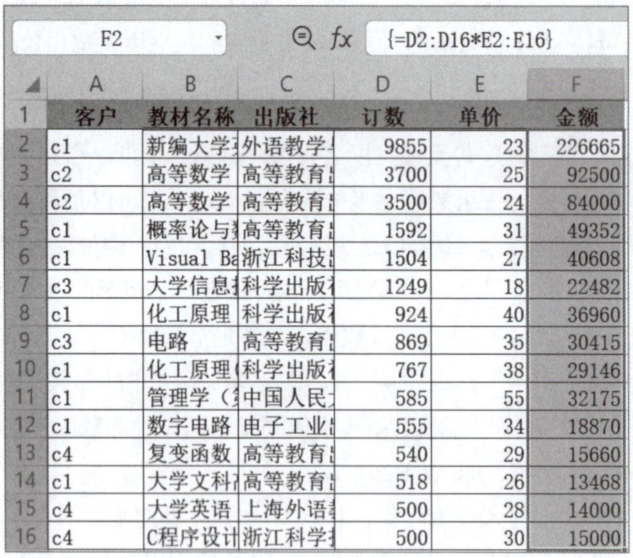

图 2-51 数组公式的建立

（2）输入公式：= D2:D16*E2:E16（注意：输完不要按【Enter】键）；

（3）按快捷键【Shift+Ctrl+Enter】便能得到结果，如图 2-51 所示。

此时，当单击 F2:F16 中的任意单元格，可以看到在编辑栏中都有会出现一个用 {} 括起来的公式，这就是一个数组公式。

2. 数组公式的修改

一个数组包含若干个数据或单元格，这些单元格形成一个整体，不能单独进行修改。所以，要对数组公式进行修改，应先选定整个数组，然后再进行修改操作。操作步骤如下。

（1）选定数组公式所包含的全部单元格；

（2）单击编辑栏中的数组公式，或按 F2 键，便可对数组公式进行修改（此时 {} 会自动消失）；

（3）完成修改后按快捷键【Shift+Ctrl+Enter】，此时可看到修改后的计算结果。

2.3.3　应用数组公式

使用数组公式可以把一组数据当成一个整体来处理，传递给函数或公式。可以对一批单元格应用一个公式，返回结果可以是一个数，也可以是一组数（每个数占一个单元格）。

1．数组公式的运算规则

（1）两个同行同列的数组间的运算是对应元素间进行运算，并返回同样大小的数组。

例如，如图 2-52 所示，两个相同大小的数组 1 和数组 2 相加，运算时，对应元素间求和，运算结果为相同大小的数组。

（2）一个数组与一个单一的数据进行运算，是将数组的每一元素均与那个单一数据进行计算，并返回同样大小的数组。

例如，如图 2-53 所示，一个数组和单个数值相乘，运算时，数组的每个元素都与单一数据相乘，运算结果为相同大小的数组。

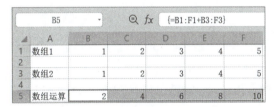

图 2-52　行列相同数组间的运算

图 2-53　数组与单一的数据进行运算

（3）单行数组（M 列）与单列数组（N 行）的运算，计算结果返回的是一个 M*N 的数组。

例如，如图 2-54 所示，一个单行数组（M 列）和一个单列数组（N 行）相加，运算时，单列的每一个元素分别与单行的每一个元素相加，得到一个 M*N 的数组。

（4）不匹配行列的数组间运算，会出现 #N/A 的错误。

例如，如图 2-55 所示，一个单行数组（5 列）和另一个单行数组（3 列）相加，运算时，两个数组大小不匹配，则出现了 #N/A 的错误。

图 2-54　单行数组与单列数组的运算

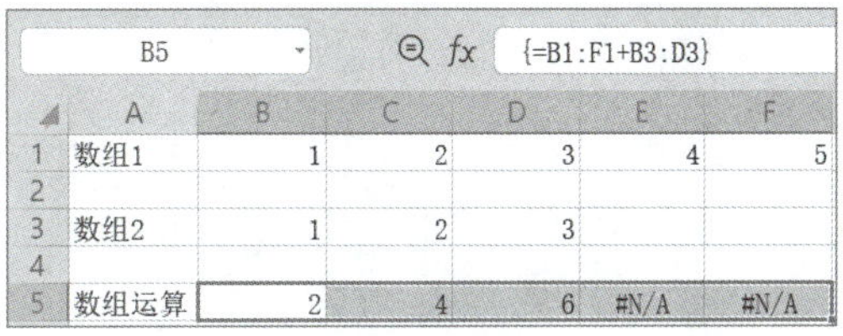

图 2-55　不匹配行列的数组间的运算

2．数组公式的应用

下面通过一个实例来进一步学习和掌握数组公式的应用。

例如，在图 2-56 所示的家电销售工作表中，用数组公式完成以下操作：

（1）求出家电销售收入总额。

（2）求出北京家电销售收入总额。

（3）求出 2020 年 1 季度彩电销售收入总额。

D17　　{=SUM(E2:E15*F2:F15)}

	A	B	C	D	E	F
1	日期	销售地点	销售人员	商品名称	销售量（台）	单价（元）
2	1月15日	北京	杨旭	彩电	8	2480
3	2月16日	南京	高博	空调	30	1578
4	3月17日	上海	周平	冰箱	25	5600
5	1月18日	北京	李新	彩电	28	4560
6	4月19日	长春	杨颖	洗衣机	3	3456
7	5月20日	南京	程小飞	洗衣机	9	1234
8	3月21日	天津	赵颖	电脑	29	5674
9	4月22日	上海	周平	彩电	20	2480
10	6月23日	太原	戴云辉	空调	27	6800
11	7月24日	北京	杨旭	彩电	8	6754
12	9月25日	沈阳	袁宏伟	冰箱	23	3450
13	11月26日	天津	刘玉龙	彩电	6	3450
14	6月27日	南京	高博	电脑	29	4320
15	12月28日	北京	李新	彩电	6	3420
16						
17	销售收入总额			1053962		
18	北京销售收入总和			222072		
19	1季度彩电销售收入总和			147520		

图 2-56　数组公式的应用

（1）分析：在没有学习数组公式之前，要求销售收入总额，通常会在单价列旁增加一列金额，先用单价乘以销售量求出金额，然后对金额列求和得到销售收入总额。这个过程有点烦琐，如果用数组公式，可以省略中间过程的求解，直接求得销售收入总和。具体操作步骤如下：

首先在 D17 单元格中输入公式：

```
=SUM(E2:E15*F2:F15)
```

再按快捷键【Shift+Ctrl+Enter】便能得到结果。

公式"=SUM(E2:E15*F2:F15)"的意义是这样的：两个相同大小的数组相乘（E2:E15*F2:F15）得到的是一个同样大小的数组，然后对数组里的元素求和。在公式编辑栏中选中 E2:E15*F2:F15，按功能键【F9】，可以看到公式的分步运算结果，如图 2-57 所示。从分步运算结果可以看到数组中的每一个数就是单价乘销售量的结果。

注意：利用功能键【F9】查看公式分步运算结果后，记得按【Esc】键返回公式状态。

N　　=SUM({19840;47340;140000;127680;10368;11106;164546;49600;183600;54032;79350;20700;125280;20520})

SUM（数值1, ...）

	A	B	C	D	E	F	G	H	I	J	K
1	日期	销售地点	销售人员	商品名称	销售量（台）	单价（元）					
2	1月15日	北京	杨旭	彩电	8	2480					
3	2月16日	南京	高博	空调	30	1578					
4	3月17日	上海	周平	冰箱	25	5600					
5	1月18日	北京	李新	彩电	28	4560					
6	4月19日	长春	杨颖	洗衣机	3	3456					
7	5月20日	南京	程小飞	洗衣机	9	1234					
8	3月21日	天津	赵颖	电脑	29	5674					
9	4月22日	上海	周平	彩电	20	2480					
10	6月23日	太原	戴云辉	空调	27	6800					
11	7月24日	北京	杨旭	彩电	8	6754					
12	9月25日	沈阳	袁宏伟	冰箱	23	3450					
13	11月26日	天津	刘玉龙	彩电	6	3450					
14	6月27日	南京	高博	电脑	29	4320					
15	12月28日	北京	李新	彩电	6	3420					
16											
17	销售收入总额			20520})							
18	北京销售收入总和			222072							
19	1季度彩电销售收入总和			147520							

图 2-57　数组公式分步运算结果

（2）求北京家电销售收入总额，是在第一题的基础上增加了一个条件（销售地为北京），故用数组公式求解的步骤为：

首先在 D18 单元格中输入公式：

```
=SUM((B2:B15=" 北京 ")*E2:E15*F2:F15)
```

再按快捷键【Shift+Ctrl+Enter】便能得到结果。

公式 "=SUM((B2:B15=" 北京 ")*E2:E15*F2:F15)" 的意义是这样的：

在公式编辑栏中选中 (B2:B15=" 北京 ")，按功能键【F9】，可以得到它的运算结果为 {TRUE;FALSE;FALSE;TRUE;FALSE;FALSE;FALSE;FALSE;FALSE;TRUE;FALSE;FALSE;FALSE;TRUE}，TRUE 表示 1，FALSE 表示 0。选中 E2:E15*F2:F15，按功能键【F9】，则得到其运算结果为 {19840;47340;140000;127680; 10368;11106;164546;49600;183600;54032;79350;20700;125280;20520}，选中 (B2:B15=" 北京 ")*E2:E15*F2:F15，按功能键【F9】，得到的是上述两个数组相乘的结果 {19840;0;0;127680;0;0;0;0;0;54032;0;0;0;20520}，最后 SUM 函数对其进行求和，得到北京家电的销售收入总和。

（3）求 2020 年 1 季度彩电销售收入总额，即求满足两个条件的销售收入总和，用数组公式求解步骤为：

首先在 D19 单元格中输入公式：

=SUM((A2:A15>=DATE(2020,1,1))*(A2:A15<=DATE(2020,3,31))*(D2:D15=" 彩电 ")*E2:E15*F2:F15)

或输入公式：

=SUM(IF(A2:A15>=DATE(2020,1,1),IF(A2:A15<=DATE(2020,3,31),(D2:D15=" 彩电 ") *E2:E15*F2:F15,0),0))

再按快捷键【Shift+Ctrl+Enter】便能得到结果。

要分析上述公式的含义，可以利用功能键【F9】查看公式分步运算的结果，这里不再叙述。

数组公式十分有用且效率高，但真正理解和熟练掌握并不是一件容易的事，只有通过多多实践，从中找出规律，才能不断总结和提高。

2.4 创建动态图表

为了方便对 WPS 表格数据进行对比和分析，用户可以创建各种类型的图表，将表格中的相关数据图形化，从而更直观、清晰地表达数据的大小和变化情况。

WPS 表格提供了柱形图、折线图、饼图、条形图、面积图、XY 散点图、股价图、雷达图、组合图和在线图表等图形。要创建普通图表，首先选择目标数据区域，接着单击"插入"选项卡功能区中的相应图表类型，就可以创建一个简单的图表。本节重点介绍一下创建动态图表。

动态图表也称交互式图表，是指通过鼠标选择不同的预设项目，在图表中动态显示对应的数据，它既能充分表达数据的说服力，又可以使图表不过于烦琐。

以图 2-58 所示某班英语模拟考试成绩表为例，创建一个动态的折线图，根据姓名的选择而变化。

视频2-18
动态图表

图 2-58　英语考试成绩表

1. 利用查找函数和数据有效性创建动态图表

操作步骤如下:

(1) 利用"数据"选项卡功能区中的"有效性"按钮设置下拉列表。

选择 B20 单元格,在"数据"选项卡功能区中,单击"有效性"按钮,打开"数据有效性"对话框,在"允许"下拉列表框中选择"序列"选项,在"来源"文本框中选择姓名列(B2:B18),如图 2-59 所示。单击"确定"按钮,完成数据有效性的设置。

(2) 利用查找函数(VLOOKUP)查找下拉列表中选定的值。

选择 B20 单元格,单击单元格右侧的按钮,在下拉列表中选择"钱梅宝"。选择 C20 单元格,在公式编辑栏输入公式为:"=VLOOKUP($B$20,$B$2:$G$18,COLUMN()-1,FALSE)",再将公式向右填充到 G20 单元格。

(3) 选择 B20:G20 区域为数据系列,再按住【Ctrl】键选择 B1:G1 区域为水平轴标签制作折线图,在 B20 单元格的下拉列表中选择不同的姓名,即可得到随姓名变化的成绩折线图,如图 2-60 所示。

图 2-59 "数据有效性"对话框

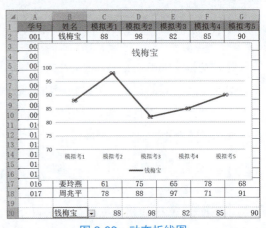

图 2-60 动态折线图

2. 利用控件和定义名称创建动态图表

在定义中使用 OFFSET 函数和窗体控件(组合框、列表框、选项按钮、复选框等)建立联系,从而实现由窗体控件控制的动态图表。

具体实现步骤如下:

(1) 单击"插入"选项卡功能区中的"窗体"下拉按钮,在下拉列表中选择"组合框",然后在表中拖动鼠标画一个窗体控件。

(2) 设置控件格式。右击组合框窗体控件,在弹出的快捷菜单中选择"设置对象格式"命令,打开图 2-61 所示的"设置对象格式"对话框。单击"控制"标签,"数据源区域"选择 B2:B18,"单元格链接"选择 I1 单元格。单击"确定"按钮,完成组合框控件与数据的链接。

(3) 定义名称。单击"公式"选项卡功能区中的"名称管理器"按钮,在打开的"名称管理器"对话框中单击"新建"按钮,打开图 2-62 所示的"新建名称"对话框,在"名称"文本框里输入"姓名",在"引用位置"处输入公式"=OFFSET(Sheet1!$B$1,Sheet1!$I$1,0,1,1)"(公式中的 Sheet1 是指当前工作表的表名),单击"确定"按钮,完成定义名称"姓名"。使用同样的方法,定义另外一个名称"成绩","引用位置"输入公式"=OFFSET(Sheet1!$B$1,Sheet1!$I$1,1,1,5)"。

(4) 制作动态图表。选择"B1:G2"单元格区域,插入一个折线图。选择折线图,单击"图表工具"选项卡功能区中的"选择数据"按钮,打开图 2-63 所示的"编辑数据源"对话框,单击"图例项"栏中的"编辑"按钮,打开图 2-64 所示的"编辑数据系列"对话框,在系列名称框里输入刚定义的名称。单击"确定"按钮完成动态图表的设置,在组合框下拉列表中选择不同的姓名,折线图就随之变化,如图2-65所示。

图2-61 "设置对象格式"对话框

图2-62 "新建名称"对话框

图2-63 "编辑数据源"对话框

图2-64 "编辑数据系列"对话框

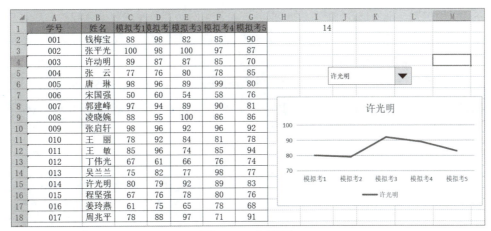

图2-65 动态图表

2.5 数据分析与管理

当用户面对海量的数据时,如何从中获取最有价值的信息,要求用户不仅要选择数据分析的方法,还必须掌握数据分析的工具。WPS表格提供了大量帮助用户进行数据分析的工具。本节主要讲述利用合并计算、排序、筛选、分类汇总和数据透视表等功能进行数据分析。

2.5.1 合并计算

若要合并计算一个或多个区域的数据，用户可利用创建公式的方法来实现，也可通过"数据"选项卡功能区中的"合并计算"命令按钮来实现。创建公式是一种最灵活的方法，用户可利用本章前面几节的知识创建相应的公式来实现。本小节重点介绍合并计算的方法。

合并计算的源数据区域可以是同一个工作簿中的多个工作表，也可以是多个不同工作簿中的工作表。多个工作表数据的合并计算包括两种情况：一种是根据位置来合并计算数据；另一种是根据首行和最左列分类来合并计算数据。

1. 按位置合并计算

如果待合并的数据是来自同一模板创建的多个工作表，则可以通过位置合并计算。

例如，图2-66所示的某商店家电销售收入表中（a）图是2019年的销售情况，（b）图是2020年的销售情况。若要合并计算出该商店近两年的销售收入总和，其操作步骤如下：

	A	B	C
1	商品名称	2019年销售收入	2019年净利润
2	冰箱	3895000	389500
3	洗衣机	4372000	437200
4	空调	86756000	8675600
5	电视机	3456700	345670

（a）

	A	B	C
1	商品名称	2020年销售收入	2020年净利润
2	冰箱	4232000	423200
3	洗衣机	8365000	836500
4	空调	56756000	5675600
5	电视机	12456700	1245670

（b）

图2-66 某商店家电销售收入表

（1）在工作表标签处单击"新建工作表"按钮 + 新建一个工作表，把新建的工作表的标签命名为"近两年"。

（2）在"近两年"工作表中输入汇总表的标题和第一列文本内容，如图2-67所示。

（3）在"近两年"工作表中选中B2单元格，单击"数据"选项卡功能区中的"合并计算"按钮，弹出图2-68所示的对话框，在"函数"下拉列表框中选择"求和"。

（4）在"引用位置"框处选择要添加的数据区域。若是同一工作簿的数据区域的选择可直接单击选择按钮"🔲"进行选择；若是不同工作簿的数据区域，则需单击"浏览"按钮进行选择。本例属于同一工作簿内的多个数据区域的选择。单击选择按钮"🔲"，再单击"2019年"工作表，选择B2:C5数据区域，此时，"合并计算"对话框"引用位置"处会出现所选择的区域 '2019年'!$B$2:$C$5，单击"添加"按钮，将数据区域添加到"所有引用位置"处。用同样的方法将"2020年"工作表的B2:C5的数据区域添加到"所有引用位置"处。

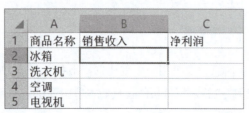

图2-67 "近两年"工作表输入的文本内容

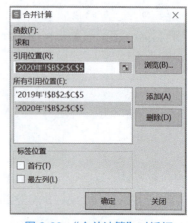

图2-68 "合并计算"对话框

(5)不勾选"标签位置"下的"首行"和"最左列"复选框(因此题是按位置合并计算)。
(6)单击"确定"按钮,完成数据的合并计算,结果如图 2-69 所示。

图 2-69　合并计算结果

2. 按分类合并计算

"按分类合并计算"与"按位置合并计算"的主要区别是:

(1)多个待合并的数据源前者不一定要求具有相同模板,后者要求有相同模板。

(2)在"合并计算"对话框中,"标签位置"下的"首行"和"最左列"复选框前者是一定要勾选其中一个或两个,按照勾选的标签对数据进行分类合并计算。后者则不勾选,即按照对应位置进行合并计算。

例如,如图 2-66 所示的某商店家电销售收入表中(a)图是 2019 年的销售情况,(b)图是 2020 年的销售情况。若要合并该商店近两年销售收入的明细记录,其操作步骤如下:

(1)在工作表标签处单击"新建工作表"按钮 + 新建一个工作表,把新建工作表的标签命名为"近两年"。

(2)在"近两年"工作表中选中 A1 单元格,单击"数据"选项卡功能区中的"合并计算"按钮,弹出"合并计算"对话框。在"函数"下拉列表框中选择"求和";在"引用位置"框处选择要添加的数据区域,本例选择"2019年"工作表的 A1:C5 和"2020年"工作表的 A1:C5 区域;勾选"标签位置"下的"首行"和"最左列"复选框,如图 2-70 所示。

(3)单击"确定"按钮,完成数据的合并计算,接着在 A1 单元格中输入"商品名称",结果如图 2-71 所示。

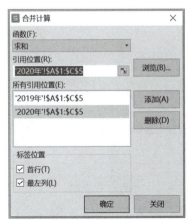

图 2-70　"合并计算"对话框

图 2-71　合并计算结果

2.5.2　排序

创建数据记录单时,它的数据排列顺序是依照记录输入的先后排列的,没有什么规律。WPS 表格提供了多种方法对数据进行排序,用户可以根据需要按行或列、按升序或降序或使用自定义序列排序。

1. 单关键字排序

如果要快速根据某一关键字对工作表进行排序，可以利用"数据"选项卡功能区中的"排序"下拉按钮实现。具体操作步骤如下。

（1）在数据记录单中单击某一字段名。例如，在图 2-72 所示的工作表中对"金额"进行降序排序，则单击"金额"单元格。

（2）单击"数据"选项卡功能区中的"排序"下拉按钮，在弹出的下拉列表中选择"降序"命令。如图 2-72 所示为按"金额""降序"的排序结果。

	A	B	C	D	E	F
1	客户	教材名称	出版社	订数	单价	金额
2	c1	新编大学英语快速阅读3	外语教学与研究出版社	9855	23	226665
3	c2	高等数学 下册	高等教育出版社	3700	25	92500
4	c2	高等数学 上册	高等教育出版社	3500	24	84000
5	c1	概率论与数理统计教程	高等教育出版社	1592	31	49352
6	c1	Visual Basic 程序设计教程	浙江科技出版社	1504	27	40608
7	c1	化工原理(下)	科学出版社	924	40	36960
8	c1	管理学（第七版中文）	中国人民大学出版社	585	55	32175
9	c3	电路	高等教育出版社	869	35	30415
10	c1	化工原理(上)	科学出版社	767	38	29146
11	c3	大学信息技术基础	科学出版社	1249	18	22482
12	c1	数字电路	电子工业出版社	555	34	18870
13	c4	复变函数	高等教育出版社	540	29	15660
14	c4	C程序设计基础	浙江科学技术出版社	500	30	15000
15	c4	大学英语 快读 2	上海外语教育出版社	500	28	14000
16	c1	大学文科高等数学 1	高等教育出版社	518	26	13468

图 2-72　按金额降序排序

2. 多关键字排序

遇到排序字段的数据出现相同值时，谁应该排在前，谁排在后，单个关键字排序无法确定它们的顺序。为克服这一缺陷，WPS 表格提供了多关键字排序的功能。

例如，要对图 2-72 所示工作表的数据排序，先按"出版社"升序排序，如果"出版社"相同，则按金额降序排序。

具体操作步骤如下：

（1）选定要排序的数据记录单中的任意一个单元格。

（2）单击"数据"选项卡功能区中的"排序"下拉按钮，在弹出的下拉列表中选择"自定义排序"命令，弹出"排序"对话框，如图 2-73 所示。

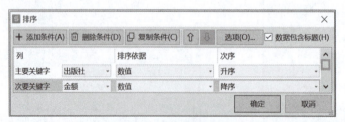

图 2-73　"排序"对话框

（3）单击"添加条件"按钮，在主要关键字和次要关键字列表中选择排序的主要关键字和次要关键字。

（4）在排序依据列表中选择"数值"，在排序次序列表中选择"升序"或者"降序"。

（5）如果要防止数据记录单的标题被加入到排序数据区中，则应在排序对话框中选择"数据包含标题"复选框，本题需要勾选该复选框。

（6）如果要改变排序方式，可单击"排序"对话框中的"选项"按钮，选择需要的排序方式。

（7）单击"确定"按钮，完成对数据的排序。

3. 自定义序列排序

用户在使用 WPS 表格对相应数据进行排序时，无论是按拼音还是按笔画，可能都达不到所需要求。例如，在图 2-74 所示的工作表中，要将工作表按照岗位类别来排序，而这个岗位类别的顺序必须是按自己定义的序列来排列，即按照以下顺序：总经理、副经理、销售部、商品生产、技术研发、服务部、业务总监、采购部。这种特殊的次序可以采用自定义序列排序的方法来实现。具体操作步骤如下：

扫一扫

视频2-19
自定义序列排序

（1）创建一个自定义序列。首先选择 H2:H9，选择"文件"选项卡中的"选项"命令，在弹出的窗口中，在左边列表中单击"自定义序列"标签，打开"自定义序列"列表，此时自定义序列的区域已显示在"导入"按钮旁的文本框中，只要单击"导入"按钮，并单击"确定"按钮，即完成序列的自定义，如图 2-75 所示。

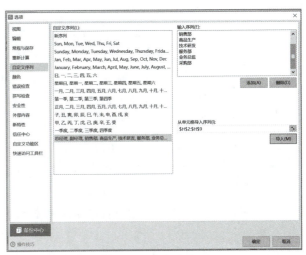

图 2-74 自定义序列排序原始数据　　　图 2-75 自定义序列

（2）单击数据区域中的任意单元格。

（3）单击"数据"选项卡功能区中的"排序"下拉按钮，在弹出的菜单中选择"自定义排序"命令，弹出"排序"对话框，如图 2-76 所示。

图 2-76 排序对话框

（4）"主要关键字"选择"岗位类别"，"排序依据"选择"数值"，"次序"选择"自定义序列"，弹出"自定义序列"对话框，选择刚添加的序列，单击"确定"按钮。

（5）单击"排序"对话框中的"确定"按钮，就完成了排序。

2.5.3 分类汇总

分类汇总可以将数据记录单中的数据按某一字段进行分类，并实现按类求和、求平均值、求最大值、最小值、计数等运算，还能将计算的结果分级显示出来。

视频2-20
分类汇总

1. 创建分类汇总

创建分类汇总的前提：先按分类字段排序，使同类数据集中在一起后汇总。分类汇总分为三种：单级分类汇总、多级分类汇总、嵌套分类汇总。

下面以实例来讲解分类汇总的创建。

在图2-77所示的家电销售表中，创建以下分类汇总。

（1）按销售地点对销售收入进行分类求和（单级分类汇总）。

（2）按销售地点对销售收入进行分类求和与分类求最大值（多级分类汇总）。

（3）分别按销售地点和商品名称对销售量和销售收入进行分类求和（嵌套分类汇总）。

第（1）题的操作步骤为：

① 先按分类字段"销售地点"进行排序，排序结果如图2-77所示。

② 先单击数据表中的任意单元格，再单击"数据"选项卡功能区中的"分类汇总"按钮，出现图2-78所示的"分类汇总"对话框。

③ 在"分类字段"列表框中选择分类字段"销售地点"。

④ 在"汇总方式"列表框中选择求和汇总方式。"汇总方式"分别有"求和""计数""平均值""最大值""最小值""乘积""标准偏差"等共11项。对其常用方式的含义分别介绍如下：

- "求和"：计算各类别的总和。
- "计数"：统计各类别的个数。
- "平均值"：计算各类别的平均值。
- "最大值"（"最小值"）：求各类别中的最大值（最小值）。
- "乘积"：计算各类别所包含的数据相乘的积。
- "标准偏差"：计算各类别所包含的数据相对于平均值（mean）的离散程度。

	A	B	C	D	E	F
1	日期	销售地点	销售人员	商品名称	销售量（台）	销售收入（元）
2	2月11日	北京	李新	彩电	27	64260
3	2月29日	北京	杨旭	电脑	28	131544
4	7月9日	北京	李新	冰箱	21	39963
5	8月8日	北京	李新	彩电	17	38607
6	3月14日	南京	程小飞	洗衣机	27	44604
7	3月17日	南京	高博	电脑	16	71408
8	6月6日	南京	程小飞	洗衣机	3	5334
9	12月1日	南京	高博	洗衣机	25	42675
10	1月17日	上海	周平	冰箱	4	7572
11	3月27日	上海	刘松林	彩电	8	18776
12	4月23日	上海	刘松林	彩电	10	22550
13	5月1日	上海	刘松林	洗衣机	19	33744
14	7月17日	上海	周平	洗衣机	20	30740
15	12月6日	上海	周平	彩电	29	69832
16	3月27日	沈阳	袁宏伟	冰箱	24	43536
17	6月14日	沈阳	王鹏	电脑	30	141870
18	6月18日	沈阳	王鹏	洗衣机	29	45095

图2-77 按"销售地点"排序后数据表

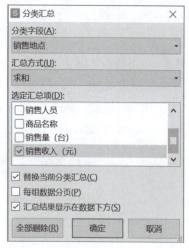

图2-78 "分类汇总"对话框

⑤ 在"选定汇总项"列表框中，选择需要计算的列（只能选择数值型字段）。如选择"销售量""销售收入"等字段。本例中选择"销售收入"。

对话框下方有三个复选框，当选中后，其意义分别如下：

- 替换当前分类汇总：用新分类汇总的结果替换原有的分类汇总数。
- 每组数据分页：表示以每个分类值为一组，组与组之间加上页分隔线。
- 汇总结果显示在数据下方：每组的汇总结果放在该组数据的下面，不选则汇总结果放在该数据的上方。

⑥ 按要求选择后，单击"确定"按钮，完成分类汇总，汇总结果如图 2-79 所示。

	A	B	C	D	E	F
1	日期	销售地点	销售人员	商品名称	销售量（台）	销售收入（元）
2	2月11日	北京	李新	彩电	27	64260
3	2月29日	北京	杨旭	电脑	28	131544
4	7月9日	北京	李新	冰箱	21	39963
5	8月8日	北京	李新	彩电	17	38607
6	北京 汇总					274374
7	3月14日	南京	程小飞	洗衣机	27	44604
8	3月17日	南京	高博	电脑	16	71408
9	6月6日	南京	程小飞	洗衣机	3	5334
10	12月1日	南京	高博	洗衣机	25	42675
11	南京 汇总					164021
12	1月17日	上海	周平	冰箱	4	7572
13	3月27日	上海	刘松林	彩电	8	18776
14	4月23日	上海	刘松林	彩电	10	22550
15	5月1日	上海	刘松林	洗衣机	19	33744
16	7月17日	上海	周平	洗衣机	20	30740
17	12月6日	上海	周平	彩电	29	69832
18	上海 汇总					183214
19	3月27日	沈阳	袁宏伟	冰箱	24	43536
20	6月14日	沈阳	王鹏	电脑	30	141870
21	6月18日	沈阳	王鹏	洗衣机	29	45095
22	7月18日	沈阳	袁宏伟	电脑	10	47120
23	12月25日	沈阳	王鹏	空调	13	17745

图 2-79　单级分类汇总结果

第（2）题的操作步骤为：

因第（2）题与第（1）题的分类字段是一样的，只是汇总方式在求和后增加了求最大值，所以第（2）题的操作步骤的前 6 步同第（1）题是一样的。

① 同第（1）题第①步。

② 同第（1）题第②步。

③ 同第（1）题第③步。

④ 同第（1）题第④步。

⑤ 同第（1）题第⑤步。

⑥ 同第（1）题第⑥步。

⑦ 单击数据表中的任意单元格，再单击"数据"选项卡功能区中的"分类汇总"按钮。

⑧ 在"分类字段"列表框中选择分类字段"销售地点"。

⑨ 在"汇总方式"列表框中选择求最大值汇总方式。

⑩ 在"选定汇总项"列表框中，选择"销售收入"。

⑪ 取消选择"替换当前分类汇总"复选框，并单击"确定"按钮，完成分类汇总，汇总结果如图 2-80 所示。

第（3）题的操作步骤为：

① 因分类关键字是两个字段，故要建立多关键字排序，主要关键字为"销售地点"，次要关键字为"商品名称"。

② 单击数据表中的任意单元格，再单击"数据"选项卡功能区中的"分类汇总"按钮，打开"分类汇总"对话框。

③ 在"分类字段"列表框中选择分类字段"销售地点"。

④ 在"汇总方式"列表框中选择求和汇总方式。

⑤ 在"选定汇总项"列表框中选择"销售量"和"销售收入"。单击"确定"按钮，完成按照"销售地点"分类汇总。

⑥ 单击数据表中的任意单元格，再次单击"数据"选项卡功能区中的"分类汇总"按钮，打开"分

类汇总"对话框。

⑦ 在"分类字段"列表框中选择分类字段"商品名称"。

⑧ 在"汇总方式"列表框中选择求和汇总方式。

⑨ 在"选定汇总项"列表框中选择"销售量"和"销售收入"。

⑩ 取消选择"替换当前分类汇总"复选框,并单击"确定"按钮,完成按多个关键字的分类汇总,汇总结果如图 2-81 所示。

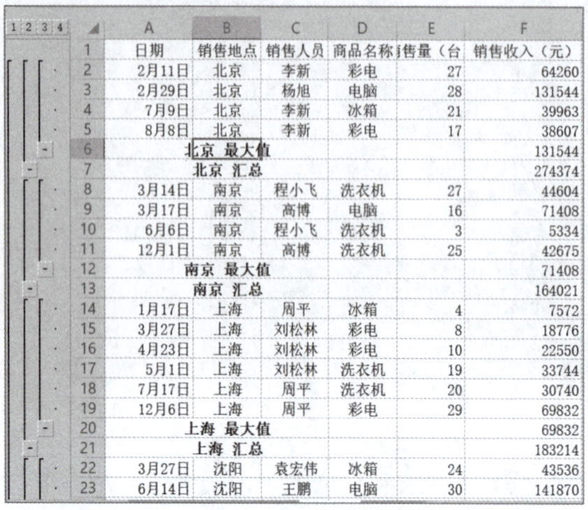

图 2-80　多级分类汇总结果

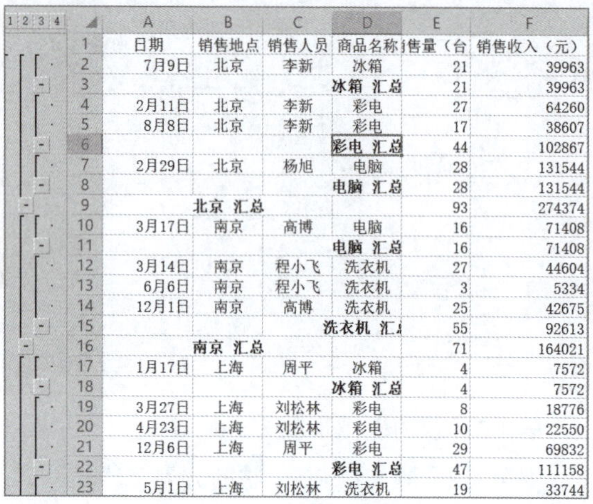

图 2-81　嵌套分类汇总

2. 删除分类汇总

若要撤销分类汇总,可采用以下方法实现:

(1)单击分类汇总数据记录单中的任意一个单元格。

(2)单击"数据"选项卡功能区中的"分类汇总"按钮,在弹出的"分类汇总"对话框中单击"全部删除"命令按钮,便能撤销分类汇总。

3. 汇总结果分级显示

如图 2-81 的汇总结果中,左边有几个标有"-"和"1""2""3""4"的小按钮,利用这些按钮可以实现数据的分级显示。单击外括号下的"-",则将数据折叠,仅显示汇总的总计,单击"+"展开;单击内括号中的"-",则将对应数据折叠,同样单击"+"还原;若单击左上方的"1",表示一级显示,仅显示汇总总计;单击"2",表示二级显示,显示各类别的汇总数据;单击"3",表示三级显示,显示汇总的全部明细信息。

2.5.4　筛选

数据筛选是在数据表中只显示出满足指定条件的行,而隐藏不满足条件的行。WPS 表格提供了自动筛选和高级筛选两种操作来筛选数据。

1. 自动筛选

自动筛选是一种简单方便的筛选方法,当用户确定了筛选条件后,它可以只显示符合条件的信息行。具体操作步骤如下:

(1)单击数据表中的任意一个单元格。

(2)单击"数据"选项卡功能区中的"自动筛选"按钮,此时,在每个字段的右边出现一个向下的箭头,如图 2-82 所示。

第 2 章　WPS 表格高级应用

	A	B	C	D	E	F	G	H
1	员工姓▼	员工代▼	性别▼	出生年月▼	年龄▼	参加工作时▼	工龄▼	职称▼
2	毛莉	PA103	女	1977年12月	44	1995年8月	26	技术员
3	杨青	PA125	女	1978年2月	43	2000年8月	21	助工
4	陈小鹰	PA128	男	1963年11月	58	1987年11月	34	助工
5	陆东兵	PA212	男	1976年7月	45	1997年8月	24	助工
6	闻亚东	PA216	男	1963年12月	58	1987年12月	34	高级工程师
7	曹吉武	PA313	男	1982年10月	39	2006年5月	15	技术员
8	彭晓玲	PA325	女	1960年3月	61	1983年3月	38	高级工
9	傅珊珊	PA326	女	1969年1月	52	1987年1月	34	技术员
10	钟争秀	PA327	男	1956年12月	65	1980年12月	41	技工
11	周旻璐	PA329	女	1970年4月	51	1992年4月	29	助工
12	柴安琪	PA330	男	1977年1月	44	1999年8月	22	工程师
13	吕秀杰	PA401	女	1963年10月	58	1983年10月	38	高级工程师
14	陈华	PA402	男	1948年10月	73	1969年10月	52	技师
15	姚小玮	PA403	女	1969年3月	52	1991年3月	30	工程师
16	刘晓瑞	PA405	男	1979年3月	42	2000年8月	21	助工
17	肖凌云	PA527	男	1960年4月	61	1978年4月	43	工程师
18	徐小君	PA529	女	1970年7月	51	1995年7月	26	技术员
19	程俊	PA602	男	1974年1月	47	1992年8月	29	助工
20	黄威	PA604	男	1982年5月	39	2004年8月	17	技术员

图 2-82　"自动筛选"示意图

（3）单击要筛选列的向下箭头，弹出一个下拉列表，提供了有关"排序"和"筛选"的详细选项，如图 2-83 所示。

（4）从下拉列表中选择需要显示的项目。如果其列出的筛选条件不能满足用户的要求，则可以单击"数字筛选"按钮，在弹出的菜单中选择"自定义筛选"命令，打开"自定义自动筛选方式"对话框，在对话框中输入条件表达式，例如，要筛选员工的工龄小于等于 15 年或大于 40 年的记录，如图 2-84 所示。然后单击"确定"按钮完成筛选。筛选后，被筛选字段的下拉按钮形状由"向下的箭头"形状，变成"漏斗 + ="形状，筛选结果如图 2-85 所示。

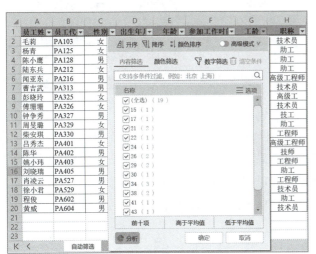

图 2-83　单击"工龄"右边的向下箭头

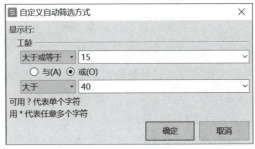

图 2-84　"自定义自动筛选方式"对话框

	A	B	C	D	E	F	G	H
1	员工姓▼	员工代▼	性别▼	出生年月▼	年龄▼	参加工作时▼	工龄▼	职称▼
7	曹吉武	PA313	男	1982年10月	39	2006年5月	15	技术员
10	钟争秀	PA327	男	1956年12月	65	1980年12月	41	技工
14	陈华	PA402	男	1948年10月	73	1969年10月	52	技师
17	肖凌云	PA527	男	1960年4月	61	1978年4月	43	工程师

图 2-85　自动筛选结果

注意：自动筛选完成后，数据记录单中只显示满足筛选条件的记录，不满足条件的记录将自动隐藏。若需要显示全部数据时，只要再次单击"数据"选项卡功能区中的"自动筛选"按钮即可。

视频2-21
高级筛选

2. 高级筛选

如果需要使用复杂的筛选条件，而自动筛选达不到用户需要的效果，则可以使用高级筛选功能。

高级筛选的关键：建立一个条件区域，用来指定筛选条件。条件区域的第一行是所有作为筛选条件的字段名，这些字段名与数据列表中的字段名必须一致。

条件区域的构造规则：不同行的条件之间是"或"关系，同一行中的条件之间是"且"关系。

下面举例说明高级筛选的使用。

筛选出"职工表"中工龄小于30或者职称为高级工程师的记录放置于J1开始的单元格区域中。

在进行高级筛选时，应先在数据记录的下方空白处创建条件区域，具体操作步骤如下：

（1）将条件中涉及的字段名工龄和职称复制到数据记录下方的空白处，然后不同字段隔行输入条件表达式，如图2-86所示。

（2）单击数据记录中的任意一个单元格。

（3）单击"数据"选项卡功能区中"自动筛选"按钮右下角的对话框启动器按钮，弹出"高级筛选"对话框，如图2-87所示。

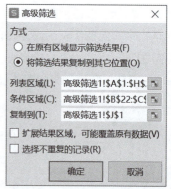

图2-86 逻辑"或"条件区域的构造　　　　图2-87 "高级筛选"对话框

（4）如果只需将筛选结果在原数据区域内显示，则选中"在原有区域显示筛选结果"单选按钮；若要将筛选后的结果复制到其他位置，则选中"将筛选结果复制到其它位置"单选按钮，并在"复制到"文本框中指定筛选后复制的起始单元格，本例中选择"J1"单元格。

（5）在"列表区域"文本框中已经指出了数据记录单的范围。单击文本框右边的区域数据选择按钮，可以修改或重新选择数据区域。

（6）单击"条件区域"文本框右边的区域选择按钮，选择已经定义好条件的区域（本题为B22:C24）。

（7）单击"确定"按钮，其筛选结果被复制到J1开始的数据区域中，如图2-88所示。

用于筛选数据的条件，有时并不能明确指定某项内容，而是指定某一类内容，如所有姓"陈"的员工、产品编号中第2位为A的产品，等等。在这种情况下，可以借助WPS表格提供的通配符来筛选。

通配符仅能用于文本型数据，对数值和日期无效。WPS表格中允许使用两种通配符：？和 *。* 表示任意多个字符；？表示任意单个字符；如果要表示字符 *，则用"~*"表示；如果要表示字符？，则用"~?"表示。

例如，筛选出"职工表"中职称为高级工程师或者姓陈的男职工的记录至J1开始的区域中。

分析：这里的筛选条件既有"或"又有"且"，同时姓"陈"的男职工还需要使用通配符，故建立

图 2-89 所示筛选条件区域。其他操作方法与上一题相同，这里不再赘述。

	J	K	L	M	N	O	P	Q
1	员工姓名	员工代码	性别	出生年月	年龄	参加工作时间	工龄	职称
2	毛莉	PA103	女	1977年12月	44	1995年8月	26	技术员
3	杨青	PA125	女	1978年2月	43	2000年8月	21	助工
4	陆东兵	PA212	女	1976年7月	45	1997年8月	24	助工
5	闻亚东	PA216	男	1963年12月	58	1987年12月	34	高级工程师
6	曹吉武	PA313	男	1982年10月	39	2006年5月	15	技术员
7	周旻璐	PA329	女	1970年4月	51	1992年4月	29	助工
8	柴安琪	PA330	男	1977年1月	44	1999年8月	22	工程师
9	吕秀杰	PA401	女	1963年10月	58	1983年10月	38	高级工程师
10	刘晓瑞	PA405	男	1979年3月	42	2000年8月	21	助工
11	徐小君	PA529	女	1970年7月	51	1995年7月	26	技术员
12	程俊	PA602	男	1974年1月	47	1992年8月	29	助工
13	黄威	PA604	男	1982年5月	39	2004年8月	17	技术员

图 2-88　高级筛选结果

	A	B	C	D	E	F	G	H
1	员工姓名	员工代码	性别	出生年月	年龄	参加工作时间	工龄	职称
2	毛莉	PA103	女	1977年12月	44	1995年8月	26	技术员
3	杨青	PA125	女	1978年2月	43	2000年8月	21	助工
4	陈小鹰	PA128	男	1963年11月	58	1987年11月	34	助工
5	陆东兵	PA212	女	1976年7月	45	1997年8月	24	助工
6	闻亚东	PA216	男	1963年12月	58	1987年12月	34	高级工程师
7	曹吉武	PA313	男	1982年10月	39	2006年5月	15	技术员
8	彭晓玲	PA325	女	1960年3月	61	1983年3月	38	高级工
9	傅珊珊	PA326	女	1969年1月	52	1987年1月	34	技术员
10	钟争秀	PA327	男	1956年12月	65	1980年12月	41	技工
11	周旻璐	PA329	女	1970年4月	51	1992年4月	29	助工
12	柴安琪	PA330	男	1977年1月	44	1999年8月	22	工程师
13	吕秀杰	PA401	女	1963年10月	58	1983年10月	38	高级工程师
14	陈华	PA402	男	1948年10月	73	1969年10月	52	技师
15	姚小玮	PA403	女	1969年3月	52	1991年3月	30	工程师
16	刘晓瑞	PA405	男	1979年3月	42	2000年8月	21	助工
17	肖凌云	PA527	男	1960年4月	61	1978年4月	43	工程师
18	徐小君	PA529	女	1970年7月	51	1995年7月	26	技术员
19	程俊	PA602	男	1974年1月	47	1992年8月	29	助工
20	黄威	PA604	男	1982年5月	39	2004年8月	17	技术员
21								
22	员工姓名	性别	职称					
23	陈*	男						
24			高级工程师					

图 2-89　带通配符的条件区域

注意：如果高级筛选“在原有区域显示筛选结果”，数据记录单中只显示满足筛选条件的记录，不满足条件的记录将自动隐藏。若需要显示全部数据时，只要单击“数据”选项卡功能区中的“全部显示”按钮即可。

2.5.5　数据透视表

数据透视表是一种对大量数据快速汇总和建立交叉列表的交互式报表。它可以快速分类汇总、比较大量的数据，并可以随时选择其中页、行和列中的不同元素，以达到快速查看源数据的不同统计结果。使用数据透视表可以深入分析数值数据，以不同的方式来查看数据，使数据代表一定的含义，并且可以回答一些预料不到的数据问题。合理应用数据透视表进行计算与分析，能使许多复杂的问题简单化，并且极大地提高工作效率。

扫一扫

视频2-22
数据透视表

1. 创建数据透视表

创建数据透视表的操作步骤为：

（1）单击数据表的任意单元格。

（2）单击"插入"选项卡功能区中的"数据透视表"按钮，打开图 2-90 所示的"创建数据透视表"对话框。

（3）WPS 表格会自动确定数据透视表的区域（即光标所在的数据区域），也可以输入不同的区域或用该区域定义的名称来替换它。

（4）若要将数据透视表放置在新工作表中，选择"新建工作表"单选按钮；若要将数据透视表放在现有工作表中的特定位置，选择"现有工作表"单选按钮，然后在"位置"框中指定放置数据透视表的单元格区域的第一个单元格。

（5）单击"确定"按钮。WPS 表格会将空的数据透视表添加至指定位置并显示数据透视表字段列表，以便添加字段、创建布局以及自定义数据透视表，如图 2-91 所示（如果数据透视表布局窗口"数据透视表区域"被折叠，则先折叠 WPS 选项卡的功能区，然后再单击数据透视表区域，使其展开）。

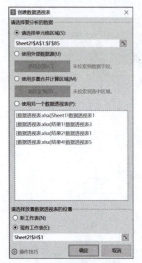

图 2-90 "创建数据透视表"对话框　　　　　图 2-91 数据透视表布局窗口

（6）将"选择要添加到报表的字段"中的字段分别拖动到对应的"筛选""列""行"和"值"框中。例如将"销售地点"拖入"筛选"，"商品名称"拖入"列"，"销售人员"和"日期"拖入"行"和"销售收入"拖入"值"框中，便能得到不同销售地的销售员不同日期的家电销售收入总和情况，图 2-92 所示即为所创建的数据透视表。

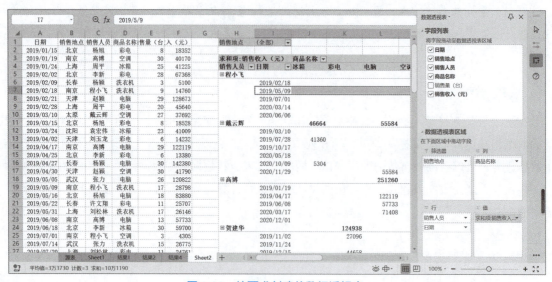

图 2-92 按要求创建的数据透视表

2. 修改数据透视表

创建数据透视表以后，根据需要有可能对它的布局、样式、数据的汇总方式、值的显示方式、字段分组、计算字段和计算项、切片器等进行修改。

1）修改数据透视表的布局

数据透视表创建完成后，可以根据需要对其布局进行修改。对已创建的数据透视表，如果要改变行、列或数值中的字段，可单击标签编辑框右端的下拉列表按钮，在弹出的快捷菜单中选择"删除字段"，再重新到字段列表中去拖动需要的字段到相应的框中即可。如果一个标签内添加了多个字段，想改变字段的顺序，只需选中字段向上拖动或向下拖动就可以调整字段的顺序，字段的顺序变了，透视表的外观也会随之变化。

2）修改数据透视表的样式

数据透视表可以像工作表一样进行样式的设置，用户可以单击"设计"选项卡功能区中任意一个样式，将 WPS 表格内置的数据透视表样式应用于选中的数据透视表，同时也可以新建数据透视表样式。

3）更改数据透视表数据的汇总方式和显示方式

若要改变字段值的汇总方式，可单击"值"标签框右端的下拉列表按钮，在弹出的快捷菜单中选择"值字段的设置"，弹出图 2-93 所示的"值字段设置"对话框，选择需要的计算类型，单击"确定"按钮完成修改。

若要改变数据的显示方式，如"百分比、排序"等形式，可以单击图 2-93 所示的"值字段设置"对话框中"值显示方式"标签，然后从数据显示方式下拉列表框中选择合适的显示方式即可，如图 2-94 所示。

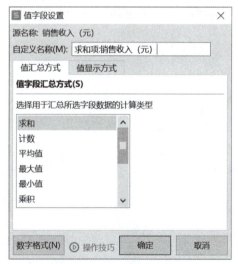

图 2-93　设置字段的汇总方式

图 2-94　设置值显示方式

4）设置数据透视表字段分组

数据透视表提供了强大的分类汇总功能，但由于数据分析需求的多样性，使得数据透视表的常规分类方式不能应付所有的应用场景。通过对数字、日期、文本等不同类型的数据进行分组，可增强数据透视表分类汇总的适应性。

例如，要将图 2-92 创建的数据透视表的日期按年和季度分组。其操作步骤为：

（1）单击数据透视表 I 列中任意日期单元格，如 I6 单元格。

（2）单击"分析"选项卡功能区中"组选择"按钮，弹出图 2-95 所示的分组对话框，选择"季度"和"年"，单击"确定"按钮，则完成了对数据透视表进行日期分组的设置，设置后数据透视表的效果如图 2-96

所示。

图 2-95 "分组"对话框

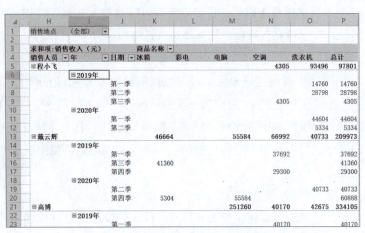

图 2-96 按"日期"分组后的数据透视表

5）使用计算字段和计算项

数据透视表创建完成后，不允许手工更改或者移动数据透视表中的任何区域，也不能在数据透视表中插入单元格或者添加公式进行计算。如果需要在数据透视表中添加自定义计算，则必须使用"计算字段"或"计算项"功能。

计算字段是指通过对数据透视表中现有的字段执行计算后得到的新字段。

计算项是指在数据透视表的现有字段中插入新的项，通过对该字段的其他项执行计算后得到该项的值。

例如，在图 2-97 所示的数据透视表中，增加一项计算项销售提成，根据销售收入的 0.01 来计算销售员的销售提成。

具体操作步骤为：

（1）单击数据透视表中任意单元格。

（2）在"分析"选项卡功能区中单击"字段、项目"下拉按钮，在弹出的下拉列表中选择"计算字段"，弹出图 2-98 所示的"插入计算字段"对话框，在"名称"框中输入"销售人员销售提成"，"公式"框中输入"="，接着在下方"字段"列表框中选择"销售收入"，单击"插入字段"按钮，在公式框里就出现了"='销售收入（元）'"，接着输入"*0.01"，单击"添加"按钮，添加计算字段，最后单击"确定"按钮。添加了计算字段的数据透视表，如图 2-99 所示。

图 2-97 数据透视表

图 2-98 "插入计算字段"对话框

6）插入切片器

数据透视表的"切片器"功能，不仅能对数据透视表字段进行筛选操作，而且可以直观地在切片器内查看该字段的所有数据项信息。

例如，使用切片器对图2-92所示的数据透视表进行快速筛选，以便直观地了解各销售员不同日期不同家电的销售情况。操作步骤如下：

（1）单击数据透视表中任意单元格。

（2）单击"分析"选项卡功能区中的"插入切片器"按钮，弹出图2-100所示的"插入切片器"对话框。

（3）在对话框中选择"日期""销售人员"和"商品名称"3个字段，单击"确定"按钮，生成3个切片器，如图2-101所示。在"销售人员"切片器中选择"李新"，"商品名称"切片器中选择"冰箱"，结果如图2-102所示。

图2-99　添加计算字段后的数据透视表　　　　图2-100　"插入切片器"对话框

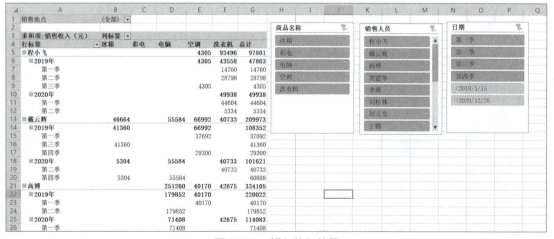

图2-101　插入的切片器

利用切片器对数据透视表筛选后如果要恢复到筛选前的状态，只要单击切片器右上角的"▼"按钮即可清除筛选。如果要删除切片器，只需右击切片器，在弹出的快捷菜单中选择"删除***"（***表示切片器的名称）命令就可以了。

图 2-102 利用切片器对数据透视表筛选后的结果

3. 创建数据透视图

数据透视图是利用数据透视表的结果制作的图表，它将数据以图形的方式表示出来，能更形象、生动地表现数据的变化规律。

建立"数据透视图"只需在"插入"选项卡功能区中单击"数据透视图"按钮即可，其他操作步骤与建立"数据透视表"相近。例如，创建一个反映各销售员销售收入的数据透视图如图 2-103 所示。

数据透视图创建好后，选中图表，在"图表工具"选项卡功能区中单击"更改类型"按钮可更改图表的类型，如可以将默认的柱形图改为折线图等。数据透视图是利用数据透视表制作的图表，是与数据透视表相关联的。若更改了数据透视表中的数据，则数据透视图也随之更改。

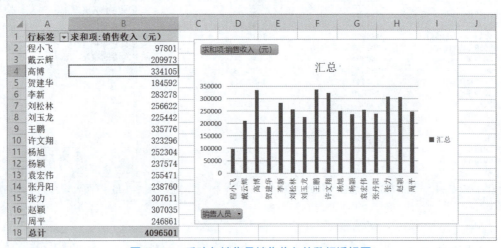

图 2-103 反映各销售员销售收入的数据透视图

2.5.6 模拟分析

模拟分析是指通过改变某些单元格的值来观察工作表中引用这些单元格的特定公式的计算结果的变化过程。也就是说，系统允许用户提问"如果……"，系统回答"怎么样……"。例如，要达到预期的利润，商品的单价应该怎么调整，等等。通过模拟分析工具，可以使决策者定量地了解当某些参数变动时对相关指标的影响。

WPS 提供了两种模拟分析工具：单变量求解和规划求解。单变量求解和规划求解是通过设定预期的结果去确定可能的输入值。

1. 单变量求解

单变量求解，顾名思义，变量的引用单元格只能是一个，它是解决假定一个公式要取某一目标结果，其中变量的引用单元格应取值为多少的问题。

例如，如图 2-104 所示的小商品定价表，如果要达到预期的利润（梳子 5 000 元，脸盆 4 000 元，毛巾 6 000 元），如何定这些商品的单价？操作步骤如下：

视频2-23
单变量求解

（1）输入公式计算利润。在 E3 单元格输入"=(B3-C3)*D3"，按下【Enter】键后向下拖动填充柄至 E5 单元格，完成利润的计算。因为单价为空，以 0 记，所以计算得到的数值都是负的，如图 2-105 所示。

图 2-104　小商品定价表　　　　　　　　图 2-105　计算利润

（2）单击"数据"选项卡功能区中的"模拟分析"下拉按钮，在弹出的快捷菜单中选择"单变量求解"命令，弹出"单变量求解"对话框，目标单元格选择 E3，目标值输入 5 000，可变单元格选择"$B$3"，如图 2-106 所示。

（3）单击"确定"按钮，弹出"单变量求解状态"对话框，经过一段时间的运算，提示用户已经求得一个解使得目标值为 5 000，在 B3 单元格显示出已求得的解，如图 2-107 所示。

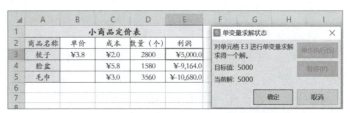

图 2-106　"单变量求解"对话框　　　　图 2-107　"单变量求解状态"对话框和求解结果

（4）单击"确定"按钮完成求解，接着用同样的方法求出脸盆和毛巾在指定利润下的单价，如图 2-108 所示。

图 2-108　定价结果

2. 规划求解

单变量求解功能非常有用，但只能针对一个单元格变量进行求解，存在一定的局限性。规划求解可以针对多个单元格变量进行求解，并可对多个可变的单元格设置约束条件，求出最大值、最小值或目标值的解。

下面举个例子来演示如何建立规划求解。

例如，如图 2-109 所示的小商品定价表，如果三种商品总利润要达到 50 000 元，试问如何定这些商品的单价？操作步骤如下：

图 2-109　小商品定价表

视频2-24
规划求解

（1）输入公式计算利润。在 E3 单元格输入"=(B3-C3)*D3+(B4-C4)*D4+(B5-C5)*D5"，按下【Enter】键完成利润的计算。因为单价为空，以 0 记，所以计算得到的数值是负的，如图 2-110 所示。

（2）单击"数据"选项卡功能区中"模拟分析"下拉按钮，在弹出的快捷菜单中选择"规划求解"命令，弹出"规划求解参数"对话框，"设置目标"选择 $E$3，选中"目标值"单选按钮，输入 50 000，"通过更改可变单元格"选择"$B$3:$B$5"，如图 2-111 所示。

（3）添加约束条件。单击"添加"按钮，弹出"添加约束"对话框，输入第一个约束条件，制定的单价必须大于等于成本,故在"单元格引用"文本框中选择 B3 单元格,中间选择">=","约束"框中选择 C3 单元格,如图 2-112 所示。

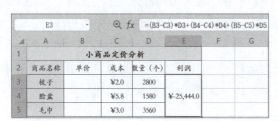

图 2-110 计算利润

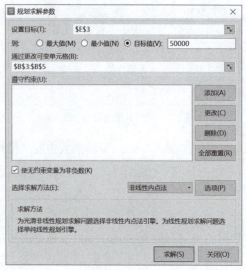

图 2-111 "规划求解参数"对话框(1)

(4)单击"添加"按钮,添加成功一个约束条件,接着在"添加约束"对话框用同样的方法添加约束条件,本例中的约束条件除了单价必须大于成本外,根据市场行情,约束条件增加梳子定价不大于 10 元,脸盆定价不大于 20 元,毛巾定价不大于 15 元。

(5)所有约束条件添加完毕后,单击"确定"按钮,将返回"规划求解参数"对话框,如图 2-113 所示。

图 2-112 "添加约束"对话框

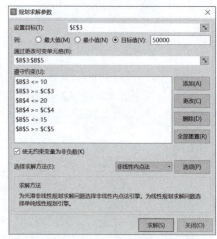

图 2-113 "规划求解参数"对话框(2)

(6)单击"求解"按钮,弹出"规划求解结果"对话框,提示规划求解找到一解,可满足所有的约束及最优状况,此时工作表中就可以看到求解的结果,如图 2-114 所示。

(7)选择"运算结果报告",单击"确定"按钮,系统自动新建一个名为"运算结果报告"的工作表,报告显示了求解引擎、求解选项、目标单元格、可变单元格和约束条件等信息,如图 2-115 所示。

再如,有 32 名游客想租船游玩,小船限乘 4 人,大船限乘 6 人,小船 24 元,大船 30 元,怎样租船最省钱?将这些已知的数据输入工作表中,如图 2-116 所示。

操作步骤如下:

(1)输入公式计算坐船费用和坐船总人数。在 B7 单元格输入公式"=B3*B5+B4*B6",按【Enter】键完成人数的计算。在 B8 单元格输入公式"=B1*B5+B2*B6",按【Enter】键完成费用的计算。因为

B5 和 B6 单元格为空，以 0 记，所以计算得到的数值都是 0，如图 2-117 所示。

图 2-114　规划求解结果（1）

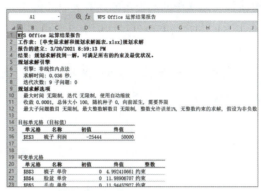

图 2-115　运算结果报告（1）

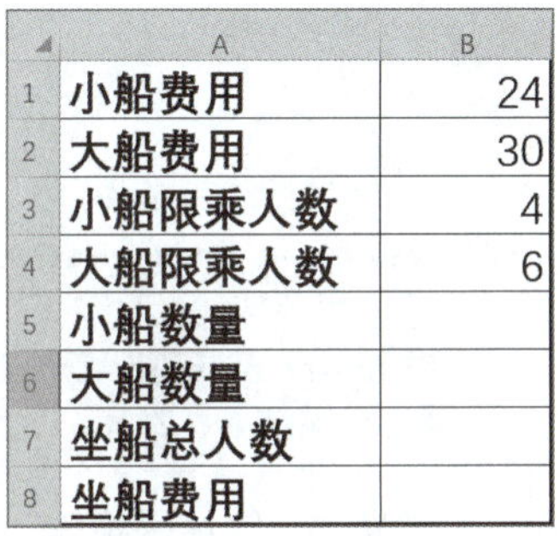

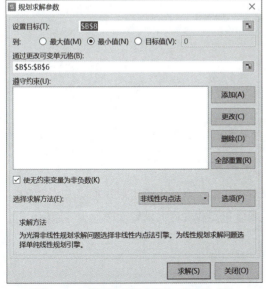

图 2-116　原始数据

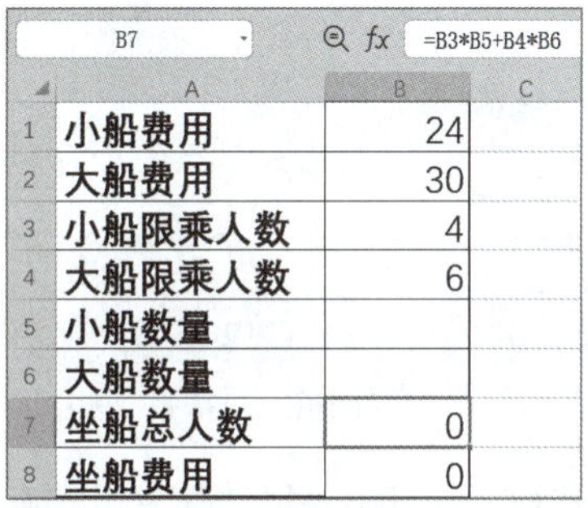

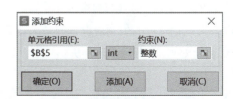

图 2-117　计算坐船人数和费用

（2）单击"数据"选项卡功能区中的"模拟分析"下拉按钮，在弹出的菜单中选择"规划求解"命令，弹出"规划求解参数"对话框，"设置目标"选择 $B$8，选中"最小值"单选按钮，"通过更改可变单元格"选择"$B$5:$B$6"，如图 2-118 所示。

（3）添加约束条件。单击"添加"按钮，弹出"添加约束"对话框，输入第一个约束条件，小船数量必须是整数，故在"单元格引用"文本框中选择 B5 单元格，中间选择"int"，"约束"框中直接显示整数，如图 2-119 所示。

图 2-118　"规划求解参数"对话框（3）

图 2-119　"添加约束"对话框

（4）单击"添加"按钮，添加成功一个约束条件，接着在"添加约束"对话框用同样的方法添加约束条件，本例中的约束条件还有大船的数量必须是整数和坐船总人数等于32两个条件。

（5）所有约束条件添加完毕后，单击"确定"按钮，将返回"规划求解参数"对话框，如图2-120所示。

（6）单击"求解"按钮，弹出"规划求解结果"对话框，提示规划求解找到一解，可满足所有的约束及最优状况，此时工作表中就可以看到求解的结果，如图2-121所示。

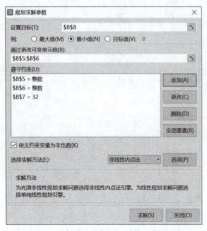

图2-120 "规划求解参数"对话框（4）

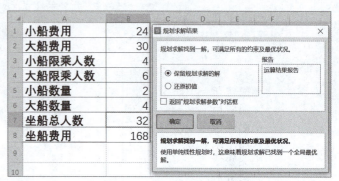

图2-121 规划求解结果（2）

（7）选择"运算结果报告"，单击"确定"按钮，系统自动新建一个名为"运算结果报告"的工作表，报告显示了求解引擎、求解选项、目标单元格、可变单元格和约束条件等信息，如图2-122所示。

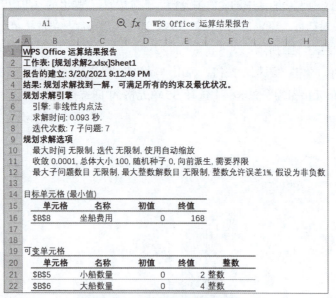

图2-122 运算结果报告（2）

如果规划模型设置的约束条件矛盾，或者在限制条件下无解，系统将给出规划求解失败的信息。规划求解失败也有可能是当前设置的最大求解时间太短、精度过高或者最大求解次数太少等原因引起，可以通过修改规划求解选项来解决。

第 3 章
WPS 演示高级应用

演示文稿在教育领域和商业领域都有着非常广泛的应用，如在公司会议、商业合作、产品介绍、投标竞标、业务培训、课件制作、视频演示等场合经常可以看到它的影子。

本章将介绍演示文稿的设计原则和制作流程、图片与多媒体的应用、演示文稿的美化和修饰、动画的应用、演示文稿的放映与输出等内容。

3.1 设计原则与制作流程

要制作一个专业且引人注目的演示文稿并不是一件很容易的事情，大多数用户在演示文稿的制作上存在很多误区。本节将介绍在演示文稿的设计和制作过程中，需要遵循的一些基本设计原则。

3.1.1 设计原则

演示文稿的设计非常重要，如何让设计的幻灯片引起受众的兴趣而不是让他们昏昏欲睡，良好的设计可以起到关键作用。必须要注意的是，演示文稿的目的在于传达信息，用来帮助受众了解设计者讲述的问题，它是一种辅助工具，而不是主题，所以千万不能以自我为中心。在设计演示文稿时，要经常站在受众的角度错位思考，看一个设计是否能够帮助受众更好地接受设计者要表达的信息，如果对于受众接受信息有帮助，那就保留，否则就应该放弃。

一个成功的演示文稿在设计方面需要把握以下几个原则。

1. 主题要明确，内容要精练

在设计一个演示文稿之前，首先应该弄清楚两个问题：讲什么和讲给谁听。讲什么就是演示文稿的主题。再就是讲给谁听，即使同样的主题面对不同的受众，要讲的内容也是不一样的，需要考虑受众的知识水平和喜欢的演讲风格，以及对该问题的了解程度等，因此，要根据受众来确定演示的内容。

演示的内容是一个演示文稿成功的基础，如果内容不恰当，无论演示文稿制作得多么精美，也只是枉费工夫。内容是否恰当、精练，需要在设计之初对内容本身及对受众的需求和兴奋点有准确的理解和把握。

在图 3-1 所示的幻灯片中，文字充满了整张幻灯片，设想一下作为受众，愿意看到这样的幻灯片吗？像这种堆积了大量文字信息的"文档式演示文稿"显然是不成功的，也是不受欢迎的，这样的演示文稿也完全达不到辅助讲授的目的。

一个内容精练、观点鲜明、言之有物的演示文稿才会受人关注。因此，需要对文字进行提炼——只留关键词,去掉修饰性的形容词、副词等,或是用关键词组合成短句子,直接表达页面主题。对图3-1所示的幻灯片进行提炼修改后可以得到图3-2所示的幻灯片。

关于演示文稿的主题和内容,需要注意以下几点。

(1)一张幻灯片只表达一个核心主题,不要试图在一张幻灯片中面面俱到。

(2)不要把整段文字搬上幻灯片,演示是提纲挈领式的,显示的内容越精炼越好。

(3)一张幻灯片上的文字,行数最好不要超过7行,每行不多于20个字。

(4)除了必须放在一起比较的图表外,一张幻灯片一般只放一张图片或者一个表格。

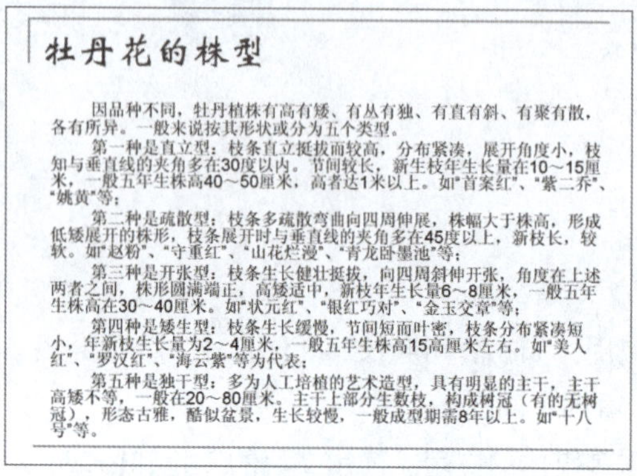

图3-1 充满了文字的幻灯片 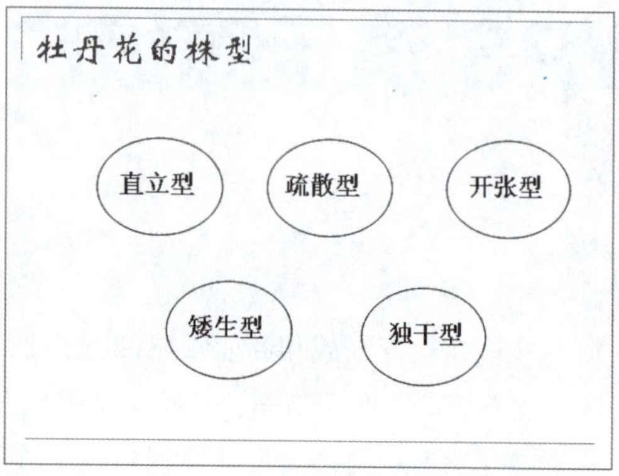　　　　　　图3-2 精炼了内容的幻灯片

2. 逻辑要清晰,组织要合理

演示文稿有了合适的内容,要怎么安排才能使受众易于接受呢?这就是所要强调的结构问题。一个成功的演示文稿必须有清晰的逻辑和完整的结构。清晰的逻辑能清楚地表达演示文稿的主题。逻辑混乱、结构不清晰的演示文稿,会让人摸不着头脑,达不到有效传达信息的目的。

通常一个完整的演示文稿应该包含封面页、目录页、章节页、内容页、小结页和结束页等。封面页用来告诉受众你是谁,准备谈什么内容;目录页用来展示整个演示文稿的内容结构;章节页把不同的内容部分划分开,呼应目录页,保障整个演示文稿的连贯;小结页用来做总结,引导受众回顾要点、巩固感知;结束页用来感谢受众。

关于演示文稿的结构,需要注意以下几点。

(1)演示文稿的逻辑要清晰、组织要合理、结构要完整。

(2)开始要有封面页告诉受众演示内容和自我介绍,结束要有结束页感谢受众。

(3)要有目录页标示内容大纲,帮助受众掌握进度。

(4)通过不同层次的标题,标明演示文稿结构的逻辑关系。

(5)每个章节之间插入一个章节页,把内容划分开的同时呼应目录页。

(6)演示时按照顺序播放,尽量避免回翻、跳跃,混淆受众的思路。

3. 风格要一致,页面要简洁

一个专业的演示文稿风格应该保持一致,包括页面的排版布局、颜色、字体、字号等,统一的风格可以使幻灯片有整体感。实践表明,任何与内容无关的变化,都会分散受众对演示内容的注意力,因此,演示文稿的风格应该尽量保持一致。

除了保持风格一致外,幻灯片页面应该尽量简洁。简洁的页面会给人以清新的感觉,观看起来自然、舒服,不容易视觉疲劳,而文字信息太多的页面会失去重点,直接影响演示文稿的演示效果。

与文字相比,图片更加真实、直观,因此,在进行演示时,以恰当的图片强化内容,更容易在较短时间内让受众理解并留下深刻印象。例如：图 3-3 所示的幻灯片用于介绍美国的一家制做篮子的公司，该公司的大楼是篮子形状的。在这里，放一张照片比放一堆文字效果要好很多，也必然会给受众留下非常深刻的印象。

关于风格和页面，需要注意以下几点。

（1）不同场合的幻灯片应该有不同的风格。例如老师讲课用的幻灯片可以选择生动有趣的风格，而商业用的幻灯片则需要保守一些的风格。

（2）所有幻灯片的格式应该一致，包括颜色、字体、背景等。

图 3-3　介绍一家制作篮子的公司的幻灯片

（3）应该避免全文字的页面，尽量采用文字、图表和图形的混合使用。合理的图文搭配更能吸引受众。

（4）字体不能太多，一般不超过 3 种，多了会给人混乱的感觉。

（5）字号要大于 18 磅，否则坐在后面的受众有可能看不清楚。

（6）注意字体色和背景色的搭配，蓝底白字、黑底黄字、白底黑字等都是比较引人注目的搭配。

使页面信息能够准确、有效地传递是设计演示文稿的主要职责。因此，演示文稿的设计不仅仅是色彩和图形等美工设计，还包括结构、内容及布局等规划设计。只有遵循以上设计原则，才能设计出主题明确、内容精炼、逻辑结构清晰、页面简洁美观的演示文稿，这样的演示文稿才能真正成为讲授的得力助手。

3.1.2　制作流程

演示文稿的制作流程一般可以分为以下几个步骤。

1. 提炼大纲

演示文稿的大纲是整个演示文稿的框架，只有框架搭好了，一个演示文稿才有可能成功。在设计之初应该根据目标和要求，对原始文字材料进行合理取舍、理清主次、提炼归纳出大纲。提炼大纲需要考虑以下几个方面。

（1）讲什么？这个问题包括幻灯片的主题、重点、叙述顺序和各个部分的比重等，是最重要的部分，应该首先解决。

（2）讲给谁听？同样一个主题给不同的受众讲的内容是不一样的。需要考虑受众的知识水平、对该主题的了解程度、受众的需求和兴奋点等。

（3）讲多久？讲授的时间决定了演示文稿的长度，一般一张幻灯片的讲授时间在 1~3 min 之间比较合适。

2. 充实内容

有了演示文稿的基本框架（此时每页只有一个标题），就可以充实每一张幻灯片的内容了。将适合标题表达的文字内容精炼一下，做成带项目编号的要点。在这个过程中，可能会发现新的资料，非常有用，却不在大纲范围中，则可以进行大纲的调整，在合适的位置增加新的页面。

接下来把演示文稿中适合用图片表现的内容用图片来表现，如带有数字、流程、因果关系、趋势、时间、并列、顺序等的内容，都可以考虑用图的方式来表现。如果有的内容无法用图表现的时候，可以考虑用表格来表现，其次才考虑用文字说明。

在充实内容的过程中，需要注意以下几个方面。

（1）一张幻灯片中，避免文字过多，内容应尽量精简。
（2）能用图片，不用表格；能用表格，不用文字。
（3）图片一定要合适，无关的、可有可无的图片坚决不要。

3. 选择主题和模板

利用主题和模板可以统一幻灯片的颜色、字体和效果，使幻灯片具有统一的风格。如果觉得 WPS 自带的主题不合适，可以在母版视图中进行调整，添加背景图、Logo、装饰图等，也可以调整标题、文字的大小和字体，以及合适的位置。

4. 美化页面

简洁大方的页面给人清新、舒适的感觉。适当地放置一些装饰图可以美化页面，不过使用装饰图一定要注意必须符合当前页面的主题，图片的大小、颜色不能喧宾夺主，否则容易分散受众的注意力，影响信息传递的效果。

另外，可以根据母版的色调对图片进行美化，调整颜色、阴影、立体、线条，美化表格、突出文字等。在这个过程中要注意整个演示文稿的颜色不要超过 3 个色系，否则会显得很乱。

5. 预演播放

查看播放效果，检查有没有不合适的地方，遇到不合适或者不满意的就进行调整，特别要注意不能有错别字。

在这个环节，需要注意以下几点。
（1）文字内容不要一下就全部显示，需要为文字内容设定动画，一步一步显示，有利于讲授。
（2）动画效果、幻灯片切换效果不宜太花哨，朴素一点的比花哨的更受欢迎。

3.2 图片处理与应用

在一个演示文稿中，图片比文字能够产生更大的视觉冲击力，也能够使页面更加简洁、美观，因此，在制作演示文稿时，经常会使用图片，但有时图片又不符合设计者的要求，此时就需要对图片进行适当的处理，以达到更好的视觉效果。本节将介绍 WPS 演示中图片处理的一些应用技巧。

3.2.1 图片美化

扫一扫

视频3-1
图片的美化技巧

在幻灯片的制作过程中，图片的处理不一定要依靠像 Photoshop 这类专门的图像处理软件，WPS 演示为设计者提供了强大的图像处理功能。选中图片，在图 3-4 所示的"图片工具"选项卡功能区中可以对图片进行多图轮播、图片拼接、抠除背景、压缩图片、裁剪、重新着色、设置图片轮廓以及图片效果等操作。

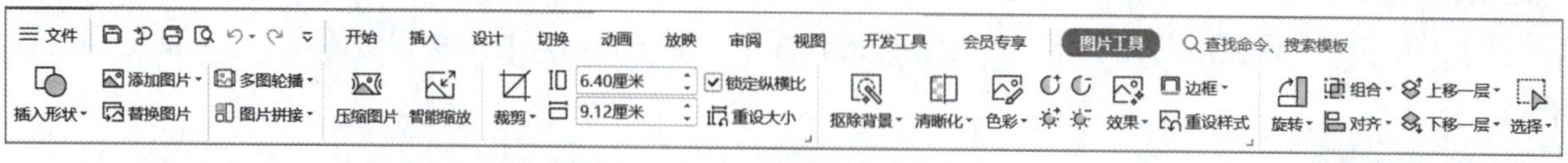

图 3-4 "图片工具"选项卡功能区

1. 图片的裁剪

在演示文稿中的很多地方都需要用到图片，但对图片的尺寸大小和形状却经常根据需要有不同的要求，因此裁剪图片是一个很常见的操作。在"图片工具"选项卡功能区中，单击"裁剪"下拉按钮，可以根据需要选择如图 3-5 所示的按形状裁剪和如图 3-6 所示的按比例裁剪。

选择"按形状裁剪"命令，然后根据需要选择相应的形状，即可把图片裁剪成指定的形状。例如，裁剪为"心形"的效果如图 3-7 所示。

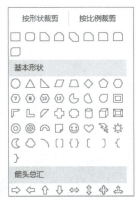

图 3-5　按形状裁剪

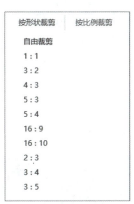

图 3-6　按比例裁剪

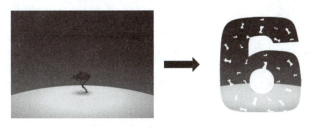

图 3-7　裁剪为"心形"效果图

选择"按比例裁剪"命令，再选择所需比例后，即可通过拖动裁剪控制线进行大小的裁剪。另外，也可通过"创意裁剪"命令，快速地裁剪出一些有创意的效果，如图 3-8 所示。

图 3-8　创意裁剪效果图

2. 抠除背景

利用 WPS 演示的抠除背景工具可以快速而精确地删除图片背景，无须在对象上进行精确描绘就可以智能地识别出需要删除的背景，使用起来非常方便。

例如，有一张如图 3-9 所示的图片，该图片的背景色与当前幻灯片的背景颜色不同，显得图片很突兀，此时需要删除该图片的背景，可以在"图片工具"选项卡功能区中，选择"抠除背景"下拉按钮中的"设置透明色"命令，单击白色区域就可以把白色设成透明色，得到如图 3-10 所示的图片。

图 3-9　抠除背景之前　　　　　　　　　图 3-10　抠除背景之后

需要注意的是，"设置透明色"仅适用于纯色背景图片的背景抠除，对于一些背景复杂的图片，可以使用 WPS 演示的智能抠图模式（注：智能抠图模式为 WPS 会员 / 超级会员尊享特权）。

3. 图片给文字做背景

许多情况下，在演示文稿中插入图片后，还需要在图片上加上一些文字说明。由于文字与图片之间色彩的关系，可能会出现文字模糊或者不突出的情况，如图 3-11（a）所示。此时，可以右击文字的文本框，从弹出的快捷菜单中选择"设置对象格式"命令，再在图 3-12 所示的"对象属性"窗格中选择合适的填充颜色和透明度。通过文本框的背景色突出文字，效果如图 3-11（b）所示。

（a）文字不突出　　　　　　　　　　　　　（b）利用文本框背景色突出文字

图 3-11　图片给文字做背景

4. 给图片添加统一的边框

有时候为了统一风格，可以给演示文稿中的图片添加统一的边框，如图 3-13 所示。在 WPS 演示中，要给图片加上边框，可以选中图片，在"图片工具"选项卡功能区中的"边框"下拉列表中对边框的粗细、颜色等进行设置。

另外，如果要调整图片的旋转角度，可以选定图片，在图片上方会出现一个控制旋转的控制点，拖动这个控制点就可以旋转选定的图片。

5. 图片的重新着色

利用 WPS 制作演示文稿时，插入漂亮的图片会为演示文稿增色不少，可并不是所有的图片都符合设计者的要求，图片的颜色搭配时常和幻灯片的颜色不协调。通过对图片重新着色，可以使图片和幻灯片的色调一致，会让人有耳目一新的感觉。选中图片，通过"图片工具"选项卡功能区中的"色彩"下拉按钮可以将图片重新着色为自动、灰度、黑白、冲蚀效果，如图 3-14 所示。

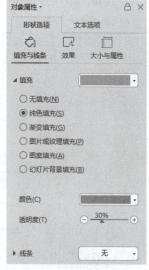

图 3-12　"对象属性"窗格

图 3-13　给图片添加统一的边框　　　　　　图 3-14　重新着色效果

3.2.2 智能图形

在演示文稿中使用图形比使用文本更加有利于受众去记忆或理解相关的内容，但对于非专业人员来说，要创建具有设计师水准的图形是很困难的。利用 WPS 演示提供的智能图形功能，可以很容易地创建出具有设计师水准的图形，使文本变得生动。

例如，把图 3-15 所示的幻灯片中的文本创建成图 3-16 所示的幻灯片中的智能图形，只需要选中文本，然后在"文本工具"选项卡功能区中选择"转智能图形"命令，选择自己喜欢的样式即可完成。

扫一扫
视频3-2
智能图形

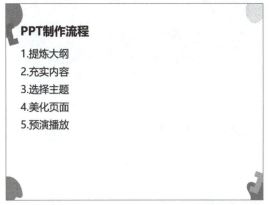
图 3-15　使用文本的幻灯片

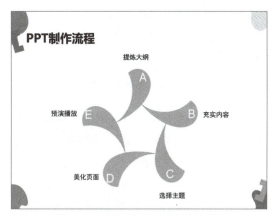
图 3-16　使用智能图形的幻灯片

又如要创建图 3-17 所示的智能图形，具体操作步骤如下：

（1）单击"插入"选项卡功能区中的"智能图形"按钮，打开"智能图形"对话框，在"循环"类别中选择"基本循环"图形，如图 3-18 所示，单击"插入"按钮。

图 3-17　基本循环效果图

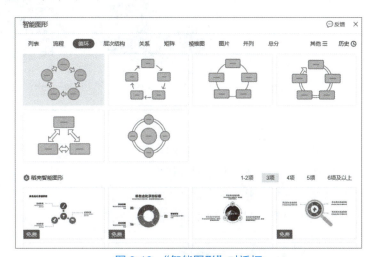
图 3-18　"智能图形"对话框

（2）输入"产品"、"废品"和"资源"3 个项目文本，删除多余的项目。

（3）通过"设计"选项卡功能区中的"更改颜色"下拉按钮来设置合适的颜色，再选择合适的样式。

（4）选中智能图形，调整合适的大小。这样图 3-17 所示的智能图形就创建完成了。

3.2.3 多图拼接

在制作演示文稿时，想要在一张幻灯片中插入多张图片并美化拼图，可以使用 WPS 演示的图片拼接功能。

首先插入要拼接的图片，然后一起选中这些图片，在"图片工具"选项卡功能区中选择"图片拼接"下拉按钮，再选择合适的拼图样式，如图 3-19 所示。多图拼接完成后，还可以根据需要更改图片顺序、

扫一扫
视频3-3
多图拼接与图片分割

设置图片间距、修改图片样式，如图 3-20 所示。

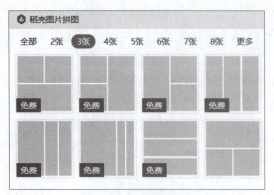

图 3-19　选择拼图样式

图 3-20　多图拼图效果

另外，利用形状也可以实现多图拼图。若想在一张幻灯片中插入 4 张图片，如图 3-21 所示。可以先绘制 4 个椭圆，将轮廓设置为无线条，形状效果设为柔化边缘 5 磅，然后分别用相应的图片填充背景，这样多图拼图就制作完成了。

图 3-21　利用形状实现拼图

3.2.4　图片分割

在使用 WPS 演示制作演示文稿时，为了更好地对图片进行排版，可以利用形状来分割图片。例如，想要实现图 3-22 所示的效果，具体操作步骤如下：

（1）插入一个矩形，将轮廓设置为无线条。
（2）复制矩形，调整好大小和位置，最终排列成图 3-23 所示的形状。

图 3-22　图片分割效果图

图 3-23　矩形的组合图形

（3）选中所有形状，然后将多个对象组合成一个对象。

（4）将组合后的对象背景设为想要分割的图片，这样一个既有创意又美观的图片就制作完成了。

3.3 多媒体处理与应用

在制作演示文稿时，使用恰当的声音、视频等多媒体元素，可以使幻灯片更加具有感染力。本节将介绍在WPS演示中使用声音和视频的技巧。

3.3.1 声音

恰到好处的声音可以使幻灯片具有更出色的表现力，在WPS演示中可以向幻灯片中插入各种音频文件。

扫一扫

视频3-4
声音的使用

1. 插入音频

在幻灯片中插入音频，具体操作步骤如下：

（1）选择要添加音频的幻灯片，单击"插入"选项卡功能区中的"音频"下拉按钮，可以根据需要选择"嵌入音频""链接到音频""嵌入背景音乐""链接背景音乐"。

嵌入音频和链接到音频的主要区别是在演示文稿中插入音频后，音频的存储位置不同。

① 嵌入音频：嵌入的音频会成为演示文稿的一部分，将演示文稿发送到其他设备中也能正常播放。

② 链接到音频：在演示文稿中只存储源文件的位置，如果想要在其他设备播放演示文稿，需要将音频文件和演示文稿一起打包，再将打包后的文件发送到其他设备才可以正常播放。

如果设为背景音乐，音频在幻灯片放映时会自动播放，当切换到下一张幻灯片时不会中断播放，一直循环播放到幻灯片放映结束。

（2）在打开的"插入音频"对话框中选择合适的声音文件插入幻灯片，幻灯片中出现图3-24所示的音频图标，在此可以预览音频播放效果，调整播放进度和音量大小等。

图3-24 音频图标

（3）选中刚刚插入的音频图标，在图3-25所示的"音频工具"选项卡功能区中根据需要设置"跨幻灯片播放""放映时隐藏""循环播放，直到停止""播放完返回开头"复选框。

图3-25 "音频工具"选项卡功能区

（4）如果有需要，单击"裁剪音频"按钮，在打开的图3-26所示的"裁剪音频"对话框中可以对音频进行裁剪。

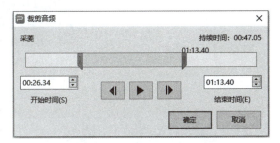

图3-26 "裁剪音频"对话框

2. 使用多个背景音乐

在演示文稿中将音频直接设为背景音乐，该音频将一直循环播放到幻灯片放映结束。如果想要在一个演示文稿中使用多个背景音乐，例如有一个10张幻灯片的演示文稿，第1张到第5张幻灯片使用音乐一作为背景音乐，第6张到第10张幻灯片使用音乐二作为背景音乐，具体操作步骤如下：

（1）选中第1张幻灯片，单击"插入"选项卡功能区中的"音频"下拉按钮，选择"嵌入音频"命令，在打开的"插入音频"对话框中选择第一个声音文件插入幻灯片。

（2）选中刚刚插入的音频图标，在"音频工具"选项卡功能区中，"开始"选择"自动"，勾选"放映时隐藏""循环播放，直到停止""播放完返回开头"复选框，"跨幻灯片播放"设置为至 5 页停止，如图 3-27 所示。

图 3-27 设置"跨幻灯片播放"

（3）选中第 6 张幻灯片，单击"插入"选项卡功能区中的"音频"下拉按钮，再选择"嵌入音频"命令，在打开的"插入音频"对话框中选择第二个声音文件插入幻灯片。

（4）选中刚刚插入的音频图标，在"音频工具"选项卡功能区中，"开始"选择"自动"，勾选"放映时隐藏""循环播放，直到停止""播放完返回开头"复选框，"跨幻灯片播放"设置为至 10 页停止。

这样设置好以后，该演示文稿在播放 1～5 页和 6～10 页时会分别播放不同的背景音乐。

3.3.2 视频

在演示文稿中添加一些视频并进行相应的处理，可以大大丰富演示文稿的内容和表现力。WPS 演示提供了丰富的视频处理功能。

1. 插入本地视频

插入本地视频有两种方式：嵌入本地视频和链接到本地视频。嵌入本地视频可能使得演示文稿的文件比较大，通过链接到本地视频可以有效减小演示文稿的文件大小，但要注意视频文件必须和演示文稿文件一起打包发布，否则会导致无法播放视频。

单击"插入"选项卡功能区中的"视频"下拉按钮，选择"嵌入本地视频"或者"链接到本地视频"命令，在打开的"插入视频"对话框中选择合适的视频文件插入幻灯片。选中图 3-28 所示的视频对象，在此可以调整视频的大小，预览视频播放效果，调整播放进度和音量大小等。在图 3-29 所示的"视频工具"选项卡功能区中可以设置是否自动播放，是否全屏播放，是否循环播放等。

图 3-28 视频对象

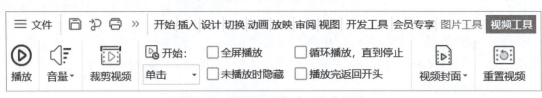

图 3-29 "视频工具"选项卡功能区

2. 插入 Flash 动画

除了本地视频，用户还可以将 Flash 动画插入演示文稿中。具体操作步骤如下：

（1）单击"插入"选项卡功能区中的"视频"下拉按钮，选择"Flash"命令（如果"Flash"命令是灰色的，如图 3-30 所示，那么需要先安装 Flash Player 插件，安装好后重启 WPS 即可）。

（2）在打开的"插入 Flash 动画"对话框中选择相应的 Flash 动画文件，单击"打开"按钮。

（3）根据需要调整 Flash 动画的大小和位置。

3. 为视频添加封面

当插入视频时，一般默认显示黑色的屏幕，看起来十分不美观。为了使演示文稿更加专业，可以根据需要为插入到幻灯片的视频设计一个封面。视频的封面可以是事先制作的图片，也可以是当前视频中某一帧的画面。

若要把视频中某一帧的画面作为封面，可以先定位到该帧画面，然后将当前画面设为视频封面，如图 3-31 所示。

图 3-30 "Flash"命令不可用

图 3-31 设置视频封面

若要使用事先制作的图片作为封面，则可以在"视频工具"选项卡功能区中，选择"视频封面"下拉列表中的"来自文件"，在打开的"选择图片"对话框中选择某一幅图片作为视频封面。

若要恢复到以前的面貌，可以单击"视频工具"选项卡功能区中的"重置视频"按钮。

4. 剪辑视频

在 WPS 演示中，无须下载专业软件，即可进行专业的视频剪辑。选中视频，单击"视频工具"选项卡功能区中的"裁剪视频"按钮，弹出"裁剪视频"对话框，设置视频的开始和结束位置，如图 3-32 所示，单击"确定"按钮即可完成视频的剪辑。

图 3-32 "裁剪视频"对话框

3.4 演示文稿的修饰

在用 WPS 演示制作演示文稿时，可以利用模板和幻灯片母版来统一幻灯片的风格，达到快速修饰演示文稿的目的。为了使幻灯片更加协调、美观，还可以对幻灯片进行一些美化和修饰，如应用配色方案、背景设置等。

3.4.1 模板

视频3-6
模板的应用

利用模板可以让普通用户快速地制作出具有专业设计水准的演示文稿，WPS 演示提供了大量的演示文稿模板。在联网状态下，用户可以通过不同条件的筛选或搜索，选取自己喜欢的模板。

1. 基于模板创建演示文稿

根据模板创建演示文稿的具体操作步骤如下：

单击 WPS 程序上方的"+"按钮，选择"演示"，可以打开图 3-33 所示的根据模板创建演示文稿窗口。在窗口左侧可以进行品类筛选，在窗口右上方的"搜索框"可以输入关键字查找模板。选中喜欢的模板后，就可以根据该模板生成新的演示文稿了。

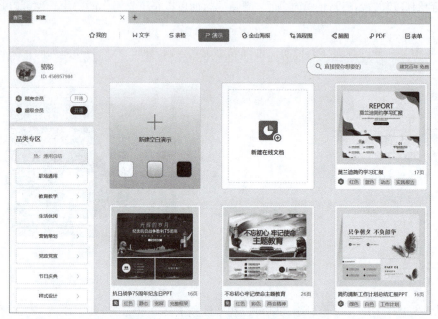

图 3-33　根据模板创建演示文稿窗口

2. 新建幻灯片套用模板

幻灯片的种类繁多，有封面页、目录页、章节页、结束页、正文页等，WPS 演示提供了一个精美的模板素材库，几乎覆盖演示文稿的所有内容。对于不同种类的幻灯片，可以套用合适的模板，使得幻灯片的展示更加美观。

新建幻灯片时套用模板的具体操作步骤如下：

在"开始"选项卡功能区下单击"新建幻灯片"下拉按钮，在弹出的对话框中选择幻灯片的类别，如"目录页"，然后选择"风格特征"和"颜色分类"，如图 3-34 所示，挑选喜欢的模板下载使用即可。

3. 演示文稿套用模板

如果想要快速改变现有演示文稿的外观，可以直接套用本地或者线上的模板，套用完成后，整个演示文稿的幻灯片版式、文本样式、背景、配色方案等都会随之改变。

套用本地模板的具体操作步骤如下：

在"设计"选项卡功能区中单击"导入模板"按钮，在打开的"应用设计模板"窗口中选择需要导入的演示文稿模板，单击"打开"按钮即可。

套用线上模板的具体操作步骤如下：

在"设计"选项卡功能区中单击"更多设计"按钮，在打开的"全文美化"对话框中选择合适的演示文稿模板，先单击"预览换肤效果"，在右侧可以看到所有幻灯片的换肤效果，如果满意，单击"应用美化"按钮便完成了模板的套用，如图 3-35 所示。

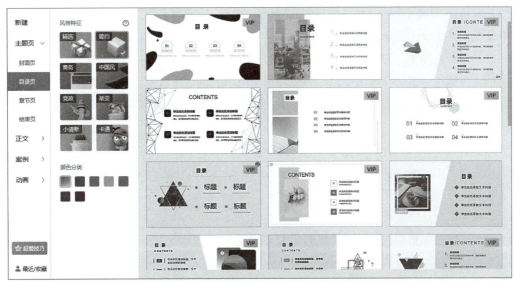

图 3-34 新建"目录页"幻灯片套用模板

图 3-35 "全文美化"对话框

3.4.2 母版

演示文稿的母版可以分成 3 类：幻灯片母版、讲义母版和备注母版。幻灯片母版是一种特殊的幻灯片，用于存储有关演示文稿的主题和幻灯片版式的信息，包括背景、颜色、字体、效果、占位符大小和位置等。讲义母版主要用于控制幻灯片以讲义形式打印的格式，备注母版主要用于设置备注幻灯片的格式。下面介绍的主要是幻灯片母版。

在 WPS 演示中，可以利用幻灯片母版来统一修改幻灯片的字体、颜色、背景等格式，在幻灯片母版中所做的设置，会统一应用到每一张幻灯片中。使用幻灯片母版时，由于无须在多张幻灯片上输入相同的信息，因此可以有效节省时间，提高办公效率。例如，想要给演示文稿的每一张幻灯片添加一个 Logo 图标，通过在幻灯片母版中添加，便可一次性实现格式一致、位置一致的效果。

每个演示文稿至少包含一个幻灯片母版。新建一个空白演示文稿，在"视图"选项卡功能区中单击"幻灯片母版"按钮，可以看到图 3-36 所示的幻灯片母版视图。这里显示了一个具有默认相关版式的空白幻灯片母版。在幻灯片缩略图窗格中，第一张较大的幻灯片图像是幻灯片母版，位于幻灯片母版下方的是相关的版式。

视频3-7
母版与版式

幻灯片母版能影响所有与它相关的版式，对于一些统一的内容、图片、背景和格式，可直接在幻灯片母版中设置，其他版式会自动与之一致。版式也可以单独控制配色、文字和格式等。

在幻灯片母版视图中，可以通过以下操作对幻灯片母版进行修改：

（1）插入母版：插入一个新的幻灯片母版。每个演示文稿也可以包含多个幻灯片母版，每个幻灯片母版可以应用不同的模板。在较长的演示文稿中，不同的模块体现不同的风格，就可以应用不同的幻灯片母版。

（2）插入版式：插入一个包括标题样式的自定义版式。

（3）主题、字体、颜色和效果：可以统一修改所有幻灯片的主题、字体、颜色和效果。例如字体选择幼圆字体，所有的幻灯片就统一修改成幼圆字体了。

（4）母版版式：可以设置母版中的占位符元素。

（5）保护母版：保护所选的幻灯片母版。

（6）重命名母版：对母版进行重新命名。

（7）背景：统一更换所有幻灯片的背景。需要注意的是，在幻灯片母版上使用此功能可以统一更换幻灯片背景。若在单个非母版的幻灯片上操作此功能，则只改变单个幻灯片的背景。

（8）另存背景：可以将所设定的背景保存到云端或本地。

（9）关闭：关闭幻灯片母版视图并返回演示文稿编辑模式。

图 3-36　幻灯片母版视图

3.4.3　版式

幻灯片版式包含要在幻灯片上显示的全部内容的格式设置、位置和占位符。占位符是版式中的容器，可容纳如文本（包括正文文本、项目符号列表和标题）、表格、图表、视频、音频、图片等内容。

一套幻灯片母版中，包含数个关联的幻灯片版式。WPS 演示提供了 11 种常用的内置版式，如图 3-37 所示。下面介绍几种主要的幻灯片版式。

（1）标题幻灯片：一般用于演示文稿的封面页，包含主标题和副标题两个占位符。

（2）标题和内容：可用于除封面外的其他幻灯片，包含标题和内容占位符，其中内容占位符可以输入文本，插入图片、图表、表格、视频等各类对象。

（3）节标题：演示文稿分成不同模块呈现的时候，可以使用节标题版式页来进行各个模块之间的过渡。

（4）空白：该版式可以让制作者自由编排，添加任意内容。

（5）末尾幻灯片：一般用于结束页。

如果要修改幻灯片的版式，可以先选中幻灯片，然后单击"开始"选项卡功能区中的"版式"下拉按钮，在打开的版式列表中选择合适的版式即可。

用户也可以根据需要创建自定义版式。单击"视图"选项卡功能区中的"幻灯片母版"按钮，在"幻灯片母版"选项卡功能区中单击"插入版式"按钮就可以新建一个自定义版式。

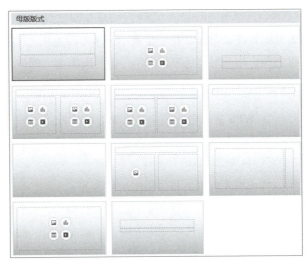

图 3-37　WPS 演示的内置版式

3.4.4　配色方案

配色是演示文稿制作过程中的重要元素，不同的配色代表不同的主题。在选择演示文稿的配色时，首先要了解不同颜色的气质。例如，红色喜庆、热情，适合购物、党政主题等；橙色活泼轻快，适合儿童品牌、美食等；蓝色商务、科技感强，适合商务、科技产品等；绿色自然环保，适合农业、医药等；紫色优雅华丽，适合服装、酒店等；粉色可爱浪漫，适合婚庆、服装等；灰色有质感不张扬，适合电子产品、机械等；黑色神秘庄严，适合电子科技、高端定制等。在制作演示文稿时，需根据要表达的内容，为演示文稿选择合适的配色。

WPS 演示提供了专业的文档配色设计，用户可以根据演示文稿的主题选择符合主题的色彩搭配，一键套用，轻松快捷。在"设计"选项卡功能区中单击"配色方案"下拉按钮，在图 3-38 所示的配色方案列表中选择合适的配色，也可以单击"更多颜色"按钮，打开图 3-39 所示的"主题色"窗格，从线上选择合适的配色。

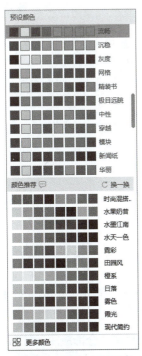

图 3-38　配色方案列表

图 3-39　"主题色"窗格

当选择不同的配色方案时,幻灯片的色板会随着变化,相应的图形、表格、背景等颜色也会跟着变化。另外需要注意的是,在一个演示文稿中配色用色不宜过多,一般控制在三种颜色以内。选择一种颜色为主色调,用其对比色进行强调,达到突出重点的效果。

3.4.5 背景设置

扫一扫

视频3-8
背景设置

在 WPS 演示中,用户可以为幻灯片设置不同的颜色、图案或者纹理等背景,不仅可以为单张或多张幻灯片设置背景,而且可对母版设置背景,从而快速改变演示文稿中所有幻灯片的背景。

1. 纯色填充

纯色填充背景的具体操作步骤如下:

(1)选择想要设置背景的幻灯片,单击"设计"选项卡功能区中的"背景"按钮,在右侧的"对象属性"任务窗格中选中"纯色填充"单选按钮,如图 3-40 所示。

(2)单击"颜色"下拉按钮,在弹出的图 3-41 所示的颜色色板中选择所需的颜色,或者通过"取色器"直接吸取所需的颜色。

(3)左右拖动下方的标尺调整好透明度。

(4)如果需要将设置的纯色填充背景应用到所有幻灯片,可以单击"全部应用"按钮。

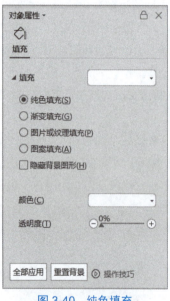

图 3-40　纯色填充

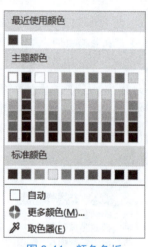

图 3-41　颜色色板

2. 渐变填充

渐变填充背景的具体操作步骤如下:

(1)选择想要设置背景的幻灯片,单击"设计"选项卡功能区中的"背景"按钮,在右侧的"对象属性"任务窗格中选择"渐变填充",如图 3-42 所示。

(2)选择渐变样式。有线性渐变、射线渐变、矩形渐变和路径渐变等不同效果可供选择,再选择合适的渐变方向。

(3)有的渐变样式可以设置角度,如线性渐变。角度的调整可以通过拖动"角度盘"中的"控制点",或者在右侧框中输入 0 ~ 359.9 之间的角度值。

(4)根据需要设置色标颜色。可以添加或者删除色标,支持多种颜色渐变效果。对于每一个色标,可以设置它的颜色、位置、透明度以及亮度。

(5)如果需要将设置的渐变填充背景应用到所有幻灯片,可以单击"全部应用"按钮。

3. 图片或纹理填充

图片或纹理填充背景的具体操作步骤如下：

（1）选择想要设置背景的幻灯片，单击"设计"选项卡功能区中的"背景"按钮，在右侧的"对象属性"任务窗格中选择"图片或纹理填充"，如图 3-43 所示。

（2）如果想要把图片设为背景，可以在"图片填充"下拉框中选择本地文件或者剪贴板中的图片。如果想要设置纹理填充背景，可以在"纹理填充"下拉列表框中选择合适的图片。

（3）根据需要设置背景图的透明度。

（4）在"放置方式"下拉列表框中选择"平铺"或者"拉伸"。

（5）如果需要将设置的图片背景应用到所有幻灯片，可以单击"全部应用"按钮。

4. 图案填充

图案填充背景的具体操作步骤如下：

（1）选择想要设置背景的幻灯片，单击"设计"选项卡功能区中的"背景"按钮，在右侧的"对象属性"任务窗格中选中"图案填充"单选按钮，如图 3-44 所示。

（2）在任务窗格左侧的内置图案下拉列表框中选择合适的图案样式，再设置前景色和背景色。

（3）如果需要将设置的图案背景应用到所有幻灯片，可以单击"全部应用"按钮。

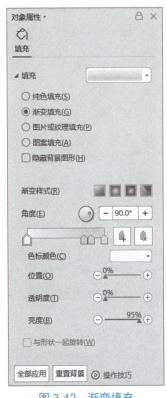
图 3-42　渐变填充

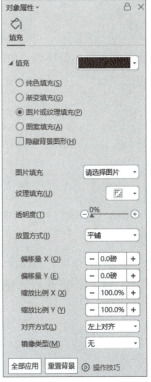
图 3-43　图片或纹理填充

图 3-44　图案填充

5. 给母版设置背景

如果不同的版式想要有不同的背景，则可以进入幻灯片母版视图进行设置，如图 3-45 所示。在左侧选择幻灯片母版，单击"幻灯片母版"选项卡功能区中的"背景"按钮，在右侧的"对象属性"任务窗格中进行背景格式的设置。设置完成后，所有幻灯片的背景都将统一被修改。如果选择某个版式幻灯片，背景设置完成后，则应用了该版式的幻灯片背景将被统一修改。

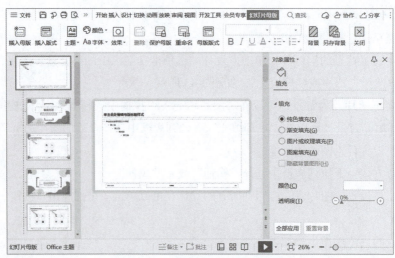

图 3-45　给幻灯片母版设置背景

3.4.6　字体替换与设置

一个演示文稿中的字体种类不宜过多，多了会影响幻灯片的视觉效果。WPS 演示提供了"替换字体"和"批量设置字体"功能，可以对幻灯片的字体进行统一设置，有效减少重复性的工作，提高了工作效率。

1．替换字体

例如，要将全部幻灯片中的"微软雅黑"字体替换为"仿宋"，具体操作步骤如下：

（1）单击"开始"选项卡功能区中的"演示工具"下拉按钮，选择"替换字体"命令。

（2）在图 3-46 所示的"替换字体"对话框中，"替换"选择需要被替换的字体样式"微软雅黑"，"替换为"选择要替换为的字体样式"仿宋"。

（3）单击"替换"按钮，即可完成字体的批量替换，可以看到所有幻灯片中包含微软雅黑字体的都改变了。

2．批量设置字体

批量设置字体不仅可以完成字体的替换，还可以针对不同范围、不同目标进行设置，具体操作步骤如下：

（1）单击"开始"选项卡功能区中的"演示工具"下拉按钮，选择"批量设置字体"命令。

（2）在图 3-47 所示的"批量设置字体"对话框中,可以选择字体替换范围、替换目标、设置样式、字号、加粗、下画线、斜体、字色等。

图 3-46　"替换字体"对话框

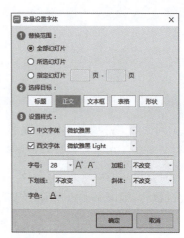

图 3-47　"批量设置字体"对话框

① 替换范围：可以选择"全部幻灯片""所选幻灯片""指定幻灯片"任一方式。
② 选择目标：指幻灯片中包含文本的不同对象，包括标题、正文、文本框、表格和形状，可多选。
③ 设置样式：中文字体和西文字体的设置以及幻灯片中的字体格式设置。
（3）设置完成后，单击"确定"按钮，批量设置字体完成。

3.5 动　　画

制作演示文稿是为了有效地沟通，设计精美、赏心悦目的演示文稿，更能有效地表达精彩的内容。通过排版、配色、插图等手段来进行演示文稿的装饰美化可以起到立竿见影的效果，而搭配上合适的动画可以有效增强演示文稿的动感与美感，为演示文稿的设计锦上添花。但动画的应用也不宜太多，动画效果要符合演示文稿整体的风格和基调，不显突兀又恰到好处，否则容易分散受众的注意力。

3.5.1 动画设计原则

在演示文稿中添加动画时，掌握好以下几个动画设计原则，可以使演示文稿更专业。

1. 重复原则

在一个幻灯片页面内，动画效果不宜太多，一般不要超过两个。过多不同的动画效果，不仅会让页面杂乱，还会影响观众的注意力。

2. 强调原则

如果一页幻灯片内容比较多，要突出强调某一点，可以单独对这个元素添加动画，其他页面元素保持静止，达到强调的效果。

3. 顺序原则

在添加动画时，让内容根据逻辑顺序出现，观感更为舒适。并列关系同时出现，层级关系可按照从左到右的顺序出现或者从上到下的顺序出现。

3.5.2 智能动画

利用 WPS 演示提供的"智能动画"功能，可以让用户方便快速地制作出炫酷的动画效果。假设有一个演示文稿具有 3 张幻灯片，如图 3-48 所示。

扫一扫

视频3-9
智能动画

图 3-48　需要制作动画的演示文稿

在第一张幻灯片中，想要强调标题"黄山旅游"。可以选中标题文本框，单击"动画"选项卡功能区中的"智能动画"，WPS 演示会推荐一个智能动画列表，如图 3-49 所示。选择"轰然下落"，一个酷炫的动画效果就做好了，"轰然下落"效果可以让主题更突出。

在第二张幻灯片中，想要文本逐字出现。可以选中文本框，单击"动画"选项卡功能区中的"智能动画"，在 WPS 演示推荐的智能动画列表中选择"整体渐入（逐字）"，这样就可以使文本呈现类似打字机的效果，逐字出现。

除了标题动画、文本动画，智能动画也可以一键设计图片动画，如多图轮播效果。在第三张幻灯片中，选中需要轮播的图片,单击"动画"选项卡功能区中的"智能动画",在图 3-50 所示的智能动画列表中选择"图片轮播(水平方向)",即可实现图片轮播的效果。

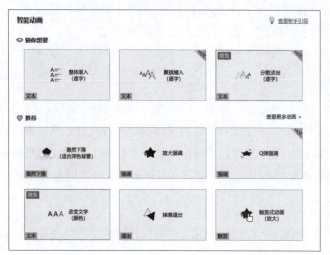

图 3-49 选中文本框的"智能动画"列表

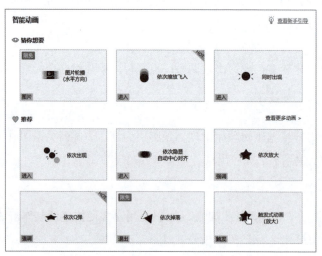

图 3-50 选中图片的"智能动画"列表

3.5.3 自定义动画

当预设的动画效果不能满足需求时,用户可以使用自定义动画功能来详细设置动画效果。

1. 动画类型

在 WPS 演示的动画库中,共有 4 种类型的动画,分别是进入、强调、退出和动作路径。

(1)进入:用于设置对象进入幻灯片时的动画效果。常见的进入效果如图 3-51 所示。

(2)强调:用于强调已经在幻灯片上的对象而设置的动画效果。常见的强调效果如图 3-52 所示。

图 3-51 进入动画效果

图 3-52 强调动画效果

(3)退出:用于设置对象离开幻灯片时的动画效果。常见的退出效果如图 3-53 所示。

（4）动作路径：用于设置按照一定路线运动的动画效果。常见的动作路径效果如图3-54所示。

图3-53　退出动画效果

图3-54　动作路径动画效果

2. 给文本或对象添加动画

若要对文本或对象添加动画，可以在幻灯片中选中要设置动画的文本或对象，在图3-55所示的"动画"选项卡功能区中单击动画样式列表右下角的下拉按钮，在打开的可选动画列表中选择所需的动画效果。

单击"预览效果"按钮可以预览当前幻灯片的动画效果。

单击"删除动画"按钮可以删除当前选中对象的动画效果。若没有选择对象，则删除当前幻灯片中所有对象的动画。如果选中多张幻灯片，再单击"删除动画"按钮，则批量删除选中幻灯片的动画效果。

图3-55　"动画"选项卡功能区

3. 为单个对象添加多个动画效果

若要给一个对象添加多个动画效果，可以在幻灯片中选中要设置动画的对象，在"动画"选项卡功能区中单击"自定义动画"按钮，打开图3-56所示的"自定义动画"任务窗格。单击"添加效果"下拉按钮，在打开的可选动画列表中选择所需的动画效果。重复以上步骤就可以添加多个动画效果了。

4. 更改动画效果

若要更改动画效果，可以先在"自定义动画"任务窗格中选中一个动画效果，如图3-57所示。单击"更改"按钮，在打开的可选动画列表中选择所需的动画效果，还可根据需要修改动画开始的时间、方向和速度。

图3-56　"自定义动画"任务窗格

图3-57　更改动画效果

在下方的动画项目栏中可以通过向上或向下拖动列表中的动画对象来更改顺序,也可以单击"上移""下移"按钮进行排序设置。

5. 为动画添加声音效果

在幻灯片设计中,一般要尽量少用动画和声音,避免喧宾夺主。但在有的场合,适当地给动画配上声音也会取得不错的效果。要对动画添加声音效果,具体操作步骤如下:

(1)在"自定义动画"任务窗格中选中要添加声音的动画效果。

(2)单击右边的下拉按钮,选择"效果选项"命令,如图 3-58 所示,打开相应的对话框。

(3)在"飞入"对话框"效果"选项卡"声音"下拉列表框中,选择合适的声音效果,如图 3-59 所示,单击"确定"按钮,该动画播放时就会伴随着声音效果了。

图 3-58 选择"效果选项"命令

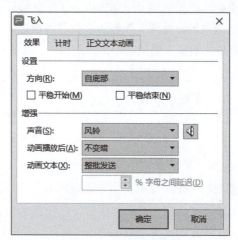

图 3-59 "效果"选项卡

3.5.4 动画实例

1. 滚动字幕

视频3-10
滚动字幕

若想要制作一个从右向左循环滚动的滚动字幕,具体操作步骤如下:

(1)在幻灯片中插入一个文本框,在文本框中输入文字,如"滚动的字幕",设置好字体、格式等。把文本框对象拖到幻灯片的最左边,并使得最后一个字刚好拖出。

(2)在"动画"选项卡功能区中,单击"自定义动画"按钮,打开"自定义动画"任务窗格。

(3)在"自定义动画"任务窗格中,单击"添加效果"下拉按钮,在可选动画列表中选择进入动画效果"飞入","开始"设为"之后","方向"设为"自右侧",如图 3-60 所示。

(4)直接双击该动画效果或者选中该动画效果,单击右边的下拉按钮,选择"效果选项"命令,打开"飞入"对话框。

视频3-11
电影字幕

(5)在"飞入"对话框的"计时"选项卡中,将"速度"设为"10","重复"设为"直到下一次单击",如图 3-61 所示,单击"确定"按钮,一个从右向左循环滚动的字幕就完成了。

2. 电影字幕

影片在播放结束后通常会列出演员表,如果想要实现类似的电影片尾字幕动画效果,具体操作步骤如下:

(1)在幻灯片中插入一个文本框,在文本框中输入相应的文字,设置好字体、格式等。

第 3 章　WPS 演示高级应用

图 3-60　"自定义动画"任务窗格

图 3-61　"计时"选项卡

（2）在"动画"选项卡功能区中单击动画样式列表右下角的下拉按钮，在打开的可选动画列表中选择华丽型进入动画效果"字幕式"。

一个电影片尾字幕就做好了，预览效果可以看到相关字幕从幻灯片底部慢慢向幻灯片上方移动，直到移出幻灯片为止。

如果想要做这样一个效果：先出现一个文本，然后消失，接着再出现一个文本，再消失，类似于电影片头字幕的效果，具体操作步骤如下：

（1）在幻灯片中插入一个文本框，在文本框中输入文字，如"导演：张三"，设置好字体、格式等。

（2）在"动画"选项卡功能区中，单击"自定义动画"按钮，打开"自定义动画"任务窗格。

（3）在"自定义动画"任务窗格中，单击"添加效果"下拉按钮，在可选动画列表中选择温和型进入动画效果"上升"，"开始"设为"之后"。

（4）继续单击"添加效果"下拉按钮，在可选动画列表中选择温和型退出动画效果"上升"，"开始"设为"之后"。这样就给文本框设置了两个动画，一个进入动画，一个退出动画。此时的"自定义动画"任务窗格如图 3-62 所示。

（5）选中文本框对象，按快捷键【Ctrl+C】复制，再按快捷键【Ctrl+V】粘贴，这样就复制了一个一模一样的文本框，包含其中的动画效果。

（6）把第二个文本框的文本改为"制片人：李四"，然后调整两个文本框的位置，重叠在一起。此时的动画序列如图 3-63 所示。

图 3-62　一个对象上两个动画

图 3-63　动画序列

这样一个类似电影片头字幕的动画效果就做好了，预览效果可以看到一个文本框先慢慢上升出现，然后继续慢慢上升消失，接着第二个文本框慢慢上升出现，再慢慢上升消失。

3. 图表动画

视频3-12
图表动画

在幻灯片中要把如表 3-1 所示的销售额比较表的数据以簇状柱形图的方式呈现，再加上动画效果，具体操作步骤如下：

表 3-1 销售额比较表

姓名	张三	李四	王五
第一季度	20.4	30.6	45.9
第二季度	27.4	38.6	46.9
第三季度	30	34.6	45
第四季度	20.4	31.6	43.9

（1）单击"插入"选项卡功能区中的"图表"下拉按钮，选择"图表"命令，打开"图表"对话框，选择"簇状柱形图"，如图 3-64 所示，单击"插入"按钮。

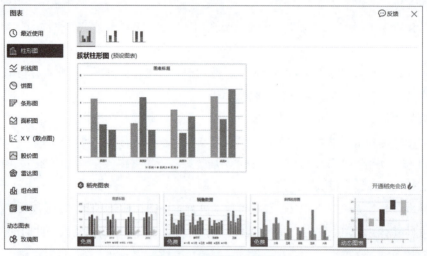

图 3-64 "图表"对话框

（2）在图 3-65 所示的"图表工具"选项卡功能区中单击"编辑数据"按钮，会打开 WPS 表格，在 WPS 表格中输入表 3-1 的数据，关闭 WPS 表格后在 WPS 演示中即可正常显示图表。

图 3-65 "图表工具"选项卡功能区

（3）单击"图表工具"选项卡功能区中的"快速布局"按钮，在下拉列表中选择"布局 1"，调整图表的大小、字体，修改系列柱子的颜色，最终的簇状柱形图如图 3-66 所示。

（4）在"动画"选项卡功能区中，单击"自定义动画"按钮，在"自定义动画"任务窗格中，单击"添加效果"下拉按钮，在可选动画列表中选择进入动画效果"擦除"，"方向"设为"自底部"，"速度"设为"中速"。

这样一个簇状柱形图就会以从底部慢慢擦除的方式呈现了。

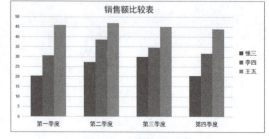

图 3-66 簇状柱形图

4. 跳动的小球

要实现单击"开始跳动"按钮即可让小球跳动的效果，具体操作步骤如下：

（1）在一张空白幻灯片中，单击"插入"选项卡功能区中的"形状"下拉按钮，在形状下拉列表中选择"动作按钮：自定义"，在幻灯片右下角拉出一个动作按钮，弹出"动作设置"对话框，设置"无动作"。右击该动作按钮，从弹出的快捷菜单中选择"编辑文字"命令，输入"开始跳动"，按钮制作完成。

（2）单击"插入"选项卡功能区中的"形状"下拉按钮，在形状下拉列表中选择"椭圆"，按住【Shift】键，绘制出圆形小球。

（3）选中小球对象，在"动画"选项卡功能区中单击动画样式列表右下角的下拉按钮，在打开的可选动画列表中选择"绘制自定义路径—曲线"，绘制出小球的运动路线，如图 3-67 所示。

（4）在"动画"选项卡功能区中，单击"自定义动画"按钮，打开"自定义动画"任务窗格。在"自定义动画"任务窗格中，单击椭圆动画效果右边的下拉按钮，选择"效果选项"命令，打开"自定义路径"对话框。

（5）在"计时"选项卡中单击"触发器"按钮，将"单击下列对象时启动效果"设为"动作按钮：自定义 3"，如图 3-68 所示。

跳动的小球动画制作完成，播放的时候单击"开始跳动"按钮可以触发小球的动画。

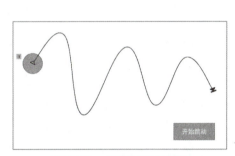

图 3-67　小球的运动路线　　　　图 3-68　"计时"选项卡

5. 选择题制作

在如图 3-69 所示的幻灯片中，插入了 5 个文本框对象，内容分别是选择题的题目、选项 A、选项 B，回答正确提示和回答错误提示。要实现单击选项 A 时出现回答正确提示，然后提示消失，单击选项 B 时出现回答错误提示，然后提示消失，具体操作步骤如下：

图 3-69　"选择题示例"幻灯片

（1）单击"开始"选项卡功能区中的"选择"下拉按钮，在下拉列表中选择"选择窗格"命令，在打开的任务窗格中，分别给相应的对象命名为"题目""选项 A""选项 B""回答正确提示""回答错误提示"，如图 3-70 所示。

（2）选中"回答正确提示"对象，在"自定义动画"任务窗格中单击"添加效果"下拉按钮，在可选动画列表中选择进入动画效果"弹跳"。

（3）双击该动画效果，打开"弹跳"对话框，在"计时"选项卡中设置"单击选项 A 触发"，如图 3-71 所示。

（4）仍旧选中"回答正确提示"对象，在"自定义动画"任务窗格中单击"添加效果"下拉按钮，在可选动画列表中选择退出动画效果"消失"，把"消失"动画效果也设置成"单击选项 A 触发"，然后把"开始"设为"之后"。

图 3-70　选择窗格

图 3-71　触发器设置

这样就实现了单击选项 A,正确提示会以"弹跳"效果出现,然后自动消失。对于"回答错误提示",进行类似的设置,完成后的触发器动画序列如图 3-72 所示。

至此,选择题动画制作完成。

6. 倒计时动画

视频3-15
倒计时动画

要制作一个倒计时动画,具体操作步骤如下:

(1)在一张空白幻灯片中,插入 4 个文本框,内容分别是"3""2""1""Go"。设置合适的大小、颜色,然后将 4 个文本框对齐叠在一起。

(2)单击"开始"选项卡功能区中的"选择"下拉按钮,在下拉列表中选择"选择窗格"命令,在打开的"选择"任务窗格中,分别把相应的对象命名为"3""2""1""Go"。

(3)选中"3"对象,退出动画效果设为"渐变式缩放"。

(4)选中"2"对象,进入和退出动画效果都设为"渐变式缩放","开始"设为"之后"。

(5)选中"1"对象,进入和退出动画效果都设为"渐变式缩放","开始"设为"之后"。

(6)选中"GO"对象,进入动画效果设为"渐变式缩放","开始"设为"之后"。

至此,一个简单的倒计时动画就完成了,完成后的动画序列如图 3-73 所示。

图 3-72　触发器动画序列

图 3-73　倒计时动画序列

3.6 演示文稿的放映与输出

一个演示文稿创建完成后,可以根据演示文稿的用途、放映环境或受众需求,选择不同的放映方式和输出形式。本节将介绍演示文稿的放映和输出方面的知识和技巧。

3.6.1 放映

在不同的场合,不同的需求下,演示文稿需要有不同的放映方式,WPS 演示为用户提供了多种幻灯片放映方式。

1. 幻灯片切换

幻灯片切换效果是指在幻灯片放映过程中,当一张幻灯片转到下一张幻灯片上时所出现的特殊效果。为演示文稿中的幻灯片增加切换效果后,可以使得演示文稿放映过程中幻灯片之间的过渡衔接更加自然、流畅。

WPS 演示提供了很多超炫的幻灯片切换效果。选中一个或多个要添加切换效果的幻灯片,在图 3-74 所示的"切换"选项卡功能区中进行以下设置:

(1) 选择合适的切换方式及效果选项。

(2) 设置幻灯片的切换速度和声音。

(3) 设置幻灯片的换页方式:是否单击鼠标时换片,是否自动换片。

(4) 如果要将幻灯片切换效果应用到所有幻灯片上,则单击"应用到全部"按钮。

图 3-74 "切换"选项卡功能区

2. 放映方式

单击"幻灯片放映"选项卡功能区中的"设置幻灯片放映"下拉按钮,选择"设置放映方式"命令,打开图 3-75 所示的"设置放映方式"对话框。

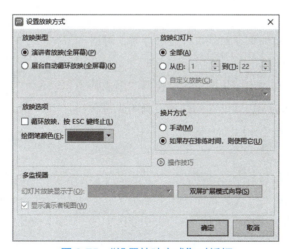

图 3-75 "设置放映方式"对话框

在"设置放映方式"对话框中,可以进行以下设置:

1) 设置幻灯片的放映类型

(1) 演讲者放映:此方式是最为常用的一种放映方式。在放映过程中幻灯片全屏显示,演讲者自动控制放映全过程,可采用自动或人工方式控制幻灯片。

（2）展台自动循环放映：这种方式一般适用于大型放映，如在展览会场等，此方式自动放映演示文稿，不需专人管理便可达到交流的目的。用此方式放映前，要事先设置好放映参数，以确保顺利进行。

2）设置幻灯片的放映选项

如果选择"循环放映，按 Esc 键终止"复选框，则循环放映演示文稿。当放映完最后一张幻灯片后，再次切换到第一张幻灯片继续进行放映，若要退出放映，可按【Esc】键。如果选中"展台自动循环放映"单选按钮，则自动选中该复选框。

3）设置幻灯片的放映范围

在"放映幻灯片"栏中，如果选中"全部"单选按钮，则放映整个演示文稿。如果选中"从"单选按钮，则可以在"从"数值框中，指定放映的开始幻灯片编号，在"到"数值框中，指定放映的最后一张幻灯片编号。

如果要进行自定义放映，选中"自定义放映"单选按钮，然后在下拉列表框中选择自定义放映的名称。

4）设置幻灯片的换片方式

需要手动放映时，选择"手动"单选按钮。

需要自动放映时，在进行过计时排练的基础上选中"如果存在排练时间，则使用它"单选按钮。

3. 手动放映

手动放映是最为常用的一种放映方式。在放映过程中幻灯片全屏显示，采用人工的方式控制幻灯片。下面是手动放映时经常要用到的一些技巧。

1）在幻灯片放映时的一些常用快捷键

（1）切换到下一张幻灯片可以用：单击左键、【→】键、【↓】键、【Space】键、【Enter】键、【N】键。

（2）切换到上一张幻灯片可以用：【←】键、【↑】键、【Backspace】键、【P】键。

（3）到达第一张/最后一张幻灯片：【Home】键/【End】键。

（4）直接跳转到某张幻灯片：输入数字按【Enter】键。

（5）演示休息时白屏/黑屏：【W】键/【B】键。

（6）使用绘图笔指针：【Ctrl+P】组合键。

（7）清除屏幕上的图画：【E】键。

2）绘图笔的使用

在幻灯片播放过程中，有时需要对幻灯片画线注解，可以利用绘图笔来实现，具体操作如下。

在播放幻灯片时右击，在弹出的快捷菜单中选择"墨迹画笔"→"圆珠笔"，如图 3-76 所示，就能在幻灯片上画图或写字了。要擦除屏幕上的痕迹，按【E】键即可。

3）隐藏幻灯片

如果演示文稿中有某些幻灯片不必放映，但又不想删除它们，以备后用，可以隐藏这些幻灯片，具体操作步骤如下：

选中目标幻灯片，单击"幻灯片放映"选项卡功能区中的"隐藏幻灯片"按钮即可。

幻灯片被隐藏后，在放映幻灯片时就不会被放映了。想要取消隐藏，再次单击"隐藏幻灯片"按钮。

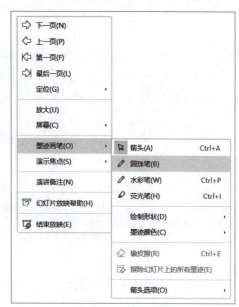

图 3-76　绘图笔

4. 自动放映

自动放映一般用于展台浏览等场合，此放映方式自动放映演示文稿，不需要人工控制，大多数采用自动循环放映。自动放映也可以用于演讲场合，随着幻灯片的放映，同时讲解幻灯片中的内容。这种情况下，必须设置排练计时，在排练放映时自动记录每张幻灯片的使用时间。

排练计时的设置方法如下：

单击"幻灯片放映"选项卡功能区中的"排练计时"按钮，此时开始排练放映幻灯片，同时开始计时。在屏幕上除显示幻灯片外，还有一个"预演"对话框，如图 3-77 所示，在该对话框中显示有时钟，记录当前幻灯片的放映时间以及总的放映时间。当幻灯片放映结束，准备放映下一张幻灯片时，单击换页按钮，即开始记录下一张幻灯片的放映时间。如果认为该时间不合适，可以单击"重复"按钮，对当前幻灯片重新计时。放映到最后一张幻灯片时，屏幕上会显示一个确认的消息框，如图 3-78 所示，询问是否接受已确定的排练时间。

幻灯片的放映时间设置好以后，就可以按设置的时间进行自动放映。

图 3-77 "预演"对话框　　　　　图 3-78 确认排练计时对话框

5. 自定义放映

自定义放映可以称作演示文稿中的演示文稿，可以对现有演示文稿中的幻灯片进行分组，以便给特定的受众放映演示文稿的特定部分。

创建自定义放映的操作步骤如下：

（1）单击"幻灯片放映"选项卡功能区中的"自定义幻放映"按钮，弹出"自定义放映"对话框，如图 3-79 所示。

（2）单击"新建"按钮，弹出"定义自定义放映"对话框，如图 3-80 所示。在该对话框的左边列出了演示文稿中所有幻灯片的标题或序号。

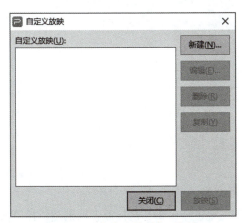
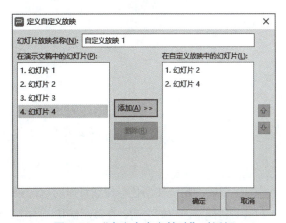

图 3-79 "自定义放映"对话框　　　　　图 3-80 "定义自定义放映"对话框

（3）选择要添加到自定义放映的幻灯片后，单击"添加"按钮，这时选定的幻灯片就出现在右边列表框中。当右边列表框中出现多个幻灯片标题时，可通过右侧的上、下箭头调整播放顺序。

（4）如果右边列表框中有不想要的幻灯片，选中幻灯片后，单击"删除"按钮就可以从自定义放映幻灯片中删除，但它仍然在演示文稿中。选取幻灯片并调整完毕后，在"幻灯片放映名称"文本框中输入名称，单击"确定"按钮，回到"自定义放映"对话框。

（5）在"自定义放映"对话框中，选择相应的自定义放映名称，单击"放映"按钮就可以实现自定义的放映了。

（6）如果要添加或删除自定义放映中的幻灯片，单击"编辑"按钮，重新进入"定义自定义放映"对话框，利用"添加"或"删除"按钮进行调整。如果要删除整个自定义幻灯片放映，可以在"自定义放映"对话框中选择要删除的自定义放映名称，然后单击"删除"按钮，则自定义放映被删除，但原来的演示文稿仍存在。

6. 交互式放映

放映幻灯片时，默认顺序是按照幻灯片的次序进行播放。可以通过设置超链接和动作按钮来改变幻灯片的播放次序，从而提高演示文稿的交互性，实现交互式放映。

1）超链接

可以在演示文稿中添加超链接，然后利用它跳转到不同的位置。例如，跳转到演示文稿的某一张幻灯片、其他文件、网页等。

关于超链接的具体操作步骤如下：

（1）选择要创建超链接的对象，可以是文本或者图片。

（2）单击"插入"选项卡功能区中的"超链接"下拉按钮，选择"本文档幻灯片页"，弹出"插入超链接"对话框，如图3-81所示。根据需要，用户可以在此建立以下几种超链接。

① 链接到其他演示文稿、文件或网页。

② 本文档中的其他位置。

③ 电子邮件地址。

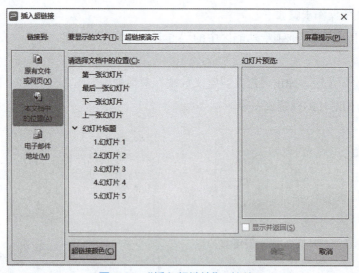

图3-81 "插入超链接"对话框

（3）单击"超链接颜色"按钮可以对超链接的颜色进行设置。

（4）超链接创建好之后，在该超链接上右击，可以根据需要进行编辑超链接或者取消超链接等操作。

2）动作按钮

动作按钮是一种现成的按钮，可将其插入演示文稿中，也可以为其定义超链接。动作按钮包含形状（如右箭头和左箭头）及通常被理解为用于转到下一张、上一张、第一张、最后一张幻灯片和用于播放影片或声音的符号。动作按钮通常用于自运行演示文稿，如在人流密集区域的触摸屏上自动、连续播放的演示文稿。

插入动作按钮的操作步骤如下：

单击"插入"选项卡功能区中的"形状"下拉按钮，在形状下拉列表中的"动作按钮"区域选择需要的动作按钮，在幻灯片的合适位置拖出大小合适的动作按钮，然后在打开的图 3-82 所示的"动作设置"对话框中进行相应的设置。

7. 手机遥控

在放映演示文稿时除了通过鼠标、键盘控制幻灯片的换页外，还可以通过手机来遥控。具体操作步骤如下：

（1）打开需要放映的演示文稿，在"幻灯片放映"选项卡功能区中单击"手机遥控"按钮，生成遥控二维码。

（2）打开手机中的 WPS Office 移动端，点击"扫一扫"功能，扫描计算机上的二维码。

（3）这样手机就可以通过左右滑动控制幻灯片的播放。

3.6.2 输出

演示文稿制作完成以后，为了便于在没有安装 WPS 的计算机中演示，WPS 演示提供了多种输出方式，可以将演示文稿打包成文件夹、转换为视频或者 H5 等。

1. 演示文稿的多种输出格式

在 WPS 演示的"文件"菜单中，选择"另存为"命令，可看到 WPS 演示的多种输出格式，如图 3-83 所示。

图 3-82 "动作设置"对话框

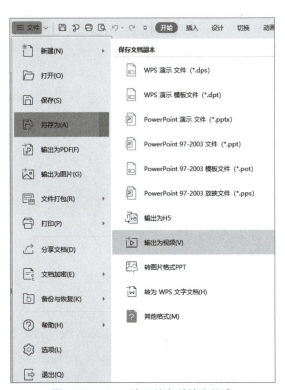

图 3-83 WPS 演示的多种输出格式

（1）.dps 是 WPS 演示的默认格式。

（2）.dpt 是 WPS 演示的模板文件格式。

（3）.pptx 是 Microsoft Office PowerPoint 2007 以后版本的默认格式。

（4）.ppt 是 Microsoft Office PowerPoint 97-2003 版本的默认格式。

（5）.pot 是 Microsoft Office PowerPoint 的模板文件格式。

（6）.pps 是放映文件格式。

（7）输出为 H5 可以高保真地还原演示文稿中的动画，并可生成微信二维码直接在移动设备中打开，便于传播分享。

（8）输出为视频可以让观看者在没有安装 WPS 的计算机上也能观看。目前 WPS 演示只支持 WebM 格式的视频，想要正常观看，需要安装支持播放该格式的播放器，如暴风影音、QQ 影音、迅雷影音等。

2. 将演示文稿打包成文件夹

假设有一个演示文稿，里面以链接的方式插入了音频和视频，在演示文稿制作完成后，为了便于在其他计算机上播放演示文稿，需要把演示文稿打包输出，这样链接的文件不会丢失。WPS 演示提供了把演示文稿打包成文件夹的功能，具体操作步骤如下：

（1）打开要打包的演示文稿。

（2）在"文件"菜单中，选择"文件打包"命令，然后再选择"将演示文稿打包成文件夹"命令。

（3）弹出"演示文稿打包"对话框，输入文件夹名称，设置好文件夹的位置，如果有需要，还可选中"同时打包成一个压缩文件"复选框，如图 3-84 所示。

（4）单击"确定"按钮进行文件打包。

（5）打包完成后会出现"已完成打包"对话框，单击"打开文件夹"按钮可查看打包好的文件夹内容。

图 3-84 "演示文件打包"对话框

第 4 章
WPS 其他组件高级应用

WPS Office 除了前面章节介绍的关于 WPS 文字、WPS 表格以及 WPS 演示的组件功能外，还可实现对 PDF 文档的创建、编辑、文档合并与拆分、文档互转等功能。WPS 其他组件包含丰富的制图功能，如流程图、思维导图和表单，利用它们可以绘制家居装修图、组织结构图以及某门课程的思维导图等。

4.1　PDF 高级应用

PDF 是可携带文档格式（Portable Document Format）的简称，可以将原始文档中的超文本链接、声音、静态图像、动态影像等电子信息进行逼真的原貌还原，可在多个操作系统上（Windows、UNIX 以及 Mac OS）交叉使用，而且在不同设备上打开不会受到系统环境影响，具有良好的保真度和文档一致性，给使用者提供了个性化的阅读方式。本节将介绍如何在 WPS Office 中进行 PDF 的应用。

4.1.1　PDF 文档编辑

1. 内容编辑

传统的大部分 PDF 阅读器不提供文档编辑和修改功能，这样会使得 PDF 文档无法为阅读者提供修改体验，且无法转换为自己的可编辑稿件。WPS 中含有的 PDF 编辑功能可实现对文档中的内容进行编辑，而且还可以添加和删改文字，为阅读者提供便利。

1）文字编辑功能

WPS PDF 具有对文档中文字的编辑功能，该功能主要包括文字编辑和文字插入。

（1）文字编辑。

WPS PDF 提供的文字编辑功能可实现对 PDF 页面中的文字内容进行编辑和修改，功能区如图 4-1 所示。采用 WPS 打开一个 PDF 文档，在选择"编辑"选项卡之后，软件会自动进入 PDF 编辑模式，而且会自动识别该文档中的每一个段落，并默认套用灰色矩形外边框进行标注。当把光标放在某一个待编辑的框上之后，方框颜色就会变成蓝色，启动文本编辑程序。PDF 文字编辑的操作步骤如下：

扫一扫

视频4-1
文字编辑与擦除

图 4-1　PDF 编辑选项卡功能区

① 任意打开一个非空 PDF 文档，在图 4-1 所示的"编辑"选项卡功能区中单击"编辑内容"按钮，

当前文档所有段落将自动生成灰色外边框，如图 4-2 所示。

② 选择需要修改的文本框内容，把光标置于文本处，进行文字更改及内容调整。此时如需删除文本外边框，可以选择"编辑内容"下拉按钮，在弹出的下拉列表中取消勾选"显示内容边框"即可。

③ 在文字编辑模式下，WPS 提供了丰富的文字编辑功能，类似于 WPS 文字的编辑功能，可以参考本书第 1 章 WPS 文字高级应用相关内容。当编辑结束时，单击图 4-3 所示的"文字编辑"选项卡功能区中的"退出编辑"按钮即可。

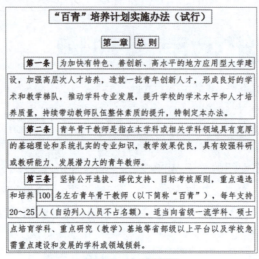

图 4-2　文字编辑

（2）文字插入。

除了以上介绍的文字编辑功能外，WPS PDF 还具有在文档任意位置插入文字的功能，新添加的文字内容默认保留当前已设置的文字和段落格式。文字插入的操作步骤如下：

① 任意打开一个非空 PDF 文档，单击"编辑"选项卡功能区中的"编辑内容"按钮，文本自动生成外边框。

② 在需要插入文字的位置处单击，弹出一个灰色矩形框，同时进入图 4-3 所示的文字编辑功能区，在自动生成的灰色矩形框内输入文字即可完成文字的插入，结果如图 4-4 所示。

图 4-3　文字编辑功能区

图 4-4　文字插入

2）内容擦除

WPS PDF 中自带的擦除功能可实现删除文本中的文字、图片、标注、批注等内容。擦除模式提供了矩形擦除和画线擦除两种方式，前者是指在待删除内容位置处按住鼠标拖动形成一个矩形框，覆盖的内容在松开鼠标时全部被删除。后者是指在待删除内容位置处按住鼠标拖动形成无规则曲线线条，覆盖在该路径下的文档内容在松开鼠标时全部被删除。擦除功能支持线条粗细和颜色等参数的自定义设置。默认情况下，线条粗细为 2 磅，擦除颜色为白色。

（1）矩形擦除。

矩形擦除的操作步骤如下：

① 任意打开一个非空 PDF 文档，单击"编辑"选项卡功能区中的"擦除"按钮，颜色变为灰色，启动擦除功能。

② 光标置于文本需要擦除的位置，按住鼠标拉动矩形框选择要擦除的文本区域，框选结束后松开左键，完成擦除操作，结果如图 4-5 所示。

③ 擦除区域默认采用白色，如需更改擦除颜色，在"擦除"按钮下拉列表中打开主题颜色栏目，设置擦除工具的颜色，还可以通过色板或者吸色器设定颜色，如图 4-6 所示。

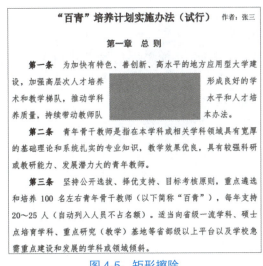

图 4-5 矩形擦除

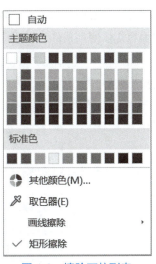

图 4-6 擦除下拉列表

（2）画线擦除。

画线擦除的操作步骤如下：

① 任意打开一个非空 PDF 文档，单击"编辑"选项卡功能区中的"擦除"按钮，擦除图标 变为灰色，启动擦除功能。

② 在"擦除"按钮下拉列表中单击"画线擦除"按钮，其级联菜单中有两种画线擦除方式：圆角笔头和直角笔头。

③ 如需进行圆角擦除，单击"圆角笔头"按钮，并在"线条粗细"下拉列表中选择 2 磅粗细的线条，在主题颜色中选择浅蓝色，擦除结果如图 4-7 所示。

④ 如需进行直角擦除，单击"直角笔头"按钮，并在"线条粗细"下拉列表中选择 2 磅粗细的线条，在主题颜色中选择浅蓝色，擦除结果如图 4-8 所示。

2. 批注

WPS PDF 中具有类似于 WPS 文字批注的功能，包含高亮、下画线、删除线、插入、替换等批注操作，批注可以附加文本框和插入文字说明，同时可以设置接受和拒绝批注。

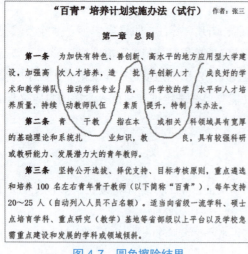
图 4-7　圆角擦除结果

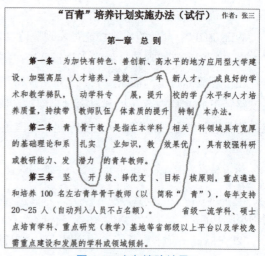
图 4-8　直角擦除结果

1）批注模式和批注管理

（1）批注模式。

WPS PDF 批注功能区中包含批注模式，在该模式下可为 PDF 文本中文字建立批注痕迹，为定位特定批注内容提供便利条件。批注模式显示操作步骤如下：

① 任意打开一个非空 PDF 文档，单击"批注"选项卡功能区中的"批注模式"按钮，PDF 页面右侧出现批注内容的空白区域，如图 4-9 所示。

② 在批注区域单击特定批注位置，跳转至正文中的批注内容。

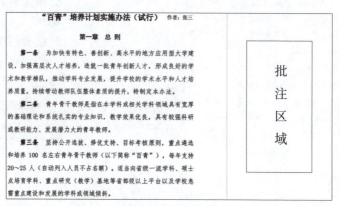
图 4-9　批注模式

（2）批注管理。

WPS PDF 的批注功能区包含批注模式和批注管理，在批注模式下可为 PDF 文档中的文字建立批注痕迹，在批注管理中可以查看所有建立的批注标记。

① 任意打开一个非空 PDF 文档，单击"批注"选项卡，进入批注功能区。

② 如果"批注模式"按钮为灰色，单击该按钮可取消，然后选择功能区中的"批注管理"按钮，PDF 页面左侧呈现图 4-10 所示的区域，文档所有批注类型和内容都会显示。

③ 将光标移至某一个批注处，逐条单击"添加回复"可以对批阅者给出的批注标记进行回复，添加完成的文本框如图 4-10 所示。

2）文本高亮和区域高亮

（1）添加高亮文本。

高亮文本是一种醒目的 PDF 文本批注形式，高亮颜色可以自主设定，也可以对已有高亮涂色的文本进行批注说明。添加高亮文本批注的操作步骤如下：

① 任意打开一个非空 PDF 文档，单击"批注"选项卡，出现"批注"功能区。

② 选中需要添加批注的文字内容，单击功能区上的"高亮"按钮，可给文本涂色，如图 4-11 所示。

③ 如需更换批注文本的颜色，单击"高亮"按钮弹出下拉列表，通过"主题颜色""其他颜色"可完成颜色的更换和调整。

④ 如需对高亮文本进行批注，可双击高亮文本或右击，在弹出的快捷菜单中选择"回复注释"命令，即可弹出图 4-10 所示的图示批注。

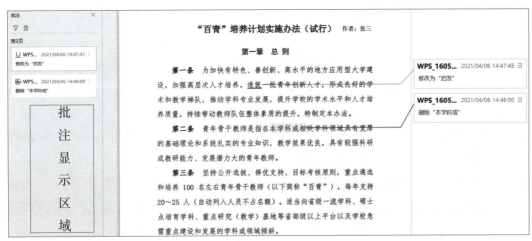

图 4-10　批注管理

（2）添加高亮区域。

高亮区域是一种划定指定矩形框进行区域高亮显示的方式，高亮颜色可以自主设定，也可以对已添加高亮区域的内容进行批注说明。添加高亮区域批注的操作步骤如下：

① 任意打开一个非空 PDF 文档，单击"批注"选项卡，出现"批注"功能区。

② 单击功能区中的"区域高亮"按钮，光标变为十字架型，拖动鼠标选中需要批注的区域，如图 4-12 所示。

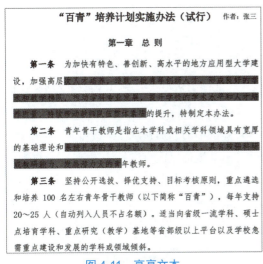

图 4-11　高亮文本　　　　　　　　图 4-12　区域高亮

③ 如需更换区域批注颜色，单击"区域高亮"按钮，弹出下拉列表，通过设置"主题颜色""其他颜色""取色器"可完成颜色的更换和调整。

④ 如需对高亮区域进行批注，可以双击高亮区域或把光标置于高亮文本所在区域，右击之后，在弹

出的快捷菜单中选择"回复注释"命令,即可弹出图 4-10 所示的批注样例。

3)文字批注和形状批注

(1)文字批注。

文字批注可以方便地在 PDF 文档中的任意位置插入批注说明,充分发挥 WPS PDF 的批注优势。文字批注的操作步骤如下:

① 任意打开一个非空 PDF 文档,单击"批注"选项卡功能区中的"文字批注"按钮,弹出图 4-13 所示的功能区。

图 4-13　文字批注功能区

② 把光标移至文档中需要批注的位置处,单击生成一个蓝色边框,可在其中输入需要批注的文字,如图 4-14 所示。

③ 如需更换批注文字的字体,可单击"字体"按钮,弹出下拉列表,选择对应字体。如需更换批注文字的字号,可在"字号"的下拉列表中选择对应字号。如需更换批注文字的颜色,单击"字体颜色"按钮,通过设置"主题颜色""其他颜色""取色器"可完成颜色的更换,完成的一个批注例子如图 4-15 所示。

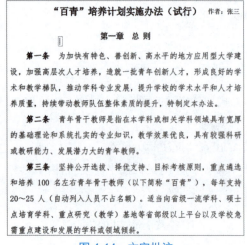

图 4-14　文字批注　　　　　　　图 4-15　文字批注示例

(2)形状批注。

形状批注包含较多的形状类型,如直线、箭头、矩形、椭圆、多边形、云朵以及自定义形状。形状批注的操作步骤如下:

① 任意打开一个非空 PDF 文档,单击"批注"选项卡功能区中的"形状批注"按钮。

② 光标变为十字架型,移动光标至需要批注的位置处,拖动鼠标生成直线批注(默认),双击该直线批注可以对其进行文字添加。

③ 如需更换该直线边框颜色、线条粗细、直线类型以及起始和终止的符号类型,可通过图 4-16 所示的功能区进行相应更改。

图 4-16　形状批注的功能区

④ 如需更改形状类型,单击"形状批注"的下拉按钮,如图 4-17 所示,在打开的下拉列表中选择

相应的形状即可。如需对该形状的属性特征进行修改，重复③的操作即可。

⑤ 如果选择的形状为"云朵"或"自定义图形"，则需要拉动鼠标分别在不同的位置处单击，直到形成一个封闭的图形，双击即可形成图 4-18 所示的云朵图形。

图 4-17　形状批注的类型　　　　　　　图 4-18　云朵形状批注示例

4）下画线和删除线

（1）下画线。

下画线批注可对文本重要内容进行标记，属于 WPS PDF 中的批注形式，同时可对线条类型和颜色进行修改，还可以进行文本说明。下画线批注的操作步骤如下：

① 任意打开一个非空 PDF 文档，单击"批注"选项卡，出现"批注"功能区。

② 拖动光标选中需要批注的内容，单击功能区上的"下画线"按钮，可给文本添加下画线，双击该下画线可以对其进行文本说明，如图 4-19 所示。

③ 选择下画线的批注类型，在"下画线"下拉列表中选择"线型"，出现两种下画线类型：直线和波浪线，根据需要进行选择即可。

④ 如需更改批注下画线的颜色，在"下画线"下拉列表中通过设置"主题颜色""其他颜色""取色器"，可完成颜色的更换和调整。

（2）删除线。

删除线批注可对不需要的文本内容进行删除，同时可对默认的删除线颜色进行更改，还可以进行文本说明。下画线批注的操作步骤如下：

① 任意打开一个非空 PDF 文档，单击"批注"选项卡，进入批注功能区。

② 拖动光标选中需要删除的内容，单击功能区上的"删除线"按钮，可给文本划上删除线，双击该删除线可以对其进行文本说明，如图 4-20 所示。

图 4-19　下画线批注　　　　　　　　　图 4-20　删除线批注

③ 如需更改删除线批注文本的颜色，在"删除线"下拉列表中通过设置"主题颜色""其他颜色""取

色器",即可完成颜色的更换和调整。

5）插入符和替换符

（1）插入符。

插入符批注可以对文档需要说明的文字插入合适的批注符,同时可对插入符颜色进行修改,还可以进行文本说明。插入符批注的操作步骤如下：

① 任意打开一个非空 PDF 文档,选择"批注"选项卡,进入批注功能区。

② 光标移至需要插入内容的位置处,单击功能区上的"插入符"按钮,形成一个正三角符号,双击该符号可以对其进行文本说明,如图 4-21 所示。

③ 如需更改插入符批注文本的颜色,在"插入符"下拉列表中通过设置"主题颜色""其他颜色""取色器",可完成颜色的更换和调整。

（2）替换符。

替换符批注可以对文档需要替换的文字进行替换操作,同时可对默认的替换符颜色进行更改,还可以进行文本说明。替换符批注的操作步骤如下：

① 任意打开一个非空 PDF 文档,选择"批注"选项卡,进入批注功能区。

② 光标移至需要替换的文本处,单击功能区上的"替换符"按钮,按住和拖动鼠标选择替换文本区域,双击该符号可以对其进行文本说明,如图 4-22 所示。

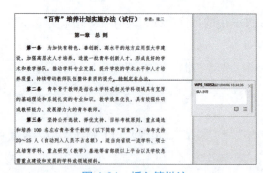

图 4-21　插入符批注

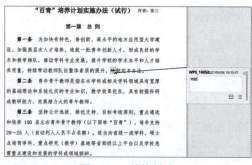

图 4-22　替换批注

③ 如需更改替换符批注文本的颜色,在"替换符"下拉列表中通过设置"主题颜色""其他颜色""取色器",可完成颜色的更换和调整。

6）测量工具

测量工具是 WPS PDF 中特有的批注功能,可以方便地测量所画出线段的长度,也可以对画出图形的周长和面积进行测量,实用性较强。测量工具批注的操作步骤如下：

（1）任意打开一个非空 PDF 文档,选择"批注"选项卡,进入批注功能区。

（2）单击功能区中的"测量工具"按钮,功能区变为如图 4-23 所示的效果。

（3）如需测量两点之间的距离,单击"距离"按钮,鼠标指针变为十字架型,进入距离测量模式。选中一个起始点单击后生成一个红色点,然后移动一段距离,再单击又会生成一个点,这两点之间的距离会显示在 PDF 页面中。单击"结果面板"按钮,会在右下角显示该线段的信息,如图 4-24 所示。

（4）如需测量一个封闭图形的周长,单击"周长"按钮,鼠标指针变为十字架型,进入周长测量模式。在图形的不同位置依次单击,当单击完成形成一个闭环图形时,即可生成一个完整的图形,周长测量结果如图 4-25 所示。单击"结果面板"按钮,在右下角显示该待测图形的信息,可单击拉动任意端点扩大或者缩小该封闭图形的大小,以改变其周长。

（5）如需测量一个封闭图形的面积,单击"面积"按钮,光标变为十字架形,进入面积测量模式。在图形的不同位置依次单击,当单击完成形成一个闭环图形时,即可生成一个完整的图形。单击"结果

第 4 章　WPS 其他组件高级应用　**169**

面板"按钮,会在右下角显示该待测图形的信息,可单击拉动任意端点扩大或者缩小该封闭图形的大小,以改变其面积。

图 4-23　测量功能区

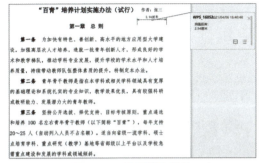　　　　　

　图 4-24　测量距离批注　　　　　　　　图 4-25　测量周长批注

4.1.2　PDF 页面编辑

WPS PDF 文档的页面编辑主要分为三大类:合并与拆分、页面增删、页面提取。本节将详细介绍这三大功能的实现和具体操作方法。

1. 合并与拆分文档

1)文档合并

PDF 文档合并是指将不同类型的文件(图片、PDF 等)合并成一份 PDF 文档。文档合并的操作步骤如下:

(1)任意打开一个 PDF 文档,单击"页面"选项卡,出现"页面"功能区,如图 4-26 所示。

图 4-26　页面编辑功能区

扫一扫

视频4-3
PDF页面编辑

(2)单击"PDF 合并"按钮,弹出图 4-27 所示的页面合并窗口 1,依次选择"输出名称"和"输出目录",单击窗口正下方的"添加文件"按钮或直接把待合并 PDF 文档拖入图 4-27 所示的窗口中,结果如图 4-28 所示。

图 4-27　页面合并窗口 1

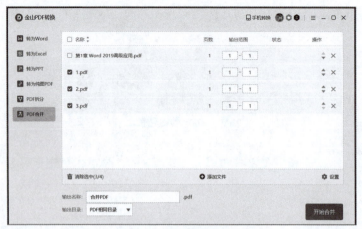

图 4-28　页面合并窗口 2

（3）依次勾选上需合并的 PDF 文档，单击右下方的"开始合并"按钮，即可完成合并。

2）文档拆分

文档拆分是指将 PDF 文档中的选定范围提取多个 PDF 文件，依照拆分原则分为最大页数和选择范围两类。文档拆分的操作步骤如下：

（1）任意打开一个 PDF 文档，单击"页面"选项卡，出现"页面"功能区。

（2）单击"PDF 拆分"按钮，在打开的窗口中设定"输出目录"，添加或拖入待拆分的 PDF 文档，选择"拆分方式"为"最大页数"，在后面的文本框中输入拆分方式，如图 4-29 所示。

（3）依次勾选需要拆分的 PDF 文档，单击右下方的"开始转换"按钮，即可完成 PDF 文档的拆分。

图 4-29　文档拆分窗口

2．增删页面

1）增添页面

WPS PDF 支持在原始文档的头部、尾部以及中间任意位置处插入 PDF 页面，插入的 PDF 页面版式需要与原始 PDF 保持一致，否则会出现不匹配的情况。增添页面的操作步骤如下：

（1）任意打开一个 PDF 文档，单击"页面"选项卡功能区，出现"页面"功能区。

（2）把光标置于需要增添页面位置的前一页上，单击"插入页面"按钮，弹出下拉列表，如图 4-30 所示。

（3）选择"空白页"或"从文件选择"，即可增添不同类型的 PDF 文档。

（4）把需要增添的 PDF 文档直接拖动至相应的原文档位置，弹出"插入页面"对话框，如图 4-31 所示，其中有两个模块参数："来源"和"插入到"，前者表示对要插入的 PDF 页面范围进行选择，可在"页面范围"和"子范围"中确定；后者表示把选中的 PDF 文档插入原文档，可在"文档开头""文档末尾"以及"页面"选择，"插入位置"可以选择所选页面"之后"或所选页面"之前"。

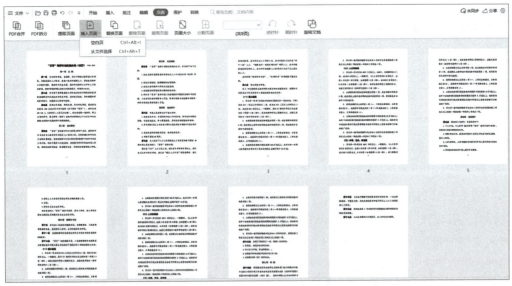

图 4-30　PDF 页面增添窗口

2）删减页面

WPS PDF 支持对任意页面的删减。删减页面的操作步骤如下：

（1）任意打开一个 PDF 文档，单击"页面"选项卡，出现"页面"功能区。

（2）把光标置于需要删除的页面上或者拖动鼠标选择需要删除的页面范围，单击"删除页面"按钮，弹出"删除页面"对话框，如图 4-32 所示。

（3）选择"删除当前所选页"或"自定义删除页面"单选按钮，如果选择后者，需要输入删除的页面范围，以 1,3,5-9 为示例，然后单击"确定"按钮，即可完成删除。

图 4-31　"插入页面"对话框

图 4-32　"删除页面"对话框

3. 提取页面

WPS PDF 中的提取页面是指对指定范围的页面进行提取，提取模式分为合成一个文档或者单独成页。

提取页面的操作步骤如下：

（1）任意打开一个 PDF 文档，单击"页面"选项卡，出现"页面"功能区。

（2）把光标置于需要提取的页面上或者拖动鼠标选择需要提取的页面范围，单击"提取页面"按钮，弹出"提取页面"对话框，如图 4-33 所示。

（3）设置提取页面过程中有提取模式、页面范围、添加水印以及输出目录四个参数（图 4-33 显示的是默认参数的对话框），依次根据开发者的需求选择对应参数，单击右下方"提取页面"按钮即可完成提取。

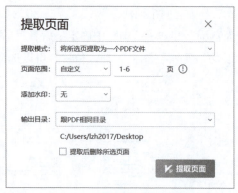

图 4-33　"提取页面"对话框

扫一扫

视频4-4
PDF文档与其他文档转换

4.1.3　PDF 文档转换

本节将着重介绍 PDF 与其他不同文件类型的相互转换。由于 PDF 文件自带的不易修改特性和格式不变性，因此具有较强的稳定性。虽然 WPS 中的 PDF 支持页面版式和文字编辑功能，但编辑时易造成 WPS Office 文档的排版错误，因此 WPS 提供了 PDF 转 Office 的互转功能，完美体现 WPS 软件的高效性和易用性。下面依次介绍 PDF 与 WPS 文字、WPS 表格、WPS 演示以及图像之间的相互转换。

1．PDF 与 WPS 文档的相互转换

1）WPS 文档转 PDF

WPS 文档包括 W 文字、P 演示和 S 表格，它们转 PDF 可统一实现。WPS 支持两种 PDF 输出形式：普通 PDF 输出和纯图输出。WPS 文档转 PDF 的操作步骤如下：

（1）打开需要转换的 WPS 文档，单击"文件"菜单，弹出图 4-34 所示的列表。

图 4-34　文件下拉列表

（2）选择"输出为 PDF"按钮，弹出图 4-35 所示的对话框，这里如果不打开 WPS 文档，直接在图标上右击，在弹出的快捷菜单中选择"转换为 PDF"命令，可同样出现图 4-35 对话框。

（3）把需要转换的文档前面的方框进行勾选，设置将要输出的 PDF 页码范围。

（4）设置"输出设置"为"普通 PDF"或"纯图 PDF"，前者表示输出的 PDF 可编辑，后者表示输出的 PDF 以图片形式存在，无法对其中文字进行编辑。默认为普通 PDF。

（5）设置"保存目录"路径，默认为源文件所在目录。

（6）如需添加更多的 WPS 文档，单击左上角的"添加文件"按钮。

（7）单击"开始输出"按钮，即可在设置的目录下生成 PDF 文档。

图 4-35 "输出为 PDF"对话框

2）PDF 转 WPS 文档

PDF 转 W 文字文档，支持把 PDF 文档转换为 DOCX、DOC 以及 RTF 三种类型的格式文件；PDF 转 S 表格文档，支持把 PDF 文档转换为 XLSX 格式文件；PDF 转 P 演示文档，支持把 PDF 文档转换为 PPTX 格式文件。这里以"PDF 转 Word"为例进行说明，PDF 转 WPS 文档的操作步骤如下：

（1）打开需要转换的 PDF 文档，单击功能区中的"转换"按钮，弹出图 4-36 所示的功能区。

图 4-36 PDF 转换功能区

（2）单击"PDF 转 Word"或"PDF 转 Excel"按钮，弹出图 4-37 或图 4-38 所示的窗口。

图 4-37 PDF 转 Word 窗口

（3）设置将要输出的 PDF 页码范围，默认为文档全部页码。

（4）设置"转换模式"为自动选择、布局优先以及编辑优先，布局优先表示以 PDF 的原始布局为核心考虑对象，原封不动保留最佳的原始 PDF 格局，编辑优先表示对原始 PDF 中所有内容（包括图表、文字以及其他标识）均进行编辑，会改变原始文档的格局，而自动选择会择优选取最佳的转换方式，默认自动选择。

（5）设置"输出目录"路径，默认 PDF 相同目录。

（6）如需添加更多的 PDF 文档，单击"添加文件"按钮。

（7）设置需要转换 Word 文档的类型，提供了三种类型：DOCX、DOC 以及 RTF，默认 DOCX。

（8）单击"开始转换"按钮，即可实现 PDF 转 WPS 文档功能。

图 4-38　PDF 转 Excel 窗口

2. PDF 与图片的相互转换

1）图片转 PDF

图片转为 PDF 文档，支持 PNG、JPG、BMP 以及 TIF 四种图片格式的转换，支持输出 PDF 的页面参数，包括纸张朝向、纸张类型、页边距以及是否添加水印。图片转 PDF 的操作步骤如下：

（1）找到将转换的图片文件并右击，在弹出的快捷菜单中选择"多图片合成 PDF 文档"命令，弹出图 4-39 所示的界面。也可以打开任意一个 PDF 文件，单击"转换"选项卡功能区的"图片转 PDF"按钮，也可以出现图 4-39 所示的窗口。

图 4-39　"图片转 PDF"窗口（1）

（2）向窗口中拖入多幅需转换的图片，设置 PDF 输出方式，分为合并输出或单个输出，前者表示把所有当前图片放在一个 PDF 中的输出，后者表示把每个图片单独生成一个 PDF 输出，默认合并输出。

（3）对输出的 PDF 文档进行页面设置，可以选择纸张大小、纸张方向以及页面边距，这三个参数分别默认为"A4 纸张""横向""宽边距"。

（4）如无须在输出的 PDF 上添加水印，勾选"无水印"复选框。

（5）如需删除某一张或某几张图片，可把光标置于要删除的图片上，右上角会出现图 4-40 所示的"减号"，单击该"减号"即可删除对应图像。

（6）设置"输出设置"为"普通 PDF"或"纯图 PDF"，前者表示输出的 PDF 可编辑，后者表示输出的 PDF 以图片形式存在，无法对其中文字进行编辑。默认为"普通 PDF"。

（7）输出 PDF 文件，默认保存在源图像文件所在目录。

（8）如需添加更多的待转换图片，单击界面正下方的"添加更多图片"按钮。

（9）单击"开始转换"按钮，即可在设置的目录下生成 PDF 文档。

图 4-40 "图片转 PDF"窗口（2）

2）PDF 转图片

PDF 文档转图片，同样支持输出 PNG、JPG、BMP 以及 TIF 四种图片格式，同时支持输出图片的分辨率调整。PDF 转图片的操作步骤如下：

（1）打开需要转换的 PDF 文档，单击"转换"选项卡。

（2）单击"PDF 转图片"按钮，弹出图 4-41 所示的对话框。

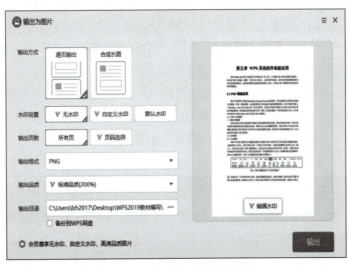

图 4-41 "输出为图片"对话框

（3）设置"输出方式"，有"逐页输出"和"合成长图"两种方式，前者表示把每一页PDF都生成单张图片输出；后者表示所有PDF输出在一张长图片中显示，默认为逐页输出。

（4）设置"水印设置"，有"无水印""自定义水印"以及"默认水印"，单击"自定义水印"弹出图4-42所示的对话框，对水印的具体格式进行设置，包含对水印的文字、颜色透明、样式、方向、大小以及平铺方式进行修改，这六个参数的默认形式如图4-42所示。

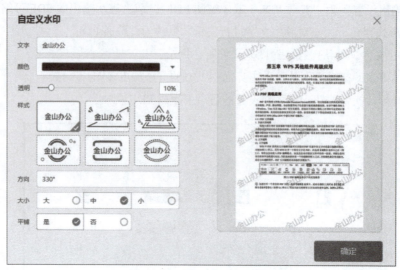

图4-42 "自定义水印"对话框

（5）设置"页码选择"，可对需要转为图片的PDF页码进行设置，默认所有页。

（6）设置"输出格式"，这里支持PNG、JPG、BMP以及TIF四种图片格式，默认PNG。

（7）设置"输出品质"，这里支持普通品质、标清品质、高清品质以及超清品质四种类型，默认普通品质。

（8）设置"输出目录"，选择合适的图片输出路径，默认生成的图像与PDF源文件在同一目录下。

（9）设置是否"备份到WPS网盘"，默认不备份。

（10）单击"输出"按钮，即可实现PDF转图片的功能。

4.2 流程图高级应用

扫一扫

视频4-5
流程图

WPS流程图是工作流或算法的一种带有箭头方向的图解表示，通过可视化方式传达多个数据源中的复杂信息。可快速创建专业流程图、日程表、组织结构图、家居结构平面图、运营计划流程图、产品设计流程图、IT体系结构图表、平面布置图等。通过将图表元素直接连接到数据源，使图表数据保持最新状态，使用数据图形来简化和增强复杂信息的可视化。

WPS流程图制图简单规范、结构清晰、逻辑性强，便于描述和理解。它可以帮助用户创建系统的业务和技术图表，说明复杂的流程或设想以及展示组织结构和空间布局等。WPS新版较旧版有了很大改进，增加了许多新功能，同时更新了一些熟悉的功能，使得创建图表更加容易。

4.2.1 流程图创建

WPS流程图具有强大的绘图和自适应能力，可绘制种类繁多的大型图例。新建流程图可通过单击"文件"菜单中的"新建"按钮，会弹出图4-42所示的项目栏，在该栏目下选择"流程图"后会出现较多流程图模板，可调用这些模板，在此基础上实现绘图文件的创建、编辑、修改、保存、打开和关闭。

第 4 章 WPS 其他组件高级应用

图 4-42 新建项目栏

WPS 的绘图环境与 Visio 2019 的窗口界面完全不同，前者包含的流程图形状类型数量和种类要多于后者，WPS 绘图环境如图 4-43 所示。

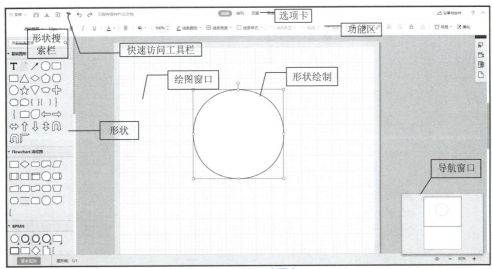

图 4-43 WPS 绘图窗口

1. 创建绘图文件

1）创建空白绘图文件

创建空白绘图文件的步骤如下：

（1）单击"文件"菜单，在弹出的列表中单击"新建"，从中选择"流程图"，进入绘图环境。

（2）单击左上角"新建空白图"加号，可直接进入绘图模式。

2）根据模板新建绘图文件

在 WPS 流程图中有许多自带的模板，用户可根据需求选择模板类别，单击对应模板右下角的"使用该模板"按钮，如图 4-44 所示。

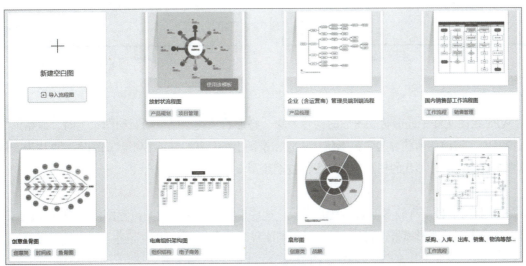

图 4-44 WPS 自带的流程图模板

2. 绘图文件保存

新建的绘图文件在联网时会直接被自动保存在云文档上，而如果要导出到本地，可单击"文件"菜单，弹出如图 4-45 所示的界面，选择"另存为 / 导出"到本地磁盘即可。

3. 绘图文件转换为其他格式文件

通过 WPS 制作完成的流程图支持转换为 PNG、JPG、PDF 等不同格式的文件，具体操作流程如下：

（1）在制作完成的绘图文件中，单击"文件"菜单，弹出图 4-45 所示的列表，选择"另存为 / 导出"命令，弹出图 4-46 所示的下拉列表，根据用户需要对其中参数进行设置。

（2）选择对应文件转换形式，单击"PNG 图片"，弹出图 4-47 所示的对话框，单击"PDF 文件"，弹出图 4-48 所示的对话框，对其中参数进行设置。

图 4-45　"文件"菜单

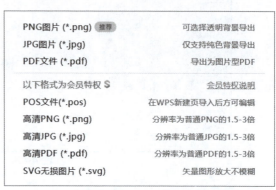

图 4-46　绘图文件可保存的文件类型

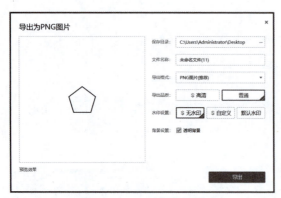

图 4-47　PNG 文件转换

图 4-48　PDF 文件转换

4.2.2　流程图编辑

在 WPS 绘图文件中，形状是图形的构建基块。将形状从类型栏拖动至绘图页上时，原始形状仍然保留在模具上，该原始形状称为主控形状，放置在绘图上的形状是该主控形状的副本，也称为实例。用户可以根据需要将同一形状的任意数量的实例拖至绘图上。

1. 形状分类

WPS 流程图中自带有较多不同类型的形状，这些形状分布在不同的流程图类型中，对它们的纵横联结可以建造大型的图形模板。表 4-1 展示了不同流程图包含的基本形状。

表 4-1　不同类型流程图的基础形状类型

序号	形状类型与分类						
	基本图形	流程图	实体关系图	时序关系图	EPC 过程链	类图	UML 状态图
1	圆形	流程	实体	对象	事件	类	状态
2	矩形	判定	派生属性	实体	功能	简单类	开始
3	三角形	开始结束	键值属性	控制	流程路径	活动类	结束
4	五边形	文档	多值属性	绑定	数据	多例类	流终止
5	五角星	数据	弱实体	时间信号	表单	接口和类	历史
6	云	存储	关系	约束	数据库	接口	发送信号
7	水滴	队列数据	弱关系	激活	与或抑或	约束	泳道(水平)

WPS 流程图中自带的形状类型有以下 15 大类：基础图形、Flowchart 流程图、BPMN 图、EVC 企业价值链图、实体关系图、泳池图、EPC 事件过程链、UML 时序图、类图、ORG 组织结构图、UML 状态图、维恩图、UML 用例图、UML 类图以及 UML 状态图。在每一大类中又细分出若干小的形状，基于这些形状可以构建不同的大型算法流程图、家居设计图纸等。

2. 形状编辑

在图 4-43 所示标题栏中，有三个选项卡：编辑、排列以及页面。形状编辑可以完成不同形状的添加、选取和连接，单击"编辑"选项卡，显示图 4-49 所示的功能区。

图 4-49 "编辑"选项卡功能区

1）形状添加

形状添加的步骤如下：从图 4-43 所示界面的左侧形状选择栏目中单击对应形状，按住鼠标不放，拖动至绘图页后释放鼠标。添加多个形状时，可一个个拖动形状至指定区域，也可以按住【Ctrl】键批量选中拖动形状。

2）形状连接

如需在流程图、组织结构图以及其他图中显示不同形状之间的关联，需要用连接线指示信息流，下面介绍的方法可实现不同形状之间的关联。

（1）连线生成方法。

在拖入两个或两个以上的形状后，需要在每两者之间建立连接，可选择从其中某一形状的端点作为

起点,另一个形状的某一端点作为终点,反之亦然。连线的生成有以下两种方法:

① 拖入相应的形状,选好起始点,把光标移至新形状上,会在端点处出现白色空心小圆圈,再选好终点,单击该圆且拖动该圆即可生成连接线。

② 右击,在弹出的快捷菜单中选择"创建连线"命令,此时鼠标指针变为"十字架"型。选好起始点,把鼠标指针移至需要创建连线的形状边缘位置处,再选好终点,拖动该十字架可生成连接线。若要修改连线的类型,可在如图 4-43 的编辑选项卡功能区中,单击"起点"和"终点"修改连线类型,具体可选的连线类型如图 4-50 所示。

WPS 流程图支持对连线的曲折度进行设置,系统提供了三种连线弯曲度的表达方式:直线型、曲线型、折线型。在采用以上两种方法生成连线之后,可以对连线类型进行修改,图 4-51 展示了三种不同类型的连线方式。

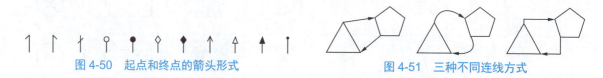

图 4-50　起点和终点的箭头形式　　　　　　　图 4-51　三种不同连线方式

(2) 可移动连接。

若多个形状已经添加,可以手动添加连接线。把光标移至新形状上,在端点处出现白色空心圆,单击该圆且拖动该圆至下一个形状生成的位置,松开鼠标,会形成一系列可供选择的基本图形列表,根据用户需要选择对应的基本形状,完成形状添加。如需添加基础图形以外的其他形状,可手动拖动新形状到连线的终点即可。

(3) 连接线的样式。

形状之间的连接线可以通过设置箭头样式、线条粗细和颜色选项格式进行修改。快速更改连接线的外观,选择某一连接线,单击图 4-43 所示的编辑选项卡功能区中的"线条颜色""线条宽度""线条样式",可对这三个参数进行修改,可选范围如图 4-52 所示。

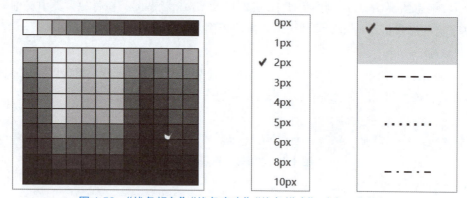

图 4-52　"线条颜色""线条宽度""线条样式"对应可选范围

(4) 连线的组合与锁定。

WPS 支持对多组连线进行组合和锁定,这样可以防止误操作对连线的修改,提高精确度和稳定性。

连线组合操作如下:单击某一形状,按住【Ctrl】键,选择其他需要组合的连线,再单击"组合"按钮,"组合"按钮变为灰色,"取消组合"按钮变为可用,此时单击"取消组合"按钮实现组合的反操作。

连线锁定的操作如下:选择对应的连线,单击图 4-49 所示选项卡中的"锁定"按钮,"锁定"按钮变为灰色,"解锁"按钮变为可用,此时单击"解锁"实现锁定的反操作。

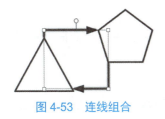
图 4-53 连线组合

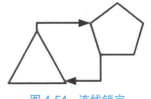
图 4-54 连线锁定

3. 形状排列

WPS 流程图支持对不同形状以及连线进行位置调整和组织排列，图 4-55 显示了可对位置进行调整的具体参数，包含图层设计、图形对齐、图形分布、匹配大小、形状旋转以及东、南、西、北四个方向的坐标调节。

图 4-55 形状编辑功能区

1）形状对齐

形状对齐共有六种方式，如图 4-56 所示，对齐是指按照形状的边缘对齐，这里的对齐主要针对两个或两个以上的形状目标而言。对齐操作的具体流程如下：单击流程图选项卡功能区中的"排列"选项，然后单击选择某一形状，按住【Ctrl】键，再选择其他需要对齐的形状，单击排列选项卡功能区中"图形对齐"按钮，弹出图 4-56 所示下拉列表，选择对应的对齐方式即可，此对齐方式支持较多形状的批量对齐，左对齐、居中对齐、右对齐的结果如图 4-57 所示。

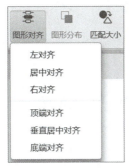
图 4-56 图形对齐方式

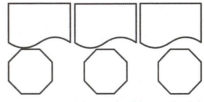
图 4-57 左对齐、居中对齐以及右对齐

2）形状分布

图形分布有两种形式：水平平均分布和垂直平均分布，平均分布是指对每两个图形之间的间隔进行等距离分布，主要针对三个形状及以上的目标而言。形状平均分布的操作如下：单击选择某一形状，按住【Ctrl】键，再选择其他需要平均分布的形状，单击选项卡功能区中"图形分布"按钮，弹出图 4-58 所示的下拉列表，选择对应的分布方式。图 4-59 展示了水平平均分布和垂直平均分布的结果。

图 4-58 图形分布方式

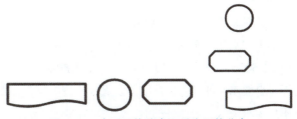
图 4-59 水平平均分布和垂直平均分布

3）形状大小匹配方式

形状大小匹配有四种形式：按照同等宽度匹配、按照同等高度匹配、按照同等宽度和高度匹配、自定义匹配方式。匹配主要针对两个形状及以上的目标而言，形状匹配是指对每个形状尺寸进行适当调整，直到对应的宽度或高度相等。形状匹配操作如下：单击选择某一形状，按住【Ctrl】键，再选择其他需要匹配大小的形状，单击选项卡功能区中"匹配大小"按钮，弹出图 4-60 所示的下拉列表，选择对应的匹配方式。图 4-61 展示了分别按照宽度、高度、宽度和高度三种方式的匹配结果，图 4-62 和图 4-63 显示了按照自定义宽度和高度的方式进行形状匹配的结果，其中图 4-62 所示对话框中参数可以自定义设置。

图 4-60 "匹配大小"下拉列表　　　　　图 4-61 宽度、高度、宽度和高度三种匹配方式

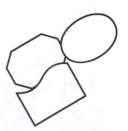

图 4-62 "度量"对话框　　　　　　　　图 4-63 自定义匹配

4.2.3 流程图页面设置

WPS 流程图提供了类似于 WPS 文字中自带的页面设置选项功能，可实现流程图所在页面的参数设置，包括页面颜色、页面尺寸、页面方向、页边距、网格线设置等功能，如图 4-64 所示。

图 4-64 页面设置功能区

1. 页面背景颜色

系统默认的背景颜色是白色，如需更换流程图页面的背景颜色，操作步骤如下：单击"页面"选项卡功能区中的"背景颜色"按钮，根据用户需求选择对应的颜色。页面背景颜色设置也可通过单击"导航窗口"中的图标，然后根据需要进行选择即可。

2. 页面大小

系统默认的页面尺寸与 A4 纸类似，长宽为：1 050×1 500，如需更换流程图的页面尺寸，操作步骤如下：单击"页面"选项卡，然后单击"页面大小"按钮，弹出三种可选尺寸：A3（1 500×2 100）、A4（1 050×1 500）、A5（750×1 050），根据用户需求选择对应页面尺寸即可完成设置。如果这三种页面尺寸均不符合要求，可以进行自定义设置，对图 4-64 所示的功能区中的宽度"W"和高度"H"进行设置，根据用户需求输入满足条件的值。

3. 页面方向

系统默认的页面方向是纵向，如需更换流程图的页面方向，操作步骤如下：单击"页面"选项卡功能区中的"页面方向"按钮，在下拉列表中选择"横向"。

4. 页边距

系统默认的页边距为 20 磅，如需调整页边距，操作步骤如下：单击"页面"选项卡功能区中的"内边距"按钮，弹出六组数值：0 磅、20 磅、40 磅、60 磅、80 磅、100 磅，根据用户需求选择对应页边距即可。

5. 网格线设置

系统默认网格线打开，如需修改网格线粗细和尺寸，操作步骤如下：单击"页面"选项卡功能区中的"网格大小"按钮，弹出五种网格线模式："无""小""正常""大""很大"，根据用户需求选择对应模式即可。

4.3 思维导图高级应用

思维导图又称为心智图或脑图，是一种可用于表达大脑思维的图像式思考辅助工具，成型的思维导图是一张囊括了所有重要信息的语义关联网络或图像发散结构，包含了各级关系网的相互隶属关系与不同层级的连接关系。思维导图充分运用全脑机能，利用记忆、思考、逻辑思维、推理的规律，启动隐藏于人类大脑的无限潜能。使用 WPS 思维导图绘制功能可方便地创建不同类型思维导图，包括算法执行图、读书笔记梳理图、推理逻辑图、大数据分析图等。

4.3.1 思维导图创建

除了 4.2 节介绍的流程图以外，WPS 自带的思维导图同样具有强大的绘图功能，采用思维导图可绘制多种带有语义关系图谱的发散结构图。新建 WPS 的思维导图可通过单击"文件"菜单中的"思维导图"，然后单击"新建空白图"按钮，弹出如图 4-65 所示的思维导图窗口，在该窗口中可以实现脑图的编辑、修改、保存、打开和关闭。

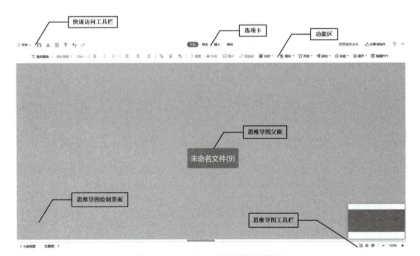

图 4-65　WPS 思维导图界面

1. 创建思维导图

常规思维导图创建有两种方法：从空白文件中创建和从模板中创建。

1）创建空白思维导图

创建空白思维导图的操作步骤如下：

（1）在首页单击"文件"菜单，选择"新建"，弹出如图 4-66 所示的思维导图新建栏，从中选择"思维导图",之后可在弹出的列表中看到众多思维导图模板。

(2)单击左上角"新建空白图"加号,可直接进入思维导图绘制的编辑模式。

2)根据模板新建思维导图文件

WPS 思维导图中自带较多模板,方便用户根据多种需求创建。根据用户需求选择模板类别,把光标置于每个模板图标上时会出现"使用该模板"按钮,单击该按钮,可基于该模板建构相似的思维导图。

2. 思维导图保存

新建的思维导图文件在联网时会直接被自动保存在云文档上,而如果要导出到本地,可单击"文件"菜单,弹出如图 4-68 所示的界面,选择"另存为/导出"到本地磁盘即可。

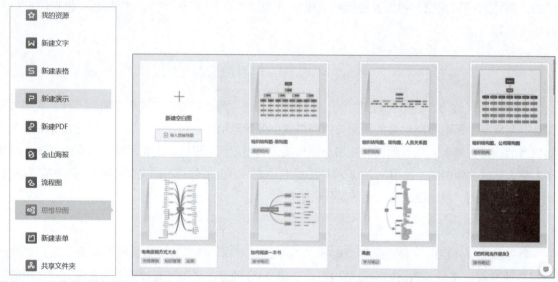

图 4-66　思维导图新建栏　　　　　　图 4-67　WPS 自带的部分思维导图绘制模板

3. 思维导图文件转换为其他格式文件

通过 WPS 制作完成的思维导图支持转换为 PNG、JPG、PDF 等不同格式的文件,具体操作步骤如下:

(1)在制作完成的思维导图文件中,单击"文件"菜单,弹出图 4-68 所示的下拉列表,单击"另存为/导出",弹出图 4-69 所示的文件类型列表,选择需转换的文件类型。

图 4-68　"文件"菜单

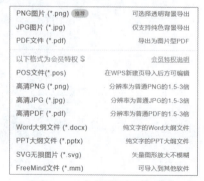

图 4-69　文件类型下拉列表

(2)根据用户需求,选择对应的文件转换形式,如需转换为 WPS 文字文件,则单击"Word 大纲文件",弹出图 4-70 所示的对话框。如需转换为其他类型的文件,则单击"FreeMind 文件",弹出图 4-71 所示的对话框,根据用户需要对其中的参数进行设置。

图4-70 "导出为Word大纲文件"对话框

图4-71 "导出为FreeMind文件"对话框

4.3.2 思维导图编辑

新的思维导图创建之后，需要根据具体执行目标进行特定类型思维导图的绘制。思维导图绘制的核心功能主要由思维导图编辑部分来完成，其主要包含以下内容：不同类型主题框添加、概要、联结、任务添加、级别添加等，为构建精密、可解释性的大型思维导图提供强有力的工具。

1. 主题框分类

思维导图中的主题框可分为子主题框、父主题框以及同级主题框三种类型。不同主题框所处级别各有不同，它们的优先级别关系为：父主题框＞同级主题框＞子主题框。

1）子主题框

子主题框表示该框从属父主题框，而与同级主题框处于并列关系，属于所有类型框中级别最低的主题框。在思维导图中主题框的隶属关系中，每个主题框都可派生出多个子主题框。

2）父主题框

父主题框属于高层表示，可派生出多个子主题框和同级主题框，父主题框与其派生的子主题框属于包含关系，而与同级父主题框属于并列关系。

3）同级主题框

同级主题框表示可从当前主题框派生出具有同等级别的主题框，与派生出的其他主题框都属于并列关系。同级主题框属于中层表示，可以派生出子主题框、父主题框以及同级主题框。

2. 主题框添加

主题框添加指在原始的思维导图基础上选择任一主题框，在其基础上插入不同类别的主题框，分为插入子主题、插入同级主题以及插入父主题三种方式，主题框的选项卡功能区如图4-72所示。

图4-72 "插入"选项卡功能区

1）子主题框添加

在原始新生成的思维导图中，会自动生成一个优先级最高的祖父主题框，该主题框不可派生同级主题框和父主题框，以该主题框为基础可进行子主题框的添加，添加步骤如下：

（1）选择自动生成的主题框，单击"插入"选项卡功能区中的"插入子主题"，会在该框一侧生成一个子主题框。

（2）如果还要在祖父主题框上生成其他子主题框，采取同样方式即可，或者可选中祖父主题框右击，在弹出的快捷菜单中选择"插入子主题"，同样可以生成子主题框，图4-73显示了在原始主题框下生成了四个子主题框。

2)父主题框添加

在原始新生成的思维导图界面中,优先级最高的祖父主题框不具有派生父主题框的功能,因为该框是系统自动赋予的优先级最高的主题框,只能派生低等级的主题框,因此如需添加父主题框,则需要先派生出子主题框,再在子主题框的基础上添加父主题框,父主题框添加的操作步骤如下:

(1)选择自动生成的主题框,单击主题框选项卡中的"插入子主题",会在该框一侧生成一个子主题框。

(2)以该子主题框为基础添加父主题框,光标移至子主题框上右击,在弹出的快捷菜单中选择"插入父主题框"命令,则生成父主题框,按相同方法可生成各个父主题框。图4-74所示为在祖父主题框下生成的四个父主题框。

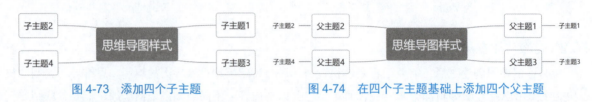

图4-73　添加四个子主题　　　　　　图4-74　在四个子主题基础上添加四个父主题

3)同级主题框添加

在原始新生成的脑图界面中,优先级最高的主题框也不具有派生同级主题框的功能,因此如需添加同级主题框,则需要先派生出子主题框,再在该主题框的基础上添加同级主题框或在父主题框上添加同级主题框,同级主题框的添加步骤如下:

(1)选择自动生成的主题框,单击主题框选项卡中的"插入子主题",会在该框一侧生成一个子主题框。

(2)以该子主题框为基础添加同级主题框,光标移至子主题框上右击,在弹出的快捷菜单中选择"插入同级主题框"命令,则会生成一个同级主题框,按相同方法可生成多个同级主题框。图4-75显示了在四个子主题框基础上添加的两个同级主题框。

3. 主题框之间的连接关系

主题框之间的连接关系主要分为两种:关联和概要。关联功能可在不同级别和不同状态的主题框之间产生全局联系,而概要则可以对同类主题框进行归纳。

1)关联

WPS思维导图中提供了对不同类型主题框进行关联的图谱,在制作完成的思维导图布局中,任意两个主题框之间都可形成关联,这种关联在思维导图中以一条线段表示,关联操作流程如下:

(1)打开思维导图文件,单击"插入"选项卡,选择需要产生关联的初始主题框。

(2)单击"关联"按钮,会自动生成一条单向线段,移动该线段至另外一个需要被关联的主题框上方,单击图4-72功能区中的"关联"按钮即可,被关联的两个主题框之间的图示如图4-76所示。

图4-75　以子主题为基础派生两个同级主题框　　　　图4-76　关联图示

(3)如需对关联线段的样式进行更改,单击该线段,在弹出的界面中可对线段的颜色、类型以及宽度进行更改。

2)概要

WPS思维导图提供了对不同类型主题框进行概要汇总的关系联结,在一个成型的思维导图中,两个及以上的主题框之间都可进行概要汇总，这种概要在思维导图中以一个汇总栏目进行表示，具体操作流程如下：

（1）打开思维导图文件，单击"插入"选项卡，选择需要进行概要汇总的主题框，多个主题框可通过按住【Ctrl】键进行批量选择。

（2）单击"概要"按钮，会自动生成一个汇总框线，可对该框线进行上下移动，以扩大或者缩小其覆盖的主题框范围，被汇总的主题框如图 4-77 所示。

（3）如需对汇总框线的样式进行更改，可以单击该线段，在弹出的界面中可对线段的颜色、类型以及宽度进行更改。

图 4-77　概要图示

4．主题框结构

1）结构分类

思维导图中包含的主题框排列结构有五种：左右分布、右侧分布、左侧分布、树状组织结构图以及组织结构图，左右分布为思维导图的默认结构。在一个制作完成的思维导图中，可通过修改结构分类对思维导图结构进行更改，思维导图结构调整步骤如下：打开思维导图文件，单击"样式"选项卡，打开的功能区如图 4-78 所示，单击"结构"按钮，在弹出的下拉列表中选择一种结构即可。

图 4-78　"样式"选项卡功能区

图 4-79 基于图 4-75 结构展示了右侧分布与左侧分布的对比图，图 4-80 基于图 4-75 结构展示了树状组织结构图。

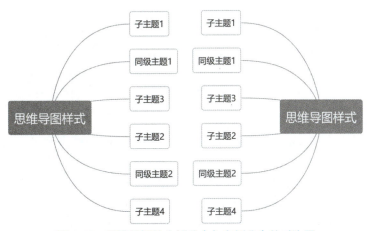

图 4-79　思维导图的右侧分布与左侧分布的对比图

2）主题框的优先级

WPS 思维导图中可以实现不同主题框的优先顺序排列，主题框优先级主要以不同颜色以及不同数字的圆形框进行显示，主题框的优先级设置步骤如下：打开思维导图文件，单击"插入"选项卡功能区中的"数字"按钮,选择对应优先级,也可以把光标移至相应的主题框上右击,在弹出的快捷菜单中选择"任务"按钮,弹出图 4-81(a)所示的对话框,单击"优先级"之后的文本框,弹出图 4-81(b)所示的下拉列表,然后选择对应的优先级即可。

图 4-80　树状组织结构图图示

3)主题框的完成进度

WPS 思维导图中可以实现不同主题框的完成进度,其主要以不同颜色以及不同满格的圆形框进行显示,主题框的完成进度设置步骤如下:进入思维导图界面,单击"插入"选项卡功能区中的"满格"按钮,也可以把光标移至相应的主题框上右击,在弹出的快捷菜单中选择"任务"命令,进入图 4-81(a)所示界面,单击"完成进度"之后的文本框,弹出图 4-81(c)所示界面,然后选择对应的完成进度即可。图 4-82 展示了基于图 4-75 优先级和完成进度的设置结果。

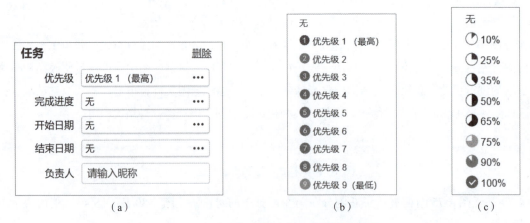

图 4-81　主题框的优先级和完成进度设置

图 4-82　基于图 4-75 优先级和完成进度的设置结果

4.4　表单高级应用

扫一扫

视频4-7
表单

WPS 可以方便地制作表单,表单具有接收用户数据的输入和信息采集的功能,将制作完成的表单发布在网络上,被邀请者通过填写表单,可以让表单开发人员及时统计、分析后台数据,从而获取隐藏于数据内部的价值。表单设计一般为在线使用,可为表单开发机构提供大量的用户数据信息,也可为用户偏好习惯提供参考依据。WPS 表单制作模块可用于订单统计、在线考试、手机个人信息查询等。常见的表单包括销售统计表、信息登记表、活动报名表、调查问卷、问卷投票等。

4.4.1 表单创建

除了 4.2 节和 4.3 节介绍的绘图功能外，WPS 自带的表单具有强大的制表功能，采用表单可制作多种不同类型的表格。新建 WPS 的表单可通过单击"文件"菜单中的"表单"，然后在弹出的主界面窗口中可实现表单编辑、修改、保存、打开和关闭。

1. 创建空白表单

创建空白表单的操作步骤如下：

（1）单击"文件"菜单，选择"新建"，然后在项目栏中选择"表单"，单击"新建空白表单"按钮，弹出图 4-83 所示的窗口，其中包含系统自动生成的一个填空题目，其他类型题目的增添可从左侧"添加题目"或"题目模板"中拉入题目。

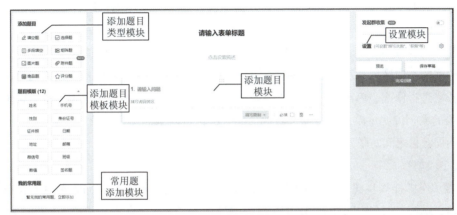

图 4-83　表单制作窗口

（2）在题目空白区域"请输入问题"栏中输入题目，在有选项的题目中根据制作要求调整选项数量以及内容。

2. 根据模板创建表单

WPS 自带有较多的表单模板，方便表单设计者根据不同目标进行创建。单击"文件"菜单，选择"新建"按钮，在栏目中选择"表单"，弹出图 4-84 所示界面，左侧包含热门、销售统计、信息登记、活动报名以及调查问卷等，根据用户的不同用途选择模板表单类别，单击对应模板中下方的"单击预览"按钮，即可跳转到对应的表单设计内容，可根据需要修改表单内容，创建符合用户要求的表单。

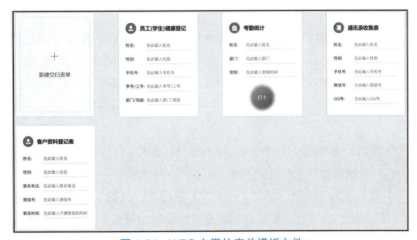

图 4-84　WPS 自带的表单模板文件

4.4.2 表单编辑

新的表单创建之后，需要根据用户需求设计和制作表单。表单设计的核心内容主要由表单编辑部分来完成，主要包括题目添加、题目模板导入等。

1. 题目添加

WPS 表单中提供了八种不同类型的题型，包括填空题、选择题、多段填空、矩阵题、图片题、附件题、商品题以及评分题。添加题目的模块如图 4-85 所示。

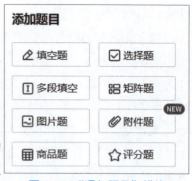

图 4-85 "添加题目"模块

1）添加填空题

添加填空题的操作步骤如下：新建空白表单，进入图 4-83 所示的空白表单页面，单击左侧"填空题"按钮，系统自动在中间的空白区域添加一个填空题模板，可在"请输入问题"对话框中输入问题，还可在右下角进行诸如"必填""填写限制"以及"添加题目说明"的参数设置。

2）添加选择题

添加选择题的步骤如下：新建空白表单，进入图 4-83 所示的空白表单页面，单击左侧"选择题"按钮，系统自动在中间的空白区域添加一个选择题模板，可在"请输入问题"对话框中输入问题，可对其中的选项内容及数量进行修改，单击题目下方"添加选项"按钮自动加入选项；单击"批量编辑"按钮可以批量修改选项的文字说明；单击"添加'其他'项"按钮可以添加文字说明项，单击"设置题目关联"按钮可实现不同题目之间的联系。

3）添加多段填空

添加多段填空的操作步骤如下：新建空白表单，进入图 4-83 所示的空白表单页面，单击左侧"多段填空"按钮，系统自动在中间的空白区域添加一个多段填空模板，可在"请输入问题（填空1_，填空2_）"对话框中输入问题，可对其中的填空区域进行添加，单击题目下方"插入填空符"按钮，勾选"必填"后面的复选框可强制用户填写此选项。

4）添加矩阵题

添加矩阵题的操作步骤如下：新建空白表单，进入图 4-83 所示的空白表单页面，单击左侧"矩阵题"按钮，系统自动在中间的空白区域添加一个矩阵题模板，可在"请输入问题"对话框中输入问题，可对其中的"行标题"区域进行添加，单击题目下方"添加一行"按钮可增加一个新行；单击"批量编辑"按钮可以批量修改选项的文字说明；单击"单行填写限制"按钮可以让用户的输入限定在一定可选的范围之内，勾选"必填"复选框可强制用户填写此选项。

5）添加图片题

添加图片题的步骤如下：新建空白表单，进入图 4-83 所示的空白表单页面，单击左侧"图片题"按钮，系统自动在中间的空白区域添加一个图片题模板，可在"请输入问题（最多10张 每张最大10M）"对话框中输入图片问题，可对其中图片上传数量进行设置，分为单张和多张图片上传，勾选"必填"复选框可强制用户填写此选项。

6）添加附件题

添加附件题的步骤如下：新建空白表单，进入图 4-83 所示的空白表单页面，单击左侧"附件题"按钮，系统自动在中间的空白区域添加一个附件题模板，可在"请输入问题"对话框中输入问题，附件上传可以设置特定的文件类型，弹出"仅允许特定文件类型"进度条，包括文字文档、表格文档、演示文稿、PDF、视频、音频以及图片，也可对上传附件的数量进行限制，勾选"必填"复选框可强制用户填写此选项。

7）添加商品题

添加商品题的步骤如下：新建空白表单，进入图 4-83 所示的空白表单页面，单击左侧"商品题"按钮，系统自动在中间的空白区域添加一个商品题模板，可在"请输入问题"对话框中输入问题，可对添加商品的数量进行设置，单击"添加选项"按钮增添商品条目，在每个商品处可以输入商品名称，勾选"配图"复选框可上传每件商品的图片，也可勾选"价格"复选框，对每一件商品添加价格数值，勾选"必填"复选方框可强制用户填写此选项。

8）添加评分题

添加评分题的步骤如下：新建空白表单进入图 4-83 所示的页面，单击左侧"评分题"按钮，系统自动在中间的空白区域添加一个评分题模板，可在"请输入问题"对话框中输入问题，此题目可在五颗星的基础上进行选择。

2. 题目模板

WPS 表单为用户灵活地提供了 12 个题目模板，题目模板如图 4-86 所示。使用表单自带的题目模板可以不用让设计者输入具体问题以及选项设计，直接调用模板显示表单内容即可完成题目添加，节省题目模板设计的时间。题目模板类型主要有：姓名、手机号、性别、身份证号、证件照、日期、地址、邮箱、微信号、班级、数值以及签名题模板，其中部分模板基于填空题设计完成，例如，姓名、手机号、性别、身份证号，证件照模板基于图片题设计完成；而地址模板可方便地允许用户进行省份、城市以及所属区域的设置；日期模板可以让用户按照计算机内置的时钟信息进行时间选择；数值模板可使得用户的回复限制在数值范围内，签名题模板可以让用户方便地进行电子签名，如图 4-87 至图 4-90 所示。

图 4-86 "题目模板"模块

图 4-87 地址模板

图 4-88 日期模板

图 4-89 数值模板

图 4-90 签名题模板

4.4.3 表单发布

完成表单设计后，可对新生成的表单进行发布，发布时需要电脑联网且登录必要的即时通信软件。表单发布存在五种模式：链接、二维码、海报、微信以及 QQ。下面以链接、QQ 以及微信的发布为例进行阐述。

1. 链接发布

制作完成的表单可以通过链接发布，也可通过多种方式直接给被邀请者发送链接。链接发布操作步骤如下：新建空白表单进入图 4-83 所示的表单页面，添加多种类型的题目选项，进行表单设计，完成后单击界面右侧的"完成创建"按钮，如果创建成功会弹出图 4-91 所示的创建成功对话框，在"谁可以填写"中选择"任何人可填"单选按钮，再单击"链接"按钮，系统自动复制链接，此时可把该链接粘贴在各类社交平台上,邀请更多的人参与进来。发布时也可以对填写者身份、填写权限以及填写通知进行设置,如图 4-92 所示。

图 4-91　创建成功对话框

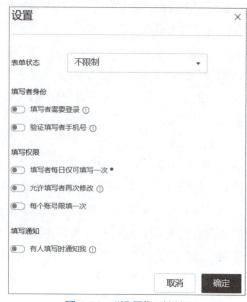

图 4-92　"设置"对话框

2. 通过 QQ 发布

表单通过 QQ 发布,这样可以在 QQ 群中进行传播,对表单的填写和完成具有较大的推动作用。制作完成的表单通过 QQ 发布的操作步骤如下:新建空白表单进入图 4-83 所示的表单页面,添加多种类型的选项,进行表单设计,完成后单击界面右侧的"完成创建"按钮。如果创建成功会弹出图 4-91 所示的创建成功对话框,在"谁可以填写"中选择"任何人可填"单选按钮,再单击"QQ"按钮会重新打开一个页面,生成一个二维码图片,参与者可以通过手机端直接打开 QQ 界面中的"扫一扫"完成表单的填写。发布成功的 QQ 二维码如图 4-93 所示。

3. 通过微信发布

表单通过微信发布,这样可以在微信群聊中进行传播,对表单的填写和完成具有较大意义。制作完成的表单通过微信发布的操作步骤如下:新建空白表单进入图 4-83 所示的表单页面,添加多种类型的选项,进行表单设计,完成后单击界面右侧的"完成创建"按钮,如果创建成功会弹出图 4-91 所示的创建成功对话框,在"谁可以填写"中选择"任何人可填"单选按钮,再单击"微信"按钮会重新打开一个页面,生成一个二维码图片,参与者可以通过手机端直接打开微信界面中的"扫一扫"完成表单的填写。发布成功的微信二维码如图 4-94 所示。

图 4-93　QQ 二维码

图 4-94　微信二维码

第 2 篇
WPS Office 高级应用实用案例

◎第 5 章　WPS 文字高级应用案例
◎第 6 章　WPS 表格高级应用案例
◎第 7 章　WPS 演示高级应用案例
◎第 8 章　WPS 其他组件高级应用案例

本篇为办公软件 WPS Office 高级应用案例精选，共精选了 15 个不同应用领域的完整案例，其中 WPS 文字 4 个，WPS 表格 4 个，WPS 演示 3 个，WPS 其他组件 4 个。这些案例均来自学习和工作中有一定代表性和难度的日常事务操作，每个案例均从"问题描述""知识要点""操作步骤"和"操作提高"4 个方面进行详细论述，集成度高、操作性强，具有较强的参考性。这些案例从不同侧面反映了 WPS Office 在日常办公事务处理中的重要作用以及使用 WPS Office 的操作技巧，读者可以加以学习和借鉴。

第 5 章
WPS 文字高级应用案例

本章是 WPS 文字的理论知识的实践应用讲解，包含 4 个典型案例，分别是 "WPS Office 文字高级应用"学习报告、毕业论文排版、期刊论文排版与审阅和基于邮件合并的批量数据单生成。4 个案例囊括了 WPS Office 中 WPS 文字的绝大部分重点知识。通过本章的学习，使读者能够掌握并利用 WPS 文字功能实现长文档排版的技巧。

案例 5.1 "WPS Office 文字高级应用"学习报告

视频5-1
"WPS office 文字高级应用"学习报告

5.1.1 问题描述

同学们学习了"WPS 文字高级应用"章节的内容后，任课老师给出了一篇长文档"WPS Office.docx"，要求同学们按格式进行排版，以总结、应用 WPS Office 中的 WPS 文字的长文档排版技巧，具体要求如下：

（1）调整文档版面，要求页边距（上、下、左、右）都为 2 厘米，页面宽度 20.5 厘米，高度 30 厘米。

（2）章名使用样式"标题 1"，居中；编号格式为"第 X 章"，编号和文字之间空一格，字体为"三号，黑体"，左缩进 0 字符，其中 X 为自动编号，标题格式形如"第 1 章 ×××"。

（3）节名使用样式"标题 2"，左对齐；编号格式为多级列表编号（形如"X.Y"，X 为章序号，Y 为节序号），编号与文字之间空一格，字体为"四号，隶书"，左缩进 0 字符，其中，X 和 Y 均为自动编号，节格式形如"1.1 ×××"。

（4）新建样式，名为"样式 0001"，并应用到正文中除章节标题、表格、表和图的题注之外的所有文字。样式 0001 的格式为：中文字体为"仿宋"，西文字体为"Times New Roman"，字号为"小四"；段落格式为左缩进 0 字符，首行缩进 2 字符，1.5 倍行距。

（5）对正文中出现的"1., 2., 3., …"进行自动编号，格式不变；对出现的"1），2），3），…"进行自动编号，格式不变；对第 4 章中出现的"1），2），3），…"段落编号重新设置为项目符号，符号为心形标志，形如"♥"。

（6）对正文中的图添加题注，位于图下方文字的左侧，居中对齐，并使图居中。标签为"图"，编号为"章序号 - 图序号"，例如，第 1 章中的第 1 张图，题注编号为"图 1-1"。对正文中出现"如下图所示"的"下图"使用交叉引用，改为"图 X-Y"，其中"X-Y"为图题注的对应编号。

（7）对正文中的表添加题注，位于表上方文字的左侧，居中对齐，并使表居中。标签为"表"，编号为"章序号 - 表序号",例如,第 1 章中的第 1 张表,题注编号为"表 1-1"。对正文中出现"如下表所示"的"下表"使用交叉引用,改为"表 X-Y",其中"X-Y"为表题注的对应编号。

(8)对全文中出现的"wps"修改为"WPS",并加粗显示;将全文中的全部"软回车"符号(手动换行符)修改成"硬回车"符号(段落标记)。

(9)对正文中出现的第 1 张表(WPS 版本),添加表头行,输入表头内容"时间"及"版本",将表格制作成"三线表",外边框线宽 1.5 磅,内边框线宽 0.75 磅。

(10)对正文中的第 3 个图"图 2-2 公司组织结构",在其右侧插入一个组织结构图(智能图形),与原图结构、内容完全相同,图形宽度和高度分别设置为 7 厘米和 5 厘米,删除正文中的原图。

(11)将正文"2.1 WPS 文字"节中的"学生成绩表"行下面的文本转换成表格,并设置成图 5-1 所示的表格形式,同时添加表格题注,并实现文本中的表格交叉引用;通过公式计算每个学生的总分及平均分,并保留一位小数,同时,计算每门课程的最高分、最低分,将计算结果保存在相应的表格单元格中。

学号	姓名	英语1	计算机	高数	概率统计	体育	总分	平均分
202043885301	曾远善	78	90	82	83	94		
202043885303	庞娟	85	80	79	92	83		
202043885304	王相云	78	90	84	90	92		
202043885306	赵杰武	83	89	83	80	86		
202043885307	陈天浩	76	88	93	79	95		
202043885308	詹元杰	92	83	80	87	92		
202043885309	吴天	82	93	84	83	79		
202043885310	熊招成	86	90	81	77	87		
最大值								
最小值								

图 5-1 表格样式

(12)从正文中的小节标题"5.表格制作"开始,将本节(包括标题、文本内容、学生成绩表表题注及表格)单独形成一页并横向显示,页边距(上、下、左、右)都为 1 厘米,页眉及页脚均设置为 1 厘米。

(13)将正文中的"表 2.1 学生成绩表"中的数据区域 B2:G9 用簇状柱形图表示,自动插入表格下面的空白处,并添加图表标题"学生成绩表",插入的图表高度设为"6.5 厘米",宽度为默认值。

(14)制作文字水印,水印名称为"WPS 文字高级应用",字号 40,黑色,斜式。

(15)在正文之前按顺序插入 3 个分节符,分节符类型为"下一页"。每节内容如下:

①第 1 节:目录,文字"目录"使用样式"标题 1",删除自动编号,居中,自动生成目录项。

②第 2 节:图目录,文字"图目录"使用样式"标题 1",删除自动编号,居中,自动生成图目录项。

③第 3 节:表目录,文字"表目录"使用样式"标题 1",删除自动编号,居中,自动生成表目录项。

(16)添加正文的页眉。按奇偶页不同的方式进行设置,并且要求对于"第 1 章"标题所在的页,页眉中的文字为"章序号"+"章名"(假设为奇数页);对于偶数页,页眉中的文字为"节序号"+"节名";添加页眉中的单横线。

(17)添加页脚。在页脚中插入页码,居中显示;正文前的页码采用"i,ii,iii,…"的编号格式,页码连续;正文页码采用"1,2,3,…"的编号格式,页码从 1 开始,页码连续。更新目录、图目录和表目录。

(18)为文档插入一个封面"项目解决方案",并输入文档标题:"WPS Office 文字高级应用学习报告",用来取代原来的标题,字体及颜色不变,字号设为 36 号,调整占位符宽度,使其两行排列。在"项目计划书修订版(B)"占位符中插入当前日期,格式形如"2021 年 3 月 3 日",居中显示,并删除原来的内容。删除封面上其余英文文本占位符。

(19)以文件名"WPS Office(排版结果).docx"保存,并另外生成一个同名的 PDF 文档进行保存。

（20）将生成的文档"WPS Office（排版结果）.docx"进行如下操作：
① 保存到"我的云文档"中，并设置为云分享方式，关闭该文档。
② 在"WPS 网盘"中找到该文档并删除。
③ 在云回收站中还原该文档。

5.1.2 知识要点

（1）页面布局。
（2）字符格式、段落格式的设置。
（3）样式的建立、修改及应用；章节编号的自动生成；项目符号和编号的使用。
（4）目录和图表目录的生成和更新。
（5）题注、交叉引用的使用。
（6）分节的设置。
（7）水印、智能图形的生成及编辑。
（8）图表生成、表格数据的运算。
（9）页眉页脚的设置。
（10）域的插入与更新。
（11）文档封面的设置。
（12）云文档的操作。

5.1.3 操作步骤

扫一扫

视频5-2
第1～3题

1. 文档版面

本题用来调整文档的整体布局，操作步骤如下：

（1）打开要操作的原始 WPS 文档，文件名为"WPS Office.docx"。

（2）单击"页面布局"选项卡功能区中的"页边距"下拉按钮，在弹出的下拉列表中选择"自定义页边距"命令，打开"页面设置"对话框。或单击功能区右下角的"页面设置"对话框启动器按钮打开该对话框。

（3）在"页面设置"对话框的"页边距"选项卡中，设置页边距的上、下、左、右边距都为"2厘米"。在"应用于"下拉列表框中选择"整篇文档"，如图 5-2 所示。

（4）在对话框中单击"纸张"选项卡，在纸张大小下拉列表框中选择"自定义大小"，设置纸张宽度为"20.5 厘米"，高度为"30 厘米"。在"应用于"下拉列表中选择"整篇文档"。

（5）单击"确定"按钮，完成页面设置。

2. 章名和节名标题样式的建立

第 2 题章名和第 3 题节名的标题样式可以放在一起设置，操作过程主要分为标题样式的建立、修改及应用。标题样式的建立可以利用多级列表结合"标题1"样式和"标题2"样式来实现，操作步骤如下：

（1）将插入点定位在第 1 章所在段落中的任意位置或选择该段落并右击，在弹出的快捷菜单中选择"项目符号和编号"，弹出"项目符号和编号"对话框。也可以按其他方法打开"项目符号和编号"对话框。

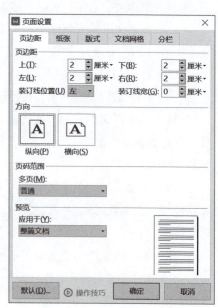

图 5-2 "页面设置"对话框

（2）在对话框中单击"多级编号"选项卡,然后选择带"标题1""标题2""标题3"的多级编号项,形如 ，如图5-3所示。单击"自定义"按钮,弹出"自定义多级编号列表"对话框。单击对话框中的"高级"按钮,对话框将扩展,如图5-4所示。

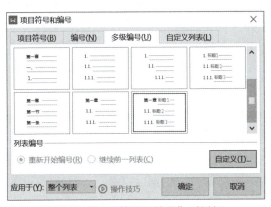

图5-3 "项目符号和编号"对话框

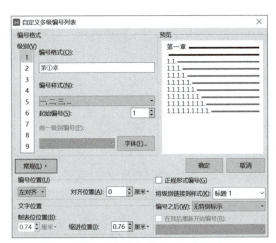

图5-4 "自定义多级编号列表"对话框

（3）在对话框中的"级别"列表框中，显示有序号1~9，说明可以设置1~9级的标题格式，各级标题格式效果形如右侧的预览列表。默认为第1级标题格式。在"编号格式"下方文本框中自动出现"第①章",此"①"为自动编号格式。若无，可在"编号样式"下拉列表框中选择一种编号的格式，将自动添加。"编号样式"下方的下拉列表框来用设置编号的类型，例如"1,2,3,…"表示阿拉伯数字,"一,二,三，…"表示中文编号。本题选择阿拉伯数字作为编号样式。

（4）单击"字体"按钮，弹出"字体"对话框，设置自动编号的字体格式，中文默认为宋体，西文默认为中文字体。选择中文字体为"黑体"，西文字体为"Times New Roman"，字号为"三号"，单击"确定"按钮返回。

（5）"缩进位置"设置为0厘米，"将级别链接到样式"的下拉列表框中默认为"标题1"，若无，需要选择"标题1"，在"编号之后"的下拉列表框中选择"空格"，其余设置项取默认值。至此，章标题的编号格式设置完成。

（6）在"级别"处单击"2",在"编号格式"下方的文本框中将自动出现序号"①.②."。其中"①"表示第1级序号，即章序号，"②"表示第2级序号，即节序号，它们均为自动编号，删除最后的符号"."，该多级编号为所需的编号。若文本框中无编号"①.②."，可按如下方法添加：首先，将第1级中编号"①"复制到第2级的编号格式文本框中，然后在编号后面手动输入"."，最后在"编号样式"下拉列表框中选择"1,2,3,…"即可。单击"字体"按钮，在弹出的"字体"对话框中，选择中文字体为"隶书"，西文字体为"Times New Roman"，字号为"四号"，单击"确定"按钮返回。

（7）"缩进位置"设置为0厘米，"将级别链接到样式"的下拉列表框中默认为"标题2"，若无，需要选择"标题2"，在"编号之后"的下拉列表框中选择"空格"，其余设置项取默认值。至此，节标题的编号格式设置完成。

（8）若还要设置第3级、第4级等多级编号，可按相同方法进行设置，最后单击"确定"按钮，退出"自定义多级编号列表"对话框。

（9）插入点所在的段落将变成带自动编号"第1章"的章标题格式。

3. 章名和节名标题样式的修改及应用

（1）章名和节名标题样式的修改。设置的章名和节名标题样式还不符合要求，需要进行修改，操作步骤如下：

① 章名标题样式的修改。在"开始"选项卡功能区的"预设样式"库中右击样式"标题 1"，在弹出的快捷菜单中选择"修改样式"命令，弹出"修改样式"对话框，如图 5-5 所示。在该对话框中，字体选择"黑体"，字号为"三号"，单击"居中"按钮。或者单击对话框左下角的"格式"下拉按钮，在弹出的下拉列表中选择"字体"命令，弹出"字体"对话框，进行字体格式设置。单击对话框左下角的"格式"下拉按钮，在弹出的下拉列表中选择"段落"命令，弹出"段落"对话框，进行段落格式设置，设置左缩进为"0 字符"。单击"确定"按钮返回"修改样式"对话框，再单击"确定"按钮完成设置。

② 节名标题样式的修改。在"开始"选项卡功能区的"预设样式"库中右击样式"标题 2"，在弹出的快捷菜单中选择"修改样式"命令，弹出"修改样式"对话框，如图 5-6 所示。在该对话框中，字体选择"隶书"，字号为"四号"，单击"左对齐"按钮。或者单击对话框左下角的"格式"下拉按钮，在弹出的下拉列表中选择"字体"命令，弹出"字体"对话框，进行字体格式设置。单击对话框左下角的"格式"按钮，在弹出的下拉列表中选择"段落"命令，弹出"段落"对话框，进行段落格式设置，设置左缩进为"0 字符"。单击"确定"按钮返回"修改样式"对话框，再单击"确定"按钮完成设置。

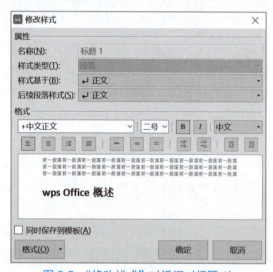

图 5-5 "修改样式"对话框（标题 1）

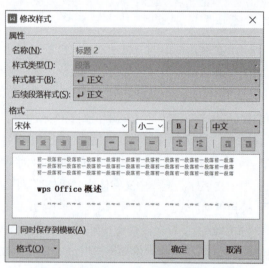

图 5-6 "修改样式"对话框（标题 2）

（2）章名和节名标题样式的应用，操作步骤如下：

① 章名。将插入点定位在文档中的章名所在行的任意位置，单击"预设样式"库中的样式"标题 1"，则章名将自动设为指定的样式格式，然后删除原有的章名编号。其余章名应用样式的方法类似，也可用"格式刷"进行格式复制实现相应操作。

② 节名。将插入点定位在文档中的节名所在行的任意位置，单击"预设样式"库中的样式"标题 2"，则节名将自动设为指定的样式格式，然后删除原有的节名编号。其余节名应用样式的方法类似，也可用"格式刷"进行格式复制实现相应操作。

4. "样式 0001"的建立与应用

（1）新建"样式 0001"，具体操作步骤如下：

① 将插入点定位到正文文本中的任意位置。单击"开始"选项卡功能区的"预设样式"库右侧的"其他"按钮，在弹出的下拉列表中可以选择"新建样式"命令，弹出"新建样式"对话框，如图 5-7 所示。或单击文档右侧任务窗格中的"新样式"

扫一扫

视频 5-3
第 4、5 题

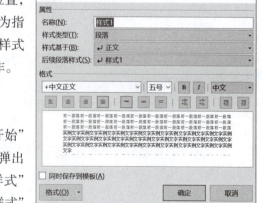

图 5-7 "新建样式"对话框

按钮，也会弹出该对话框。

② 在"名称"文本框中输入新样式的名称"样式 0001"。

③ "样式类型"下拉列表框中有"段落"和"字符"样式，选择默认的"段落"样式。在"样式基于"下拉列表框中选择一个可作为创建基准的样式，一般应选择"正文"。在"后续段落样式"下拉列表框中为应用该样式段落的后续的段落设置一个默认样式，一般取默认值。

④ 字符和段落格式可以在该对话框的"格式"栏中进行设置，例如字体、字号、对齐方式等。也可以单击对话框左下角的"格式"下拉按钮，在弹出的下拉列表中选择"字体"，在弹出的"字体"对话框中进行字符格式设置。设置好字符格式后，单击"确定"按钮返回。

⑤ 单击对话框左下角的"格式"下拉按钮，在弹出的下拉列表中选择"段落"，在弹出的"段落"对话框中进行段落格式设置。设置好段落格式后，单击"确定"按钮返回。

⑥ 在"格式"下拉列表中还可以选择其他项目，将会弹出对应对话框，然后可根据需要进行相应设置。在"新建样式"对话框中单击"确定"按钮，"预设样式"库中将会显示新创建的"样式 0001"样式，任务窗格的"样式和格式"中也会显示创建的新样式。

（2）应用样式"样式 0001"，具体操作步骤如下：

① 将插入点定位到正文中除各级标题、表格、表和图的题注之外的文本中的任意位置，也可以选择所需文字，或同时选择多个段落的文字。

② 单击"开始"选项卡功能区的"预设样式"库中的"样式 0001"，即可将该样式应用于插入点所在段落或所选段落。或单击"样式和格式"中的"样式 0001"实现。

③ 用相同的方法将"样式 0001"应用于正文中的其他段落文字。

注意：正文中的标题（标题 1、标题 2）、表格（表格内数据）、表和图的题注禁止使用定义的样式"样式 0001"。若正文中已设置好自动编号或项目符号，也不可使用样式"样式 0001"，否则自动编号或符号将自动删除。

包括章名、节名标题样式和新建样式"样式 0001"在内，应用样式之后的文档效果如图 5-8 所示。

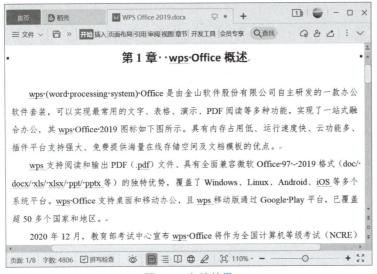

图 5-8　文档效果

5．编号与项目符号

（1）添加编号，操作步骤如下：

① 将插入点定位在正文中第一处出现形如"1.，2.，3.，…"的段落中的任意位置，或选择该段落，

或通过按【Ctrl】键加鼠标拖动方式选择要设置自动编号的多个段落，然后单击"开始"选项卡功能区中的"编号"下拉按钮，弹出图5-9所示的"编号库"下拉列表。

②在弹出的下拉列表中选择与正文编号一样的编号类型即可。如果没有格式相同的编号，选择"自定义编号"命令，打开"项目符号和编号"对话框。

③在对话框中选择一种编号，单击"自定义"按钮，弹出"自定义编号列表"对话框，如图5-10所示。

图5-9 "编号库"下拉列表

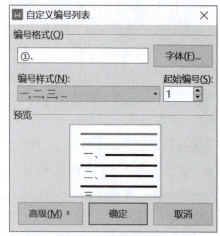

图5-10 "自定义编号列表"对话框

④在该对话框中可以设置编号格式、样式。在"编号格式"文本框中输入需要的编号格式（不能删除"编号格式"文本框中带有灰色底纹的数值）。还可以设置编号缩进位置及制表位位置。

⑤单击"确定"按钮返回，然后再单击"确定"按钮即可添加自定义的编号格式。

⑥插入点所在段落前面将自动出现编号"1."，其余段落可以通过步骤①和②实现，也可采用"格式刷"进行自动编号格式复制。插入自动编号后，原来文本中的编号需人工删除。

⑦插入自动编号后，编号数字将以递增的方式出现。根据实际需要，当编号在不同的章节出现时，起始编号应该重新从1开始，上述方法无法自动更改。若使编号重新从1开始，操作方法为：右击该编号，在弹出的快捷菜单中选择"重新开始编号"命令即可。

注意： 在选择多个段落插入自动编号后，第一个段落的自动编号可能为"a)"，后面依次为"2.，3.，……"。要将"a)"调整为自动编号"1."，一种简单的操作方法是用格式刷，操作方法为：选择自动编号"2."，单击"格式刷"按钮后，然后去刷"a)"，"a)"将自动变为"1."。

对于形如"1)，2)，3)，…"的自动编号的设置方法，可参照前述编号"1.，2.，3.，…"的设置步骤。

插入自动编号后，编号所在段落的段落缩进格式将自动设置为相应的默认值，若与正文其他段落格式不一样，可以修改这些段落格式（如果需要的话），操作步骤如下：

①将插入点定位在要修改的段落中任意位置，或选择该段落，或同时选择多个段落。

②单击"开始"选项卡中右下角的"段落"对话框启动器按钮，弹出"段落"对话框。

③ 在该对话框中，将缩进的"左侧"文本框中的值改为"0厘米"，在"特殊格式"下拉列表中选择"首行缩进"，在"度量值"下面的文本框中删除原有值，选择"2字符"。

④ 单击"确定"按钮，完成段落格式的设置。

（2）添加项目符号，操作步骤如下：

① 将插入点定位在第4章中首次出现"1），2），3），…"段落编号的任意位置，或选择段落，或通过按【Ctrl】键加鼠标拖动方式选择要设置项目符号的多个段落，单击"开始"选项卡功能区中的"项目符号"下拉按钮，弹出图5-11所示的"项目符号库"下拉列表。

② 在下拉列表中选择所需的项目符号即可。如果没有所需的项目符号，选择"自定义项目符号"命令，打开"项目符号和编号"对话框。

③ 在对话框中选择一种项目符号，单击"自定义"按钮，弹出"自定义项目符号列表"对话框，如图5-12所示。

④ 单击"字符"按钮，在打开的"符号"对话框中选择需要的项目符号，单击"确定"按钮返回。

⑤ 单击"字体"按钮，在打开的"字体"对话框中可以对项目符号进行格式设置，单击"确定"按钮返回。

⑥ 单击"高级"按钮，对话框扩展，可以设置项目符号缩进位置及制表位位置。

⑦ 最后单击"确定"按钮即可添加自定义的项目符号。

⑧ 其余段落可以通过相同的操作步骤实现，也可采用"格式刷"进行自动添加项目符号。

插入项目符号后，符号所在段落的段落缩进格式将自动设置为相应的默认值，若要修改为与正文其他段落相同的段落格式，操作步骤可参考自动编号段落格式的修改，在此不再赘述。

图5-11 "项目符号库"下拉列表

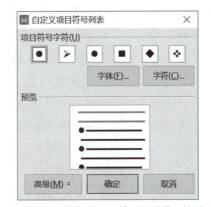

图5-12 "自定义项目符号列表"对话框

6. 图题注与交叉引用

首先要建立图题注，然后才能对其进行交叉引用。

扫一扫

视频5-4
第6、7题

(1)创建图题注,操作步骤如下:

① 将插入点定位在文档中第一个图下面一行文字的左侧,单击"引用"选项卡功能区中的"题注"按钮,弹出"题注"对话框,如图5-13所示。

② 在"标签"下拉列表框中选择"图"。若没有标签"图",单击"新建标签"按钮,在弹出的"新建标签"对话框中输入标签名称"图",单击"确定"按钮返回。

③ "题注"文本框中将会出现"图1"。单击"编号"按钮,弹出"题注编号"对话框。在对话框中选择格式为"1,2,3…"的类型,选择"包含章节编号"复选框,在"章节起始样式"下拉列表框中选择"标题1",在"使用分隔符"下拉列表框中选择"-(连字符)",如图5-14所示。单击"确定"按钮返回"题注"对话框。

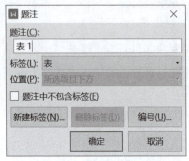
图5-13 "题注"对话框

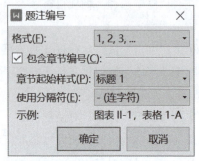
图5-14 "题注编号"对话框

④ 单击"确定"按钮完成题注的添加,插入点位置将会自动出现"图1-1"题注编号。输入一个空格,使题注编号与后面的文字间隔一个空格。选择图题注及图,单击"开始"选项卡功能区中的"居中对齐"按钮,实现图题注及图的居中显示。

⑤ 重复步骤①和②,可以插入其他图的题注。由于已经设置了编号格式,不需要再设置。或者将第一个图的题注编号"图1-1"复制到其他图下面一行文字的前面,并通过"更新域"操作实现题注编号的自动更新,即选择题注编号,按功能键【F9】,或右击,在弹出的快捷菜单中选择"更新域"命令。

插入题注后,题注的字符格式默认为"黑体,10磅"。若需要,可直接修改其字符格式或用格式刷实现格式修改。

(2)图题注的交叉引用,操作步骤如下:

① 选择文档中第一个图对应的正文中的"下图"文字并删除。单击"引用"选项卡功能区中的"交叉引用"按钮,弹出"交叉引用"对话框。也可以单击"插入"选项卡功能区中的"交叉引用"按钮。

② 在"引用类型"下拉列表框中选择"图"。在"引用内容"下拉列表框中选择"只有标签和标号",如图5-15所示。在"引用哪一个题注"列表框中选择要引用的题注,单击"插入"按钮。

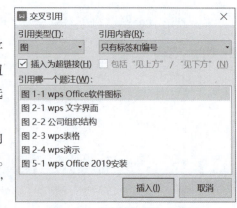
图5-15 "交叉引用"对话框

③ 选择的题注编号将自动添加到文档中。单击"取消"按钮,退出交叉引用操作。

④ 按照上面的方法可实现文档中所有图的交叉引用。

7. 表题注与交叉引用

首先要建立表题注,然后才能对其进行交叉引用。

（1）创建表题注，操作步骤如下：

① 将插入点定位在文档中第一张表上面一行文字的左侧，单击"引用"选项卡功能区中的"题注"按钮，弹出"题注"对话框。

② 在"标签"下拉列表框中选择"表"。若没有标签"表"，单击"新建标签"按钮，在弹出的"新建标签"对话框中输入标签名称"表"，单击"确定"按钮返回。

③ "题注"文本框中将会出现"表 1"。单击"编号"按钮，弹出"题注编号"对话框。在"题注编号"对话框中选择格式为"1，2，3…"的类型，选择"包含章节号"复选框，在"章节起始样式"下拉列表框中选择"标题1"，在"使用分隔符"下拉列表框中选择"-（连字符）"。单击"确定"按钮返回"题注"对话框。

④ 单击"确定"按钮完成表题注的添加，插入点位置将会自动出现"表 1-1"题注编号。输入一个空格，使题注编号与后面的文字间隔一个空格。单击"开始"选项卡功能区中的"居中"按钮，实现表题注的居中显示。右击表格的任意单元格，在弹出的快捷菜单中选择"表格属性"命令，弹出"表格属性"对话框，选择"表格"选项卡"对齐方式"中的"居中"，单击"确定"按钮完成表格居中设置。

⑤ 重复步骤①和②，可以插入其他表的题注。或者将第一个表的题注编号"表 1-1"复制到其他表上面一行文字的前面，并通过"更新域"操作实现题注编号的自动更新。表题注格式的设置可参考图题注格式的操作方法实现。

（2）表题注的交叉引用，操作步骤如下：

① 选择第一张表对应正文中的"下表"文字并删除。单击"引用"选项卡功能区中的"交叉引用"按钮，弹出"交叉引用"对话框，也可以单击"插入"选项卡功能区中的"交叉引用"按钮。

② 在"引用类型"下拉列表框中选择"表"，在"引用内容"下拉列表框中选择"只有标签和标号"，在"引用哪一个题注"列表框中选择要引用的题注，单击"插入"按钮。

③ 选择的题注编号将自动添加到文档中。单击"取消"按钮，退出交叉引用操作。

④ 按照上面的方法可实现文档中所有表的交叉引用。

8. 查找与替换

本题利用"查找与替换"功能实现相关操作，操作步骤如下：

扫一扫

视频5-5
第8、9题

① 将插入点定位于正文中的任意位置，单击"开始"选项卡功能区中的"查找替换"下拉按钮，在弹出的下拉列表中选择"替换"命令，弹出"查找和替换"对话框，如图 5-16（a）所示。

② 在"查找内容"下拉列表框中输入查找的内容"wps"，在"替换为"下拉列表框中输入目标内容"WPS"。

③ 单击对话框左下角的"高级搜索"按钮，弹出更多选项。将插入点定位于"替换为"下拉列表框中的任意位置，也可选择其中的内容。

④ 单击对话框中的"格式"按钮，在弹出的下拉列表中选择"字体"命令，弹出"字体"对话框，选择字形为"加粗"，单击"确定"按钮返回"查找和替换"对话框。

⑤ 单击"全部替换"按钮，出现图 5-16（b）所示的提示对话框，单击"确定"按钮完成全文中的"wps"替换操作。

⑥ 删除"查找内容"下拉列表框中的内容，单击"特殊格式"下拉按钮，在弹出的下拉列表框中选择"手动换行符"，下拉列表框中将自动出现"^l"，或者直接在下拉列表框中输入"^l"，其中，"l"为大写字母"L"的小写。

⑦ 删除"替换为"下拉列表框中的内容，并单击对话框中的"格式"下拉按钮，在弹出的下拉列表

中选择"清除格式设置"命令。单击对话框的"特殊格式"下拉按钮,在弹出的下拉列表中选择"段落标记",下拉列表框中将自动出现"^p",或者直接在下拉列表框中输入"^p",如图5-16(c)所示。

⑧ 单击"全部替换"按钮,出现图5-16(d)所示的提示对话框,单击"确定"按钮完成全文中的手动换行符替换操作。

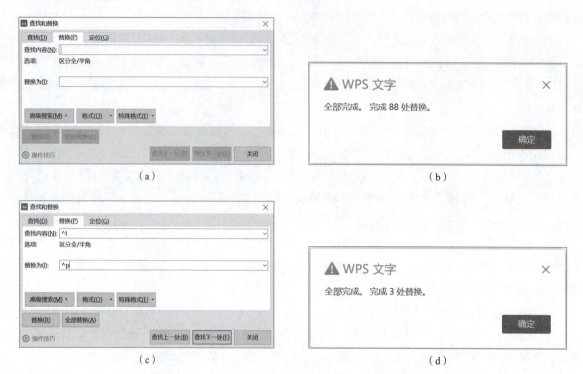

图5-16 查找和替换

⑨ 单击"查找和替换"对话框中的"取消"或"关闭"按钮,将退出"查找和替换"对话框。

9. 表格设置

本题实现表格行的增加及表格边框线的格式设置,操作步骤如下:

(1)将插入点定位在"表1-1 WPS版本"表格第一行中的任意单元格中,或选择表格第一行。单击"表格工具"选项卡功能区中的"在上方插入行"按钮,将在表格第一行的上方自动插入一个空白行。

(2)分别在第一行的左、右单元格中输入表头内容"时间"和"版本"。

(3)将插入点定位于表格的任意单元格中,或选择整个表格,也可以单击出现在表格左上角的按钮"⊕"选择整个表格。单击"表格样式"选项卡功能区中的"边框"下拉按钮,在弹出的下拉列表中选择"边框和底纹",弹出"边框和底纹"对话框。或者选择整个表格后右击,在弹出的快捷菜单中选择"边框和底纹"命令也可打开该对话框。

(4)在"设置"栏中选择"自定义",在"宽度"下拉列表框中选择"1.5磅",在"预览"栏的表格中,将显示表格的所有边框线。直接双击表格的三条竖线及表格内部的横线以去掉所对应的边框线,仅剩下表格的上边线和下边线。在剩下的表格上边线及下边线上单击,表格的上下边线将自动设置为对应的边框线格式。"应用于"下拉列表框中选择"表格",如图5-17(a)所示。

(5)单击"确定"按钮,表格将变成图5-17(b)所示的样式。

(6)选择表格的第1行,按前述步骤进入"边框和底纹"对话框,单击"自定义",在"宽度"下拉列表框中选择"0.75磅",在"预览"栏的表格中,直接单击表格的下边线。"预览"栏中的表格样式如图5-17(c)所示。"应用于"下拉列表框中选择"单元格"。

(7)单击"确定"按钮,表格将变成图5-17(d)所示的排版结果。

图 5-17 边框设置

10. 组织结构图（智能图形）

插入及编辑组织结构图（智能图形）的操作步骤如下：

（1）将插入点定位在需要插入智能图形的位置，单击"插入"选项卡功能区中的"智能图形"下拉按钮，在弹出的下拉列表中选择"智能图形"，弹出"选择智能图形"对话框，如图5-18所示。

（2）在对话框左边的列表中选择"组织结构图"，单击"确定"按钮，在插入点处将自动插入一个基本组织结构图。

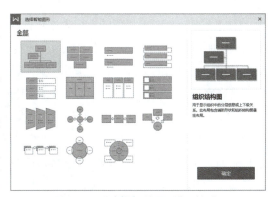

图 5-18 "选择智能图形"对话框

扫一扫

视频5-6
第10题

（3）在各个文本框中直接输入相应的文字，如图5-19（a）所示。

（4）选择"项目总监"所在的文本框，单击"设计"选项卡功能区中的"添加项目"下拉按钮，在弹出的下拉列表中选择"在下方添加项目"命令，将在"项目总监"文本框的下方自动添加一个文本框，输入文字"规划部"。单击"项目总监"文本框与"规划部"文本框之间的连接线，再单击功能区中的"布局"下拉按钮，在弹出的下拉列表中选择"标准"命令，连接线将变成直线。

（5）选择"技术总监"文本框，单击功能区中的"添加形状"下拉按钮，在弹出的下拉列表中选择

"在下方添加项目"命令,将在"技术总监"文本框的下方添加一个文本框,输入文字"方案执行部"即可。重复此步骤,可在"方案执行部"文本框的后面添加"技术支持部"文本框。设置时,方向选择"在后面添加形状"。

(6) 按照上述操作方法,可以将"政府事业"文本框与"企业"文本框加入该智能图形。

(7) 右击智能图形的边框,在弹出的快捷菜单中选择"其他布局选项"命令,弹出"布局"对话框,切换到"大小"选项卡,在高度和宽度处分别输入"5厘米"和"7厘米",单击"确定"按钮,完成智能图形的创建,如图 5-19(b)所示。

(8) 选择文档中的原图,按【Delete】键删除。

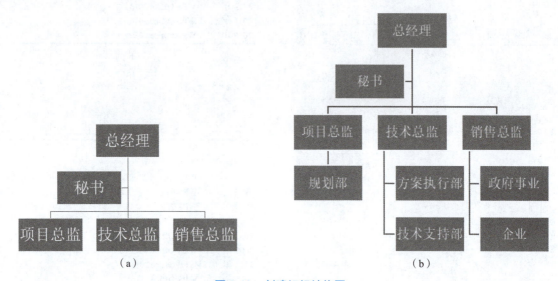

图 5-19 创建组织结构图

11. 表格制作与计算

视频5-7
第11题

本题实现 WPS 文字表格的制作以及表格内数据的计算,分为两部分操作,首先实现表格的制作,然后进行表格数据计算。表格制作的操作步骤如下:

(1) 拖动鼠标,选择要转换成表格数据的文本,但文本"学生成绩表"所在行不要选择。单击"插入"选项卡功能区中的"表格"下拉按钮,在弹出的下拉列表中选择"文本转换成表格"命令,弹出"将文字转换成表格"对话框,如图 5-20 所示。

(2) 在该对话框中,文字分隔位置默认为"段落标记",实际上是以中文标点符号","分隔文字的。单击"其他字符"单选按钮,并将后面文本框中的字符修改为中文标点符号","。表格尺寸列数

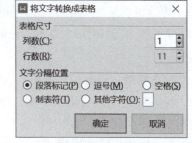

图 5-20 "将文字转换成表格"对话框

将自动设为 9, 行数为 11。单击"确定"按钮,将自动生成一个 11 行 ×9 列的表格。

(3) 生成的表格默认状态下处于选择状态(自动选中整个表格),单击"开始"选项卡功能区中的"居中对齐"按钮,整个表格将水平居中。

(4) 单击表格左上角第一个单元格,然后拖动鼠标直到右下角最后一个单元格,表示选择了表格内所有单元格的数据,单击"开始"选项卡功能区中的"居中对齐"按钮,实现表格内各个单元格中数据的水平居中。

(5) 拖动鼠标,选择 A10 和 B10 两个单元格并右击,在弹出的快捷菜单中选择"合并单元格"命令,实现两个单元格的合并。按照相同方法,可以实现将 A11 和 B11 合并成一个单元格,将区域 H10:I11 合并成一个单元格。

（6）将插入点定位在表格上方一行文本的左侧，即文本"学生成绩表"的左侧。按照插入表格题注的操作步骤，插入题注并将该行居中显示，然后在文档中的相应位置交叉引用此表格题注。

表格中数据的计算，操作步骤如下：

（1）将插入点定位在文档中"表2-1 学生成绩表"第1条记录"总分"字段下面的单元格中，单击"表格工具"选项卡功能区中的"公式"按钮 ƒx 公式，弹出"公式"对话框。

（2）在"公式"文本框中已经显示出所需的公式"=SUM(LEFT)"，表示对插入点左侧的所有数值型单元格数据求和，包括第一个单元格中的学号。将参数"LEFT"改为"C2:G2"。在"数字格式"下拉列表框中输入"0.0"，如图5-21所示。单击"确定"按钮，目标单元格中将出现计算结果"427.0"。在"公式"文本框中还可以输入公式"=C2+D2+E2+F2+G2"或"=SUM(C2,D2,E2,F2,G2)"，都可以得到相同的结果。按照类似的方法，可以计算出其余记录的"总分"列值。

（3）将插入点定位于"平均分"字段下面的第1个单元格中，单击"公式"按钮，弹出"公式"对话框。输入公式"=H2/5"，在"编号格式"下拉列表框中输入"0.0"，单击"确定"按钮，目标单元格中将出现计算结果"85.4"。在"公式"文本框中还可以输入公式"=(C2+D2+E2+F2+G2)/5"或"=SUM(C2,D2,E2,F2,G2)/5"或"=SUM(C2:G2)/5"或者用求平均值函数 AVERAGE 来实现，得到的结果均相同。按照类似的方法，可以计算出其余记录的"平均分"列值。

（4）将插入点定位于"最大值"右侧的第1个单元格中，单击功能区中的"公式"按钮，弹出"公式"对话框。删除其中的默认公式，输入等号"="，在"粘贴函数"下拉列表框中选择函数"MAX"，然后在函数后面的括号中输入"ABOVE"，或者输入"C2,C3,C4,C5,C6,C7,C8,C9"或者"C2:C9"，单击"确定"按钮，目标单元格中将出现计算结果"92"。按照类似的方法，可以计算出其余课程对应的最大值。

（5）最小值的计算方法类似于最大值，但选择的函数名为"MIN"，操作方法参考步骤（4）。

（6）表格数据计算的结果如图5-22所示。

图5-21 "公式"对话框

学号	姓名	英语1	计算机	高数	概率统计	体育	总分	平均分
202043885301	曾远善	78	90	82	83	94	427.0	85.4
202043885303	庞娟	85	80	79	92	83	419.0	83.8
202043885304	王相云	78	90	84	90	92	434.0	86.8
202043885306	赵杰武	83	89	83	80	86	421.0	84.2
202043885307	陈天浩	76	88	93	79	95	431.0	86.2
202043885308	詹元杰	92	83	80	87	92	434.0	86.8
202043885309	吴天	82	93	84	83	79	421.0	84.2
202043885310	熊招成	86	90	81	77	87	421.0	84.2
最大值		92	93	93	92	95		
最小值		76	80	79	77	79		

图5-22 表格计算结果

12. 单页设置

本题可利用分节符结合页面设置功能来实现，操作步骤如下：

（1）将插入点定位在文档中节标题"5.表格制作"的段首，由于"5."为自动编号，插入点只能定位在文本"表格制作"的前面。单击"页面布局"选项卡功能区中的"分隔符"下拉按钮，在弹出的下拉列表中选择"下一页分节符"命令，"5.表格制作"（包含）开始的文档将在下一页中显示。

（2）将插入点定位在表格后面的段落的段首，本题定位在文本"2.2 WPS 表格"的前面，由于"2.2"为自动编号，插入点只能定位在文本"WPS 表格"的前面，单击"分隔符"下拉列表中的"下一页分节符"命令，插入点后面的文本将在下一页中显示。

（3）将插入点定位在表格所在页的任意位置，单击"页面布局"选项卡功能区中的"页边距"下拉按钮，在弹出的下拉列表中选择"自定义页边距"命令，弹出"页面设置"对话框。或者用其他方法打开"页面设置"对话框。

扫一扫

视频5–8
第12、13题

（4）在对话框中分别设置页面的上、下、左、右页边距，均为"1厘米"，纸张方向选择"横向"。选择"版式"选项卡，页眉页脚的边距均设置为"1厘米"，在"应用于"下拉列表框中选择"本节"。单击"确定"按钮。完成设置后的效果如图 5-23 所示。

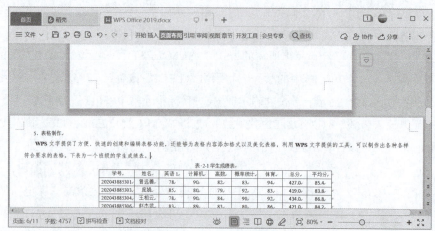

图 5-23　单页设置效果

13．制作图表

本题实现将表格的目标数据制作成图表的形式进行显示，操作步骤如下：

（1）将插入点定位在表格下面的空白处，必须位于回车键的前面（若无空白行，可先按回车键产生空行）表示与表格处于同一节中。单击"插入"选项卡功能区中的"图表"下拉按钮，在弹出的下拉列表中选择"图表"命令，弹出"插入图表"对话框，如图 5-24（a）所示。

（2）在对话框的左侧列表框中选择"柱形图"，在对话框右侧列表框中选择"簇状柱形图（基础图表）"，单击"插入"按钮。在插入点处将自动生成一个图表，如图 5-24（b）所示。

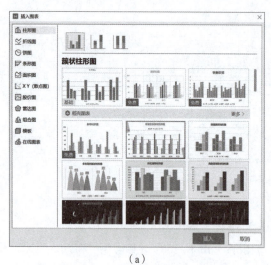

(a)　　　　　　　　　　　　(b)

图 5-24　插入图表

（3）选择自动产生的图表，单击"开始"选项卡功能区中的"居中对齐"按钮，使图表居中显示。

（4）选择自动产生的图表，单击"图表工具"选项卡功能区中的"选择数据"按钮，自动弹出一个 WPS 表格窗口，该窗口用来编辑图表中的数据，如图 5-25 所示。

（5）单击"确定"按钮，修改图 5-25 所示的 WPS 表格中的数据，以显示目标数据。拖动鼠标，选择原文档中"学生成绩表"表中的数据区域"B2:B9"，按快捷键【Ctrl+C】进行复制，也可用其他方法进行复制。

第 5 章　WPS 文字高级应用案例

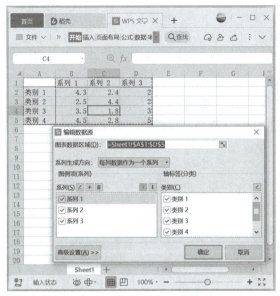

图 5-25　WPS 表格数据

（6）单击 WPS 表格中的单元格 A2，即"类别 1"所在的单元格，按快捷键【Ctrl+V】进行粘贴，实现将选择的"姓名"列复制到 WPS 表格中的"类别列"操作。或用其他方法实现粘贴。

（7）拖动鼠标，选择"学生成绩表"表中的数据区域"C1:G9"，按快捷键【Ctrl+C】进行复制。单击 WPS 表格中的单元格 B1，即"系列 1"所在的单元格，按快捷键【Ctrl+V】进行粘贴。WPS 表格中的数据区域即为目标数据，如图 5-26（a）所示。单击 WPS 表格右上角的"关闭"按钮，退出 WPS 表格数据编辑。

（8）图表中的数据并没有扩充，还需进行编辑。选择自动产生的图表，单击"图表工具"选项卡功能区中的"编辑数据"按钮，自动弹出一个 WPS 表格窗口。表格中的数据仅被选择了部分。鼠标拖动表格中已选择数据右下角的填充按钮，使其包括整个表格数据。单击 WPS 表格右上角的"关闭"按钮，退出 WPS 表格数据编辑。WPS 文字中的图表将自动调整为 WPS 表格中的数据所对应的图表。

（9）选择图表，右击图表中的"图表标题"，在弹出的快捷菜单中选择"编辑文字"命令，插入点将定位在图表标题文本中，删除原有信息，输入"学生成绩表"。

（10）选择图表，单击"绘图工具"选项卡，将其功能区中"高度"文本框的值修改为"6.5 厘米"，宽度文本框的值不变，按回车键确认即可。操作结果如图 5-26（b）所示。

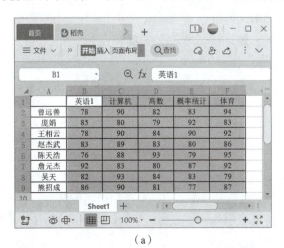

（a）

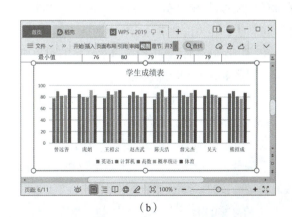

（b）

图 5-26　表格数据及 WPS 图表

视频5-9
第14、15题

14. 制作水印

制作水印的详细操作步骤如下：

（1）单击"插入"选项卡功能区中的"水印"下拉按钮，在弹出的下拉列表中选择"插入水印"命令，弹出"水印"对话框，如图5-27（a）所示。

（2）在该对话框中选中"文字水印"复选框，在"内容"下拉列表框中输入文字"WPS文字高级应用"。字号选择40，颜色选择"黑色"，版式选择"倾斜"，其余取默认值。

（3）单击"确定"按钮，完成水印设置。图5-27（b）所示为插入文字水印后的效果。

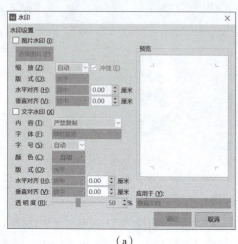
（a）

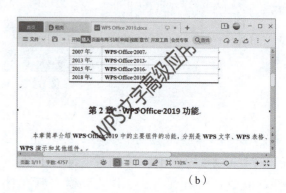
（b）

图 5-27 水印及操作结果

15. 建立标题目录和图表目录

先进行分节，然后再按要求建立标题目录和图表目录。

（1）分节，在文档中插入分节符，操作步骤如下：

① 将插入点定位在第1章标题的最前面。由于第1章为自动编号，插入点只能定位在第1章自动编号之后，但不会影响操作。

② 单击"页面布局"选项卡功能区中的"分隔符"下拉按钮，在弹出的下拉列表中选择"下一页分节符"，完成一节的插入。

③ 重复此操作，插入另外2个分节符。

（2）生成目录，操作步骤如下：

① 将插入点定位在要插入标题目录的第1行（插入的第1节位置），输入文字"目录"，删除"目录"前面的章编号，居中显示。将插入点定位在"目录"文字的右侧，单击"引用"选项卡功能区中的"目录"下拉按钮，在弹出的下拉列表中选择"自定义目录"命令，弹出"目录"对话框，如图5-28所示。

② 在弹出的对话框中确定目录显示的对象格式及级别，例如制表符前导符、显示级别、显示页码、页码右对齐等，本题取默认值。

③ 单击"确定"按钮，完成创建目录的操作

（3）生成图目录，操作步骤如下：

① 将插入点定位在要建立图目录的位置（插入的第2节位置），输入文字"图目录"，删除"图目录"前的章编号，居中显示。将插入点定位在"图目录"文字的右侧，单击"引用"选项卡功能区中的"插入表目录"按钮，弹出"图表目录"对话框，如图5-29所示。

② 在"题注标签"列表框中选择"图"题注标签类型。

③ 在"图表目录"对话框中还可以对其他选项进行设置，例如显示页码、页码右对齐、制表符前导

符等，与目录设置方法类似，本题取默认值。

④ 单击"确定"按钮，完成图目录的创建。

图 5-28 "目录"对话框

图 5-29 "图表目录"对话框

（4）生成表目录，操作步骤如下：

① 将插入点定位在要建立表目录的位置（插入的第 3 节位置），输入文字"表目录"，删除"表目录"前的章编号，居中显示。将插入点定位在"表目录"文字的右侧，单击"引用"选项卡功能区中的"插入表目录"按钮，弹出"图表目录"对话框。

② 在"题注标签"列表框中选择"表"题注标签类型。

③ 在"图表目录"对话框中还可以对其他选项进行设置，例如显示页码、页码右对齐、制表符前导符等，与目录设置方法类似。本题取默认值。

④ 单击"确定"按钮，完成表目录的创建。

16. 页眉

页眉设置包括正文前（目录和图表目录）的页眉设置和正文页眉设置。本题不包括正文前的页眉设置，直接设置正文的页眉，详细操作步骤如下：

① 选中"章节"选项卡功能区中的"奇偶页不同"复选框，形如 。

② 双击文档中的页眉区域，进入页眉编辑状态，或用其他方法进入页眉编辑状态。

③ 将插入点移到文档正文（"第 1 章"所在页）的页眉处。单击"页眉页脚"选项卡功能区中的"同前节"按钮，断开该节与前一节页眉之间的链接（默认为链接）。此时，页面中将不再显示"与上一节相同"的提示信息，即用户可以根据需要修改本节现有的页眉内容或格式，或者输入新的页眉内容。若该按钮无底纹，表示无链接关系，否则一定要单击，表示去掉链接，然后删除页眉中的原有内容（如果有的话）。

④ 单击"插入"选项卡功能区中的"文档部件"下拉按钮，在弹出的下拉列表中选择"域"命令，弹出"域"对话框，如图 5-30 所示。或者单击"页眉页脚"选项卡功能区中的"域"命令，也可弹出"域"对话框。

⑤ 在"域名"列表框中选择"样式引用"，并在"样式名"列表框中选择"标题 1"，选中"插入段落编号"复选框。单击"确定"按钮，在页眉中将自动添加章序号。

⑥ 输入一个空格。用同样的方法打开"域"对话框。在"域名"列表框中选择"样式引用"，并在"样式名"列表框中选择"标题 1"。若选中了"插入段落编号"复选框，则再次单击复选框以取消选中状态。单击"确定"按钮，实现在页眉中添加

图 5-30 "域"对话框

章名。

⑦按快捷键【Ctrl+E】,使页眉中的文字居中显示,或者直接单击"开始"选项卡功能区中的"居中对齐"按钮。

⑧单击"页眉页脚"选项卡功能区中的"页眉横线"下拉按钮,在弹出的下拉列表中选择"单实线",即可在页眉的下面自动添加一条单实线。

⑨将插入点定位到正文第2页页眉处,即奇数页页眉处,单击"页眉页脚"选项卡功能区中的"同前节"按钮,断开该节与前一节页眉之间的链接(默认为链接),此时页面中将不再显示"与上一节相同"的提示信息。用上述方法添加页眉,不同的是在"域"对话框中的"样式名"列表框中选择"标题2"。单击"页眉页脚"选项卡功能区中的"页眉横线"下拉按钮,在弹出的下拉列表中选择"单实线",即可在页眉的下面自动添加一条单实线

⑩奇数页页眉设置后,双击非页眉页脚区域,即可退出页眉页脚编辑环境。或单击"页眉页脚"选项卡功能区中的"关闭"按钮,结束本题操作。

17. 页脚

文档页脚的内容通常是页码,实际上就是如何生成页码的过程。页脚设置包括正文前(目录和图表目录)的页码生成和正文的页码生成。

(1)正文前页码的生成,操作步骤如下:

①进入"页眉页脚"编辑环境,并将插入点定位在目录所在页的页脚处。页脚区域上面将自动出现"插入页码"按钮,单击此按钮,弹出页码设置列表。

②在列表中的"样式"下拉列表中选择"i,ii,iii,…"的编号,位置选择"居中",应用范围选择"整篇文档",如图5-31(a)所示。单击"确定"按钮,整篇文档的页脚将插入指定格式的页码。

(2)文档插入页码后,页码默认为从i开始,按递增顺序自动编号。正文部分的页码要重新编号,并采用"1,2,3,…"的编号格式。正文页码的生成,操作步骤如下:

①进入"页眉页脚"编辑环境,将插入点定位在正文"第1章"所在页的页脚处。

②插入页码后,页脚区域上面将自动出现三个下拉按钮,如图5-31(b)所示。单击页脚上方的"重新编号"下拉按钮,在弹出的下拉列表中的"页码编号设为:"右侧的文本框中输入1,按回车键确认即可。然后单击"页码设置"下拉按钮,在弹出的列表中单击"样式"右侧的下拉按钮,将弹出下拉列表,选择格式为"1,2,3,…"的编号,应用范围选择"本页及之后",单击"确定"按钮。

③双击文档正文任意区域,退出页眉页脚编辑环境。

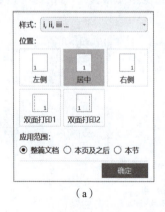

(a)

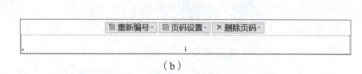

(b)

图5-31 页码设置列表及页脚状态

(3)更新目录和图表目录。

①右击目录中的任意位置,在弹出的快捷菜单中选择"更新域"命令,弹出"更新目录"对话框,

如图 5-32 所示，选中"更新整个目录"单选按钮，单击"确定"按钮完成目录的更新。

② 重复步骤①的操作，可以更新图目录和表目录。

图 5-32 "更新目录"对话框

18. 文档封面

为现有文档添加文档封面的操作步骤如下：

扫一扫

视频5-11
第18～20题

（1）单击"插入"选项卡功能区中的"封面页"下拉按钮，在弹出的下拉列表中选择一个文档封面样式，本题选择"预设封面页"中的"项目解决方案"。该封面将自动被插入到文档的第一页中，现有的文档内容会自动后移一页。

（2）将封面的"标题"文本框中的内容"项目解决方案"修改为"WPS Office 文字高级应用学习报告"。按快捷键【Ctrl+A】选中输入的文字，将其字号设为 36 号。鼠标指针指向占位符边框上的控点并拖动鼠标，以调整占位符的大小，使其中的文字两行排列。将占位符移至水平居中位置。

（3）单击"项目计划书修订版（B）"占位符，删除其中的文字。单击"插入"选项卡功能区中的"日期"按钮，弹出"日期和时间"对话框，如图 5-33 所示。

（4）选择"可用格式"列表中的"2021 年 3 月 3 日"形式，并选中"自动更新"复选框。单击"确定"按钮，将自动在占位符中插入当前日期。单击"开始"选项卡功能区中的"居中对齐"按钮，使其居中显示。

（5）分别单击封面上的各个英文字符所在的占位符，然后单击其边框以选择该占位符，按【Delete】键删除。封面上的各个图形保留。

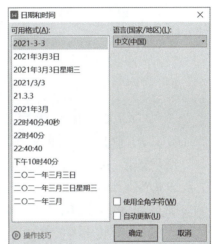

图 5-33 "日期和时间"对话框

19. 保存文档及生成 PDF 文件

将当前完成编辑的文档另存为指定文档及生成 PDF 文件的操作步骤如下：

（1）单击"文件"菜单，在弹出的列表中选择"另存为"命令，弹出"另存文件"窗口。

（2）单击左侧列表中的某个位置来保存文档，或单击"我的电脑"确定保存的位置。也可以单击"位置"右侧的下拉按钮，在弹出的下拉列表中选择保存的位置。在文件名文本框中输入要保存的文件名"WPS Office（排版结果）"，在保存类型的下拉列表框中选择"Microsoft Word 文件（*.docx）"。

（3）单击"保存"按钮，当前文档将以指定的文档名并以 docx 文件格式保存。

（4）重复前面的操作，在"另存为"对话框中，在保存类型的下拉列表框中选择"PDF 文件格式（*.pdf）"。当前文档将以"WPS Office（排版结果）"为文件名保存为 PDF 文件。

20. 云备份及相关操作

（1）文档保存在云空间的操作步骤如下：

① 单击"文件"菜单，在弹出的列表中选择"另存为"命令，弹出"另存文件"窗口。

② 单击窗口左侧的"我的电脑"，然后在窗口右侧双击"WPS 网盘"，进入云空间。

③ 单击"保存"按钮，该文档将自动保存在用户账号对应的云空间中，成为云文档。

④ 单击该文档所对应的 WPS Office 窗口中选项卡右侧的"分享"按钮 分享，弹出图 5-34（a）所示的对话框。

⑤ 对于首次分享的文档，在对话框中可先设置文档的分享权限，单击"创建并分享"按钮，弹出图 5-34（b）所示的对话框。

⑥ 单击"复制链接"按钮，并把该链接发给其他人，就能实现文件的分享。可以发给指定的联系人，发至手机或以文件方式发送。

⑦ 单击 WPS Office 窗口右上角的"关闭"按钮以退出 WPS 环境。

（a）

（b）

图 5-34　文件共享设置

（2）删除云文档的操作步骤如下：

① 双击桌面上的"此电脑"图标，在打开的"文件资源管理器"窗口的右侧窗格中双击"WPS 网盘"，然后双击"我的云文档"文件夹，可进入云空间。也可用其他方法打开"文件资源管理器"窗口。

② 找到要删除的云文档"WPS Office（排版结果）.docx"并右击，在弹出的快捷菜单中选择"删除"命令，弹出删除确认对话框，单击"确定"按钮，该文档将从"我的云文档"文件夹中删除，放入云回收站中。

（3）还原文档的操作步骤如下：

① 启动 WPS Office 软件，或任意一个 WPS Office 组件，或任意相关的 WPS Office 文档。

② 单击标签栏左侧的"首页"标签，在弹出的 WPS Office 界面中选择"回收站"，进入云回收站。

③ 在云回收站的列表中，右击文件"WPS Office（排版结果）.docx"，在弹出的快捷菜单中选择"还原"命令，该文件将还原到"我的云文档"中。

21．排版效果

文档排版结束后，其部分效果如图 5-35 所示。

（a）文档封面

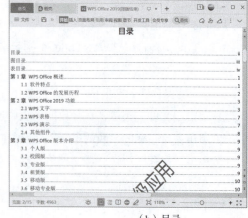
（b）目录

图 5-35　排版效果

第 5 章　WPS 文字高级应用案例

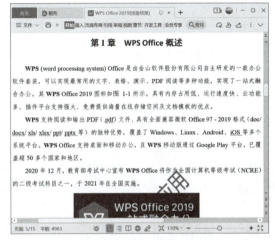

（c）图目录

（d）表目录

（e）标题与内容　　　　　　　　　　　　（f）表格与图表

图 5-35　排版效果（续）

5.1.4　操作提高

（1）修改一级标题（章名）样式：从第 1 章开始自动编号，小二号，黑体，加粗，段前 1 行，段后 1 行，单倍行距，左缩进 0 字符，居中对齐。

（2）修改二级标题（节名）样式：从 1.1 开始自动编号，小三号，黑体，加粗，段前 1 行，段后 1 行，单倍行距，左缩进 0 字符，左对齐。

（3）将第 1 章 1.1 节的内容（不包括标题）分成两栏显示，选项采用默认值。

（4）将第 1 章的所有内容（包括标题）分为一节，并使该节内容以横向方式显示。

（5）设置表边框，将"表 2-1 学生成绩表"设置成以下边框格式：表格为三线表，外边框为双线，1.5 磅，内边框为单线，0.75 磅。

（6）将全文中的"Office"改为加粗显示。

（7）启动修订功能，删除文档中最后的图及其题注。

（8）建立一个云共享文件夹"WPS 学习空间"。

案例 5.2　毕业论文排版

5.2.1　问题描述

毕业论文设计是高等教育教学过程中的一个重要环节，论文格式排版是毕业论文设计中的重要组成部分，是每位大学毕业生应该掌握的文档基本操作技能。毕业论文的整体结构主要分成以下几大部分：封面、中文摘要、英文摘要、目录、正文、结论、致谢、参考文献。毕业论文格式的基本要求是：封面

扫一扫

视频 5-12
毕业论文排版

无页码，格式固定；中文摘要至正文前的页面有页码，用罗马数字连续表示；正文部分的页码用阿拉伯数字连续表示；正文中的章节编号自动排序；图、表题注自动更新生成；参考文献用自动编号的形式按引用次序给出，等等。

通过本案例的学习，使学生对毕业论文的排版有一个整体的认识，并掌握长文档的高级排版技巧，为后期毕业论文的撰写及排版做准备，也为将来的工作需要奠定长文档操作技能基础。毕业论文的排版要求详细介绍如下。

1. 整体布局

采用 A4 纸，设置上、下、左、右页边距分别为 2 厘米、2 厘米、2.5 厘米、2 厘米；页眉页脚距边界均为 1.5 厘米。

2. 分节

论文的封面、中文摘要、英文摘要、正文各章节、结论、致谢和参考文献分别进行分节处理，每部分内容单独为一节，并且每节从奇数页开始。

3. 正文格式

正文是指从第 1 章开始的论文文档内容，排版格式包括以下几方面内容。

（1）一级，二级和三级标题样式，具体要求如下：

① 一级标题（章名）使用样式"标题1"，居中；编号格式为"第 X 章"，编号和文字之间空一格，字体为"三号，黑体"，左缩进 0 字符，段前 1 行，段后 1 行，单倍行距，其中 X 为自动编号，标题格式形如"第 1 章 ×××"。

② 二级标题（节名）使用样式"标题2"，左对齐；编号格式为多级列表编号（形如"X.Y"，X 为章序号，Y 为节序号），编号与文字之间空一格，字体为"四号，黑体"，左缩进 0 字符，段前 0.5 行，段后 0.5 行，单倍行距，其中，X 和 Y 均为自动编号，节格式形如"1.1 ×××"。

③ 三级标题（次节名）使用样式"标题3"，左对齐；编号格式为多级列表编号（形如"X.Y.Z"，X 为章序号，Y 为节序号，Z 为次节序号），编号与文字之间空一格，字体为"小四，黑体"，左缩进 0 字符，段前 0 行，段后 0 行，1.5 倍行距，其中，X、Y 和 Z 均为自动编号，次节格式形如"1.1.1 ×××"。

（2）新建样式，名为"样式0002"，并应用到正文中除章节标题、表格、表和图的题注、自动编号之外的所有文字。样式 0002 的格式为：中文字体为"宋体"，西文字体为"Times New Roman"，字号为"小四"；段落格式为左缩进 0 字符，首行缩进 2 字符，1.5 倍行距。

（3）对正文中出现的"（1），（2），（3），…"段落进行自动编号，编号格式不变。对正文中出现的"●"项目符号重新设置为"➢"项目符号。

（4）对正文中的图添加题注，位于图下方文字的左侧，居中对齐，并使图居中。标签为"图"，编号为"章序号 - 图序号"，例如，第 1 章中的第 1 张图，题注编号为"图 1-1"。对正文中出现"如下图所示"的"下图"使用交叉引用，改为"图 X-Y"，其中"X-Y"为图题注的对应编号。

（5）对正文中的表添加题注，位于表上方文字的左侧，居中对齐，并使表居中。标签为"表"，编号为"章序号 - 表序号"，例如，第 1 章中的第 1 张表，题注编号为"表 1-1"。对正文中出现"如下表所示"的"下表"使用交叉引用，改为"表 X-Y"，其中"X-Y"为表题注的对应编号。

（6）论文正文"3.1.1 径向畸变"小节中的公式（3-1）为图片格式，利用 WPS 文字的公式编辑器重新输入该公式，并将该图片删除；将正文中的所有公式所在段落右对齐，并调整公式与编号之间的空格，使公式本身位于水平居中位置。

（7）将论文正文中的图"图 3-1 相机镜头像差"的宽度、高度尺寸等比例设置，宽度设置为 6.5 厘米，并将图片及其题注置于同一个文本框中，以四周环绕方式放在 3.1 节内容的右侧。

（8）将第1章中的文本"OpenCV（Open Source Computer Vision Library）"建立超链接，链接地址为"https://opencv.org/"。

（9）在论文正文的第1页一级标题末尾插入脚注，内容为"计算机科学与技术171班"。

（10）结论、致谢、参考文献。结论部分的格式设置与正文各章节格式设置相同。致谢、参考文献的标题使用建立的样式"标题1"，并删除标题编号；致谢的内容部分，排版格式使用定义的样式"样式0002"；参考文献内容为自动编号，格式为 [1]，[2]，[3]，…。根据提示，在正文中的相应位置重新交叉引用参考文献的编号并设为上标形式。

4. 中英文摘要

（1）中文摘要格式：标题使用建立的样式"标题1"，并删除自动编号；作者及单位为"宋体，五号"，1.5倍行距，居中显示。文字"摘要："为"黑体，四号"，其余摘要内容为"宋体，小四号"；首行缩进2字符，1.5倍行距。文字"关键词："为"黑体，四号"，其余关键词段落内容为"宋体，小四号"；首行缩进2字符，1.5倍行距。

（2）英文摘要格式：所有英文字体为"Times New Roman"；标题使用定义的样式"标题1"，删除自动编号；作者及单位为"五号"，居中显示，1.5倍行距。字符"Abstract："为"四号，加粗"，其余摘要内容为"小四"，首行缩进2字符，1.5倍行距；字符"Key words："为"四号，加粗"，其余关键字段落内容为"小四"，首行缩进2字符，1.5倍行距。

5. 目录

在正文之前按照顺序插入3节，分节符类型为"奇数页"。每节内容如下：

第1节：目录，文字"目录"使用样式"标题1"，删除自动编号，居中，并自动生成目录项。

第2节：图目录，文字"图目录"使用样式"标题1"，删除自动编号，居中，并自动生成图目录项。

第3节：表目录，文字"表目录"使用样式"标题1"，删除自动编号，居中，并自动生成表目录项。

6. 论文页眉

（1）封面不显示页眉，摘要至正文部分（不包括正文）的页眉显示"×××大学本科生毕业论文（设计）"。

（2）使用域，添加正文的页眉。对于奇数页，页眉中的文字为"章序号+章名"；对于偶数页，页眉中的文字为"节序号+节名"。

（3）使用域，添加结论、致谢、参考文献所在页的页眉为相应章的标题名，不带章编号。

7. 论文页脚

在页脚中插入页码；封面不显示页码；摘要至正文前采用"i，ii，iii，…"格式，页码连续并居中；正文页码采用"1，2，3，…"格式，页码从1开始，各章节页码连续，直到参考文献所在页；正文奇数页的页码位于右侧，偶数页的页码位于左侧；更新目录、图目录和表目录。将排版后的论文备份到"我的云文档"中。

5.2.2 知识要点

（1）页面设置；字符、段落格式设置。

（2）样式的建立、修改及应用；章节编号的自动生成；项目符号和编号的使用。

（3）目录、图目录、表目录的生成和更新。

（4）题注、脚注、交叉引用的建立与使用。

（5）分节的设置。

（6）页眉页脚的设置。

（7）域的插入与更新。

(8)公式的输入。

(9)图文混排,超链接的插入。

5.2.3 操作步骤

1. 整体布局

利用页面设置功能,将毕业论文各页设置为统一的布局格式,操作步骤如下:

(1)单击"页面布局"选项卡功能区中的"页边距"下拉按钮,在弹出的下拉列表中选择"自定义页边距"命令,打开"页面设置"对话框。

(2)在"页面设置"对话框的"页边距"选项卡中,设置上、下、左、右边距分别为"2厘米""2厘米""2.5厘米""2厘米"。在"应用于"下拉列表框中选择"整篇文档"。

(3)在对话框中单击"纸张"选项卡,选择纸张大小为"A4";在对话框中单击"版式"选项卡,设置页眉页脚边距均为"1.5厘米"。

(4)单击"确定"按钮,完成页面设置。

视频5-13
第1、2题

2. 分节

根据双面打印毕业论文的一般习惯,毕业论文各部分内容(封面、中文摘要、英文摘要、目录、正文各章节、结论、致谢、参考文献)应从奇数页开始,因此每节应该设置成从奇数页开始。操作步骤如下:

(1)将插入点定位在中文摘要所在页的标题文本的最前面,单击"页面布局"选项卡功能区中的"分隔符"下拉按钮,在弹出的下拉列表中选择"奇数页分节符"命令,完成第1个分节符的插入。

如果插入点定位在封面所在页的最后面,然后再插入分节符,此时在中文摘要内容的最前面会产生一个空行,需人工删除。

(2)重复步骤(1),用同样的方法在中文摘要、英文摘要、正文各章、结论、致谢所在页的后面插入分节符。参考文献所在页已经位于最后一节,所以在其后面不必插入分节符。

如果插入"分节符"时选择的是"下一页分节符",还可以通过如下方法实现每节从"奇数页"开始的设置。单击"页面布局"选项卡功能区中的"页边距"下拉按钮,在弹出的下拉列表中选择"自定义页边距",弹出"页面设置"对话框,单击"版式"选项卡,在"节的起始位置"下拉列表框中选择"奇数页",在"应用于"下拉列表框中选择"整篇文档",单击"确定"按钮即可。

3. 正文格式

1)一级、二级、三级标题样式

一级、二级、三级标题样式的设置可以放在一起进行操作,主要分为标题样式的建立、修改及应用。标题样式的建立可以利用"多级列表"结合"标题1"样式、"标题2"样式和"标题3"样式来实现,详细操作步骤如下:

视频5-14
正文第1题

(1)将插入点定位在论文正文第1章所在的标题文本的任意位置并右击,在弹出的快捷菜单中选择"项目符号和编号"命令,弹出"项目符号和编号"对话框。也可以按其他方法打开"项目符号和编号"对话框。

(2)在对话框中单击"多级编号"选项卡,然后选择带"标题1""标题2""标题3"的多级编号项,形如 ,如图5-3所示。单击"自定义"按钮,弹出"自定义多级编号列表"对话框。单击对话框中的"高级"按钮,对话框将扩展,如图5-4所示。

① 一级标题(章名)样式的建立。操作步骤请参考5.1节中的"5.1.3 操作步骤"小节中的"2. 章名和节名标题样式的建立"内容。

② 二级标题(节名)样式的建立。操作步骤请参考5.1节中的"5.1.3 操作步骤"小节中的"2. 章名和节名标题样式的建立"内容。

③ 在"级别"处单击"3",在"编号格式"下方的文本框中将自动出现序号"①.②.③."。其中"①"表示第 1 级序号,即章序号,"②"表示第 2 级序号,即为节序号,"③"表示第 3 级序号,即为次节序号,它们均为自动编号,删除最后的符号".",该多级编号为所需的编号。若文本框中无编号"①.②.③",可按如下方法添加。首先将第 2 级中编号"①.②"复制到第 3 级的编号格式文本框中,然后在编号后面手工输入".",最后在"编号样式"下拉列表框中选择"1,2,3,…"即可。单击"字体"按钮,在弹出的"字体"对话框中,选择中文字体为"黑体",西文字体为"Times New Roman",字号为"小四",单击"确定"按钮返回。"缩进位置"设置为 0 厘米,"将级别链接到样式"的下拉列表框中默认为"标题 3",若无,需要选择"标题 3",在"编号之后"的下拉列表框中选择"空格",其余设置项取默认值。至此,次节标题的编号格式设置完成。

④ 单击"确定"按钮完成一级、二级及三级标题样式的建立,插入点所在的段落将变成带自动编号"第 1 章"的章标题格式。

特别强调,一级、二级、三级标题样式的设置全部完成后,再单击"确定"按钮关闭"自定义多级编号列表"对话框。

(3) 在"开始"选项卡功能区中的"预设样式"库中将会出现标题 1、标题 2 和标题 3 样式。

(4) 设置的章名和节名标题样式还不符合要求,需要进行修改,操作步骤如下:

① 一级标题样式的修改。在"预设样式"库中右击样式"标题 1",在弹出的快捷菜单中选择"修改样式"命令,弹出"修改样式"对话框,如图 5-5 所示。在该对话框中,字体选择"黑体",字号为"三号",单击"居中"按钮。单击对话框左下角的"格式"下拉按钮,在弹出的下拉列表中选择"段落"命令,弹出"段落"对话框,进行段落格式设置,设置左缩进为"0 字符"。段前"1 行",段后"1 行",行距选择"单倍行距",其中,"1"可直接输入。单击"确定"按钮返回"修改样式"对话框,单击"确定"按钮完成设置。单击"确定"按钮返回"修改样式"对话框,再单击"确定"按钮完成设置。

② 二级标题样式的修改。在"预设样式"库中右击样式"标题 2",在弹出的快捷菜单中选择"修改样式"命令,弹出"修改样式"对话框。在该对话框中,字体选择"黑体",字号为"四号",单击"左对齐"按钮。单击对话框左下角的"格式"按钮,在弹出的下拉列表中选择"段落"命令,弹出"段落"对话框,进行段落格式设置,设置左缩进为"0 字符",段前"0.5 行",段后"0.5 行",行距选择"单倍行距",其中,"0.5"可直接输入。单击"确定"按钮返回"修改样式"对话框,再单击"确定"按钮完成设置。

③ 三级标题样式的修改。在"预设样式"库中右击样式"标题 3",在弹出的快捷菜单中选择"修改样式"命令,弹出"修改样式"对话框。在该对话框中,字体选择"黑体",字号为"小四",单击"左对齐"按钮。单击对话框左下角的"格式"按钮,在弹出的下拉列表中选择"段落"命令,弹出"段落"对话框,进行段落格式设置,设置左缩进为"0 字符",段前"0 行",段后"0 行",行距选择"1.5 倍行距"。单击"确定"按钮返回"修改样式"对话框,再单击"确定"按钮完成设置。

(5) 应用各级标题样式。

① 一级标题(章名)。将插入点定位在文档中的一级标题(章名)所在行的任意位置,单击"预设样式"库中的"标题 1"样式,则章名将自动设为指定的样式格式,删除原有的章名编号。其余章名应用章标题样式的方法类似,也可用"格式刷"进行格式复制实现相应操作。

② 二级标题(节名)。将插入点定位在文档中的二级标题(节名)所在行的任意位置,单击"预设样式"库中的"标题 2"样式,则节名将自动设为指定的格式,删除原有的节名编号。其余节名应用节标题样式的方法类似,也可用"格式刷"进行格式复制实现相应操作。

③ 三级标题(次节名)。将插入点定位在文档中的三级标题(次节名)所在行的任意位置,单击

"预设样式"库中的"标题3"样式,则次节名将自动设为指定的格式,删除原有的次节名编号。其余次节名应用次节标题样式的方法类似,也可用"格式刷"进行格式复制实现相应操作。

2)"样式0002"的建立与应用

新建与应用"样式0002"的具体操作步骤请参考5.1节中的"5.1.3 操作步骤"小节中的"4.'样式0001'的建立与应用"内容。

注意:论文正文中的标题(一级、二级、三级)、表格(表格内数据)、表和图的题注禁止使用定义的样式"样式0002"。若正文中已设置好自动编号或项目符号,也不可使用样式"样式0002",否则原有自动编号或符号将自动删除。

如果文档中包含有公式,在应用样式"样式0002"后,公式的垂直对齐方式将以"基线对齐"方式显示,而不是上下"居中"。若垂直对齐方式要调整为上下"居中"显示,操作方法为:右击公式所在段落的任意位置,在弹出的快捷菜单中选择"段落"命令,弹出"段落"对话框,单击"换行和分页"选项卡,在"文本对齐方式"下拉列表框中选择"居中对齐",单击"确定"按钮即可调整为上下居中显示。

包括标题样式和新建样式在内,应用样式之后的毕业论文排版效果如图5-36所示。

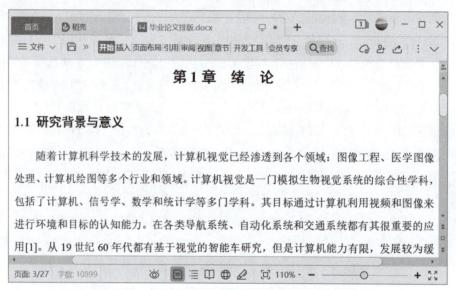

图5-36 定义的标题样式及新建样式应用后的效果

3)编号与项目符号

(1)添加编号的操作步骤如下:

① 将插入点定位在论文正文中第一处出现形如"(1),(2),(3),…"的段落中的任意位置,或选择该段落,或通过按【Ctrl】键加鼠标拖动方式选择要设置自动编号的多个段落,单击"开始"选项卡功能区中的"编号"下拉按钮,弹出编号下拉列表。

② 在下拉列表中选择与正文编号一样的编号类型即可。如果没有格式相同的编号,选择"自定义编号"命令,打开"项目符号和编号"对话框。在对话框中选择一种编号,单击"自定义"按钮,弹出"自定义编号列表"对话框。

③ 在该对话框可以设置编号格式、样式。在"编号格式"文本框中输入需要的编号格式(不能删除"编号格式"文本框中带有灰色底纹的数值)。还可以设置编号缩进位置及制表位位置。

④ 单击"确定"按钮返回,然后再单击"确定"按钮即可添加自定义的编号格式。插入点所在段落将自动出现编号"(1)",其余段落可通过重复上述步骤实现,也可以采用"格式刷"进行自动编号格式复制。插入自动编号后,原来文本中的编号需人工删除(如果存在)。

⑤ 插入自动编号后，编号数字将以递增的方式出现，根据实际需要，当编号在不同的章节出现时，其起始编号应该重新从 1 开始编号，上述方法无法自动更改。若使编号重新从 1 开始，操作方法为：右击该编号，在弹出的快捷菜单中选择"重新开始编号"命令即可。

插入自动编号后，所在段落默认为左对齐，若段首需要空两格，可通过打开"段落"对话框，设置"首行缩进"为 2 字符即可。

（2）添加项目符号的操作步骤如下：

① 将插入点定位在首次出现"●"的段落符号中的任意位置，或选择段落，或通过按【Ctrl】键加鼠标拖动方式选择要设置项目符号的多个段落，单击"开始"选项卡功能区中的"项目符号"下拉按钮，弹出项目符号下拉列表。

② 在下拉列表中选择所需的项目符号即可。如果没有所需的项目符号，选择"自定义项目符号"命令，打开"项目符号和编号"对话框。在对话框中选择符合要求的一种符号。若无，单击"自定义"按钮，弹出"自定义项目符号列表"对话框。

③ 单击"符号"按钮，在打开的"符号"对话框中选择需要的项目符号，单击"插入"按钮返回。这种方法可以将某张图片作为项目符号添加到选择的段落中。本题选择实心的向右箭头符号"➢"，单击"确定"按钮。

④ 插入点所在段落前面将自动出现项目符号"➢"，其余段落可以通过上述步骤实现，也可采用"格式刷"进行自动添加项目符号。段落中原来的符号需要手工删除。

插入项目符号后，所在段落默认为左对齐，若段首需要空两格，可通过打开"段落"对话框，设置"首行缩进"为 2 字符即可。

4）图题注与交叉引用

创建图题注与图题注的交叉引用，具体操作步骤请参考 5.1 节中的"5.1.3 操作步骤"小节中的"6. 图题注与交叉引用"内容。

5）表题注与交叉引用

创建表题注与表题表的交叉引用，具体操作步骤请参考 5.1 节中的"5.1.3 操作步骤"小节中的"7. 表题注与交叉引用"内容。

6）公式输入与编辑

首先在论文中相应位置处插入公式，然后再对公式所在段落进行格式设置，操作步骤如下：

① 将插入点定位在公式(3-1)的右侧，单击"插入"选项卡功能区中的"公式"按钮，弹出公式编辑器，如图 5-37(a) 所示。

② 单击公式编辑工具栏中的"围栏模板"，在弹出的下拉列表中选择单向的大括号，公式形如"$\{$"。

③ 在大括号中输入"x"，然后单击工具栏上的"上标和下标模板"，在弹出的下拉列表中选择下标符号，输入"corrected"，公式形如"$\{x_{corrected}$"。

④ 单击键盘上的向右光标键，插入点移到与"x"平级的位置，继续输入公式的其余内容，形如"$\{x_{corrected} = x(1+k_1r^2+k_2r^4+k_3r^6)$"。

⑤ 输完公式的第一行，按回车键将增加一行，按上述步骤输入公式的第二行，直到完成整个公式的输入，如图 5-37(b) 所示。

⑥ 单击公式编辑器右上角的"关闭"按钮，退出公式编辑，插入点处将出现输入的公式。选择论文中的原有公式图片，按【Delete】键删除。

视频5-15
正文第6题

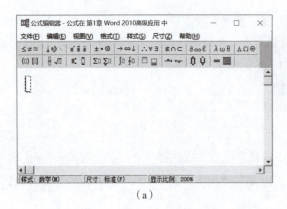
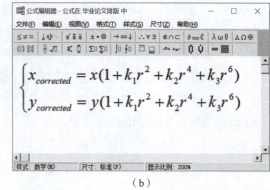

（a） （b）

图 5-37 公式编辑器

一般来说，在文档中，公式本身需要水平居中对齐，而公式右边的编号右对齐。相应的操作步骤为：将插入点定位在公式所在段落的任意位置，例如公式（3-1），单击"开始"选项卡功能区中的"右对齐"按钮，实现公式所在段落的"右对齐"。调整公式与编号之间的空格数，使公式在所在行中水平居中显示。

按照相同的处理方法，可以实现论文中其余公式的格式设置。论文中的公式设置格式后的效果如图 5-38 所示。

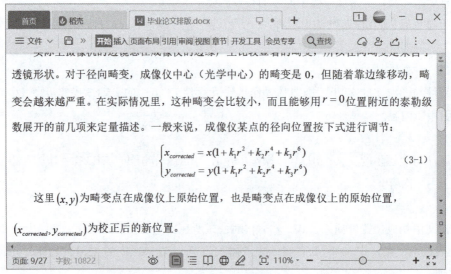

图 5-38 公式编辑

7）图文混排

扫一扫

视频5-16
正文第7～9题

本题实现论文中指定图片与文本的混合排版，操作步骤如下：

（1）在论文中找到"图 3-1 相机镜头像差"所对应的图片并右击，在弹出的快捷菜单中选择"其他布局选项"命令，弹出"布局"对话框，如图 5-39（a）所示。

（2）单击"大小"选项卡，然后在对话框中选择"锁定纵横比"和"相对原始图片大小"复选框，在宽度的绝对值文本框中输入"6.5 厘米"，单击"确定"按钮。

（3）拖动鼠标，选中该图及其下方的题注文本"图 3-1 相机镜头像差"，单击"插入"选项卡功能区中的"文本框"下拉按钮，在弹出的下拉列表中选择"横向文本框"命令，选择的图片及文本将自动出现在文本框中，且文本框自动为"四周型"环绕方式。

（4）选择文本框并右击文本框任意边框，在弹出的快捷菜单中选择"设置对象格式"命令，在文档的右侧将自动弹出"任务窗格",如图 5-39(b)所示。

(5)在"任务窗格"中选择"线条",并在弹出的列表中选择"无线条"单选按钮,将自动隐藏文本框的边框线。单击"任务窗格"右上角的"关闭"按钮关闭"任务窗格"。

(6)移动该文本框(拖动边框或按键盘上的光标移动键移动),将其置于 3.1 节内容的右侧,设置效果如图 5-40 所示。如果图片的环绕方式不是"四周型",可按前面的方法设置为"四周型"环绕方式,再进行移动。

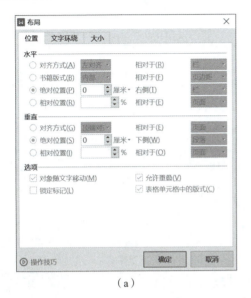

(a)

(b)

图 5-39 "布局"对话框及任务窗格

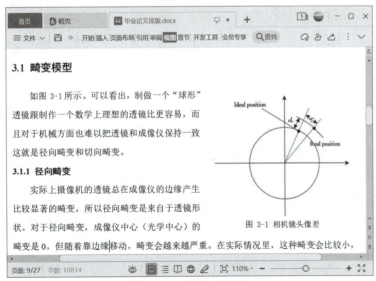

图 5-40 图文混排效果

8)超链接

在 WPS 文字中,可以将文档中的文本或图片链接到指定的目标位置,目标位置可以是网址、WPS 文档、书签、Web 网页、电子邮件等。本题的操作步骤如下:

(1)选择第 1 章中的文本"OpenCV(Open Source Computer Vision Library)",单击"插入"选项卡功能区中的"超链接"按钮,弹出"插入超链接"对话框,如图 5-41(a)所示。或者右击要建立超链接的对象,在弹出的快捷菜单中选择"超链接"命令,也会弹出"插入超链接"对话框。

（2）在该对话框中的地址文本框中输入网址"https://opencv.org/"，单击"确定"按钮，选择的文本将被建立起指向目标网址的超链接，超链接的外形如图5-41（b）所示。

（a）

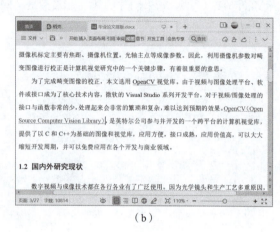
（b）

图5-41　超链接

9）插入脚注

视频5-17
正文第10题

插入脚注的操作步骤如下：

（1）将插入点定位在毕业论文正文中第1章标题的末尾，单击"引用"选项卡功能区中的"插入脚注"按钮，即可在选择的位置处看到脚注标记。或者单击功能区右下角的"脚注和尾注"对话框启动器按钮，弹出图5-42所示的"脚注和尾注"对话框，选择"脚注"单选按钮，格式取默认设置，单击"确定"按钮。

（2）在页面底端插入点处输入注释内容"计算机科学与技术171班"即可。

10）结论、致谢、参考文献

图5-42　"脚注和尾注"对话框

（1）结论部分的格式设置与正文各章节格式设置相同，包括标题及内容格式。标题可应用"标题1"样式，内容可应用"样式0002"，详细操作步骤略。

（2）致谢、参考文献的标题格式设置的操作步骤如下：

①将插入点定位在致谢标题行的任意位置,或选择标题行，单击"开始"选项卡功能区中"预设样式"库中的"标题1"样式，则致谢标题将自动设为指定的样式格式，删除自动出现的章编号，并使标题居中显示即可。

②重复步骤①，可实现参考文献的标题的格式设置。

（3）致谢内容的格式设置，操作步骤如下：

①选择除致谢标题外的内容文本,单击"预设样式"库中的样式"样式0002"即可。或者通过"开始"选项卡功能区中的对应按钮实现字符格式设置，通过"脚注和尾注"中的相应按钮实现段落格式设置。

②若致谢内容中还有其他设置对象，可参照正文各章节对应项目的设置方法实现相应操作。

③参考文献内容的格式采用默认格式，即五号、宋体、单倍行距、左对齐，若不是此格式，可重新设置。

（4）参考文献的自动编号设置，操作步骤如下：

① 选择所有的参考文献并右击，在弹出的快捷菜单中选择"项目符号和编号"命令，弹出"项目符号和编号"对话框。

② 在"编号"选项卡中选择符合要求的编号样式，单击"确定"按钮即可。若没有，选择任意一种编号样式，单击"自定义"按钮，弹出"自定义编号列表"对话框。

③ 在对话框的"编号格式"文本框中"①"的两边分别输入"["和"]"，删除符号"、"，然后输入一个空格。在"编号样式"下拉列表中选择"1,2,3,…"，对齐方式选择"左对齐"，对齐位置为 0.7 厘米，制表位的缩进位置设置为 1.5 厘米，设置后如图 5-43（a）所示。

④ 单击"确定"按钮，在每篇参考文献的前面将自动出现如"[1]，[2]，[3]，…"形式的编号，并自动取代原来手工输入的编号，操作结果如图 5-43（b）所示。

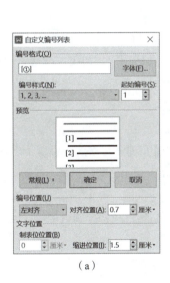
（a）

（b）

图 5-43　参考文献自动编号

（5）论文中的参考文献的交叉引用，操作步骤如下：

① 将插入点定位在毕业论文正文中引用第 1 篇参考文献的位置，删除原有参考文献标号。单击"引用"选项卡功能区中的"交叉引用"按钮，弹出"交叉引用"对话框。

② 在"引用类型"下拉列表框中选择"编号项"。在"引用内容"下拉列表框中选择"段落编号"。在"引用哪一个编号项"列表框中选择要引用的参考文献，如图 5-44 所示。

③ 单击"插入"按钮，实现第 1 篇参考文献的交叉引用。单击"取消"按钮关闭该对话框。

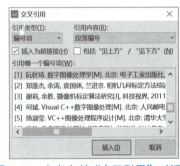

图 5-44　参考文献"交叉引用"对话框

④ 选择论文中已插入交叉引用的第一篇参考文献对应的编号，例如"[1]"，单击"开始"选项卡功能区中的"上标"按钮，"[1]"变成"[1]"，即为上标。或在"字体"对话框中选择"效果"栏中的"上标"复选框，也可实现上标操作，或按快捷键【Ctrl+Shift++】添加上标。

⑤ 重复上述步骤，可实现论文中所有参考文献的交叉引用以及上标设置操作。

视频5-18
中英文摘要

4. 中英文摘要

1）中文摘要的格式设置

中文摘要的格式主要包括字符格式及段落格式的设置，操作步骤如下：

（1）将插入点定位在中文摘要标题行的任意位置，或选择标题行，单击"开始"选项卡功能区"预设样式"库中的"标题1"样式，则标题将自动设为指定的样式格式，删除自动产生的章编号，单击"居中"按钮使其居中显示。

（2）选择作者及单位内容，单击"开始"选项卡功能区中的相应按钮实现字符格式的设置，字体选择"宋体"，字号选择"五号"。单击功能区中的"居中对齐"按钮实现居中显示；选择功能区中的"行距"下拉列表框中的"1.5"，实现1.5倍行距的设置。

（3）选择文字"摘要："，设置字体为"黑体"，字号为"四号"即可。选择其余文字，设置字体为"宋体"，字号为"小四"即可。单击功能区右下角的"段落"对话框启动器按钮，弹出"段落"对话框，设置首行缩进为"2字符"，行距为"1.5倍行距"，单击"确定"按钮返回。

（4）选择文字"关键词："，设置字体为"黑体"，字号为"四号"即可。选择其余文字，设置字体为"宋体"，字号为"小四"即可。单击功能区中右下角的"段落"对话框启动器按钮，弹出"段落"对话框，设置首行缩进为"2字符"，行距为"1.5倍行距"，单击"确定"按钮返回。

2）英文摘要的格式设置

英文摘要的格式主要包括字符格式及段落格式的设置，操作步骤如下：

（1）选择整个英文摘要，单击"开始"选项卡功能区中的相应按钮实现字符格式的设置，字体选择"Times New Roman"。

（2）将插入点定位在英文摘要标题行的任意位置，或选择标题行，单击"开始"选项卡功能区"预设样式"库中的"标题1"样式，则标题将自动设为指定的样式格式，删除自动产生的章编号，单击"居中对齐"按钮使其居中显示。

（3）选择作者及单位内容，单击"开始"选项卡功能区中的相应按钮实现字符格式的设置，字号选择"五号"，单击功能区中的"居中对齐"按钮实现居中显示。单击功能区右下角的"段落"对话框启动器按钮，弹出"段落"对话框，设置行距为"1.5倍行距"，单击"确定"按钮返回。

（4）选择字符"Abstract："，设置字号为"四号"，并单击"加粗"按钮。选择其余字符，设置字号为"小四"。单击功能区右下角的"段落"对话框启动器按钮，弹出"段落"对话框，设置首行缩进为"2字符"，行距为"1.5倍行距"，单击"确定"按钮返回。

（5）选择字符"Key words："，设置字号为"四号"，并单击"加粗"按钮。选择其余字符，设置字号为"小四"。单击功能区右下角的"段落"对话框启动器按钮，弹出"段落"对话框，设置首行缩进为"2字符"，行距为"1.5倍行距"，单击"确定"按钮返回。

5. 目录

利用分节符功能进行分节，并在各节中自动生成目录和图表目录。

1）分节

毕业论文的目录的位置一般位于英文摘要与正文之间，因此插入分节符可按下列操作方法实现：将插入点定位在毕业论文第1章标题文本的左侧。由于"第1章"为自动编号，插入点只能位于该编号之后，但不影响操作结果。单击"页面布局"选项卡功能区中的"分隔符"下拉按钮，在分节符类型中选择"奇数页分隔符"，完成一节的插入。重复此操作，插入另外两个分节符。

2）生成目录

（1）将插入点定位在要插入目录的页面的第1行（插入的第1个分节符所在的页面），输入文字"目录",删除"目录"前面自动产生的章编号,并居中显示。将插入点定位在"目录"文字的右侧,单击"引用"选项卡功能区中的"目录"下拉按钮,在弹出的下拉列表中选择"自定义目录"命令,打开"目录"对话框。

(2)在对话框中确定目录显示的格式及级别,例如制表符前导符、显示级别、显示页码、页码右对齐等,本题取默认值。

(3)单击"确定"按钮,完成创建目录的操作

3)生成图目录

(1)将插入点移到要建立图目录的位置(插入的第2个分节符所在的页面),输入文字"图目录",删除"图目录"前面自动产生的章编号,并居中显示。将插入点定位在"图目录"文字的右侧,单击"引用"选项卡功能区中的"插入表目录"按钮,弹出"图表目录"对话框。

(2)在"题注标签"列表框中选择"图"题注标签类型。

(3)在"图表目录"对话框中还可以对其他选项进行设置,例如显示页码、页码右对齐、制表符前导符等,与目录设置方法类似,本题取默认值。

(4)单击"确定"按钮,完成图目录的创建。

4)生成表目录

(1)将插入点移到要建立表目录的位置(插入的第3个分节符所在的页面),输入文字"表目录",删除"表目录"前面自动产生的章编号,并居中显示。将插入点定位在"表目录"文字的右侧,单击"引用"选项卡功能区中的"插入表目录"按钮,弹出"图表目录"对话框。

(2)在"题注标签"列表框中选择"表"题注标签类型。

(3)在"图表目录"对话框中还可以对其他选项进行设置,例如显示页码、页码右对齐、制表符前导符等,与目录设置方法类似,本题取默认值。

(4)单击"确定"按钮,完成表目录的创建。

6. 论文页眉

视频5-19
论文页眉

毕业论文的页眉设置包括正文前(封面、中英文摘要、目录及图表目录)的页眉设置和正文(各章节、结论、致谢及参考文献)的页眉设置,各部分的页眉内容也有所不同。

(1)正文前的页眉设置,操作步骤如下:

① 封面为单独一页,无页眉页脚,故要省略封面页眉页脚的设置。方法是:将插入点定位在论文中文摘要所在页,双击页面顶部,即页眉位置处,进入"页眉页脚"编辑状态,同时显示"页眉页脚"选项卡。或单击"插入"选项卡功能区中的"页眉页脚"按钮或"章节"选项卡功能区中的"页眉页脚"按钮,也可进入"页眉页脚"编辑状态。

② 单击"页眉页脚"选项卡功能区中的"同前节"按钮,断开该节与前一节的页眉之间的链接(默认为链接)。此时,页面中将不再显示"与上一节相同"的提示信息。

③ 在页眉中直接输入"×××大学本科生毕业论文(设计)",并居中显示。

④ 单击功能区中的"页眉横线"下拉按钮,在弹出的下拉列表中选择"单实线",在页眉区域的底部将自动添加一条横线。

⑤ 查看论文正文前各页是否已添加符合要求的页眉内容,若没有相关内容,可按前面的方法添加。若添加完成,双击非页眉页脚的任意区域,返回文档编辑状态,完成正文前页眉的设置。实际中,整篇论文除首页外,各页都加上了页眉内容且内容相同。

如果要删除页眉中的横线,只要在"页眉页脚"状态下,选择"页眉横线"下拉列表中的"删除横线"命令即可。

（2）正文页眉设置，操作步骤如下：

①将插入点定位在毕业论文正文部分所在的首页，即"第1章"所在页。双击页眉区域，进入"页眉页脚"编辑状态。

②单击"页眉页脚"选项卡功能区中的"同前节"按钮，断开该节与前一节的页眉之间的链接（默认为链接），然后删除页眉中的原有内容。

③单击"章节"选项卡功能区功能区中的"奇偶页不同"复选框，以示选中，形如 ☑奇偶页不同。

④单击"插入"选项卡功能区中的"文档部件"下拉按钮，在弹出的下拉列表中选择"域"命令，弹出"域"对话框。或单击"页眉页脚"选项卡功能区中的"域"命令，也可弹出"域"对话框。

⑤在"域名"列表框中选择"样式引用"，并在"样式名"列表框中选择"标题1"，选择"插入段落编号"复选框。单击"确定"按钮，在页眉中将自动添加章序号。

⑥输入一个空格。用同样的方法打开"域"对话框。在"域名"列表框中选择"样式引用"，并在"样式名"列表框中选择"标题1"。若选择了"插入段落编号"，则再次单击复选框以去掉"插入段落编号"。单击"确定"按钮，实现在页眉中添加章名。

⑦按快捷键【Ctrl+E】，使页眉中的文字居中显示，或者直接单击"开始"选项卡功能区中的"居中对齐"按钮。

⑧单击"页眉页脚"选项卡功能区中的"页眉横线"下拉按钮，在弹出的下拉列表中选择"单实线"，即可在页眉的下面自动添加一条单实线。该操作的前提是页眉中无横线。

⑨将插入点定位到毕业论文正文第2页页眉处，即偶数页页眉处，单击"页眉页脚"选项卡功能区中的"同前节"按钮，断开该节与前一节页眉之间的链接（默认为链接），此时页面中将不再显示"与上一节相同"的提示信息。用上述方法添加页眉，不同的是在"域"对话框中的"样式名"列表框中选择"标题2"。单击"页眉页脚"选项卡功能区中的"页眉横线"下拉按钮，在弹出的下拉列表中选择"单实线"，即可在页眉的下面自动添加一条单实线。该操作的前提是页眉中无横线。

⑩偶数页页眉设置后，双击非页眉页脚区域，即可退出页眉页脚编辑环境。或单击"页眉页脚"选项卡功能区中的"关闭"按钮，结束本题操作。

（3）添加结论、致谢和参考文献的页眉，操作步骤如下：

①在"页眉页脚"编辑状态下，将插入点定位到论文结论所在页的页眉处，单击"页眉页脚"选项卡功能区中的"同前节"按钮，断开该节与前一节页眉之间的链接（默认为链接），然后删除页眉中的内容。

②单击"页眉页脚"选项卡功能区中的"域"命令，弹出"域"对话框。

③在"域名"列表框中选择"样式引用"，并在"样式名"列表框中选择"标题1"，单击"确定"按钮，实现在页眉中自动添加章名。

④致谢和参考文献部分的页眉内容将会自动添加。

⑤结论、致谢和参考文献的页眉区域中的横线添加方法，可参考前面的相关内容。

还有一种比较简单地修改这三部分页眉内容的方法，在取消与前一节页眉的链接关系后，不用删除页眉中的全部内容，而是删除页眉内容当中的编号，例如，删除编号"第5章"即可，致谢及参考文献所在页的页眉内容的编号将自动删除，章的名称将保留。

7. 论文页脚

毕业论文页脚的内容通常是页码，实际上就是如何生成页码的过程。毕业论文的页脚设置包括正文前（封面、中英文摘要、目录及图表目录）的页码生成和正文（各章节、结论、致谢及参考文献）的页码生成，各部分的页码格式也有所不同。

视频5-20
论文页脚

（1）正文前的页码生成，操作步骤如下：

① 由于论文封面不加页码，所以进入"页眉页脚"编辑状态后，直接将插入点定位在第 2 节（中文摘要所在页）的页脚处，单击"页眉页脚"选项卡功能区中的"同前节"按钮，断开该节与前一节的页脚之间的链接（默认为链接）。单击"页脚"区域上面的"插入页码"按钮，弹出页码设置列表。

② 在列表中的"样式"下拉列表中选择"i，ii，iii，…"的编号，位置选择"居中"，应用范围选择"本节"，单击"确定"按钮，本节页脚将插入指定格式的页码。

③ 由于正文前的内容插入了多个分节符，所以步骤②仅实现了当前分节符中页脚格式的设置，还需要设置不同分节符所在页面的页脚格式。将插入点定位在下一节页脚中重复步骤②，可实现该节页脚格式的设置。

④ 查看正文前各节的页码编号是否连续，如果不连续需进行设置。

单击页脚上方的"重新编号"下拉按钮，在弹出的下拉列表中选择"页码编号续前节"。实现页码连续。

⑤ 对于其他节的页脚格式，默认为"1，2，3，…"，可以按照步骤②的操作进行页码格式设置，并修改为指定形式。需要注意，对于正文前的各节的页脚，在"重新编号"下拉列表中，必须选择"页码编号续前节"，以保证论文正文前各页面的页码连续。

（2）正文的页码生成，操作步骤如下：

由于前面已有插入页码操作，正文各章节将以序号 1 开始编号，且居中显示，需要将其页码格式重新进行编号，以符合排版要求。

① 将插入点定位在论文正文"第 1 章"所在页的页脚处，单击"页脚"区域上面的"页码设置"按钮，弹出页码设置列表。

② 在列表中的"位置"处选择"双面打印 1"，应用范围选择"本页及之后"，单击"确定"按钮，本页及之后的页脚将插入指定格式的页码。由于前面已设置正文按奇偶页不同进行了设置，本步骤将自动调整好正文其余各节的页码格式。

③ 查看正文各节（还有结论，致谢及参考文献）的起始页面的页码是否与前一节连续，否则需选择"重新编号"列表中的"页码编号续前节"，以保证正文各部分的页码连续。以及查看页码格式是否符合要求，否则需在"页码设置"列表中进行调整。

（3）更新正文目录、图目录、表目录：

① 右击目录中的任意标题名称，在弹出的快捷菜单中选择"更新域"命令，弹出"更新目录"对话框，选择"更新整个目录"单选按钮，单击"确定"按钮完成目录的更新。

② 重复步骤①，可以更新图目录和表目录。

③ 单击"快速访问工具栏"中的"保存"图标进行保存。

④ 单击"文件"菜单，在弹出的列表中选择"另存为"命令，弹出"另存文件"窗口。

⑤ 单击窗口左侧的"我的电脑"，然后在窗口右侧双击"WPS 网盘"，进入云空间。

⑥ 单击"保存"按钮，该文档将自动保存在用户账号对应的云空间中，成为云文档。

8. 排版效果

毕业论文排版完成后，其部分效果如图 5-45 所示。

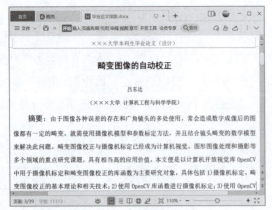

（a）中文摘要

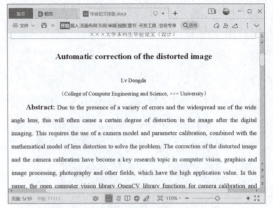

（b）英文摘要

（c）目录

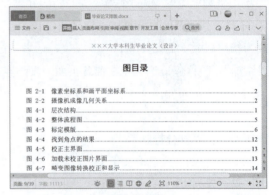

（d）图目录

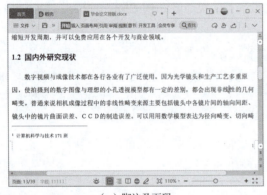

（e）脚注及页码

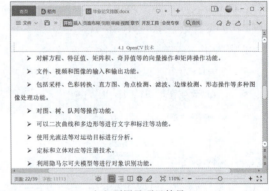

（f）页眉及项目符号

图 5-45　排版效果

5.2.4　操作提高

（1）修改一级标题样式：从第 1 章开始自动排序，小二号，黑体，加粗，段前 2 行，段后 1 行，单倍行距，左缩进 0 字符，居中对齐。

（2）修改二级标题样式：从 1.1 开始自动排序，小三号，黑体，加粗，段前 1 行，段后 1 行，单倍行距，左缩进 0 字符，左对齐。

（3）修改三级标题样式：从 1.1.1 开始自动排序，小四号，黑体，加粗，段前 0.5 行，段后 0.5 行，单倍行距，左缩进 0 字符，左对齐。

（4）将正文中的表格全部改为以下格式：三线表，外边框单线 1.5 磅，内边框单线 0.75 磅。

（5）对正文中出现的"1., 2., 3., …"编号进行自动编号，编号格式不变。

（6）将第 1 章中出现的"OpenCV"全部改成粗体显示的"OpenCV"。

（7）将正文中"3.1.2 切向畸变"小节中的公式（3-2）利用公式编辑器重新输入，放在其下面，成为公式（3-3）。

（8）对结论所在的标题添加批注，批注内容为"此部分内容需再详细阐述。"

（9）将结论所在的内容以两栏方式显示，选项采用默认方式。

（10）将致谢所在的节的内容以横排方式显示。

（11）在毕业论文致谢内容的最后另起一段，插入一个已存在的附件，文件名为"作者简介.docx"，内容为"作者简介：吕东达，男，1999 年 3 月生，本科生，计算机科学与技术专业。"。

（12）给本篇文档设置密码，打开密码为"ABCDEF"，修改密码为"123456"。

（13）将文档备份到"我的云文档"中。

案例 5.3　期刊论文排版与审阅

5.3.1　问题描述

视频5-21
期刊论文的排版与审阅

学生小张将主持的 SRT（Students Research Training）项目的研究成果写成了一篇学术论文，向某期刊投稿。小张事先按照期刊的排版要求进行了论文格式编辑，然后向该期刊投稿，经审稿人审阅后提出修改意见返回。现在请读者模拟论文处理过程中的排版编辑，按要求完成下列格式操作。

（1）全文采用单倍行距。

（2）中英文标题及摘要的格式要求如下：

① 中文标题：小二号，黑体，加粗，居中对齐，段前 2 行，段后 1 行。作者和单位：小四号，仿宋，居中对齐，姓名后面及单位前面的数字设为上标形式。字符"摘要："及"关键词："采用五号，黑体，加粗。其余内容采用小五号，宋体，段首空 2 字符。

② 英文标题及摘要采用字体 Times New Roman，其中英文标题：小四号，黑体，加粗，段前 2 行，段后 1 行，居中对齐。作者和单位：五号，居中对齐，姓名后面及单位前面的数字设为上标形式。字符"Abstract："及"Key words："采用五号，黑体，加粗。其余内容采用小五号，段首空 2 字符。

（3）以首页一级标题的最末一个字为标签插入脚注（"概述"的"述"），标签格式与标题格式相同，内容为"收稿日期：2021-5-20　E-mail：Paper@gmail.com"。脚注内容格式为六号，黑体，加粗。

（4）一级标题：采用样式"标题 1"。要求从 1 开始自动编号，小四号，黑体，加粗，段前 1 行，段后 1 行，单倍行距，左对齐。

（5）二级标题：采用样式"标题 2"。要求从 1.1 开始自动编号，五号，黑体，加粗，段前 0 行，段后 0 行，单倍行距，左对齐。

（6）正文（除各级标题、图表题注、表格内容、公式、参考文献外）为五号，中文字体为"宋体"，英文字体为"Times New Roman"，单倍行距，段首空 2 字符。

（7）添加图题注，形式为"图 1、图 2、…"，自动编号，位于图下方文字的左侧，与文字间隔一个空格，图及题注居中，并将文档中的图引用改为交叉引用方式。

（8）添加表题注，形式为"表 1、表 2、…"，自动编号，位于表上方文字的左侧，与文字间隔一个空格，表及题注居中，并将文档中的表引用改为交叉引用方式。

（9）参考文献采用"[1]、[2]、[3]、…"形式的格式，并自动编号。将正文中引用到的参考文献设为交叉引用方式，并设为上标形式。

（10）将正文到参考文献（包括参考文献）内容进行分栏，分为两栏，无分隔线，栏宽取默认值，其中图 2（包括图及图题注内容）保留单栏形式。

（11）调整论文中公式所在行的格式，使公式编号右对齐，公式本身居中显示。

（12）将表格"表 1 车牌实验数据"设置成"三线表"，外边框线宽 2.25 磅，绿色，内边框线宽 0.75 磅，绿色。表格内的数据的字号为"小五"，并且表格内的数据"居中"显示。

（13）添加页眉，内容为论文中文标题，居中显示；添加页脚页码，格式为"1，2，3，…"，居中显示。

（14）对论文的中文标题添加批注，批注内容为"标题欠妥，请修改。"。

（15）将"1 概述"章标题下面一段文本的段落首字（"汽车牌照识别技术是车辆自动识别系统……"所在的段落）设为下沉 2 行形式。

（16）启动修订，将中文摘要中重复的文字"车牌"删除，并将"5 结语"改为"5 结论"。

（17）在论文的最后插入一个已存在的附件，文件名为"作者简介 .docx"，文档内容为"作者简介：张三，男，2002 年 6 月生，本科生，计算机科学与技术专业。"。

（18）保存 WPS 文档，并生成一个名为"一种基于纹理模式的汽车牌照定位方法 .PDF"的 PDF 文档。

5.3.2 知识要点

（1）字符格式、段落格式设置。

（2）样式的建立、修改及应用；自动编号的使用。

（3）分栏设置。

（4）题注、交叉引用的使用。

（5）表格边框的设置。

（6）脚注的编辑。

（7）页眉页脚的设置。

（8）批注、修订的编辑。

（9）附件的插入。

5.3.3 操作步骤

1. 全文行间距

拖动鼠标选择全文或按快捷键【Ctrl+A】选择全文，单击"开始"选项卡功能区中的"行距"下拉按钮，在弹出的下拉列表中选择"1.0"，即可将全文行间距设为单倍行距，或在"段落"对话框中进行设置。

2. 中英文标题及摘要格式

1）中文标题及摘要格式

（1）中文标题。选择中文标题，在"开始"选项卡功能区中设置字体为"黑体"，字号为"小二号"，单击"加粗"按钮。单击功能区右下角的"段落"对话框启动器按钮，弹出"段落"对话框，设置段前距为"2 行"，段后距为"1 行"，对齐方式选择"居中对齐"，单击"确定"按钮返回。

（2）作者和单位。选择作者及单位所在段落，在"开始"选项卡功能区中设置字体为"仿宋"，字号为"小四"。单击功能区中的"居中对齐"按钮。分别选择中文姓名后面及单位前面的数字，单击功能区中的"上标"按钮 X^2，将指定的数字设为上标形式。

（3）分别选择字符"摘要："及"关键词："，在"开始"选项卡功能区中设置字体为"黑体"，字号为"五号"，单击"加粗"按钮。选择其余内容，在功能区中设置字体为"宋体"，字号为"小五"。打开"段落"对话框，在特殊格式下拉列表框中选择"首行缩进"，并设置为"2 字符"，单击"确定"按钮返回。

2）英文标题及摘要格式

选择所有英文标题及摘要内容，在"开始"选项卡功能区中设置字体为"Times New Roman"。

（1）英文标题。选择英文标题，在"开始"选项卡功能区中设置字体为"黑体"，字号为"小四"，单击"加粗"按钮。单击功能区右下角的"段落"对话框启动器按钮，弹出"段落"对话框，设置段前距为"2 行"，段后距为"1 行"，对齐方式选择"居中对齐"，单击"确定"按钮返回。

（2）作者和单位。选择作者及单位所在段落，在"开始"选项卡功能区中设置字号为"五号"。单击功能区中的"居中对齐"按钮。分别选择英文姓名后面及单位前面的数字，单击功能区中的"上标"按钮 X^2，将指定的数字设为上标形式。

（3）分别选择英文字符"Abstract:"及"Key words:"，在"开始"选项卡功能区中设置字体为"黑体"，字号为"五号"，单击"加粗"按钮。选择其余内容，字号选择"小五"。打开"段落"对话框，在特殊格式下拉列表框中选择"首行缩进"，并设置为"2 字符"，单击"确定"按钮返回。

3. 插入脚注

本题实现在指定位置插入符合要求的脚注，操作步骤如下：

（1）将插入点定位到首页一级标题行的末尾（"1 概述"行的末尾），单击"引用"选项卡功能区右下角的"脚注和尾注"对话框启动器按钮，打开"脚注和尾注"对话框。

扫一扫

视频5-23
第3题

（2）在"位置"栏中选择"脚注"单选按钮，并设置位于"页面底端"。在"自定义标记"文本框中输入标题的最后一个汉字，即"1 概述"的"述"，其他选项取默认值，如图 5-46 所示，单击"插入"按钮。此时在标题的末尾出现脚注标记"述"，并且页面底部也出现脚注标记，分别为"1 概述述"和"————"。
   述

（3）拖动鼠标选择一级标题中的"概述"文字，单击"开始"选项卡功能区中的"格式刷"按钮，进行格式复制。然后，拖动鼠标刷题注标记"述"字，使其格式与"概述"字符格式相同，并删除原文标题中的字符"述"。

（4）将插入点定位到页面底端题注标记"述"的右侧，按【Backspace】键删除字符"述"，并输入文本"收稿日期：2021-5-20 E-mail：Paper@gmail.com"。选择输入的文本，在"开始"选项卡功能区中设置字体为"黑体"，字号为"六号"，单击"加粗"按钮，完成脚注的添加及格式设置。

（5）一级标题及页面底端的脚注将分别形如"1 概述"和"收稿日期：2021-5-20 E-mail：Paper@gmail.com"。

4. 一级、二级标题样式的建立

第 4 题一级标题和第 5 题二级标题样式的操作可以放在一起进行操作，其过程主要分为样式的建立、修改及应用。标题样式的建立可以利用多级编号结合"标题 1"样式和"标题 2"样式来实现，详细操作步骤如下：

（1）将插入点定位在论文标题文本"1 概述"中的任意位置并右击，在弹出的快捷菜单中选择"项目符号和编号"命令，弹出"项目符号和编号"对话框。也可以按其他方法打开"项目符号和编号"对话框。

（2）在对话框中单击"多级编号"选项卡，然后选择带"标题 1""标题 2""标题 3"的多级编号项，如图 5-3 所示。单击"自定义"按钮，弹出"自定义多级编号列表"对话框。单击对话框中的"高级"按钮，对话框将扩展，如图 5-4 所示。

① 一级标题样式的建立。操作步骤请参考 5.1 节中的"5.1.3 操作步骤"小节中的"2. 章名和节名标题样式的建立"内容。

② 二级标题（节名）样式的建立。操作步骤请参考 5.1 中的"5.1.3 操作步骤"小节中的"2. 章名和节名标题样式的建立"内容。

特别强调，一级、二级标题样式的设置全部完成后，再单击"确定"按钮关闭"自定义多级编号列表"

对话框。

5. 一级、二级标题样式的修改及应用。

一级、二级标题样式的修改及应用。操作步骤请参考 5.1 节中的 "5.1.3 操作步骤" 小节中的 "3.章名和节名标题样式的修改及应用" 内容。

6. 正文格式设置

本题可以先建立一个样式 "样式 0003"，然后利用应用样式方法来实现相应操作。

新建及应用样式 "样式 0003"，具体操作步骤请参考 5.1 节中的 "5.1.3 操作步骤" 小节中的 "4. '样式 0001' 的建立与应用" 内容。

包括标题样式和新建样式在内，应用样式之后的论文格式如图 5-47 所示。

图 5-46 "脚注和尾注" 对话框

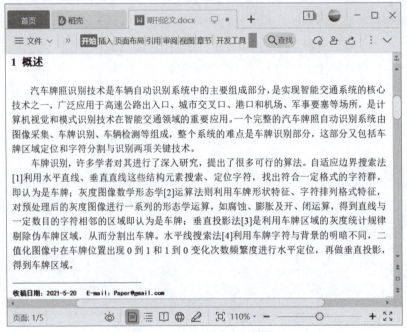

图 5-47 各级样式应用效果

7. 图题注及交叉引用

（1）创建图题注，操作步骤如下：

①将插入点定位在论文中第一个图下面一行文字内容的左侧，单击 "引用" 选项卡功能区中的 "题注" 按钮，弹出 "题注" 对话框。

②在 "标签" 下拉列表框中选择 "图"。若没有标签 "图"，单击 "新建标签" 按钮，在弹出的 "新建标签" 对话框中输入标签名称 "图"，单击 "确定" 按钮返回。

③ "题注" 文本框中将会出现 "图 1"，单击 "确定" 按钮完成图题注的添加，插入点位置将会自动出现 "图 1" 题注编号。

④选择图题注及图,单击 "开始" 选项卡功能区中的 "居中对齐" 按钮,实现图题注及图的居中显示。

⑤重复步骤①和②，可以插入其他图的题注。或者将第一个图的题注编号 "图 1" 复制到其他图下面一行文字的前面，并通过 "更新域" 命令实现图题注编号的自动更新。

（2）图题注的交叉引用，操作步骤如下：

① 选择论文中第1个图对应的图引用文字并删除。单击"引用"选项卡功能区中的"交叉引用"按钮，弹出"交叉引用"对话框。

② 在"引用类型"下拉列表框中选择"图"。在"引用内容"下拉列表框中选择"仅标签和标号"。在"引用哪一个题注"列表框中选择要引用的题注，单击"插入"按钮。单击"关闭"按钮退出。

③ 选择的题注编号将自动添加到文档中。按照步骤②的方法可实现论文中所有图的交叉引用。

8. 表题注及交叉引用

（1）创建表题注，操作步骤如下：

① 将插入点定位在论文中第一张表上面一行文字内容的左侧，单击"引用"选项卡功能区中的"题注"按钮，弹出"题注"对话框。

② 在"标签"下拉列表框中选择"表"。若没有标签"表"，单击"新建标签"按钮，在弹出的"新建标签"对话框中输入标签名称"表"，单击"确定"按钮返回。

③ "题注"文本框中将会出现"表1"，单击"确定"按钮完成表题注的添加。插入点位置将会自动出现"表1"题注编号。

④ 单击"居中对齐"按钮，实现表题注的居中显示。右击表格任意单元格，在弹出的快捷菜单中选择"表格属性"命令，弹出"表格属性"对话框，选择"表格"选项卡中的"居中"对齐方式，单击"确定"按钮完成表格居中设置。

⑤ 重复步骤①和②，可以插入其他表的题注。或者将第一个表的题注编号"表1"复制到其他表上面一行文字的前面，并通过"更新域"命令实现表题注编号的自动更新。

（2）表题注的交叉引用，操作步骤如下：

① 选择第一张表对应的论文中的表引用文字并删除。单击"引用"选项卡功能区中的"交叉引用"按钮，弹出"交叉引用"对话框。

② 在"引用类型"下拉列表框中选择"表"。在"引用内容"下拉列表框中选择"仅标签和标号"。在"引用哪一个题注"列表框中选择要引用的题注，单击"插入"按钮。单击"关闭"按钮退出。

③ 选择的题注编号将自动添加到文档中。按照步骤②的方法可实现所有表的交叉引用。

9. 参考文献

选择字符"参考文献"，单击"开始"选项卡功能区中"预设样式"库中的"标题1"样式，删除自动产生的编号，并使其居中显示。

对于参考文献在论文中的引用操作，首先要创建参考文献的自动编号，然后再建立参考文献的交叉引用。

（1）参考文献的自动编号设置，操作步骤如下：

① 选择所有的参考文献并右击，在弹出的快捷菜单中选择"项目符号和编号"，弹出"项目符号和编号"对话框。

② 在"编号"选项卡中选择符合要求的编号样式，单击"确定"按钮即可。若没有，选择任意一种编号样式，单击"自定义"按钮，弹出"自定义编号列表"对话框。

③ 在对话框的"编号格式"文本框中"①"的两边分别输入"["和"]"，删除符号"、"，然后输入一个空格。在"编号样式"下拉列表中选择"1,2,3,…",对齐方式选择"左对齐"，对齐位置为0.7厘米，制表位的缩进位置设置为1.5厘米。

④ 单击"确定"按钮，在每篇参考文献的前面将自动出现如"[1]，[2]，[3]，…"形式的编号，并自动取代原来手工输入的编号。

（2）参考文献的交叉引用，操作步骤如下：

① 将插入点定位在引用第 1 篇参考文献的论文中的位置，删除原有参考文献标号。单击"引用"选项卡功能区中的"交叉引用"按钮，弹出"交叉引用"对话框。

② 在"引用类型"下拉列表框中选择"编号项"。在"引用内容"下拉列表框中选择"段落编号"。在"引用哪一个题注"列表框中选择要引用的参考文献编号。

③ 单击"插入"按钮，实现第一篇参考文献的交叉引用。单击"取消"按钮关闭该对话框。

④ 选择论文中已插入交叉引用的第一篇参考文献对应的编号，例如"[1]"，单击"开始"选项卡功能区组中的"上标"按钮，"[1]"变成"[1]"，即为上标。或在"字体"对话框中选择"效果"栏中的"上标"复选框，也可实现上标操作，或按快捷键【Ctrl+Shift++】添加上标。

⑤ 重复上述步骤，可实现论文中所有参考文献的交叉引用以及上标设置操作。

10. 分栏

视频5-24
第10、11题

本题实现将选中内容进行分栏的功能。WPS 文字的分栏操作要求选中的文档内容必须连续，中间没有间隔。由于本题图 2 及其题注为单栏形式，所以论文的分栏操作分成两部分独立进行，操作步骤如下：

（1）选择第一部分内容（从正文一级标题开始到图 2 前面的段落文字结束位置，但不包括图 2）。

（2）单击"页面布局"选项卡功能区中的"分栏"下拉按钮，在弹出的下拉列表中选择"更多分栏"命令，弹出"分栏"对话框。

（3）在"预设"栏中单击"两栏"，其他选项取默认值，如图 5-48 所示，单击"确定"按钮，实现选中内容的分栏。或者在"分栏"下拉列表中选择"两栏"也可实现分栏操作。

（4）选择第二部分内容，从图 2 后面的段落（不包括图 2 及其题注）开始到论文结束位置，即最后一篇参考文献后面，注意不包括论文最后一个段落符号。

（5）重复步骤（2）和（3）实现第二部分选中内容的分栏操作。

11. 公式布局

公式所在行的格式与论文其他段落格式略有不同，通常采用右对齐方式，其格式设置的操作步骤如下：

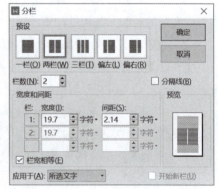

图 5-48 "分栏"对话框

（1）将插入点定位在论文中公式所在段落的任意位置，例如公式 (1)，单击"开始"选项卡功能区中的"右对齐"按钮，实现公式所在段落的"右对齐"。

（2）调整公式与编号之间的空格数，使公式在该行中水平居中显示。

（3）按照相同的方法，实现论文中其余公式的格式设置。

12. 表格设置

视频5-25
第12题

本题实现对表格边框线及表格内数据的格式设置，操作步骤如下：

（1）将插入点定位于表格"表 1 车牌实验数据"的任意单元格中，或选择整个表格，也可以单击出现在表格左上角的按钮"⊞"以选择整个表格。单击"表格样式"选项卡功能区中的"边框"下拉按钮，在弹出的下拉列表中选择"边框和底纹"命令，弹出"边框和底纹"对话框。或者选择整个表格后右击，在弹出的快捷菜单中选择"边框和底纹"命令也可打开该对话框。

（2）在"设置"栏中选择"自定义"，在"颜色"下拉列表框中选择"绿色"，在"宽度"下拉列表框中选择"2.25 磅"，在"预览"栏的表格中，将显示表格的所有边框线。单击两次（不要直接双击）表格的三条竖线及表格内部的横线以去掉所对应的边框线，即仅剩下表格的上边线和下边线，然后

单击表格剩下的上边线和下边线，上边线和下边线将加粗。"应用于"下拉列表框中选择"表格"，如图 5-49（a）所示

（3）单击"确定"按钮，表格将变成图 5-49（b）所示的形式。

（4）选择表格的第 1 行，按前面的步骤进入"边框和底纹"对话框，单击"自定义"，在"颜色"下拉列表框中选择"绿色"，在"宽度"下拉列表框中选择"0.75 磅"，在"预览"栏的表格中，直接单击表格的下边线，在预览中将显示表格的下边线。"应用于"下拉列表中选择"单元格"，如图 5-49（c）所示

（5）单击"确定"按钮，完成表格边框线的设置。

（6）拖动鼠标，选择整个表格内的数据，在"开始"选项卡功能区中的"字号"下拉列表框中选择"小五"，并单击功能区中的"居中对齐"按钮。设置完成后，表格格式如图 5-49（d）所示。

(a)

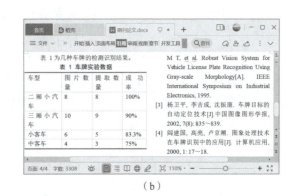

(b)

(c)

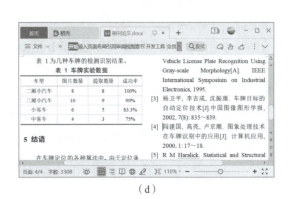

(d)

图 5-49　表格边框线

13．页眉页脚

本题实现在论文中添加页眉页脚，操作步骤如下：

（1）直接双击论文文档顶部的空白区域,进入"页眉页脚"编辑状态。或用其他方法进入"页眉页脚"编辑状态。

（2）在插入点处直接输入论文的中文标题即可。按快捷键【Ctrl+E】，使页眉中的文字居中显示，或者直接单击"开始"选项卡功能区中的"居中对齐"按钮。

（3）单击"页眉页脚"选项卡功能区中的"页眉横线"下拉按钮，在弹出的下拉列表中选择"单实

线"，即可在页眉的下面自动添加一条单实线。该操作的前提是页眉中无横线。

（4）将插入点定位到页脚处，单击"页脚"区域上面的"插入页码"按钮，弹出页码设置列表。在列表中的"样式"下拉列表中选择"1，2，3，…"形式的编号，位置选择"居中"，应用范围选择"整篇文档"，单击"确定"按钮，页脚将插入指定格式的页码。

（5）双击非页眉页脚的任意区域，返回文档编辑状态，完成论文页眉页脚的设置，或单击"页眉页脚"选项卡功能区中的"关闭"按钮退出。

14. 添加批注

添加批注的操作步骤如下：

（1）选择论文的中文标题文本，单击"审阅"选项卡功能区中的"插入批注"按钮，选择的文本将被填充颜色，旁边为批注框。

（2）直接在批注框中输入批注内容"标题欠妥，请修改。"，单击批注框外的任何区域，即可完成添加批注操作。

（3）根据步骤（1）和（2），可以实现论文中其他批注的添加操作。

15. 首字下沉

添加首字下沉的操作步骤如下：

（1）将插入点定位在该段落中的任意位置，单击"插入"选项卡功能区中的"首字下沉"按钮，弹出"首字下沉"对话框，如图 5-50 所示。

（2）在对话框中的"位置"栏处选择"下沉"图标，"下沉行数"下拉列表中设置为 2，其余取默认值。

（3）单击"确定"按钮完成设置。

图 5-50 "首字下沉"对话框

16. 修订

按照题目要求，添加修订的操作步骤如下：

（1）单击"审阅"选项卡功能区中的"修订"按钮即可启动修订功能，或者单击"修订"下拉按钮，在弹出的下拉列表中选择"修订"命令。如果"修订"按钮以灰色底纹突出显示，形如，则打开了文档的修订功能，否则文档的修订功能为关闭状态。

（2）选择中文摘要中的文本"车牌"，按【Delete】键，将出现修订提示，可根据需要接受或拒绝修订操作。

（3）选择"5 结语"中的文字"语"，直接输入文字"论"，将出现形如 **结论** 的修订提示，并给出删除提示，可根据需要接受或拒绝修订操作。

（4）若对论文内容进行其他编辑操作，也会自动添加相应的修订提示，并可根据需要接受或拒绝修订操作。

17. 插入附件

本题要求在论文的最后插入一个文件，作为论文的附件，操作步骤如下：

（1）将插入点定位在论文的最后，即最后一个回车键处，单击"插入"选项卡功能区中的"附件"按钮" 附件"，弹出"插入附件"窗口。

（2）在窗口中确定要插入到论文中的文件所在的文件夹位置及文件名，单击"打开"按钮，弹出"选择附件插入方式"对话框，如图 5-51 所示。

（3）默认为以"文件附件"方式插入到论文中，直接单击"确定"按钮，插入点将自动插入该文件图标，如图 5-52 所示。

（4）还可以在论文中插入多个附件，操作方法类似。

图 5-51 "选择附件插入方式"对话框

图 5-52 论文中的附件图示

18. 保存文档及生成 PDF 文件

将当前编辑好的论文进行保存及另存为 PDF 文件的操作步骤如下：

（1）直接单击"快速访问工具栏"中的"保存"图标按钮，编辑后的文档将以原文件名进行保存。

（2）单击"文件"菜单，在弹出的列表中选择"另存为"命令，在打开的界面中通过左侧的列表确定文件保存的位置，在文件名文本框中输入要保存的文件名"一种基于纹理模式的汽车牌照定位方法"，在保存类型的下拉列表框中选择"PDF 文件格式 (*.pdf)"。

（3）单击"保存"按钮，当前论文将以 PDF 文件格式保存。

19. 排版效果

论文文档按要求排版结束后，其效果如图 5-53 所示。

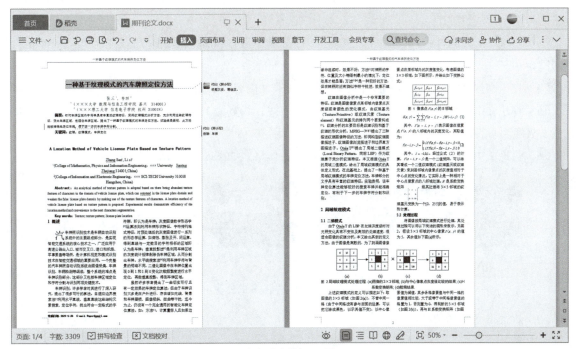

(a) 论文第 1, 2 页

图 5-53 排版效果

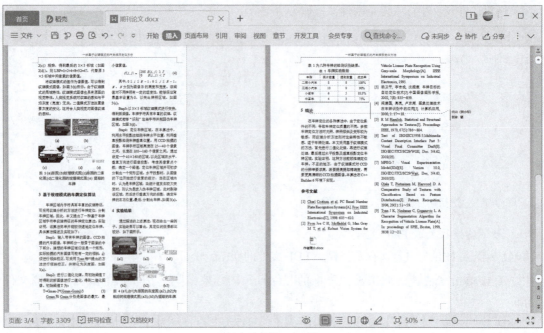

(b)论文第 3,4 页

图 5-53 排版效果(续)

5.3.4 操作提高

(1)删除批注,接受对论文的一切修订操作。

(2)修改一级标题样式:从 1 开始自动排序,宋体,四号,加粗,段前 0.5 行,段后 0.5 行,单倍行距,左缩进为 0 字符,左对齐。

(3)修改二级标题样式:从 1.1 开始自动排序,宋体,五号,加粗,段前 0 行,段后 0 行,单倍行距,左缩进为 0 字符,左对齐。

(4)在论文首页的脚注内容后面另起一行,增加脚注内容:浙江省自然科学基金(No.Y2021000A)。

(5)将论文中的表格改为三线表,外边框为双实线,线宽为 1.5 磅,蓝色;内边框为 0.75 磅,单线,绿色;表题注与表格左对齐。

(6)将论文中图 3 的 5 个子图放在一行显示,整体格式如图 5-54 所示。

图 5-54 论文中图 3 的外观

(7)将参考文献的编号格式改为"1.,2.,3.,…",论文中引用参考文献时,使用交叉引用,并以上标方式显示。

案例 5.4 基于邮件合并的批量数据单生成

5.4.1 问题描述

本案例包含三个子案例,分别用来制作毕业论文答辩会议通知单、学生成绩单和发票领用申请单。

这三个子案例从不同角度反映了邮件合并的强大功能，可以方便地生成批量数据单。接下来详细介绍各个子案例的操作要求。

1. 制作毕业论文答辩会议通知单

某高校计算机学院将于近期举行学生毕业论文答辩会议，安排教务办小吴书面通知每个要参加毕业论文答辩会议的教师。小吴将参加答辩会议的教师信息放在一个 WPS 表格中，以文件"答辩成员信息表 .xlsx"进行保存，如图 5-55 所示。会议通知单内容单独放在一个 WPS 文字文件"答辩会议通知.docx"中，内容及格式如图 5-56 所示。小吴根据图 5-55 所示的答辩成员信息，需要批量生成每位答辩会议成员的通知单，具体要求如下。

（1）建立 WPS 表格文档"答辩成员信息表 .xlsx"，数据如图 5-55 所示。

（2）建立 WPS 文字文档"答辩会议通知 .docx"，内容如图 5-56 所示，其中要求：

① 以字符"通知"为文档标题，中间空两字符，标题的格式为"宋体""二号""加粗""居中"显示；【姓名】行的格式为"宋体""小四""左对齐"；通知内容的格式为"宋体""小四"，段首空"2 字符"；最后两行文本的格式为"宋体""五号""右对齐"；所有段落左右缩进各"4 字符""1.5 倍行距"。

② 在文档的右下角处插入一个小图片作为院标，图片等比例缩放，宽度为 3 厘米，布局如图 5-56 所示。

③ 将"会议通知单背景图 .jpg"设置为文档背景。

④ 设置文档的页面边框为 10 磅宽度的红色实心圆"●"。

（3）自动生成一个合并文档，并以文件名"答辩会议通知文档 .docx"进行保存。

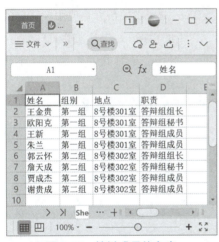

图 5-55　答辩成员信息表

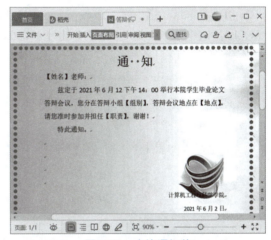

图 5-56　会议通知单

2. 制作学生成绩单

2020-2021 学年第二学期的期末考试已经结束，学生辅导员小张需要为某班级制作一份学生成绩单。首先建立一个 WPS 文档，用来记录每个学生各门课程成绩，以文件"学生成绩表 .docx"进行保存，如图 5-57 所示。成绩通知单也放在一个 WPS 文件"成绩通知单 .docx"中，内容及格式如图 5-58 所示。小张根据图 5-57 所示的学生成绩信息，需要自动建立每位学生的成绩通知单。具体要求如下：

（1）建立 WPS 文档"学生成绩表 .docx"，内容如图 5-57 所示。

（2）建立 WPS 文档"成绩通知单 .docx"，内容如图 5-58 所示，其中要求：

① 插入一个 6 行 ×4 列的表格，并设置行高为"1 厘米"，列宽为"3.5 厘米"；输入表格数据，并设置字体为"宋体"，字号为"三号""居中"显示；"总分"单元格右边的所有单元格合并为一个单元格；设置表格边框线，外边框线宽"2.25 磅"，单实线，内边框线宽"0.75 磅"，单实线，均为黑色。

② 在表格上面插入一行文本"学生成绩通知单"作为表格的标题，文本格式为"宋体""二号""加

粗",段前"1 行",段后"1 行""单倍行距";表格标题及表格水平居中显示。

③以填充效果"金色年华"作为文档背景。

④将"奥斯汀"主题应用于该文档。

(3) 自动生成一个合并文档,并以文件名"成绩通知单文档.docx"进行保存。

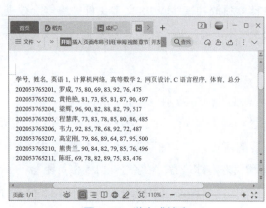

图 5-57 学生成绩表

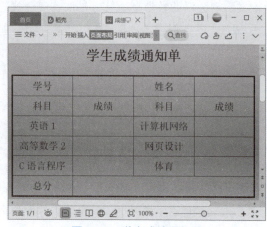

图 5-58 学生成绩通知单

3. 制作发票领用申请单

某单位财务处请小陈设计《增值税专用发票领用申请单》模板,以提高日常报账效率。小程根据要求,生成了申请单模板。现小陈要根据"申请资料.xlsx"文件中包含的发票领用信息,使用申请单模板自动批量生成所有申请单。其中,对于金额为 80000.00 元(不含)以下的单据,经办单位意见栏填写"同意,送财务审核。",否则填写"情况属实,拟同意,请所领导审批。"对于金额为 100000.00 元(不含)以下的单据,财务部门意见栏填写"同意,可以领用。",否则填写"情况属实,拟同意,请计财处领导审批。"领用人必须按格式"姓名(男)"或"姓名(女)"显示。生成的批量单据以文件名"批量申请单.docx"进行保存,具体要求如下。

(1) 建立 WPS 表格文档"申请资料.xlsx",数据如图 5-59 所示。

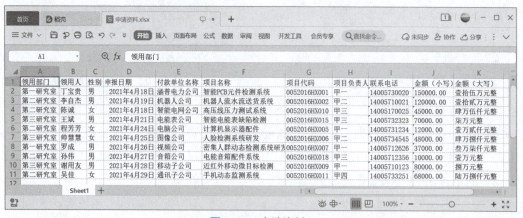

图 5-59 申请资料

(2) 建立 WPS 文档"增值税专用发票领用申请单.docx",内容如图 5-60 所示,其中要求:

①表格标题文字为"宋体""三号""加粗"并"居中"对齐,其余文字为"宋体""五号"。

②表格外边框线宽"2.25 磅",内边框线宽"0.75 磅"。

③表格内文字若为单行的,行高设置为"1 厘米";文字为两行的,行高为"1.5 厘米";多行文字的行高取默认值。

（3）按要求自动生成一个合并文档，并以文件名"批量申请单.docx"进行保存。

5.4.2 知识要点

（1）创建 WPS 文字和表格文档。
（2）WPS 文字中表格的制作及其格式化。
（3）域的使用。
（4）图文混排。
（5）页面背景、页面边框的设置。
（6）主题的应用。
（7）WPS 邮件合并。

5.4.3 操作步骤

1. 制作毕业论文答辩会议通知单

1）创建数据源

建立 WPS 表格文档"答辩成员信息表.xlsx"，操作步骤如下：

（1）启动 WPS 表格应用程序。

（2）在 Sheet1 各单元格中输入答辩组成员信息，参考图 5-55 所示的数据。其中，第 1 行为标题行，其他行为数据行，各单元格的数据格式取默认值。

（3）数据输入完毕后，以文件名"答辩成员信息表.xlsx"进行保存。

2）创建主文档

（1）建立主文档"答辩会议通知.docx"，操作步骤如下：

① 启动 WPS 文字应用程序，输入会议通知单所需的所有文本信息，按图 5-56 所示进行分段，其中，"通　知"中间间隔两个空格，通知内容与学院名称之间空四行。

② 选择文本"通　知"，单击"开始"选项卡功能区中的相应按钮，设置字体为"宋体"，字号为"二号"，单击"加粗"按钮；单击功能区中的"居中对齐"按钮，设置为居中对齐方式。

③ 选择"【姓名】"所在段落，单击"开始"选项卡功能区中的相应按钮，设置字体为"宋体"，字号为"小四"，单击"开始"选项卡功能区中的"左对齐"按钮。

④ 选择通知内容所在的段落，单击"开始"选项卡功能区中的相应按钮，设置字体为"宋体"，字号为"小四"，单击功能区右下角的"段落"对话框启动器按钮，弹出"段落"对话框，在该对话框中设置"特殊格式"的"首行缩进"为"2 字符"，单击"确定"按钮返回。

⑤ 选择最后两个段落（学院名称及日期所在的段落），单击"开始"选项卡功能区中的相应按钮，设置字体为"宋体"，字号为"五号"，单击功能区中的"右对齐"按钮。

⑥ 按快捷键【Ctrl+A】选择全文，或拖动鼠标选择全文，打开"段落"对话框，在对话框中设置左缩进为"4 字符"，右缩进为"4 字符"，行距为"1.5 倍行距"，单击"确定"按钮返回。

⑦ 文档格式设置完成后，如图 5-61 所示，并以文件名"答辩会议通知.docx"进行保存。

（2）插入图片。在学院名称附近插入图片作为学院的院标，操作步骤如下：

① 将插入点定位在文档中的任意位置，单击"插入"选项卡功能区中的"图片"下拉按钮，在弹出的列表中选择"本地图片"，弹出"插入图片"对话框，确定需要插入的图片所在的文件夹及文件名，单击"打开"按钮，选择的图片将自动插入到插入点所在位置，如图 5-62 所示。或者，找到要插入的图

图 5-60　发票领用申请单

扫一扫 ●

视频5-29
毕业论文答辩
会议通知单

片文件,进行"复制",然后在文档中执行"粘贴"操作,也可实现图片的插入。

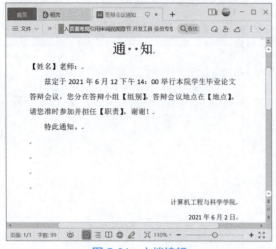

图 5-61　文档编辑

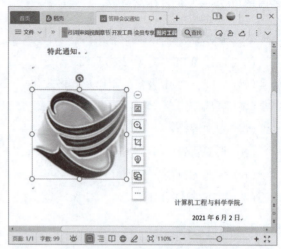

图 5-62　插入图片

②选择图片,单击图片右侧的快速工具栏上的"布局选项"图标,在弹出的列表中选择"查看更多",弹出"布局"对话框。切换到"大小"选项卡。选择"锁定纵横比"和"相对原始图片大小"复选框,设置"宽度"绝对值为"3 厘米"。单击对话框的"文字环绕"选项卡,选择环绕方式为"衬于文字下方",单击"确定"按钮返回。

③通过键盘上的上、下、左、右光标移动键移动图片(前提是图片已经被选择)到合适的位置,效果如图 5-63 所示。

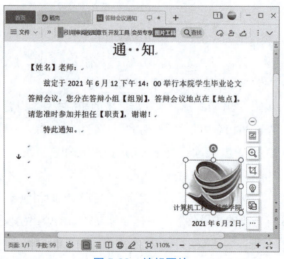

图 5-63　编辑图片

(3)设置文档背景。本题要求将指定的一张图片文件设置为文档的背景,操作步骤如下:

①单击"页面布局"选项卡功能区中的"背景"下拉按钮,在弹出的下拉列表中选择"图片背景"或"其他背景"级联中的任意一项,弹出"填充效果"对话框,如图 5-64(a)所示。

②单击"图片"选项卡,然后单击"选择图片"按钮,弹出"选择图片"对话框,确定文档背景的图片所在的文件夹及文件名"会议通知单背景图.jpg",单击"打开"按钮,选择的图片将在图 5-64 所示的预览窗格中显示。单击"确定"按钮,文档背景将被设置为指定图片,效果如图 5-65 所示。

第 5 章　WPS 文字高级应用案例

图 5-64　"填充效果"对话框

图 5-65　文档背景

（4）设置页面边框。本题要求在文档的页面四周添加一个指定形式的边框，操作步骤如下：

① 单击"页面布局"选项卡功能区中的"页面边框"按钮，弹出"边框和底纹"对话框，并处于"页面边框"选项卡界面，如图 5-66（a）所示。

② 在该对话框中，在"设置"下面的列表中选择"方框"。在"艺术型"下拉列表框中选择红色的实心圆""，宽度设为 10 磅，其他设置项取默认值。设置后，对话框形式如图 5-66（b）所示。

③ 单击"确定"按钮，文档的页面边框设置完成，设置效果如图 5-56 所示。

（a）

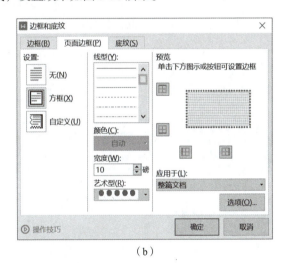

（b）

图 5-66　"边框和底纹"对话框

3）邮件合并

利用邮件合并功能，实现主文档与数据源的关联，批量生成答辩会议通知单，操作步骤如下：

（1）打开已创建的主文档"答辩会议通知.docx"，单击"引用"选项卡功能区中的"邮件"图标，弹出"邮件合并"选项卡及其功能区。

（2）单击功能区中的"打开数据源"下拉按钮，在弹出的下拉列表中选择"打开数据源"，弹出"选择数据源"对话框。在对话框中确定数据源文件所在的文件夹及文件"答辩成员信息表.xlsx"，单击"打开"按钮。

（3）弹出"选择表格"对话框，选择数据所在的工作表，默认为"Sheet1"，如图 5-67（a）所示，单击"确定"按钮将自动返回。

（4）在主文档中选择第 1 个占位符"【姓名】"，单击"邮件合并"选项卡功能区中的"插入合并域"

下拉按钮,在弹出的下拉列表中选择要插入的域"姓名",如图 5-67(b)所示,主文档中的"【姓名】"变成"《姓名》"。

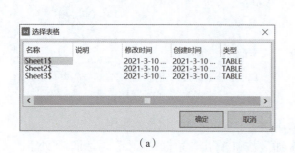

（a）　　　　　　　　　　　　　　　　　（b）

图 5-67　"选择表格"对话框和"插入域"对话框

（5）在主文档中选择第 2 个占位符"【组别】",按照上一步的操作,插入合并域"组别"。同理,插入合并域"地点"和"职责"。

（6）文档中的占位符被插入域后,其效果如图 5-68 所示。单击"邮件合并"选项卡功能区中的"查看合并数据"按钮,并通过功能区中的"首记录""上一条""下一条"或"尾记录"按钮,可逐条显示各记录对应数据源的数据。

（7）单击"邮件合并"选项卡功能区中的"合并到新文档"按钮,弹出"合并到新文档"对话框,如图 5-69 所示。

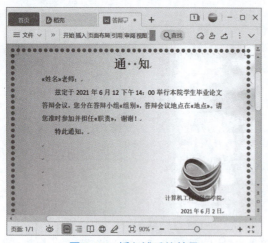

图 5-68　插入域后的效果　　　　　　　图 5-69　"合并到新文档"对话框

（8）在对话框中选择第 3 个单选按钮,并设置"从 1 到 8"共 8 条记录,然后单击"确定"按钮,WPS 文字将自动合并文档并将全部记录放到一个新文档"文字文稿 1.docx"中,生成一个包含 8 条数据信息的长文档。文档的部分结果如图 5-70 所示。

（9）单击"文件"菜单,选择列表中的"另存为"命令,对文档"文字文稿 1.docx"重新以文件名"答辩会议通知文档 .docx"在指定位置进行保存。

第 5 章　WPS 文字高级应用案例

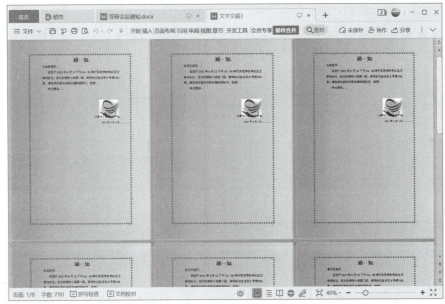

图 5-70　邮件合并效果

2．制作学生成绩单

1）创建数据源

建立 WPS 文档"学生成绩表 .docx"，操作步骤如下：

（1）启动 WPS 文字应用程序。

（2）参考图 5-57 所示的数据，直接录入学生成绩表信息。其中，第 1 行为标题行，各字段名之间用英文标点符号","分隔，以回车键换行，其他行为数据行，各数据之间用英文标点符号","分隔，以回车键换行，各数据格式取默认值。特别强调，各行数据之间的间隔符（这里指逗号）必须在相同状态下输入，例如英文状态或中文状态下输入（本文为英文状态），否则无法进行后面的邮件合并。

（3）数据输入完毕后，以文件名"学生成绩表 .docx"进行保存。

2）创建主文档

（1）建立主文档"成绩通知单 .docx"，操作步骤如下：

① 启动 WPS 文字应用程序。单击"插入"选项卡功能区中的"表格"下拉按钮，在弹出的下拉列表中选择"插入表格"命令，弹出"插入表格"对话框。在对话框中确定表格的尺寸，列数为"4"，行数为"6"，单击"确定"按钮，在插入点处将自动生成一个 6 行 ×4 列的表格。

② 选择整个表格，在"表格工具"选项卡功能区中的"高度"文本框中输入"1 厘米"，"宽度"文本框中输入"3.5 厘米"。

③ 参照图 5-58，在插入表格的相应单元格中输入数据，输完数据后，表格形式如图 5-71 所示。

④ 拖动鼠标选择表格的所有单元格，单击"开始"选项卡功能区中的相应按钮，设置字体为"宋体"，字号为"三号"，单击功能区中的"居中对齐"按钮，实现单元格内数据的居中显示。

⑤ 拖动鼠标选择"总分"单元格右边的 3 个单元格并右击，在弹出的快捷菜单中选择"合并单元格"命令，选择的 3 个单元格将合并为 1 个单元格。

⑥ 右击表格中的任意单元格，在弹出的快捷菜单中选择"边框和底纹"命令，弹出"边框和底纹"对话框，将对话框切换到"边框"选项卡。在对话框左侧的"设置"列表中选择"自定义"，"宽度"下拉列表框中选择"2.25 磅"，"预览"列表框中单击表格的上、下、左、右边框线，表格的四条边框线将以 2.25 磅重新显示；再在"宽度"下拉列表框中选择"0.75 磅"，"预览"列表框中单击表格中间的坚线和横线，表格内部的线将以 0.75 磅重新显示；"应用于"下拉列表中选择"表格"，表格的内外边框线默

扫一扫

视频5–30
学生成绩单

认为单实线且为黑色，其余取默认值。单击"确定"按钮完成设置。

⑦表格设置完成后，形式如图5-72所示，并以文件名"成绩通知单.docx"进行保存。

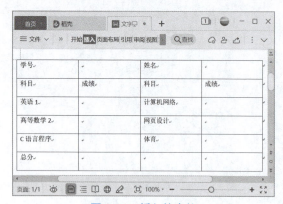

图5-71　插入的表格

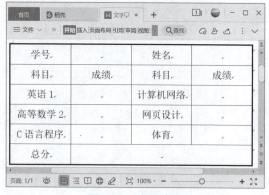

图5-72　表格边框

（2）设置表格标题，操作步骤如下：

①将插入点定位在A1单元格中的数据"学号"的左侧，按【Enter】键，在表格上方将自动插入一个空行。此操作的前提是表格前面无任何文档内容，即表格为本页的起始内容。

②在空行处输入文本"学生成绩通知单"，并选择该文本，单击"开始"选项卡功能区的相应按钮，设置字体为"宋体"，字号为"二号"，单击"加粗"按钮，单击功能区中的"居中对齐"按钮，使文本居中显示。

③单击"段落"组右下角的对话框启动器按钮，弹出"段落"对话框，在对话框中设置段前距"1行"，段后距"1行"，行距选择"单倍行距"，单击"确定"按钮返回。

④右击表格中任意单元格，在弹出的快捷菜单中选择"表格属性"命令，弹出"表格属性"对话框，将对话框切换到"表格"选项卡。选择"对齐方式"为"居中"，单击"确定"按钮返回，表格将水平居中显示。

⑤设置完成后，单击"保存"按钮，表格形式如图5-73所示。

（3）设置文档背景，本题的操作步骤如下：

①单击"页面布局"选项卡功能区中的"背景"下拉按钮，在弹出的下拉列表中选择"图片背景"或"其他背景"级联中的任意一项，弹出"填充效果"对话框。

②单击"渐变"选项卡，选择"预设"单选按钮，在"预设颜色"下拉列表框中选择"金色年华"，其余项取默认值，单击"确定"按钮返回，文档背景被设置为"金色年华"，如图5-74所示。

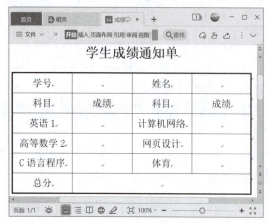

图5-73　表格标题

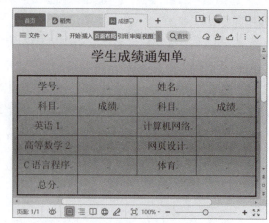

图5-74　文档背景

（4）设置文档主题，本题的操作步骤如下：

单击文档中的任意位置，然后单击"页面布局"选项卡功能区中的"主题"下拉按钮，在弹出的下拉列表框中选择"奥斯汀"主题样式，文档将被应用"奥斯汀"主题格式。单击"保存"按钮进行文档的保存。

3）邮件合并

利用邮件合并功能，实现主文档与数据源的关联，批量生成学生成绩通知单，操作步骤如下：

① 打开已创建的主文档"成绩通知单.docx"，单击"引用"选项卡功能区中的"邮件"图标，弹出"邮件合并"选项卡及其功能区。

② 单击功能区中的"打开数据源"下拉按钮，在弹出的下拉列表中选择"打开数据源"，弹出"选择数据源"对话框。在对话框中确定数据源文件所在的文件夹及文件"学生成绩表.docx"，单击"打开"按钮。

③ 在主文档中选择第1个占位符，即将插入点定位到表格中"学号"右侧的空单元格中，单击"邮件合并"选项卡功能区中的"插入合并域"下拉按钮，在弹出的下拉列表中选择要插入的合并域"学号"。

④ 在主文档中选择第2个占位符，即将插入点移到"姓名"右侧的空单元格中，按上一步操作，插入合并域"姓名"。同理，依次插入合并域"英语1""计算机网络""高等数学2""网页设计""C语言程序""体育"及"总分"。

⑤ 文档中的占位符被插入域后，其效果如图5-75所示。单击"邮件合并"选项卡功能区中的"查看合并数据"按钮，并通过功能区中的"首记录""上一条""下一条"或"尾记录"按钮，可逐条显示各记录对应数据源的数据。

图5-75　插入域后的效果

⑥ 单击"邮件合并"选项卡功能区中的"合并到新文档"按钮，弹出"合并到新文档"对话框。

⑦ 在对话框中选择"全部"单选按钮，然后单击"确定"按钮，WPS文字将自动合并文档并将全部记录放入一个新文档"文字文稿2.docx"中。合并文档的部分结果如图5-76所示。

⑧ 单击"文件"菜单，选择列表中的"另存为"命令，对文档"文字文稿2.docx"重新以文件名"学生成绩通知单.docx"进行保存。

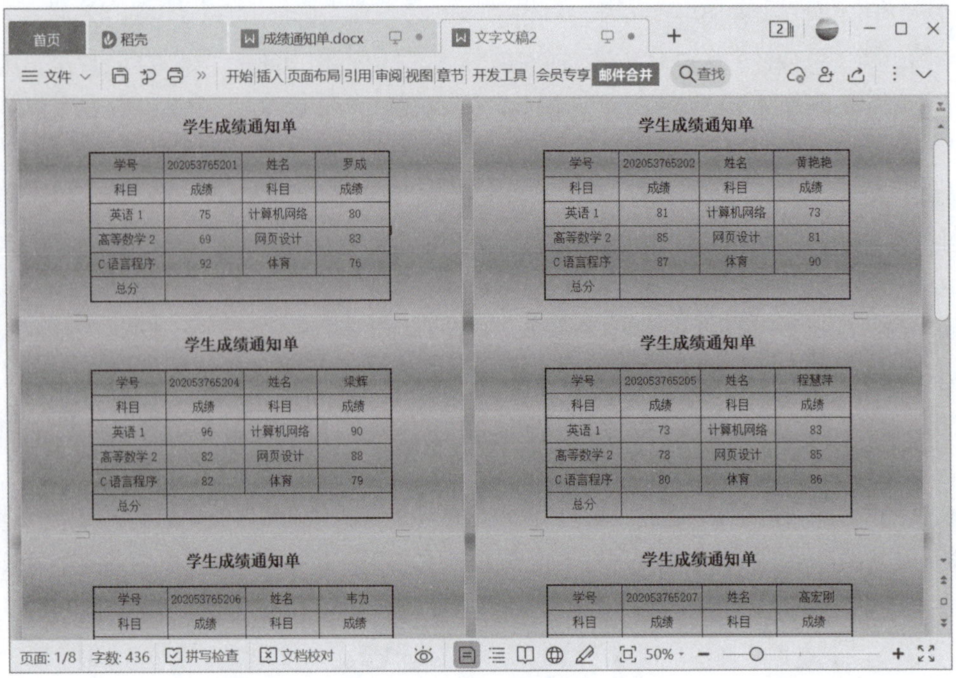

图 5-76 邮件合并效果

3．制作发票领用申请单

1）创建数据源

建立 WPS 表格文档"申请资料.xlsx"，操作步骤如下：

（1）启动 WPS 表格应用程序。

（2）参考图 5-59 所示的数据，在 Sheet1 各单元格中输入资料信息。其中，第 1 行为标题行，其他行为数据行，各单元格的数据格式取默认值。

扫一扫
视频5-31
发票领用申请单

（3）数据输入完毕后，以文件名"申请资料.xlsx"进行保存。

2）创建主文档

建立主文档"增值税专用发票领用申请单.docx"，插入一个多行多列的表格，进行单元格的拆分与合并，然后输入数据，利用"边框和底纹"对话框对表格边框线进行设置；通过设置表格的行高以调整表格中指定行的高度。具体操作步骤可参考前面第 2 个子案例的操作，在此不再赘述。表格设置完成后，形式如图 5-60 所示，并以文档名"增值税专用发票领用申请单.docx"进行保存。

3）邮件合并

利用邮件合并功能，实现主文档与数据源的关联，批量生成发票领用申请单，操作步骤如下：

（1）打开已创建的主文档"增值税专用发票领用申请单.docx"，单击"引用"选项卡功能区中的"邮件"图标，弹出"邮件合并"选项卡及其功能区。

（2）单击功能区中的"打开数据源"下拉按钮，在弹出的下拉列表中选择"打开数据源"，弹出"选择数据源"对话框。在对话框中确定数据源文件所在的文件夹及文件"申请资料.xlsx"，单击"打开"按钮。

（3）弹出"选择表格"对话框，在对话框中选择存放申请资料信息的工作表，默认为"Sheet1"，单击"确定"按钮将自动返回。

（4）在主文档中选择第一个占位符，即将插入点定位到"申报日期"右侧的空白处，单击"邮件合并"选项卡功能区中的"插入合并域"下拉按钮，在弹出的下拉列表中选择要插入的域"申报日期"，主文档中出现"《申报日期》"。

（5）在主文档中选择第 2 个占位符，即将插入点移到"领用部门"右侧的空单元格中，按照上一步操作，插入合并域"领用单位"。

（6）将插入点定位在"领用人"右侧的单元格中，在"插入合并域"下拉列表中选择"领用人"，插入合并域"领用人"，然后输入"( )"，并在括号中间插入合并域"性别"，该单元格中的域形式为："«领用人»（«性别»）。

（7）按照插入合并域"申报日期"方法，分别插入合并域"金额（小写）""金额（大写）""付款单位名称""项目名称""项目代码""项目负责人"及"联系电话"。

（8）将插入点定位在"经办单位意见"右侧的单元格中，按快捷键【Ctrl+F9】生成域特征字符，然后输入域代码"IF«金额（小写）»<80000 '同意，送财务审核。' '情况属实，拟同意，请所领导审批。'"，其中"«金额（小写）»"是通过"插入合并域"命令，在"插入域"对话框中选择"金额（小写）"插入的。

（9）将插入点定位在"财务部门意见"右侧的单元格中，按快捷键【Ctrl+F9】生成域特征字符，然后输入域代码"IF«金额（小写）»<100000 '同意，可以领用。' '情况属实，拟同意，请计财处领导审批。'"，其中"«金额（小写）»"是通过"插入合并域"命令，在"插入域"对话框选择"金额（小写）"插入的。相应的域代码如图5-77所示，其中，合并域带底纹。

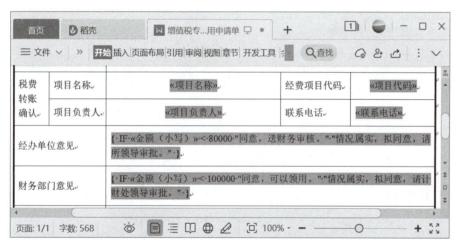

图5-77　域代码

（10）文档中的占位符被插入域后，其效果如图5-78所示，其中，合并域带底纹。单击"邮件合并"选项卡功能区中的"查看合并数据"按钮，并通过功能区中的"首记录""上一条""下一条"或"尾记录"按钮，可逐条显示各记录对应数据源的数据。

（11）单击"邮件合并"选项卡功能区中的"合并到新文档"按钮，弹出"合并到新文档"对话框。在对话框中选择第3个单选按钮并设置"从1到10"共10条记录，然后单击"确定"按钮，WPS文字将自动合并文档并将全部记录放到一个新文档中，生成一个包含10条数据信息的长文档。合并文档的部分结果如图5-79所示。

（12）单击"文件"菜单，选择列表中的"另存为"命令，对新文档重新以文件名"批量申请单.docx"进行保存。

图5-78　插入域结果

图 5-79 邮件合并效果

5.4.4 操作提高

（1）根据图 5-80 所示的"计科 201 班成绩表"，在 WPS 表格环境下建立文件"计科 201 班成绩表 .xlsx"作为邮件合并的数据源，然后在 WPS 文字环境下建立图 5-58 所示的主文档，最后利用邮件合并功能自动生成"计科 201 班"每个学生的成绩单。

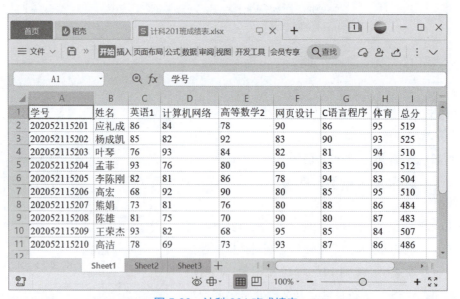

图 5-80 计科 201 班成绩表

（2）现有 WPS 信封模板，文件名为"信封模板 .docx"，格式如图 5-81 所示。根据图 5-82 所示的"计科 201 班"学生的通讯地址表，在 WPS 表格环境下建立邮件合并的数据源。利用 WPS 文字邮件合并功能，自动生成"计科 201 班"每个学生的信封，用于邮寄该班每个学生的成绩单。图 5-83 为插入合并域后的信封，自动生成的信封如图 5-84 所示。

图 5-81　信封模板

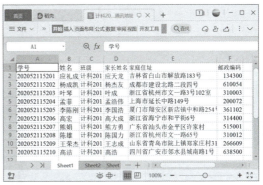

图 5-82　计科 201 班学生通信地址

图 5-83　信封域格式

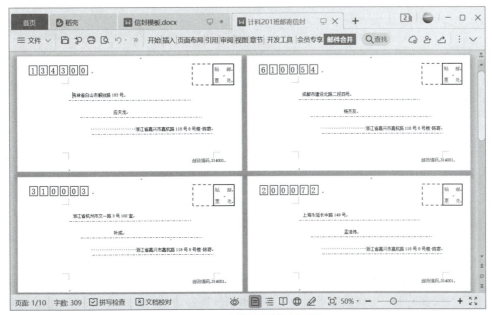

图 5-84　生成的信封（部分）

（3）将前面 2 个题目生成的所有文件保存在新建的云文件夹"WPS 学习空间"中，并设置为分享形式。

第6章 WPS 表格高级应用案例

本章介绍 WPS 表格高级应用知识的实际应用，精心组织了 4 个案例，分别是费用报销分析与管理、学生期末考试成绩分析与统计、家电销售统计分析与管理、职工科研奖励汇总与分析。4 个案例囊括了本书讲解的 WPS 表格高级应用的绝大多数知识点，通过这些案例的学习，可让读者进一步熟悉和掌握函数的实际应用，并能快速解决实际工作中遇到的问题。

案例 6.1　费用报销分析与管理

6.1.1　问题描述

小王大学毕业后应聘到某公司财务部门工作，主要负责职工费用的报销与处理。报销数据量大，烦琐，需要对报销的原始数据进行整理、制作报销费用汇总、按报销性质进行分类管理、制作报销费用表等。在图 6-1 所示的"费用报销表"中，完成如下操作。

图 6-1　费用报销表

（1）在"费用报销表"中根据摘要列提取经手人姓名填入经手人列中。

（2）在"费用报销表"中将报销费用的数据按部门自动归类，并填入按部门自动分类的区域中。

（3）在"费用报销表"中将报销费用的数据按报销性质自动归类，并填入按报销性质自动分类的区域中。

（4）在"费用报销表"中将报销费用超过 10000 的记录以红色突出显示。

（5）制作表 6-1 所示的 2020 年度各类报销费用的总和及排名的表格，将计算结果填入 2020 年度各类报销费用统计表中。

表 6-1 2020 年度各类报销费用统计表

报销名称	合　计	排　　名	报销名称	合　计	排　　名
办公费			材料费		
差旅费			交通费		
招待费			燃料费		

（6）创建不同日期各部门费用报销的数据透视表。具体要求如下。

① 筛选设置为"日期"。

② 列设置为"科目名称"。

③ 行设置为"部门"和"经手人"。

④ 值设置为"求和项报销金额"。

⑤ 将数据透视表放置于名为"数据透视表"的工作表 A1 单元格开始的区域中。

⑥ 数据透视表中各部门内员工的报销费用总计以从大到小的顺序显示。

（7）制作一个如图 6-2 所示的费用报销单，将其放置于名为"费用报销单"的工作表中，具体要求：

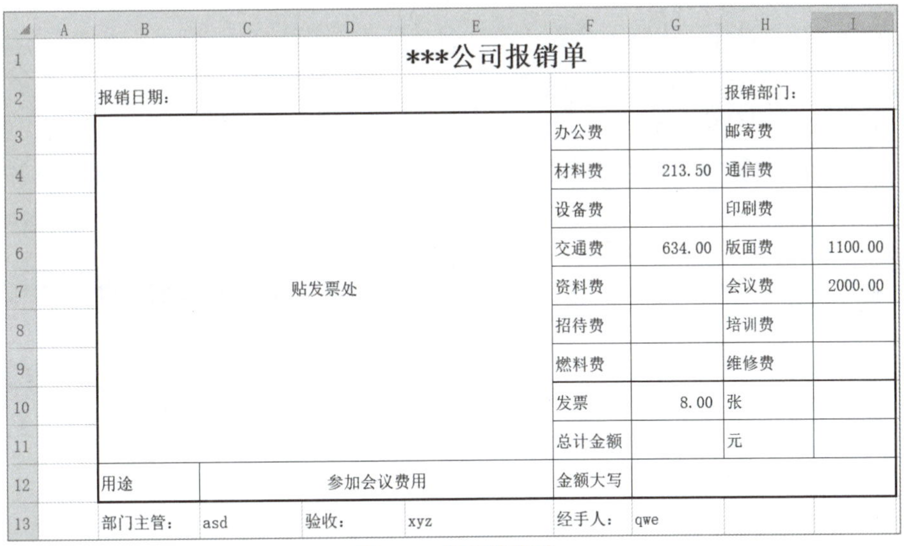

图 6-2 费用报销单

① 报销日期由系统日期自动填入，格式为 **** 年 ** 月 ** 日。

② 报销部门设置为下拉列表选择填入（其中下拉列表选项为"项目 1 部""项目 2 部""项目 3 部""项目 4 部"）。

③ 求报销单中的总计金额和大写金额。

④ 报销单创建完成后，取消网格线以及对报销单设置保护，并设定保护密码，其中在 G3:G10 区域、I3:I9 区域、I2 单元格、C13 单元格、E13 单元格和 G13 单元格可以输入内容，也可以修改内容，其余部分则不能修改。

6.1.2　知识要点

（1）LEFT 函数和 FIND 函数。

（2）IF 函数。

（3）条件格式。

（4）SUMIF 函数和 RANK.EQ 函数。

（5）数据透视表。

（6）YEAR 函数、MONTH 函数、DAY 函数、TODAY 函数和字符链接符"&"。

（7）有效性。

（8）SUM 函数和 TEXT 函数。

（9）工作表的保护。

6.1.3 操作步骤

视频6-1
费用报销与管理第1~3题

1. 根据摘要填经手人姓名

在摘要中有一个共同特征：在经手人姓名后都有一个"报"字，只要获得"报"字的位置，就可以知道经手人姓名的长度，从而提取出姓名。要获得"报"字的位置，可以用 FIND 函数实现。具体操作步骤如下。

在"费用报销表"中 G3 单元格输入公式"=LEFT(D3,FIND(" 报 ",D3)-1)"，按【Enter】键即可得到对应的经手人姓名。拖动填充柄完成其他单元格的填充。

2. 对报销费用的数据按部门自动分类

在"费用报销表"中 H3 单元格输入公式"=IF($C3=H$2,$F3,"")"，并向右填充至 K3 单元格，然后向下填充，完成按部门对报销费用自动分类（注意混合引用的使用）。

3. 对报销费用的数据按报销性质自动分类

在"费用报销表"中 L3 单元格输入公式"=IF($E3=L$2,$F3,"")"，并向右填充至 Q3 单元格，然后向下填充，完成按报销性质对报销费用自动分类，结果如图 6-3 所示（注意混合引用的使用）。

图 6-3 前 3 题操作后的结果

视频6-2
费用报销与管理第4~6题

4. 将报销费用超过 10000 的记录以红色突出显示

（1）在"费用报销表"中选择 A3:Q70 单元格区域。

（2）单击"开始"选项卡功能区中的"条件格式"下拉按钮，从下拉列表中选择"新建规则"命令，弹出图 6-4 所示的"新建格式规则"对话框，选择"使用公式确定要设置格式的单元格"，在"只为满足以下条件的单元格设置格式"框中输入公式"=$F3>10000"，单击"格式"按钮，弹出图 6-5 所示的"单元格格式"对话框，在"图案"选项卡中选择"红色"，单击"确定"按钮，再单击"确定"按钮，则得到图 6-6 所示的结果。

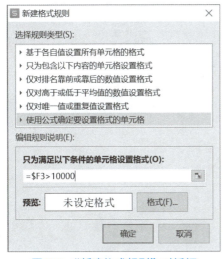

图 6-4　“新建格式规则”对话框

图 6-5　“单元格格式”对话框

	A	B	C	D	E	F	G	H	I	J	K	L	M	N	O	P	Q
1	某公司报销记录							按部门自动分类				按报销性质自动分类					
2	日期	凭证号	部门	摘要	科目名称	报销金额	经手人	项目1部	项目2部	项目3部	项目4部	办公费	差旅费	招待费	交通费	燃料费	材料费
3	2020/1/5	706	项目1部	刘马明报路由器	办公费	114.00	刘马明	114				114					
4	2020/1/10	713	项目1部	尚小雨报厦门旅	差旅费	1,790.00	尚小雨	1790					1790				
5	2020/1/15	708	项目2部	吴新报餐费	招待费	5,357.00	吴新		5357					5357			
6	2020/1/20	711	项目3部	吴新报邯郸旅费	差旅费	90.72	吴新			90.72			90.72				
7	2020/1/25	711	项目3部	吴新报邯郸旅费	差旅费	66.67	吴新			66.67			66.67				
8	2020/1/30	708	项目3部	吴新报材料费	材料费	11,523.00	吴新			11523							11523
9	2020/2/4	708	项目3部	吴新报汽油费	燃料费	1,456.00	吴新			1456						1456	
10	2020/2/9	716	项目3部	孙颖新报维修费	办公费	2,567.00	孙颖新			2567		2567					
11	2020/2/14	707	项目3部	孙颖新报电话费	办公费	879.00	孙颖新			879		879					
12	2020/2/19	707	项目3部	孙颖新报交通费	交通费	54.00	孙颖新			54					54		
13	2020/2/24	707	项目3部	孙颖新报邮费	办公费	29.00	孙颖新			29		29					
14	2020/3/4	688	项目4部	邢庆辉报电话费	办公费	700.00	邢庆辉				700	700					
15	2020/3/9	691	项目4部	邢庆辉报厦门等	差旅费	13,234.00	邢庆辉				13234		13234				
16	2020/3/14	687	项目4部	颜利报材料费	材料费	321.00	颜利				321						321
17	2020/3/19	1564	项目4部	邢庆辉报餐费	招待费	4,322.00	邢庆辉				4322			4322			
18	2020/3/24	1564	项目4部	邢庆辉报汽油费	燃料费	345.00	邢庆辉				345					345	
19	2020/3/29	2144	项目4部	高敬民报餐费	招待费	2,888.00	高敬民				2888			2888			
20	2020/4/3	2144	项目4部	高敬民报汽油费	燃料费	435.00	高敬民				435					435	

图 6-6　设置条件格式后的效果

5. 求 2020 年度各类报销费用合计

求各类报销费用合计是一个条件求和的问题，用 SUMIF 函数实现。在 2020 年度各类报销费用统计表中的 B3 单元格中输入公式“=SUMIF(费用报销表 !$E$3:$E$70,'2020 年度各类报销费用统计表 '!A3, 费用报销表 !$F$3:$F$70)”，按【Enter】键后拖动填充柄完成填充。

各类报销费用排名可以用 RANK.EQ 函数实现。在 C3 单元格输入公式“=RANK.EQ(B3,$B$3:$B$8)”，按【Enter】键后拖动填充柄完成填充。计算结果如图 6-7 所示。

6. 创建不同日期各部门费用报销的数据透视表

创建数据透视表的操作步骤如下。

（1）单击“费用报销表”数据表中的任意单元格。

（2）单击“插入”选项卡功能区中的“数据透视表”按钮，打开图 6-8 所示的“创建数据透视表”对话框。在“创建数据透视表”对话框中，设定数据区域和选择放置的位置。

（3）将“选择要添加到报表的字段”中的字段分别拖动到对应的“筛选器”“列”“行”和“值”框中（例如将“日期”字段拖入“筛选器”框，将“科目名称”字段拖入“列”框，将“部门”和“经手人”字段拖入“行”框，将“报销金额”拖入“值”框），便能得到不同日期各部门费用报销的数据透视表，如图 6-9 所示。

（4）单击 H6 单元格，然后右击，在弹出的快捷菜单中选择“排序”下的“降序”命令，排序结果如图 6-10 所示。

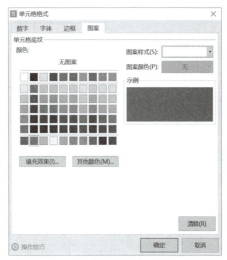

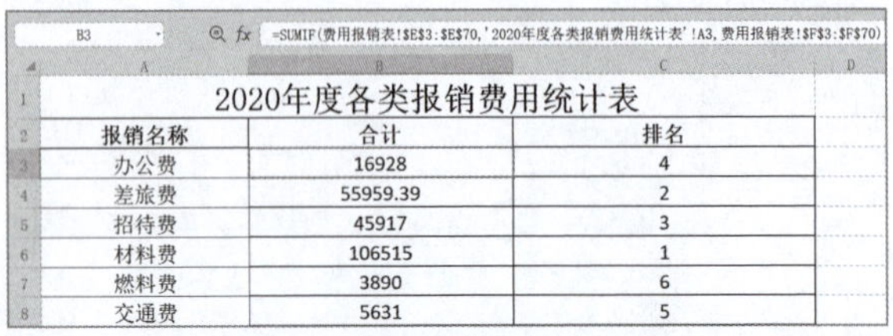

图 6-7　各类报销费用统计表

图 6-8　创建数据透视表

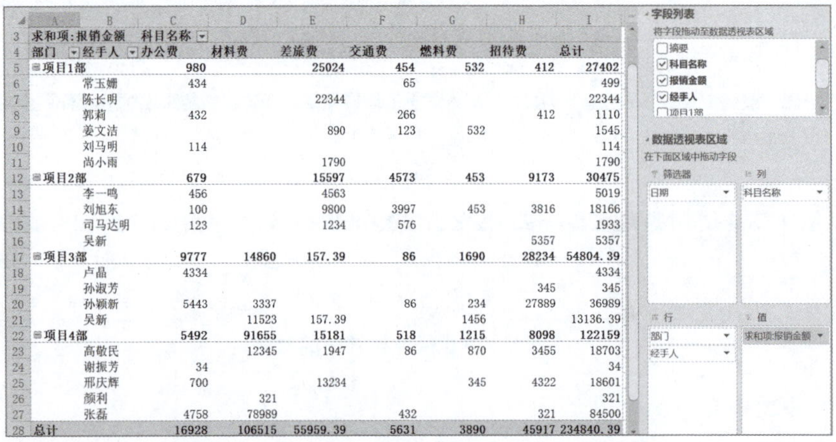

图 6-9　不同日期各部门费用报销的数据透视表

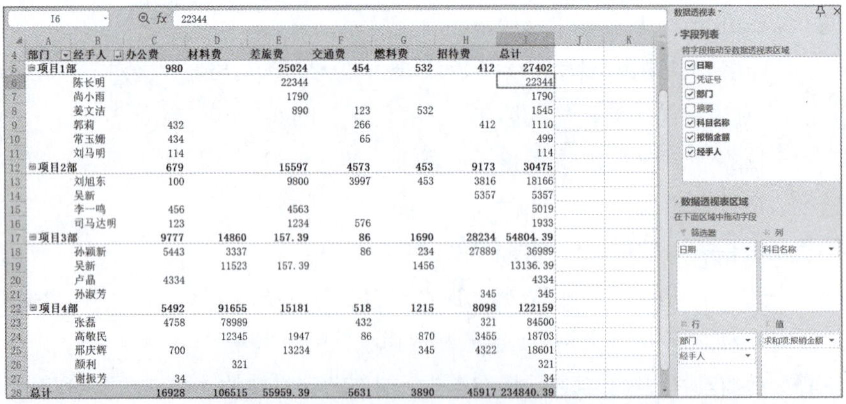

图 6-10　各部门内员工报销费用总计降序显示

7. 制作"费用报销单"

（1）在"费用报销单"工作表中，报销日期由系统日期自动填入，格式为 ****年**月**日。
在"费用报销单"工作表的 C2 单元格输入以下公式。

=YEAR(TODAY())&"年"&MONTH(TODAY())&"月"&DAY(TODAY())&"日"

（2）报销部门设置为下拉列表选择填入（其中下拉列表选项为"项目1部""项目2部""项目3部"

扫一扫

视频6-3
费用报销与管理第7题

"项目 4 部")。

首先在"费用报销单"工作表中选择 I2 单元格,在"数据"选项卡功能区中,单击"有效性"下拉按钮,打开"数据有效性"对话框,在"允许"下拉列表框中选择"序列"选项,在"来源"文本框中输入"项目 1 部,项目 2 部,项目 3 部,项目 4 部"(逗号为英文逗号),如图 6-11 所示。输入后单击"确定"按钮完成报销部门下拉列表的设置。

(3)求报销单中的总计金额和大写金额。

在"费用报销单"工作表的 G11 单元格输入公式"=SUM(G3:G9,I3:I9)"。
在"费用报销单"工作表的 G12 单元格输入公式"=TEXT(G11,"[dbnum2]")"。

8. 取消网格线以及对报销单设置保护,并设定保护密码

图 6-11 设置有效性条件(序列)

其中 G3:G10 区域、I3:I9 区域、I2 单元格、C13 单元格、E13 单元格和 G13 单元格可以输入内容,也可以修改内容,其余部分则不能修改。

取消网格线操作步骤如下:

在"视图"选项卡功能区中取消选中"显示网格线"复选框。

对报销单设置保护,并设定保护密码的操作步骤如下:

(1)在"费用报销单"工作表中按住【Ctrl】键加鼠标拖动,选定不需要保护的单元格区域(G3:G10 区域、I3:I9 区域、I2 单元格、C13 单元格、E13 单元格和 G13 单元格),右击选定的区域,在弹出的快捷菜单中选择"设置单元格格式"命令,弹出图 6-12 所示的"设置单元格格式"对话框,单击"保护"选项卡,取消选中"锁定"复选框。

(2)单击"审阅"选项卡功能区中的"保护工作表",弹出图 6-13 所示的对话框,勾选"保护工作表和锁定的单元格内容",在密码框里输入保护密码,在"允许此工作表的所有用户进行"选项中,取消选定"选定锁定单元格"复选框,最后单击"确定"按钮,完成工作表的保护。

图 6-12 设置单元格格式

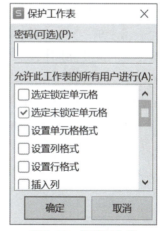

图 6-13 保护工作表

6.1.4 操作提高

(1)插入一个新工作表,命名为"2020 年各部门报销费用汇总表",工作表标签颜色设为"红色",用以统计 2020 年度各部门报销费用的总和及排名,统计表格式如表 6-2 所示。

表 6-2 2020 年各部门报销费用汇总表

部　　门	报销费用合计	排　　名	部　　门	报销费用合计	排　　名
项目 1 部			项目 3 部		
项目 2 部			项目 4 部		

（2）筛选出"报销费用表"中招待费超过 5 000 或差旅费超过 10 000 的记录，将筛选结果放置于表中 A73 开始的区域。

（3）对"报销费用表"按照科目名称对报销费用进行分类求和。

案例 6.2　期末考试成绩统计与分析

6.2.1　问题描述

学期期末考试结束后，需要对考试成绩进行统计、分析。如图 6-14 所示是一次"大学计算机"期末考试的成绩表，请根据表内的信息按要求完成以下操作。

	A	B	C	D	E	F	G	H	I	J	K
1	考号	姓名	所在班级	选择题分数	WIN操作题分数	打字题分数	WPS文字题分数	WPS表格题分数	WPS演示题分数	WPS脑图题分数	总分
2	202052135102	蔡群英		21	5	5	12	20	9	5	
3	202052135101	陈萍萍		19	6	5	17	12	10	1	
4	202052135203	陈昕婷		13	4	4	5	20	5	0	
5	202052135201	陈瑶		18	3	5	20	16	13	2	
6	202052415141	陈逸天		16	5	5	20	20	13	7	
7	202052415233	丁治莹		19	7	5	19	20	15	2	
8	202052135106	方莉		21	7	4	20	20	15	7	
9	202052135224	冯子书		12	5	5	18	14	11	6	
10	202052095229	葛梦旭		6	6	5	17	0	10	8	
11	202052135140	韩前程		20	5	5	18	8	15	2	
12	202052135245	杭程		14	6	4	18	16	12	6	
13	202052415124	何锦		22	7	5	18	14	8	8	
14	202052095103	黄丹霞		22	6	5	20	0	7	8	
15	202052095132	纪萌		18	6	5	13	20	5	6	
16	202052415210	蒋婧婧		19	6	5	17	12	15	6	
17	202052095112	金明慧		18	5	5	20	12	10	6	
18	202052135146	李景龙		17	2	5	20	20	12	0	
19	202052415127	李萌		23	6	5	16	12	10	4	
20	202052095141	李梦凡		19	5	5	16	8	14	8	

图 6-14　"大学计算机"期末考试成绩表

（1）对"期末考试成绩表"套用合适的表格样式，要求至少四周有边框，偶数行有底纹，并求出每个学生的总分。

（2）在"期末考试成绩表"中根据每个学生的学号确定学生所在的班级。其中学号的前 4 位表示入学年份，7 和 8 两位表示专业（13 表示营销专业、41 表示会计专业、09 表示国经专业），第 10 位表示几班（1 表示 1 班，2 表示 2 班等）。例如，学号 202052135102 所对应的班级为营销 201 班，202052415201 所对应的班级为会计 202 班等。

（3）在"期末考试成绩表"中的"总分"列后增加一列"总评"，总评采用五级制，划分的依据如表 6-3 所示，在"期末考试成绩表"中的 P1:Q6 区域输入表 6-3 的内容，将区域 P1:Q6 定义名称为"五级制划分表"。利用查找函数实现总评的填入，并在公式中引用所定义的名称"五级制划分表"。

（4）利用函数完成成绩分布表的计算，如表 6-4 所示，并将计算结果填入"期末考试成绩表"中 A80 开始的统计区域中。

表 6-3　总评五级制划分标准

分　　数	总　评
0	E
60	D
70	C
80	B
90	A

表 6-4　统计各分数段的人数

分数区间	人　　数
90 以上	
80~89	
70~79	
60~69	
60 以下	

（5）利用公式和函数完成表 6-5 的计算，其中班级平均分保留一位小数，并将计算结果填入各班级考试成绩统计表中。

（6）根据表 6-6 题型及分数分配表利用函数完成表 6-7 学生考试情况分析表的计算，并将计算结果填入考试情况分析表中。

表 6-5　各班级考试成绩统计表

班　级	最 高 分	最 低 分	班级平均分	不合格人数	优秀人数 (>=90)
会计 201 班					
会计 202 班					
国经 201 班					
国经 202 班					
营销 201 班					
营销 202 班					

表 6-6　题型及分数分配表

题　型	选 择 题	WIN 操作题	打 字 题	WPS 文字题	WPS 表格题	WPS 演示题	WPS 脑图题
分数	25	7	5	20	20	15	8

表 6-7　考试情况分析表

题　型	选 择 题	WIN 操作题	打 字 题	WPS 文字题	WPS 表格题	WPS 演示题	WPS 脑图题
平均分							
失分率							

（7）根据"期末考试成绩表"筛选出单项题分数至少有一项为 0 的学生记录，放置于"期末考试成绩表"A99 开始的区域。

（8）根据表 6-4 的统计数据制作一个显示百分比的成绩分布饼图。

6.2.2　知识要点

（1）套用表格格式。

（2）MID 函数、IF 函数和字符连接符"&"。

（3）VLOOKUP 函数和名称。

（4）COUNTIF 函数，COUNTIFS 函数。

（5）MAXIFS 函数、MINIFS 函数、AVERAGEIF 函数、ROUND 函数。

（6）AVERAGE 函数、公式、单元格格式设置。

（7）高级筛选。

（8）图表。

6.2.3　操作步骤

1. 套用表格样式以及求每个学生的总分

（1）在"期末考试成绩表"中选择 A1:K76 数据区域，单击"开始"选项卡功能区中的"表格样式"下拉按钮，在弹出的下拉列表中选择一种四周有边框，偶数行有底纹的样式，如"表样式浅色 19"弹出"套用表格样式"对话框，如图 6-15 所示。

（2）选择转换成表格，并套用表格样式单选按钮，勾选"表包含标题"和"筛选按钮"复选框。

（3）在"期末考试成绩表"中选择 K2 单元格，在公式编辑栏中输入公式"=SUM(D2:J2)"，按【Enter】键并双击填充柄完成总分的填充。

2. 根据每个学生的学号确定学生所在的班级

在期末考试成绩表中 C2 单元格输入公式"=IF(MID(A2,7,2)="13"," 营销 ",IF(MID(A2,7,2)="41"," 会计 "," 国经 "))&MID(A2,3,2)&MID(A2,10,1)&" 班 ""，按【Enter】键并双击填充柄完成班级的填充，如图 6-16 所示。

3. 求总评

（1）在"期末考试成绩表"的 L1 单元格输入"总评"。

视频6-4
期末成绩分析
与统计第1-3题

图 6-15 "套用表格样式"对话框　　　　图 6-16 班级填充结果

（2）在"期末考试成绩表"的 P1:Q6 区域建立如表 6-1 所示的五级制划分表。

（3）选中 P1:Q6 区域并右击，在弹出的快捷菜单中选择"定义名称"命令，在弹出的"新建名称"对话框中输入名称"五级制划分表"。

（4）在"期末考试成绩表"的 L2 单元格输入公式"=VLOOKUP(K2,五级制划分表,2,TRUE)"，按【Enter】键并双击填充柄完成总评的填充。操作结果如图 6-17 所示。

图 6-17 总评的填充结果

扫一扫

视频6-5
期末考试成绩
分析4～6题

4．利用函数完成成绩分布表的计算

在"期末考试成绩表"中的 B82 单元格中输入公式"=COUNTIF(K2:K76,">=90")"。

在"期末考试成绩表"中的 B83 单元格中输入公式"=COUNTIFS(K2:K76,">=80",K2:K76,"<90")"。

在"期末考试成绩表"中的 B84 单元格中输入公式"=COUNTIFS(K2:K76,">=70",K2:K76,"<80")"。

在"期末考试成绩表"中的 B85 单元格中输入公式"=COUNTIFS(K2:K76,">=60",K2:K76,"<70")"。

在"期末考试成绩表"中的 B86 单元格中输入公式"=COUNTIF(K2:K76,"<60")"。

计算完成后的效果如图 6-18 所示。

5．填写各班级考试成绩统计表

（1）求每个班级的最高分。在各班级考试成绩统计表的 B3 单元格中输入公式"=MAXIFS(期末考试成绩表!$K$2:$K$76,期末考试成绩表!$C$2:$C$76,A3)"，按【Enter】键完成最高分的计算，拖动填充柄完成其他班级最高分的填充。

（2）求每个班级的最低分。在各班级考试成绩统计表的 C3 单元格中输入公式"=MINIFS(期末考试成绩表!$K$2:$K$76,期末考试成绩表!$C$2:$C$76,A3)"，按【Enter】键完成最低分的计算，拖动填充柄完成其他班级最低分的填充。

（3）求每个班级的平均分，并保留一位小数。在各班级考试成绩统计表的 D3 单元格中输入公式"=ROUND(AVERAGEIF(期末考试成绩表!$C$2:$C$76,各班级考试成绩统计表!A3,期末考试成绩表!$K$2:$K$76),1)"，按【Enter】键完成班级平均分的计算，拖动填充柄完成其他班级平均分的填充。

（4）求每个班级的不合格人数。在各班级考试成绩统计表的 E3 单元格中输入公式"=COUNTIFS(期末考试成绩表!$C$2:$C$76,各班级考试成绩统计表!A3,期末考试成绩表!$K$2:$K$76,"<60")"，按【Enter】键完成不及格人数的统计，拖动填充柄完成其他班级不合格人数的填充。

（5）求每个班级的优秀人数。在各班级考试成绩统计表的 F3 单元格中输入公式“=COUNTIFS(期末考试成绩表 !$C$2:$C$76, 各班级考试成绩统计表 !A3, 期末考试成绩表 !$K$2:$K$76,">=90")”，按【Enter】键完成优秀人数的统计，拖动填充柄完成其他班级优秀人数的填充。

各班级考试成绩统计表操作结果如图 6-19 所示。

B83　=COUNTIFS(K2:K76,">=80",K2:K76,"<90")

统计各分数段的人数	
分数区间	人数
90以上	8
80~89	10
70~79	35
60~69	16
60以下	6

图 6-18　统计各分数段的人数

B3　=MAXIFS(期末考试成绩表!$K$2:$K$76,期末考试成绩表!$C$2:$C$76,A3)

各班级考试成绩统计表

班级	最高分	最低分	班级平均分	不合格人数	优秀人数(>=90)
会计201班	99	78	89.3	0	5
会计202班	91	60	81.0	0	3
国经201班	76	65	72.3	0	0
国经202班	75	52	66.8	3	0
营销201班	77	53	69.6	1	0
营销202班	77	48	68.3	2	0

图 6-19　各班级考试成绩统计表操作结果

6. 填写“考试情况分析表”

在“考试情况分析表”的 B6 单元格输入公式“=AVERAGE(期末考试成绩表 !D2:D76)”，按【Enter】键后向右拖动填充柄完成平均分的填充。

在“考试情况分析表”的 B7 单元格输入公式“=(B3−B6)/B3”，按【Enter】键，单击“开始”选项卡“数字”组中的“百分比”按钮，向右拖动填充柄完成失分率的填充。

7. 筛选出单项题分数至少有一项为 0 的学生记录

（1）在“期末考试成绩表”中 A88:G95 单元格区域设置如图 6-20 所示的条件区域。

（2）单击“数据”选项卡功能区中“自动筛选”按钮右下角的“高级筛选”对话框启动器按钮“ ⌟ ”，在打开的“高级筛选”对话框中进行筛选设置，如图 6-21 所示。并将筛选结果置于 A99 开始的区域，操作结果如图 6-22 所示。

扫一扫

视频6–6

期末成绩分析第7～9题

选择题分数	WIN操作题分数	打字题分	WPS文字题分	WPS表格题分数	WPS演示题分	WPS脑图题分数
0						
	0					
		0				
			0			
				0		
					0	
						0

图 6-20　条件区域

图 6-21　“高级筛选”对话框

考号	姓名	所在班级	选择题分数	WIN操作题分数	打字题分数	WPS文字题分数	WPS表格题分数	WPS演示题分数	WPS脑图题分数	总分	总评
202052135203	陈昕婷	营销202班	13	4	4	5	20	5	0	51	E
202052095229	葛梦旭	国经202班	6	6	5	17	0	10	8	52	E
202052095103	黄丹霞	国经201班	22	6	5	20	0	7	8	68	D
202052135146	李景龙	营销201班	17	2	5	20	20	12	0	76	C
202052135124	刘霞	营销201班	23	6	5	8	8	13	0	63	D
202052135236	楼经纬	营销202班	10	6	5	14	20	15	0	70	C
202052095126	徐银	国经201班	10	4	5	14	20	12	0	65	D
202052135125	杨锦娟	营销201班	18	7	5	20	12	6	0	68	D
202052095207	杨鑫月	国经202班	14	4	5	20	16	15	0	74	C
202052095226	姚雨娇	国经202班	17	0	5	20	0	10	0	52	E
202052135123	张博	营销201班	14	3	5	15	10	0	6	53	E
202052135109	张静静	营销201班	21	5	5	16	0	13	8	68	D
202052135115	张晓宁	营销201班	19	7	5	12	20	10	0	73	C
202052095230	张轩	国经202班	25	7	5	20	0	10	6	73	C

图 6-22　高级筛选结果

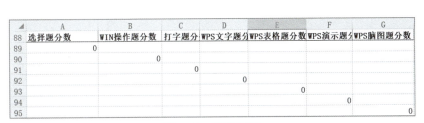

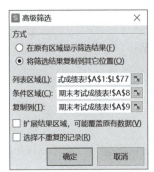

8. 根据表 6-4 的统计数据做一个显示百分比的成绩分布饼图

（1）在"期末考试成绩表"中选择 A81:B86 单元格区域，然后单击"插入"选项卡功能区中的"饼图"下拉按钮，弹出下拉列表，选择饼图的第一种样式，在工作表中就插入了一个饼图。

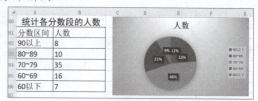

图 6-23　显示百分比的成绩分布饼图

（2）选中饼图，再单击"图表设计"选项卡功能区中的"样式 2"按钮，操作结果如图 6-23 所示。

6.2.4　操作提高

（1）在"期末考试成绩表"中用红色将总分最高的记录标示出来。

（2）在"成绩查询表"中利用查找函数，根据学号查询学生的成绩，如图 6-24 所示，即在学号框 D2 中输入学号，在 D3 单元格中自动显示期末总成绩。

（3）在"期末考试成绩表"中总评旁增加一列"名次"，为学生的考试成绩排名。

（4）根据"期末考试成绩表"中的数据建立一个如图 6-25 所示的数据透视表，并以此数据透视表的结果为基础，创建一个簇状柱形图，对各班级的平均分进行比较，将此图表放置于一个名为"柱形分析图"的新工作表中。

行标签	平均值项:总分	最大值项:总分	最小值项:总分
营销201班	69.57	77	53
营销202班	68.33	77	48
会计201班	89.30	99	78
会计202班	81.00	91	60
国经202班	66.75	75	52
国经201班	72.33	76	65
总计	73.77	99	48

图 6-24　成绩查询　　　　　　图 6-25　数据透视表

案例 6.3　家电销售统计与分析

6.3.1　问题描述

每年年底，家电销售公司都要对本公司各销售点和销售人员的销售情况进行统计与分析。要求根据图 6-26 所示的"2020 年家电销售统计表"中列出的项目完成以下工作。

	A	B	C	D	E	F	G
1	日期	销售地点	销售人员	商品名称	销售量（台）	单价（元）	金额
2	20200109	天津	刘玉龙	彩电	32	2349	
3	20200117	天津	赵颖	空调	27	1335	
4	20200209	北京	李新	彩电	27	2380	
5	20200209	长春	杨颖	空调	20	1478	
6	20200209	上海	周平	冰箱	4	1893	
7	20200219	北京	杨旭	电脑	28	4698	
8	20200229	南京	程小飞	洗衣机	27	1652	
9	20200304	长春	许文翔	彩电	19	2488	
10	20200304	武汉	张丹阳	空调	26	1356	
11	20200309	南京	高博	电脑	16	4463	
12	20200312	上海	刘松林	彩电	8	2347	
13	20200313	沈阳	袁宏伟	冰箱	24	1814	
14	20200314	武汉	张力	电脑	30	4683	
15	20200315	上海	刘松林	彩电	10	2255	
16	20200316	上海	刘松林	洗衣机	19	1776	
17	20200317	太原	戴云辉	洗衣机	23	1771	
18	20200418	长春	许文翔	电脑	20	4662	

图 6-26　家电销售统计表

（1）整理数据，将"2020 年家电销售统计表"中文本日期转换为日期型数据，并填入原"日期"列中。

（2）在"销售人员"列后增加一列，名称为"性别"，其值（男或女）在下拉列表中选择输入。

（3）根据销售量和单价求销售金额，并添加人民币的货币符号。

（4）将日销售量大于30的销售记录用红色标示出来。

（5）制作如表6-8所示的"各销售地销售业绩统计表"，要求计算各个销售地的销售总额及销售排名，将结果填入"各销售地销售业绩统计表"中。

表6-8 各销售地销售业绩统计表

销售地	销售总额	销售排名	销售地	销售总额	销售排名
北京					
天津					
上海					
南京					
沈阳					
太原					
武汉					
长春					

（6）制作如表6-9所示的"个人销售业绩统计表"。根据家电销售统计表，计算每个销售员的年销售总额及销售排名，并根据销售总额计算每个销售员的销售提成，将计算结果填入个人销售业绩统计表中。提成的计算方法为：每人的年销售定额为50 000元，超出定额部分给予1%的提成奖励，未超过定额，则提成奖励为0。

表6-9 个人销售业绩统计表

姓　　名	销售总额	销售排名	销售提成	姓　　名	销售总额	销售排名	销售提成
程小飞				许文翔			
戴云辉				杨旭			
高博				杨颖			
贺建华				袁宏伟			
李新				张丹阳			
刘松林				张力			
刘玉龙				赵颖			
王鹏				周平			

（7）制作"商品月销售业绩统计表"。根据"家电销售统计表"，计算各种商品月销售额业绩，填入"商品月销售业绩统计表"中。

（8）筛选记录。根据"2020年家电销售统计表"，筛选出销售地为北京，商品名称为彩电或电脑的记录，将筛选结果放置于"2020年家电销售统计表"中J1开始的区域。

（9）制作一个显示每个销售员每个季度所销售的不同商品的销售量及销售金额的数据透视表，并将数据透视表放置于名为"数据透视表"的工作表中。

（10）将"2020年家电销售统计表"生成一个副本"2020年家电销售统计表（2）"放置于"数据透视表"工作表后，在"2020年家电销售统计表（2）"中按照商品名称进行分类汇总，求出各类商品的金额总和，并以分类汇总结果为基础，创建一个簇状柱形图，对每类商品的销售金额总和进行比较，并将该图表放置在一个名为"柱状分析图"的新工作表中。

6.3.2 知识要点

（1）分列。

（2）有效性设置。

（3）公式运算及单元格格式设置。

（4）条件格式。

（5）SUMIF 函数、RANK.EQ 函数和 IF 函数。

（6）数组公式、MONTH 函数、COLUMN 函数。

（7）高级筛选。

（8）数据透视表。

（9）分类汇总、图表。

6.3.3 操作步骤

扫一扫

视频6-7
家电销售分析
第1～4题

1. 将表中文本日期转换为日期型数据

（1）选择 A2:A37 区域，单击"数据"选项卡功能区中的"分列"下拉按钮，在弹出的下拉列表中选择"分列"命令，弹出"文本分列向导—3 步骤之 1"对话框，选择"固定宽度"单选按钮，如图 6-27 所示。

（2）单击"下一步"按钮，弹出"文本分列向导—3 步骤之 2"对话框，可以设置字段宽度（列间隔），因本题是将文本日期转换为日期，所以不需设置，如图 6-28 所示。

（3）单击"下一步"按钮，弹出"文本分列向导—3 步骤之 3"对话框，选择"日期"单选按钮，右边下拉列表中选择"YMD"样式，如图 6-29 所示。

（4）单击"完成"按钮，完成文本日期转换为日期，如图 6-30 所示。

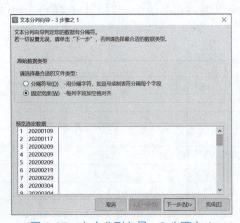

图 6-27　文本分列向导—3 步骤之 1

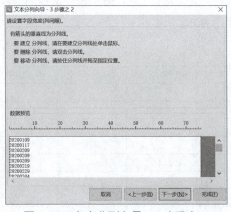

图 6-28　文本分列向导—3 步骤之 2

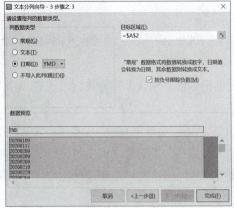

图 6-29　文本分列向导—3 步骤之 3

图 6-30　文本日期转换为日期

2. 增加"性别"列，值从下拉列表中选择输入

在"销售人员"列后增加一列，名称为"性别"，其值（男或女）在下拉列表中选择输入。

在"2020 年家电销售统计表"中右击"商品名称"列，在弹出的快捷菜单中选择"插入"命令，插入一列，在 D1 单元格中输入"性别"。选择 D2:D37 区域，单击"数据"选项卡功能区中"有效性"下拉按钮，弹出图 6-31 所示"数据有效性"对话框，在"设置"选项卡下，在"允许"下拉列表框中选择"序列"，在"来源"框中输入"男,女"，单击"确定"按钮，完成下拉列表的生成。

3. 根据销售量和单价求销售金额，并添加人民币的货币符号

在"2020 年家电销售统计表"H2 单元格中输入公式"=F2*G2"，按【Enter】键并拖动填充柄完成填充。右击该单元格，在弹出的快捷菜单中选择"设置单元格格式"命令，弹出图 6-32 所示的"单元格格式"对话框，在"数字"选项卡下"分类"列表框中选择"货币"，在"货币符号"下拉列表框中选择"￥"。

图 6-31 "数据有效性"对话框

图 6-32 "单元格格式"设置对话框

4. 将日销售量大于 30 的销售记录用红色标示出来

（1）选择 A2:H 37 单元格区域

（2）单击"开始"选项卡功能区中的"条件格式"下拉按钮，在下拉列表中选择"新建规则"命令，弹出图 6-33 所示的"新建格式规则"对话框，选择"使用公式确定要设置格式的单元格"，在"只为满足以下条件的单元格设置格式"的文本框中输入公式"=$F2>30"，单击"格式"按钮，在弹出的"设置单元格格式"对话框中单击"图案"选项卡，选择"红色"，单击"确定"按钮，再单击"确定"按钮，则得到图 6-34 所示的结果。

扫一扫●

视频6-8
家电销售分析
5～6题

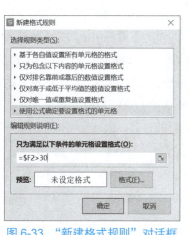

图 6-33 "新建格式规则"对话框

图 6-34 前 4 题操作的结果

5. 制作"各销售地销售业绩统计表"

求各销售地销售业绩是一个条件求和的问题，用 SUMIF 函数实现。在"各销售地销售业绩统计表"中的 B3 单元格输入公式"=SUMIF('2020 年家电销售统计表 '!$B$2:$B$37,各销售地销售业绩统计表

!A3,'2020 年家电销售统计表 '!$H$2:$H$37)",按【Enter】键后拖动填充柄完成填充。

销售排名可以用 RANK.EQ 函数实现。在 C3 单元格输入公式"=RANK.EQ(B3,$B$3:$B$10)",按【Enter】键后拖动填充柄完成填充。计算结果如图 6-35 所示。

6. 制作"个人销售业绩统计表"

求销售员的销售总额是一个条件求和的问题,用 SUMIF 函数实现。在"个人销售业绩统计表"中的 B3 单元格输入公式"=SUMIF('2020 年家电销售统计表 '!$C$2:$C$37,' 个人销售业绩统计表 '!A3,'2020 年家电销售统计表 '!$H$2:$H$37)",按【Enter】键后拖动填充柄完成填充。

求销售排名可以用 RANK.EQ 函数实现。在 C3 单元格输入公式"=RANK.EQ(B3,$B$3:$B$18)",按【Enter】键后拖动填充柄完成填充。

求销售提成可以用 IF 函数实现。在 D3 单元格输入公式"=IF(B3>50000,(B3-50000)*0.01,0)",按【Enter】键后拖动填充柄完成填充。操作结果如图 6-36 所示。

图 6-35 各销售地销售业绩统计表

图 6-36 个人销售业绩统计表

7. 制作"商品月销售业绩统计表"

求各商品月销售业绩是条件求和的问题,但此题条件复杂,很难用条件求和函数计算得到,故采用数组公式计算。首先是求和条件的描述,表示商品的类别,比较简单,只需在"2020 年家电销售统计表"的"商品名称"列(E 列)挑出指定类别就可以;表示统计的月份,因"2020 年家电销售统计表"的"日期"列(A 列)是一个完整的日期格式,要表示月必须用 MONTH 函数提取月份,同时为了能用拖动方式填充,所以月份的值用 COLUMN 函数来表示。第 2 列表示 1 月,所以具体表示的时候,COLUMN 函数要减 1,故在月销售业绩统计表中的 B2 单元格输入数组公式"=SUM(('2020 年家电销售统计表 '!$E$2:$E$37= 月销售业绩统计表 !$A2)*(MONTH('2020 年家电销售统计表 '!$A$2:$A$37)=COLUMN()-1)*'2020 年家电销售统计表 '!$H$2:$H$37)",按快捷键【Shift+Ctrl+Enter】完成 1 月冰箱的销售总额的计算,向右拖动填充柄完成各个月份的冰箱销售总额的填充,向下填充完成所有家电的销售业绩填充,操作结果如图 6-37 所示。

图 6-37 月销售业绩统计表

8. 筛选记录

(1) 在"2020 年家电销售统计表"中 B39:C41 区域做如图 6-38 所示的条件区域。

（2）单击"数据"选项卡功能区中"自动筛选"按钮右下角的"高级筛选"对话框启动器按钮"┛"，在打开的"高级筛选"对话框中进行筛选设置，如图6-39所示。筛选结果置于J1开始的区域，操作结果如图6-40所示。

销售地点	商品名称
北京	彩电
北京	电脑

图6-38　条件区域

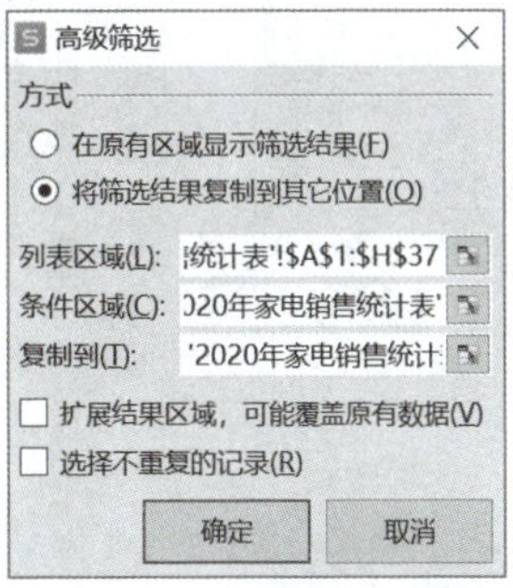

图6-39　"高级筛选"对话框

	J	K	L	M	N	O	P	Q
1	日期	销售地点	销售人员	性别	商品名称	销售量（台）	单价（元）	金额
2	2020/2/9	北京	李新	女	彩电	27	2380	¥64,260.00
3	2020/2/19	北京	杨旭	女	电脑	28	4698	¥131,544.00
4	2020/7/8	北京	李新	女	彩电	17	2271	¥38,607.00

图6-40　高级筛选结果

9. 制作透视表

创建数据透视表的操作步骤为：

（1）单击"2020年家电销售统计表"数据表中的任意单元格。

（2）单击"插入"选项卡功能区中的"数据透视表"按钮，打开图6-41所示的"创建数据透视表"对话框。在"创建数据透视表"对话框中，设定数据区域和选择放置的位置。

（3）将"选择要添加到报表的字段"中的字段分别拖动到对应的"行""列"和"值"框中，（例如将"销售人员"和"日期"拖入"行"，"商品名称"拖入"列"，"销售量"和"金额"拖入"值"框中，汇总方式为求和），便能得到不同日期每个销售员所销售的不同商品的销售量及销售金额的数据透视表，如图6-42所示。

扫一扫●

视频6-10
家电统计分析9、10题

图6-41　"创建数据透视表"对话框

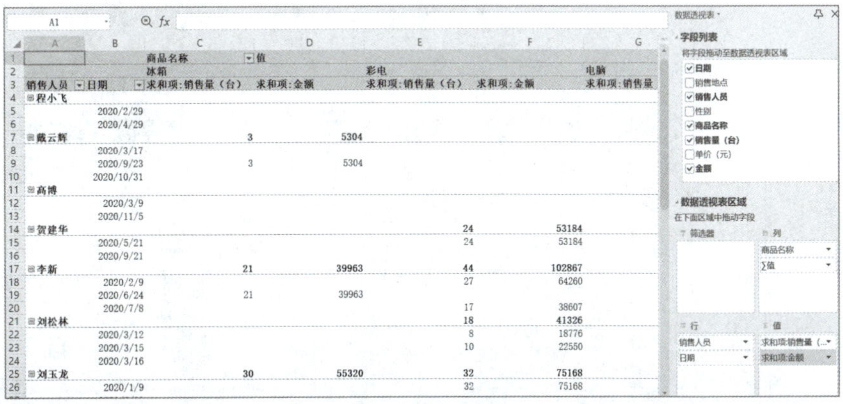

图6-42　数据透视表

（4）单击数据透视表A列任意日期单元格（例如A5），选择"数据透视表分析"选项卡功能区中的

"组选择"按钮,弹出图 6-43 所示的"组合"对话框,在"步长"列表框中取消选择步长"日"和"月",只选中"季度",单击"确定"按钮,完成对日期按季度分组,效果如图 6-44 所示。

图 6-43 "组合"对话框

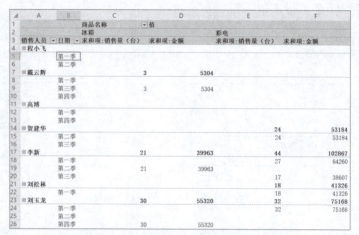

图 6-44 按日期以季度分组后的数据透视表

10. 分类汇总及创建簇状柱形图

1)创建分类汇总

(1)右击"2020 年家电销售统计表"工作表标签,在弹出的快捷菜单中选择"复制工作表"命令,则自动生成一个名为"2020 年家电销售统计表 (2)"的工作表。

(2)在"2020 年家电销售统计表 (2)"工作表中先单击 E1 单元格,然后单击"开始"选项卡功能区中的"排序"下拉按钮,在下拉列表中选择"升序"命令。

(3)单击"数据"选项卡功能区中的"分类汇总"按钮,弹出"分类汇总"对话框,在此对话框中分类字段选"商品名称",汇总方式选"求和",汇总项选"金额",单击"确定"按钮后完成分类汇总。如图 6-45 所示。

2)以分类汇总结果创建簇状柱形图

(1)单击分类汇总数据表左侧分级显示按钮 1 2 3 中的"2",隐藏明细数据,只显示一级和二级数据。此时,表格中只显示汇总后的数据条目。如图 6-46 所示。

(2)选中 E1:E42,按住【Ctrl】键选中 H1:H42 数据,单击"插入"选项卡功能区中的"柱形图"下拉按钮,在下拉列表中选择"二维图形"下的"簇状柱形图"样式,此时,就生成一个图表。

1 2 3		A	B	C	D	E	F	G	H
	1	日期	销售地点	销售人员	性别	商品名称	销售量(台)	单价(元)	金额
	2	2020/2/9	上海	周平	男	冰箱	4	1893	¥7,572.00
	3	2020/3/13	沈阳	袁宏伟	男	冰箱	24	1814	¥43,536.00
	4	2020/6/24	北京	李新	女	冰箱	21	1903	¥39,963.00
	5	2020/9/23	太原	戴云辉	男	冰箱	3	1768	¥5,304.00
	6	2020/11/1	天津	刘玉龙	男	冰箱	30	1844	¥55,320.00
	7					冰箱 汇总			¥151,695.00
	8	2020/1/9	天津	刘玉龙	男	彩电	32	2349	¥75,168.00
	9	2020/2/9	北京	李新	女	彩电	27	2380	¥64,260.00
	10	2020/3/4	长春	许文翔	男	彩电	19	2488	¥47,272.00
	11	2020/3/12	上海	刘松林	男	彩电	8	2347	¥18,776.00
	12	2020/3/15	上海	刘松林	男	彩电	10	2255	¥22,550.00
	13	2020/5/21	太原	贺建华	男	彩电	24	2216	¥53,184.00
	14	2020/7/8	北京	李新	女	彩电	17	2271	¥38,607.00
	15	2020/12/8	上海	周平	男	彩电	29	2408	¥69,832.00
	16					彩电 汇总			¥389,649.00
	17	2020/2/19	北京	杨旭	女	电脑	28	4698	¥131,544.00
	18	2020/3/9	南京	高博	男	电脑	16	4463	¥71,408.00
	19	2020/3/14	武汉	张力	男	电脑	30	4683	¥140,490.00
	20	2020/4/18	长春	许文翔	男	电脑	20	4662	¥93,240.00
	21	2020/5/20	沈阳	王超	男	电脑	32	4729	¥151,328.00

图 6-45 分类汇总的结果

（3）选中新生成的图表，在"图表工具"选项卡功能区中单击"移动图表"按钮，打开"移动图表"对话框，选择"新工作表"单选按钮，在右侧的文本框中输入"柱状分析图"，单击"确定"按钮即可新建一个工作表且将此图表放置于其中，如图6-47所示。

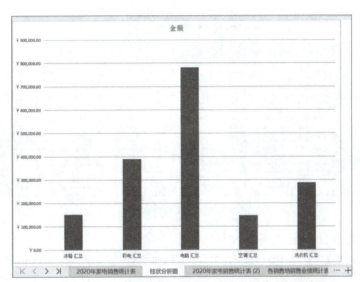

图6-46　隐藏明细数据

图6-47　柱形分析图

6.3.4　操作提高

（1）根据2020年家电销售统计表中的数据利用数据库函数完成表6-10的统计计算。

表6-10　各类统计计算

类　　别	数　　值
冰箱销售量的最大值	
电脑销售量的最小值	
男销售员的人数	
男销售员的平均销售量	
女销售员的销售量的总和	
1季度北京的销售额总和	

（2）筛选出销售量大于等于30的记录，放置于新工作表中，并将工作表取名为"销售量大于等于30的记录清单"，工作表标签的颜色设置为红色。

（3）将2020年家电销售统计表按照性别分类汇总，求出男女销售员销售金额的平均值和最大值。

案例6.4　职工科研奖励统计与分析

6.4.1　问题描述

每年年底，某大学的每一个学院都要对本学院内教职工的科研奖励情况进行统计与分析。要求根据

图 6-48 所示的“科研奖励汇总表”中列出的项目完成以下工作。

（1）在“科研奖励汇总表”中职工号后增加一列，名称为新职工号，新职工号填入的具体要求为：根据其聘任岗位的性质决定在原有职工号前增加字母 A 或 B 或 C 填入。如果岗位类型为教学为主型则添加 A；如果岗位类型为教学科研型则添加 B；否则添加 C。

（2）在“科研奖励汇总表”中利用数组公式完成记奖分、不记奖分和合计列的计算。

（3）根据“科研奖励汇总表”中 X3:Z20 的条件区域，完成“应完成分值”列的填充。

（4）计算“科研奖励汇总表”中科研奖励。科研奖励的计算规则为：如果不记奖分大于等于应完成分值，则科研奖励 = 记奖分 *45 计算；如果不记奖分小于应完成分值，则科研奖励 =(记奖分 -(应完成分值 - 不记奖分))*45 计算。

***学院科研奖励汇总表

职工号	教师姓名	性别	出生日期	技术职称	论文、著作		项目		获奖		专利		完成分值			聘任岗位	岗位级别	应完成分值	科研奖励
					计奖分	不计奖分	计奖分	不计奖分	计奖分	不计奖分	计奖分	不计奖分	计奖分	不计奖分	合计				
1	尹勇现	男	1968/8/1	讲师	0	20	0	0	0	0	0	0				教学为主型	七级		
2	周正立	男	1978/2/1	讲师	120	0	0	0	0	0	0	0				教学为主型	七级		
3	刘志涵	男	1963/11/18	副教授	50.6	0	0	0	0	0	0	0				教学为主型	三级		
4	梅福丹	女	1976/7/16	副教授	0	0	0	0	0	0	0	0				教学为主型	三级		
5	罗漫菲	女	1968/12/11	副教授	20	0	0	0	0	0	0	0				教学为主型	五级		
6	张正均	男	1982/10/14	讲师	217.5	0	0	0	0	0	0	0				教学科研型	七级		
7	刘霞	女	1968/3/15	副研究员	0	0	0	0	0	0	0	0				实验技术	六级		
8	邹帅	男	1969/1/26	教授	15	0	37.5	0	0	0	0	0				教学科研型	三级		
9	徐银	女	1966/12/30	实验师	0	0	0	6	0	0	0	0				实验技术	七级		
10	张欣	女	1970/4/28	副教授	0	0	20.3	0	0	0	0	0				教学为主型	五级		
11	邱顶峰	男	1977/1/18	教授	0	0	584	60	0	0	0	0				教学科研型	三级		
12	张静静	女	1969/10/2	讲师	20	0	9.3	0	0	0	0	0				教学科研型	六级		
13	谭亚	女	1948/10/6	讲师	0	0	0	0	0	0	0	0				教学科研型	七级		
14	黄丹霞	女	1969/3/30	副教授	13.9	30	68	0	0	0	0	0				教学科研型	五级		
15	杨锦娟	女	1979/3/1	副教授	37.1	0	15	0	0	0	60	0				教学科研型	五级		
16	张博	男	1967/4/10	讲师	420	0	14	0	0	0	0	0				教学科研型	七级		
17	刘林梦	女	1970/7/1	讲师	0	0	0	0	0	0	0	0				教学为主型	七级		
18	姚雨娇	女	1974/1/18	讲师	0	0	42	0	0	0	0	0				教学科研型	七级		

图 6-48　科研奖励汇总表

（5）计算“科研奖励汇总表”中第 129 行的合计。

（6）将“科研奖励汇总表”中未完成科研任务（科研奖励 <0）的职工用红色的小红旗标注出来。

（7）制作如表 6-11 所示的不同职称科研统计表。要求计算各类职称的科研分合计、科研分平均值、科研分最低值、科研分最高值，将结果填入不同职称科研统计表中。

表 6-11　不同职称科研统计表

技术职称	科研分合计	科研分平均值	科研分最低值	科研分最高值
助教				
讲师				
副教授				
副研究员				
教授				
实验师				
高级实验师				

（8）制作如表 6-12 所示的不同科研分数段的人数统计表。要求计算不同科研分数段的人数，将结果填入不同科研分数段的人数统计表中。

表 6-12　不同科研分数段的人数统计表

科　研　分	人　　数
0	
<50	
>=50 和 <100	
>=100 和 <500	
>=500 和 <1000	
>=1000	

（9）制作如表 6-13 所示的不同聘任岗位的职工科研分构成统计表。要求计算不同岗位类别的论文和著作、项目、获奖、专利的科研总分，将结果填入不同聘任岗位的职工科研分构成统计表中。

（10）根据不同聘任岗位的职工科研分构成统计表制作一个动态饼图，具体要求为：根据用户选择的聘任岗位类型，动态显示该类型的科研分构成的饼图。

表 6-13　不同聘任岗位的职工科研分构成统计表

聘任岗位	论文、著作	项　目	获　奖	专　利
教学为主型				
教学科研型				
实验技术				

6.4.2　知识要点

（1）IF 函数、IFS 函数、REPLACE 函数。

（2）数组公式。

（3）VLOOKUP 函数。

（4）公式计算。

（5）SUM 函数。

（6）条件格式。

（7）SUMIF 函数、AVERAGEIF 函数、MAXIFS 函数、MINIFS 函数。

（8）COUNTIF 函数和 COUNTIFS 函数。

（9）有效性的设置和动态图表。

6.4.3　操作步骤

1. 新职工号的填入

在“科研奖励汇总表”中选择“教师姓名”列，右击“教师姓名”列，在弹出的快捷菜单中选择“插入”命令，在“教师姓名”前插入一列，然后将 C2 和 C3 单元格合并，在合并后的单元格中输入列名为“新职工号”，在 C4 单元格输入公式“=IF(S4=$S$4,REPLACE(B4,1,0,"A"),IF(S4=$S$9,REPLACE(B4,1,0,"B"),REPLACE(B4,1,0,"C")))”，或者输入公式“=IFS(S4=$S$4,REPLACE(B4,1,0,"A"),S4=$S$11,REPLACE(B4,1,0,"B"),TRUE,REPLACE(B4,1,0,"C"))”，按【Enter】键，双击填充柄，完成整列的填充。

扫一扫

视频6–11
科研奖励统计与分析第1~3题

2.“记奖分”“不记奖分”和“合计列”的计算

（1）记奖分的计算。选择 P4:P128 区域，在编辑栏输入公式“=H4:H128+J4:J128+L4:L128+N4:N128”，然后按快捷键【Shift+Ctrl+Enter】完成计算。

（2）不记奖分的计算。选择 Q4:Q128 区域，在编辑栏输入公式“=I4:I128+K4:K128+M4:M128+O4:O128”，然后按快捷键【Shift+Ctrl+Enter】完成计算。

（3）合计列的计算。选择 R4:R128 区域，在编辑栏输入公式“=P4:P128+Q4:Q128”，然后按快捷键【Shift+Ctrl+Enter】完成计算。

第 1 题和第 2 题操作后的结果如图 6-49 所示。

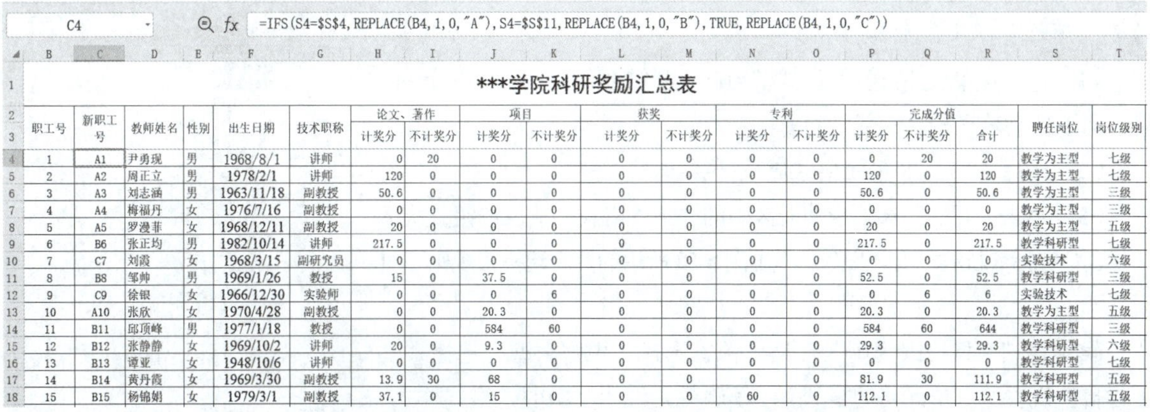
C4　=IFS(S4=$S$4, REPLACE(B4, 1, 0, "A"), S4=$S$11, REPLACE(B4, 1, 0, "B"), TRUE, REPLACE(B4, 1, 0, "C"))

***学院科研奖励汇总表

	B	C	D	E	F	G	H	I	J	K	L	M	N	O	P	Q	R	S	T
2	职工号	新职工号	教师姓名	性别	出生日期	技术职称	论文、著作		项目		获奖		专利		完成分值			聘任岗位	岗位级别
3							计奖分	不计奖分	计奖分	不计奖分	计奖分	不计奖分	计奖分	不计奖分	计奖分	不计奖分	合计		
4	1	A1	尹勇现	男	1968/8/1	讲师	0	20	0	0	0	0	0	0	0	20	20	教学为主型	七级
5	2	A2	周正立	男	1978/2/1	讲师	120	0	0	0	0	0	0	0	120	0	120	教学为主型	七级
6	3	A3	刘志涵	男	1963/11/18	副教授	50.6	0	0	0	0	0	0	0	50.6	0	50.6	教学为主型	三级
7	4	A4	梅福丹	女	1976/7/16	副教授	0	0	0	0	0	0	0	0	0	0	0	教学为主型	三级
8	5	A5	罗漫菲	女	1968/12/11	副教授	20	0	0	0	0	0	0	0	20	0	20	教学为主型	五级
9	6	B6	张正均	男	1982/10/14	讲师	217.5	0	0	0	0	0	0	0	217.5	0	217.5	教学科研型	七级
10	7	C7	刘霞	女	1968/3/15	副研究员	0	0	0	0	0	0	0	0	0	0	0	实验技术	六级
11	8	B8	邹帅	男	1969/1/26	教授	15	0	37.5	0	0	0	0	0	52.5	0	52.5	教学科研型	三级
12	9	C9	徐银	女	1966/12/30	实验师	0	0	0	6	0	0	0	0	0	6	6	实验技术	七级
13	10	A10	张欣	女	1970/4/28	副教授	0	0	20.3	0	0	0	0	0	20.3	0	20.3	教学为主型	五级
14	11	B11	邱项峰	男	1977/1/18	教授	0	0	584	60	0	0	0	0	584	60	644	教学科研型	三级
15	12	B12	张静静	女	1969/10/2	讲师	20	0	9.3	0	0	0	0	0	29.3	0	29.3	教学科研型	六级
16	13	B13	谭亚	女	1948/10/6	讲师	0	0	0	0	0	0	0	0	0	0	0	教学科研型	七级
17	14	B14	黄丹霞	女	1969/3/30	副教授	13.9	30	68	0	0	0	0	0	81.9	30	111.9	教学科研型	五级
18	15	B15	杨锦娟	女	1979/3/1	副教授	37.1	0	15	0	0	0	60	0	112.1	0	112.1	教学科研型	五级

图 6-49　第 1 题和第 2 题操作后的结果

3. 完成“应完成分值”列的填充

在“科研奖励汇总表”中 U4 单元格输入公式“=IF(S4=$X$4,VLOOKUP(T4,$Y$4:$Z$8,2, FALSE), IF(S4=$X$9,VLOOKUP(T4,$Y$9:$Z$15,2,FALSE),VLOOKUP(T4, $Y$16:Z 20,2,FALSE)))”，或输入公式“=IFS(S4=$X$4,VLOOKUP(T4,$Y$4:$Z$8,2,FALSE),S4=$X$9,VLOOKUP(T4,$ Y$9:$Z$15,2,FALSE),TRUE, VLOOKUP(T4,$Y$16:$Z$20,2,FALSE))”，按【Enter】键，然后双击填充柄完成整列的计算。

4. 计算“科研奖励汇总表”中科研奖励

扫一扫

视频6-12 科研奖励统计与分析第4~6题

在“科研奖励汇总表”中 V4 单元格输入公式“=IF(Q4>U4,P4*45,(P4-(U4-Q4))*45)”，按【Enter】键，然后双击填充柄完成整列的计算。

第 3 题和第 4 题操作后的结果如图 6-50 所示。

V4　=IF(Q4>U4, P4*45, (P4-(U4-Q4))*45)

***学院科研奖励汇总表

	C	D	E	F	G	H	I	J	K	L	M	N	O	P	Q	R	S	T	U	V
2	新职工号	教师姓名	性别	出生日期	技术职称	论文、著作		项目		获奖		专利		完成分值			聘任岗位	岗位级别	应完成分值	科研奖励
3						计奖分	不计奖分	计奖分	不计奖分	计奖分	不计奖分	计奖分	不计奖分	计奖分	不计奖分	合计				
4	A1	尹勇现	男	1968/8/1	讲师	0	20	0	0	0	0	0	0	0	20	20	教学为主型	七级	5	0
5	A2	周正立	男	1978/2/1	讲师	120	0	0	0	0	0	0	0	120	0	120	教学为主型	七级	5	5175
6	A3	刘志涵	男	1963/11/18	副教授	50.6	0	0	0	0	0	0	0	50.6	0	50.6	教学为主型	三级	40	477
7	A4	梅福丹	女	1976/7/16	副教授	0	0	0	0	0	0	0	0	0	0	0	教学为主型	三级	40	-1800
8	A5	罗漫菲	女	1968/12/11	副教授	20	0	0	0	0	0	0	0	20	0	20	教学为主型	五级	20	0
9	B6	张正均	男	1982/10/14	讲师	217.5	0	0	0	0	0	0	0	217.5	0	217.5	教学科研型	七级	40	7987.5
10	C7	刘霞	女	1968/3/15	副研究员	0	0	0	0	0	0	0	0	0	0	0	实验技术	六级	10	-450
11	B8	邹帅	男	1969/1/26	教授	15	0	37.5	0	0	0	0	0	52.5	0	52.5	教学科研型	三级	120	-3037.5
12	C9	徐银	女	1966/12/30	实验师	0	0	0	6	0	0	0	0	0	6	6	实验技术	七级	5	0
13	A10	张欣	女	1970/4/28	副教授	0	0	20.3	0	0	0	0	0	20.3	0	20.3	教学为主型	五级	20	13.5
14	B11	邱项峰	男	1977/1/18	教授	0	0	584	60	0	0	0	0	584	60	644	教学科研型	三级	120	23580
15	B12	张静静	女	1969/10/2	讲师	20	0	9.3	0	0	0	0	0	29.3	0	29.3	教学科研型	六级	50	-931.5
16	B13	谭亚	女	1948/10/6	讲师	0	0	0	0	0	0	0	0	0	0	0	教学科研型	七级	40	-1800
17	B14	黄丹霞	女	1969/3/30	副教授	13.9	30	68	0	0	0	0	0	81.9	30	111.9	教学科研型	五级	70	1885.5
18	B15	杨锦娟	女	1979/3/1	副教授	37.1	0	15	0	0	0	60	0	112.1	0	112.1	教学科研型	五级	70	1894.5

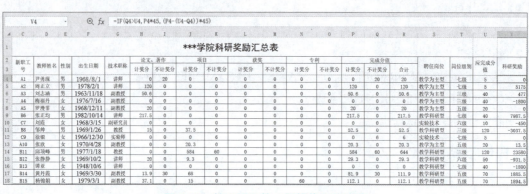

图 6-50　第 3 题和第 4 题操作后的结果

5. 计算“科研奖励汇总表”中第 129 行的合计

在“科研奖励汇总表”中 H129 单元格输入公式“=SUM(H4:H128)”，按【Enter】键，然后向右拖动填充柄完成其他合计的计算。操作结果如图 6-51 所示。

H129　=SUM(H4:H128)

***学院科研奖励汇总表

	B	C	D	E	F	G	H	I	J	K	L	M	N	O	P	Q	R	S
2	职工号	新职工号	教师姓名	性别	出生日期	技术职称	论文、著作		项目		获奖		专利		完成分值			聘任岗位
3							计奖分	不计奖分	计奖分	不计奖分	计奖分	不计奖分	计奖分	不计奖分	计奖分	不计奖分	合计	
121	118	B118	冯苏凤	女	1961/7/22	副教授	12	0	0	15	10	0	0	10	22	25	47	教学科研型
122	119	A119	王帅军	男	1963/2/23	助教	60	0	0	0	0	0	0	0	60	0	60	教学为主型
123	120	B120	刘俊哲	男	1983/3/1	讲师	166	0	20	0	0	0	0	0	186	0	186	教学科研型
124	121	B121	周若玲	男	1965/11/12	讲师	0	0	21	0	0	0	0	0	21	0	21	教学科研型
125	122	B122	李恺颖	男	1973/1/31	讲师	0	0	3.8	0	0	0	33	25	36.8	25	61.8	教学科研型
126	123	B123	吴长罡	男	1962/5/21	讲师	0	0	0	0	0	0	0	0	0	0	0	教学科研型
127	124	C124	吴雁珂	男	1960/6/26	高级实验师	0	0	0	0	0	0	30	0	30	0	30	实验技术
128	125	B125	江丰莉	女	1970/6/27	讲师	30	0	192	6	0	0	0	0	222	6	228	教学科研型
129	126	C126	合计				18474.5	149	5993.7	3347.7	60	0	390	203	24918.2	3699.7	28617.9	

图 6-51　第 5 题操作后的结果

6. 将“科研奖励汇总表”中未完成科研任务（科研奖励<0）的职工用红色的小红旗标注出来

（1）在 A4 单元格输入公式“=IF(V4<0,1,0)”，按【Enter】键，然后向下拖动填充柄，完成计算。

（2）选择 A4:A128 单元格区域。

（3）单击“开始”选项卡功能区中的“条件格式”下拉按钮，从下拉列表中选择“新建规则”命令，弹出图 6-52 所示的“新建格式规则”对话框。

图 6-52　“新建格式规则”对话框

（4）在“新建格式规则”对话框中，选择“规则类型”选择“基于各自值设置所有单元格的格式”；“编辑规则说明”中的“格式样式”

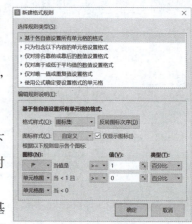

选择"图标集",勾选"仅显示图标"复选框;单击"图标"下的第一个下拉按钮,选择"一面小红旗","当值是"设置为">=1";单击"图标"下的第二个下拉按钮,选择"无单元格图标","当<1且"设置为">=0",单击"确定"按钮,则得到图6-53所示的结果。

图6-53 未完成科研任务的职工用红色小红旗标注的效果图

7. 制作不同职称科研统计表

(1)科研分合计的计算。在不同职称科研统计表中B2单元格输入公式"=SUMIF(科研奖励汇总表!$G$4:$G$128,不同职称科研统计表!A2,科研奖励汇总表!$R$4:$R$128)",按【Enter】键,然后向下拖动填充柄,完成科研分合计的计算。

(2)科研分平均值的计算。在不同职称科研统计表中C2单元格输入公式"=AVERAGEIF(科研奖励汇总表!$G$4:$G$128,不同职称科研统计表!A2,科研奖励汇总表!$R$4:$R$128)",按【Enter】键,然后向下拖动填充柄,完成科研分平均值的计算。

(3)科研分最低值的计算。在不同职称科研统计表中D2单元格输入公式"=MINIFS(科研奖励汇总表!$R$4:$R$128,科研奖励汇总表!$G$4:$G$128,不同职称科研统计表!A2)",然后按【Enter】键完成计算,并向下拖动填充柄,完成所有科研分最低值的计算。

(4)科研分最高值的计算。在不同职称科研统计表中E2单元格输入公式"=MAXIFS(科研奖励汇总表!$R$4:$R$128,科研奖励汇总表!$G$4:$G$128,不同职称科研统计表!A2)",然后按【Enter】键完成计算,并向下拖动填充柄,完成所有科研分最高值的计算。

不同职称科研统计表最终计算结果如图6-54所示。

8. 不同科研分数段的人数的统计

在不同科研分数段的人数统计表中B2单元格输入公式"=COUNTIF(科研奖励汇总表!R4:R128,0)",然后按【Enter】键完成计算。

在不同科研分数段的人数统计表中B3单元格输入公式"=COUNTIFS(科研奖励汇总表!R4:R128,">0",科研奖励汇总表!R4:R128,"<50")",然后按【Enter】键完成计算。

在不同科研分数段的人数统计表中B4单元格输入公式"=COUNTIFS(科研奖励汇总表!R4:R128,">=50",科研奖励汇总表!R4:R128,"<100")",然后按【Enter】键完成计算。

在不同科研分数段的人数统计表中B5单元格输入公式"=COUNTIFS(科研奖励汇总表!R4:R128,">=100",科研奖励汇总表!R4:R128,"<500")",然后按【Enter】键完成计算。

在不同科研分数段的人数统计表中B6单元格输入公式"=COUNTIFS(科研奖励汇总表!R4:R128,">=500",科研奖励汇总表!R4:R128,"<1000")",然后按【Enter】键完成计算。

在不同科研分数段的人数统计表中B7单元格输入公式"=COUNTIF(科研奖励汇总表!R4:R128,">=1000")",然后按【Enter】键完成计算。

不同科研分数段的人数的统计表的计算结果如图6-55所示。

扫一扫

视频6-13
科研奖励统计
与分析第7、8题

技术职称	科研分合计	科研分平均值	科研分最低值	科研分最高值
助教	192.5	38.50	0	105
讲师	14170.3	211.50	0	1505.1
副教授	5569.3	192.04	0	2293
副研究员	15	7.50	0	15
教授	6946.5	578.88	52.5	1797.5
实验师	1222.7	244.54	6	624
高级实验师	487.8	121.95	29.7	235

图 6-54　不同职称科研统计表

科研分	人数
0	15
<50	35
>=50和<100	17
>=100和<500	41
>=500和<1000	10
>=1000	7

图 6-55　不同科研分数段人数的统计表

视频6–14
科研奖励统计与分析第9、10题

9. 不同聘任岗位的职工科研分构成的统计计算

（1）论文论著的科研分计算。在不同聘任岗位的职工科研分构成统计表中的 B2 单元格输入数组公式"=SUM((科研奖励汇总表!H\$4:H\$128+科研奖励汇总表!I\$4:I\$128)*(科研奖励汇总表!\$S\$4:\$S\$128=不同聘任岗位的职工科研分构成统计表!A2))"，然后按快捷键【Shift+Ctrl+Enter】完成计算，并向下拖动填充柄，完成所有聘任岗位论文论著科研分的计算。

（2）项目科研分计算。在不同聘任岗位的职工科研分构成统计表中的 C2 单元格输入数组公式"=SUM((科研奖励汇总表!\$J\$4:\$J\$128+科研奖励汇总表!\$K\$4:\$K\$128)*(科研奖励汇总表!\$S\$4:\$S\$128=不同聘任岗位的职工科研分构成统计表!A2))"，然后按快捷键【Shift+Ctrl+Enter】完成计算，并向下拖动填充柄，完成所有聘任岗位项目科研分的计算。

（3）获奖科研分计算。在不同聘任岗位的职工科研分构成统计表中的 D2 单元格输入数组公式"=SUM((科研奖励汇总表!\$L\$4:\$L\$128+科研奖励汇总表!\$M\$4:\$M\$128)*(科研奖励汇总表!\$S\$4:\$S\$128=不同聘任岗位的职工科研分构成统计表!A2))"，然后按快捷键【Shift+Ctrl+Enter】完成计算，并向下拖动填充柄，完成所有聘任岗位获奖科研分的计算。

（4）专利科研分计算。在不同聘任岗位的职工科研分构成统计表中的 E2 单元格输入数组公式"=SUM((科研奖励汇总表!\$N\$4:\$N\$128+科研奖励汇总表!\$O\$4:\$O\$128)*(科研奖励汇总表!\$S\$4:\$S\$128=不同聘任岗位的职工科研分构成统计表!A2))"，然后按快捷键【Shift+Ctrl+Enter】完成计算，并向下拖动填充柄，完成所有聘任岗位专利科研分的计算。

不同聘任岗位的职工科研分构成的统计计算结果如图 6-56 所示。

聘任岗位	论文、著作	项目	获奖	专利
教学为主型	898.2	300	0	67
教学科研型	16837.4	8219.3	60	438
实验技术	887.9	822.1	0	88

图 6-56　不同聘任岗位的职工科研分构成统计表

10. 动态饼图的制作

（1）在不同聘任岗位的职工科研分构成统计表 A7 单元格中输入"请选择聘任岗位："。

（2）选择 A8 单元格，单击"数据"选项卡功能区中的"有效性"按钮，弹出图 6-57 所示的"数据有效性"对话框，在"设置"选项卡"允许"框中选择"序列"，"来源"选择 A2:A4 区域。

（3）选择 A8 单元格，单击单元格右侧的下拉按钮，在下拉列表中选择"教学为主型"。选择 B8 单元格，输入公式："=VLOOKUP(\$A\$8,\$A\$2:\$E\$4,COLUMN(),FALSE)"并按【Enter】键确认，向右拖动填充柄到 E8 单元格。

（4）选择 A8:E8 区域，再按住【Ctrl】键选择 A1:E1 区域，单击"插入"选项卡功能区中的"饼图"下拉按钮，在下拉列表中选择"饼图"里的"二维饼图"，在工作表中就插入了一个饼图。选中饼图，再单击"图表工具"选项卡功能区中"样式 2"按钮。在 A8 单元格的下拉列表中选择不同的岗位类别，即可得到随岗位类别变化的饼图，如图 6-58 所示。

图 6-57　设置有效性

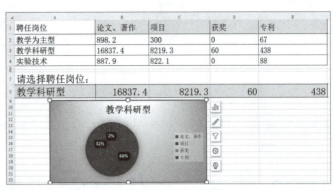

图 6-58　动态饼图

6.4.4　操作提高

（1）在"科研奖励汇总表"中"出生日期"列后增加一列"年龄",请根据出生日期求出每一位职工的年龄。

（2）制作如表 6-14 所示的不同年龄段的职工科研分统计表。

表 6-14　不同年龄段的职工科研分统计表

年 龄 段	科研分合计
<35	
35~45	
>=45	

（3）将"科研奖励汇总表"中没有完成科研任务的教职工记录以红色标示出来。

（4）在"科研奖励汇总表"中,分别统计出男、女职工未完成科研任务的人数,填入表 6-15 所示的未完成科研任务人数统计表。

表 6-15　未完成科研任务人数统计表

性　别	未完成科研任务人数
男	
女	

第7章
WPS 演示高级应用案例

本章精选了三个在日常生活和工作中很常见的演示文稿制作案例，分别是毕业论文答辩演示文稿、教学课件优化和西湖美景赏析。通过本章的学习，读者能够掌握很多常见的演示文稿制作技巧，包括多媒体、母版和版式、图表、动画和幻灯片切换效果、幻灯片的放映及发布等应用技巧。

案例 7.1 毕业论文答辩演示文稿

7.1.1 问题描述

小李同学要准备毕业论文答辩，答辩的大纲和内容已经放在演示文稿文件"毕业论文答辩.dps"中，现在要继续完成毕业论文答辩演示文稿的制作。

通过本案例的学习，读者可以掌握从头到尾制作一个完整的演示文稿的方法，幻灯片母版与版式的设置，智能图形的应用，动画和幻灯片切换效果的应用以及幻灯片的分节、发布等知识。

具体要求如下：

1. 设置幻灯片母版与版式

（1）将第 1 张和第 13 张幻灯片的版式设为"标题幻灯片"，将第 4 张和第 5 张幻灯片的版式设为"两栏内容"。

（2）对于所有幻灯片所应用的幻灯片母版，将其中的标题字体设为"华文新魏"、对齐方式为"左对齐"，其他文本字体设为"微软雅黑"，并设置背景为艺术字"畸变图像的自动校正"。

（3）对于第 1 张和第 13 张幻灯片所应用的标题幻灯片母版，删除副标题占位符、日期区、页脚区和页码区，插入图片"校园风光.jpg"，将标题占位符的背景填充色设为"蓝色"，将标题文字设为"华文新魏，48 号，白色"。

（4）对于其他幻灯片母版，在标题文本和其他文本之间增加一条渐变的分隔线。

2. 智能图形的应用

（1）将第 3 张幻灯片中除标题外的文本转换为合适的智能图形，并为相应的文本依次设置进入动画效果为"颜色打印机"。

（2）将第 4 张幻灯片中左侧文本转换为合适的智能图形，右侧文本用智能图形"齿轮"呈现，并设置进入动画效果为"轮子"。

（3）将第 8 张幻灯片中除标题外的文本用智能图形"环状蛇形流程"呈现，并设置进入动画效果为

"弹跳"。

3. 设置幻灯片的动画效果

（1）在第 10 张幻灯片中，先将两个图片的图片效果设为"柔化边缘 10 磅"，然后设置进入动画效果为"延迟 1 s 同时从内向外圆形扩展"。

（2）在第 11 张幻灯片中，将图片的进入动画效果设为单击时触发，效果为"中央向左右展开劈裂"，速度为"快速"。

（3）在第 7 张幻灯片中，依次设置以下动画效果。

① 将标题内容"（1）整体流程图"的强调动画效果设置为"跷跷板"，并且在幻灯片放映1 s后自动开始，而不需要单击鼠标；

② 将流程图的进入动画效果设为"上一动画之后自顶部中速擦除"。

（4）对第 2 张幻灯片中的第一级文本内容，依次按以下顺序设置动画效果：首先设置进入动画效果为"上升"，然后设置强调动画效果为"更改字体颜色为红色"，强调动画完成后字体颜色变成蓝色。

（5）在第 6 张幻灯片中，对表格设置以下动画效果：先是表格以"出现"动画效果进入，然后单击表格可以使表格全屏显示，再单击回到表格原来的大小。

4. 分节并设置幻灯片切换方式

将演示文稿按表 7-1 所示要求分节，并为每节设置不同的幻灯片切换方式，所有幻灯片要求单击鼠标进行手动切换。

表 7-1　分节设置幻灯片切换方式

节　名	包含的幻灯片	幻灯片切换方式
封面页	1	平滑淡出
相关技术介绍	2～5	向下插入
基于 OpenCV 的畸变图像校正	6～12	4 根轮辐
结束页	13	新闻快报

5. 对演示文稿进行发布

（1）为第 1 张幻灯片添加备注信息"这是小李的毕业论文答辩演示文稿。"

（2）将幻灯片的编号设置为：标题幻灯片中不显示，其余幻灯片显示，并且编号起始值从 0 开始。

（3）将演示文稿以 PowerPoint 演示文件 (*.pptx) 类型保存到指定路径 (D:\) 下。

7.1.2　知识要点

（1）图片与表格的处理。

（2）幻灯片版式的设置。

（3）幻灯片母版的设置。

（4）设置艺术字为母版背景。

（5）智能图形的应用。

（6）幻灯片动画的设置。

（7）幻灯片分节的设置。

（8）幻灯片切换方式的设置。

（9）幻灯片编号的设置。

（10）备注信息的处理。

（11）幻灯片的发布。

7.1.3 操作步骤

1. 幻灯片母版与版式的设置

1）设置幻灯片版式

将第 1 张和第 13 张幻灯片的版式设为"标题幻灯片",将第 4 张和第 5 张幻灯片的版式设为"两栏内容"。

操作步骤如下:

(1)选中第 1 张幻灯片,单击"开始"选项卡功能区中的"版式"下拉按钮,在下拉列表中选择"标题幻灯片"版式,如图 7-1 所示。

(2)用同样的方法将第 4 张和第 5 张幻灯片的版式设为"两栏内容",并调整其中文字的位置和级别,调整后的第 4 张幻灯片如图 7-2 所示。

(3)将第 13 张幻灯片的版式设为"标题幻灯片",并将其中的文字"七.致谢"修改为"敬请各位老师指正!"。

扫一扫

视频7-1
第1题

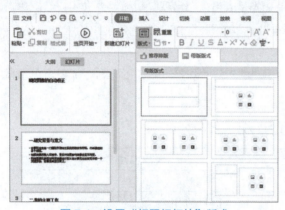

图 7-1 设置"标题幻灯片"版式

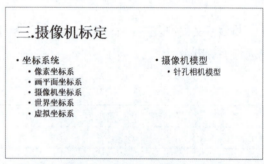

图 7-2 版式为"两栏内容"的第 4 张幻灯片

2)设置幻灯片母版

对于所有幻灯片所应用的幻灯片母版,将其中的标题字体设为"华文新魏"、对齐方式为"左对齐",其他文本字体设为"微软雅黑",并设置背景为艺术字"畸变图像的自动校正"。

操作步骤如下:

(1)单击"视图"选项卡功能区中的"幻灯片母版"按钮,打开幻灯片母版视图,选中第一张母版,也就是所有幻灯片所应用的幻灯片母版,选中标题文本,将字体设为"华文新魏",对齐方式设为"左对齐",选中其他文本,将字体设为"微软雅黑"。

(2)单击"插入"选项卡功能区中的"艺术字"下拉按钮,在下拉列表中选择合适的样式,输入文字"畸变图像的自动校正"。在"文本工具"选项卡功能区中,单击"文本效果"下拉按钮,在下拉列表中选择"三维旋转"→"等轴右上"效果,如图 7-3 所示。然后选中该艺术字对象,按快捷键【Ctrl+X】剪切,把艺术字存放在剪贴板中。

(3)单击"幻灯片母版"选项卡功能区中的"背景"按钮,打开"对象属性"任务窗格,选择"图片或纹理填充",图片填充选择"剪贴板",存放于剪贴板中的艺术字就被填充到了背景中。

(4)为了使作为背景的艺术字颜色更淡,可以把"透明度"调整为"90",放置方式默认"拉伸",如图 7-4 所示。

(5)单击"幻灯片母版"选项卡功能区中的"关闭"按钮。

(6)选中所有幻灯片,单击"开始"选项卡功能区中的"重置"按钮,这时幻灯片中的文字字体就变成了母版中设置的字体。

第 7 章　WPS 演示高级应用案例 **281**

图 7-3　设置"艺术字"文本效果

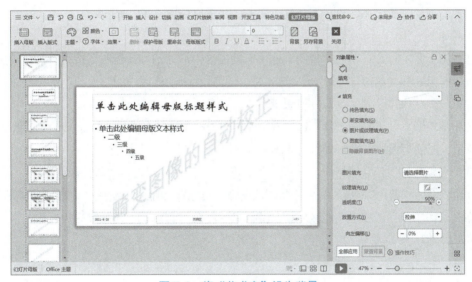

图 7-4　将"艺术字"设为背景

3）设置标题幻灯片母版

对于第 1 张和第 13 张幻灯片所应用的标题幻灯片母版，删除副标题占位符、日期区、页脚区和页码区，插入图片"校园风光.jpg"，将标题占位符的背景填充色设为"蓝色"，将标题文字设为"华文新魏，48 号，白色"。

操作步骤如下：

（1）选中第 1 张幻灯片，单击"视图"选项卡功能区中的"幻灯片母版"按钮，会自动选中第 1 张幻灯片所应用的标题幻灯片母版，删除副标题占位符，删除左下角的日期区、中间的页脚区和右下角的页码区。

（2）单击"插入"选项卡功能区中的"图片"按钮，在"插入图片"对话框中选择图片文件"校园风光.jpg"，插入图片后分别调整图片和标题占位符的大小和位置。

（3）右击标题占位符，在弹出的快捷菜单中选择"设置对象格式"命令，在"对象属性"任务窗格中，选择"纯色填充"，颜色选择"蓝色"，如图 7-5 所示。

（4）选中标题文本，将字体设为"华文新魏"，字号设为"48"，字体颜色设为"白色"。设置完成的标题幻灯片母版如图 7-6 所示。

（5）单击"幻灯片母版"选项卡功能区中的"关闭"按钮。

（6）选中所有幻灯片，单击"开始"选项卡功能区中的"重置"按钮。

图 7-5　设置标题占位符的填充色

图 7-6　设置完成的标题幻灯片母版

4）设置其他幻灯片母版

对于其他幻灯片母版，在标题文本和其他文本之间增加一条渐变的分隔线。

操作步骤如下：

（1）选中第 2 张幻灯片，单击"视图"选项卡功能区中的"幻灯片母版"按钮，会自动选中第 2 张幻灯片所应用的标题和文本幻灯片母版，单击"插入"选项卡功能区中的"形状"下拉按钮，在下拉列表中选择"矩形"，在幻灯片中绘制出一个矩形。

（2）选中该矩形，在"绘图工具"选项卡功能区中，把矩形的高设为 0.3 厘米，长设为 25 厘米。调整矩形的位置，把该矩形放在标题文本和其他文本之间。

（3）在"对象属性"任务窗格中，选择"渐变填充"，渐变样式选择"线性渐变"→"到右侧"，把第一个色标颜色设为"蓝色"，最后一个色标颜色设为"白色"，删除多余的色标，如图 7-7 所示。

（4）在"绘图工具"选项卡功能区中，"轮廓"选择"无边框颜色"，完成后的标题和文本幻灯片母版如图 7-8 所示。

图 7-7　设置渐变填充

图 7-8　加了分隔线的标题和文本幻灯片母版

（5）选中该矩形，按快捷键【Ctrl+C】复制，选中两栏内容幻灯片母版，按快捷键【Ctrl+V】粘贴。

（6）单击"幻灯片母版"选项卡功能区中的"关闭"按钮。

2. 智能图形的应用

（1）将第 3 张幻灯片中除标题外的文本转换为合适的智能图形，并为相应的文本依次设置进入动画效果为"颜色打印机"。

操作步骤如下：

① 选中第 3 张幻灯片中除标题外的文本，单击"文本工具"选项卡功能区中的"转换成图示"下拉按钮，在下拉列表中选择合适的智能图形。

② 调整智能图形的大小，完成后如图 7-9 所示。

③ 选中第 1 条文本，在"动画"选项卡功能区中单击动画样式列表右下角的下拉按钮，在打开的可选动画列表中选择温和型进入动画效果"颜色打印机"。

④ 对第 2~4 条文本进行同样的设置，完成后单击"动画"选项卡功能区中"自定义动画"按钮，可以看到如图 7-10 所示的"自定义动画"任务窗格。

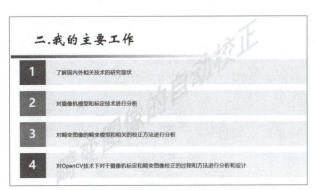

图 7-9　使用了智能图形的第 3 张幻灯片

图 7-10　第 3 张幻灯片自定义动画

（2）将第 4 张幻灯片中左侧文本转换为合适的智能图形，右侧文本用智能图形"齿轮"呈现，并设置进入动画效果为"轮子"。

操作步骤如下：

① 选中第 4 张幻灯片中左侧栏目的文本，单击"文本工具"选项卡功能区中的"转换成图示"下拉按钮，在下拉列表中选择合适的智能图形。

② 调整智能图形的大小，位置。

③ 单击"插入"选项卡功能区中的"智能图形"按钮，打开"选择智能图形"对话框，在"关系"类别中选择"齿轮"图形，如图 7-11 所示，单击"插入"按钮。

④ 输入"摄像机模型"和"针孔相机模型"两个项目文本，删除多余的项目以及原先的文本框。

⑤ 调整合适的大小，完成后如图 7-12 所示。

⑥ 选中右侧的智能图形，在"动画"选项卡功能区中单击动画样式列表右下角的下拉按钮，在打开的可选动画列表中选择温和型进入动画效果"轮子"。

（3）将第 8 张幻灯片中除标题外的文本用智能图形"环状蛇形流程"呈现，并设置进入动画效果为

"弹跳"。

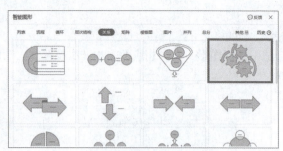

图 7-11　选择"齿轮"

图 7-12　使用了智能图形的第 4 张幻灯片

操作步骤如下：

① 在第 8 张幻灯片中，单击"插入"选项卡功能区中的"智能图形"按钮，打开"选择智能图形"对话框，在"流程"类别中选择"环状蛇形流程"图形，如图 7-13 所示，单击"插入"按钮。

② 依次将原先文本框中的 5 条文本复制到智能图形的 5 个项目文本，删除多余的项目以及原先的文本框。

③ 调整智能图形的大小和位置。

④ 选中智能图形，在"设计"选项卡功能区中单击"更改颜色"下拉按钮，在可选的主题颜色列表中选择第 1 个彩色主题，设置完成后的智能图形如图 7-14 所示。

⑤ 在"动画"选项卡功能区中单击动画样式列表右下角的下拉按钮，在打开的可选动画列表中选择华丽型进入动画效果"弹跳"。

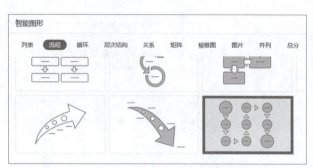

图 7-13　选择"环状蛇形流程"

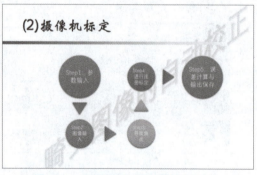

图 7-14　智能图形"环状蛇形流程"

扫一扫

视频7-3
第3题

3. 设置幻灯片的动画效果

1）设置第 10 张幻灯片的动画

在第 10 张幻灯片中，先将两个图片的图片效果设为"柔化边缘 10 磅"，然后设置进入动画效果为"延迟 1s 同时从内向外圆形扩展"。

操作步骤如下：

（1）第 10 张幻灯片中，同时选中两个图片，单击"图片工具"选项卡功能区中"效果"下拉按钮，在下拉列表中选择"柔化边缘"→"10 磅"，如图 7-15 所示。

（2）单击"动画"选项卡功能区中的"自定义动画"按钮，打开"自定义动画"任务窗格。

（3）选中 2 个图片，在"自定义动画"任务窗格中单击"添加效果"下拉按钮，在可选动画列表中选择进入动画"圆形扩展"，将"方向"设为"外"，如图 7-16 所示。

（4）双击第 1 个动画对象，打开图 7-17 所示的"圆形扩展"对话框，在"计时"选项卡中，把"开始"设为"之后"，延迟设为"1 秒"，如图 7-18 所示，单击"确定"按钮。

第 7 章　WPS 演示高级应用案例

图 7-15　设置图片效果

图 7-16 "从内向外圆形扩展"动画窗格

（5）双击第 2 个动画对象，打开"圆形扩展"对话框，在"计时"选项卡中，把"开始"设为"之前"，延迟设为"1 秒"，单击"确定"按钮。

至此，动画设置完毕，预览播放时，可以看到进入幻灯片 1 秒后，两个图片同时以从内往外圆形扩展的方式出现。

2）设置第 11 张幻灯片的动画

在第 11 张幻灯片中，将图片的进入动画效果设为单击时触发，效果为"中央向左右展开劈裂"，速度为"快速"。

操作步骤如下：

（1）单击"动画"选项卡功能区中的"自定义动画"按钮，打开"自定义动画"任务窗格。

（2）选中图片，在"自定义动画"任务窗格中单击"添加效果"下拉按钮，在可选动画列表中选择进入动画"劈裂"，"开始"设为"单击时"，"方向"设为"中央向左右展开"，速度为"快速"，如图 7-19 所示。

图 7-17 "圆形扩展"对话框

图 7-18　第 1 个图片的"计时"选项卡

图 7-19 "劈裂"动画设置

3）设置第 7 张幻灯片的动画

在图 7-20 所示的第 7 张幻灯片中，依次设置以下动画效果。

（1）将标题内容"（1）整体流程图"的强调动画效果设置为"跷跷板"，并且在幻灯片放映 1s 后自动开始，而不需要单击鼠标。

（2）将流程图的进入动画效果设为"上一动画之后自顶部中速擦除"。

操作步骤如下：

① 单击"动画"选项卡功能区中的"自定义动画"按钮，打开"自定义动画"任务窗格。

② 在第 7 张幻灯片中，选中标题内容"（1）整体流程图"，在"自定义动画"任务窗格中单击"添加效果"下拉按钮，在可选动画列表中选择温和型强调动画"跷跷板"。

③ 双击该动画对象，打开"跷跷板"对话框，在"计时"选项卡中，把"开始"设为"之后"，延迟设为"1 秒"，单击"确定"按钮。

④ 选中流程图，在"自定义动画"任务窗格中单击"添加效果"下拉按钮，在可选动画列表中选择进入动画"擦除"，"开始"设为"之后"，"方向"设为"至顶部"，"速度"设为"中速"，如图 7-21 所示。

至此，第 7 张幻灯片动画设置完成。

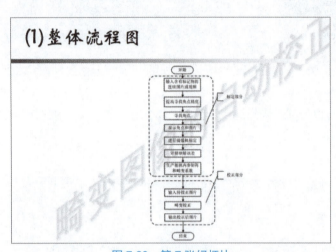
图 7-20　第 7 张幻灯片

图 7-21　设置第 7 张幻灯片的动画效果

4）设置第 2 张的动画

对第 2 张幻灯片中的第一级文本内容，依次按以下顺序设置动画效果：首先设置进入动画效果为"上升"，然后设置强调动画效果为"更改字体颜色为红色"，强调动画完成后字体颜色变成蓝色。

操作步骤如下：

（1）选中第 2 张幻灯片中的第 1 条文本，在"自定义动画"任务窗格中单击"添加效果"下拉按钮，在可选动画列表中选择温和型进入动画"上升"。

（2）继续单击"添加效果"下拉按钮，在可选动画列表中选择强调动画"更改字体颜色"。

（3）双击强调动画对象，打开"更改字体颜色"对话框，在"效果"选项卡中，把"字体颜色"设为"红色"，"动画播放后"设为"蓝色"，"动画文本"设为"按字母"，如图 7-22 所示，单击"确定"按钮。

这样，一个文本的动画就设置好了。对第 2 条和第 3 条文本进行同样的设置，设置完成后的自定义动画任务窗格如图 7-23 所示。

5）设置第 6 张幻灯片的动画

在图 7-24 所示的第 6 张幻灯片中，对表格设置以下动画效果：先是表格以"出现"动画效果进入，然后单击表格可以使表格全屏显示，再单击回到表格原来的大小。

操作步骤如下：

（1）选中第 6 张幻灯片中的表格，按快捷键【Ctrl+C】复制，然后按快捷键【Ctrl+V】粘贴。调整新复制的表格大小和位置，使它的大小刚好布满整个幻灯片，把该表格内的文字字号设为"20"，加粗。

第 7 章　WPS 演示高级应用案例　**287**

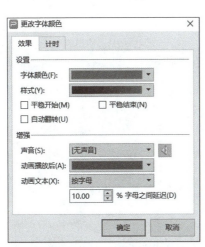

图 7-22　"更改字体颜色"选项卡

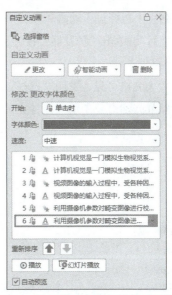

图 7-23　设置第 2 张幻灯片的动画效果

（2）单击"开始"选项卡功能区中的"选择"下拉按钮，在下拉列表中选择"选择窗格"命令，打开"选择"窗格，在此把相应的表格命名为"大表格""小表格"。

（3）在"选择"窗格中设置大表格不可见，如图 7-25 所示。选中小表格，在"自定义动画"任务窗格中单击"添加效果"下拉按钮，在可选动画列表中选择进入动画"出现"。继续单击"添加效果"下拉按钮，在可选动画列表中选择退出动画"消失"。

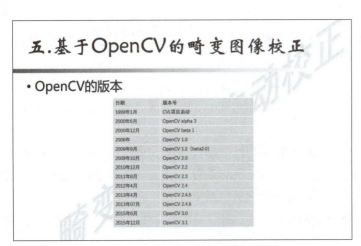

图 7-24　第 6 张幻灯片

图 7-25　设置大表格不可见

（4）双击小表格的"消失"退出动画对象，打开"消失"对话框，在"计时"选项卡中，单击"触发器"按钮，把"单击下列对象时启动效果"设为"小表格"，如图 7-26 所示，单击"确定"按钮。

（5）接下来设置大表格可见，选中大表格，在"自定义动画"任务窗格中单击"添加效果"下拉按钮，在可选动画列表中选择温和型进入动画"缩放"。双击该动画对象，在"缩放"对话框的"计时"选项卡中，把"开始"设为"之后"，单击"触发器"按钮，把"单击下列对象时启动效果"设为"小表格"，单击"确定"按钮。

（6）再选中大表格，在"自定义动画"任务窗格中单击"添加效果"下拉按钮，在可选动画列表中选择温和型退出动画"缩放"，"缩放"设为"外"。双击该动画对象，在"缩放"对话框的"计时"选项卡中，单击"触发器"按钮，把"单击下列对象时启动效果"设为"大表格"，单击"确定"按钮。

（7）继续设置大表格不可见，选中小表格，在"自定义动画"任务窗格中单击"添加效果"下拉按钮，在可选动画列表中选择进入动画"出现"。双击该动画对象,在"出现"对话框的"计时"选项卡中,把"开始"设为"之后",单击"触发器"按钮,把"单击下列对象时启动效果"设为"大表格",单击"确定"按钮。

(8)设置大表格可见,关闭"选择"任务窗格。

至此,第 6 张幻灯片的动画设置完成,动画序列如图 7-27 所示。

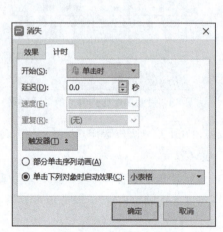

图 7-26　设置触发器

图 7-27　第 6 张幻灯片动画窗格

视频7-4
第4题

4. 分节并设置幻灯片切换方式

将演示文稿按表 7-1 所示的要求分节,并为每节设置不同的幻灯片切换方式,所有幻灯片要求单击鼠标进行手动切换。

操作步骤如下:

(1)在"文件"菜单中选择"另存为"命令,然后再选择"PowerPoint 演示文件 (*.pptx)"命令,将"毕业论文答辩 .dps"另存为"毕业论文答辩 .pptx"。

(2)在 WPS 演示的缩略图窗格中,选中第一张幻灯片,右击,在弹出的快捷菜单中选择"新增节"命令,如图 7-28 所示。此时在第 1 张幻灯片上方会出现"无标题节",右击"无标题节",在弹出的快捷菜单中选择"重命名节"命令,如图 7-29 所示。把节命名为"封面页"。

(3)选中第 2 张幻灯片,右击,在弹出的快捷菜单中选择"新增节"命令,把节命名为"相关技术介绍"。

(4)选中第 6 张幻灯片,右击,在弹出的快捷菜单中选择"新增节"命令,把节命名为"基于 OpenCV 的畸变图像校正"。

(5)选中第 13 张幻灯片,右击,在弹出的快捷菜单中选择"新增节"命令,把节命名为"结束页"。

(6)在任意一个节标题上右击,在弹出的快捷菜单中选择"全部折叠"命令。

(7)选中第 1 节"封面页",在"切换"选项卡功能区中选择切换效果"淡出",效果选项选择"平滑",换片方式仅选中"单击鼠标时换片"复选框,如图 7-30 所示。

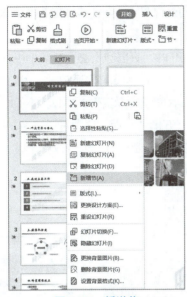

图 7-28 新增节

图 7-29 重命名节

（8）选中第 2 节"相关技术介绍"，在"切换"选项卡功能区中选择切换效果"插入"，效果选项选择"向下"，换片方式仅选中"单击鼠标时换片"。

（9）选中第 3 节"基于 OpenCV 的畸变图像校正"，在"切换"选项卡功能区中选择切换效果"轮辐"，效果选项选择"4 根"，换片方式仅选中"单击鼠标时换片"。

（10）选中第 4 节"结束页"，在"切换"选项卡功能区中选择切换效果"新闻快报"，换片方式仅选中"单击鼠标时换片"复选框。

分节及幻灯片切换方式设置完毕。

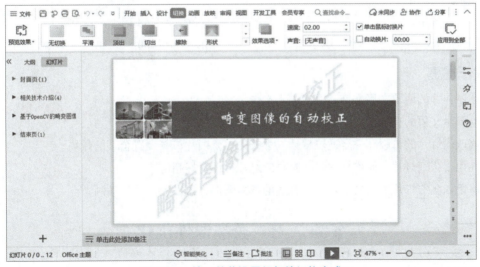

图 7-30 给一整节设置幻灯片切换方式

5. 对演示文稿进行发布

（1）为第 1 张幻灯片添加备注信息"这是小李的毕业论文答辩演示文稿。"

操作步骤如下：

选中第 1 张幻灯片，在底部区域的备注窗格中输入文字"这是小李的毕业论文答辩演示文稿。"

注意可以拖动备注窗格和幻灯片窗格之间的分隔线来调整窗格的大小，如果备注窗格看不到，可能是分隔线在最底部。

扫一扫

视频7–5
第5题

（2）将幻灯片的编号设置为：标题幻灯片中不显示，其余幻灯片显示，并且编号起始值从 0 开始。

操作步骤如下：

① 单击"插入"选项卡功能区中的"页眉页脚"按钮，在打开的"页眉和页脚"对话框中，选中"幻灯片编号"和"标题幻灯片中不显示"复选框，如图 7-31 所示。单击"全部应用"按钮。由于第 1 张和第 13 张幻灯片是标题幻灯片，因此不显示页码，而第 2 张到第 12 张幻灯片会显示页码 2 ～ 12。

② 单击"设计"选项卡功能区中的"页面设置"按钮，在打开的"页面设置"对话框中，把幻灯片编号起始值设为"0"，如图 7-32 所示。这样第 2 张到第 12 张幻灯片显示的页码就变成了 1 ～ 11 了。

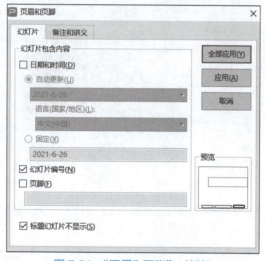

图 7-31 "页眉和页脚"对话框

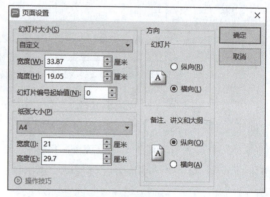

图 7-32 "页面设置"对话框

（3）将演示文稿以 PowerPoint 演示文件 (*.pptx) 类型保存到指定路径 (D:\) 下。

操作步骤如下：

在"文件"菜单中选择"另存为"命令，然后再选择"PowerPoint 演示文件 (*.pptx)"命令，在"另存文件"对话框中，选择指定路径 (D:\)，文件名为"毕业论文答辩 .pptx"，单击"保存"按钮。

7.1.4 操作提高

对上述制作好的演示文稿文件，完成以下操作：

（1）给演示文稿的首页设计一个片头动画。

（2）修改幻灯片的母版，在合适位置插入学校的校徽图片，并设置合理的效果。

（3）在第 1 张幻灯片后面增加一张目录页幻灯片并设置好超链接。

（4）将第 5 张幻灯片中的文本转换为合适的智能图形，再设置合适的动画。

案例 7.2　教学课件优化

7.2.1　问题描述

小杨老师要制作一个关于"古诗鉴赏"的教学课件，课件的大纲和内容已经准备好，还收集了一些相关的素材，相关素材与演示文稿文件放在同一个文件夹中，如图 7-33 所示。现在需要给课件进行版面、动画等方面的优化。

通过本案例的学习，读者可以掌握模板的应用、母版与版式的应用、动画的设计、超链接、

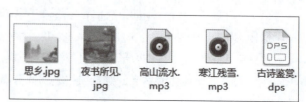

图 7-33　相关素材

背景音乐和幻灯片切换效果等知识。

具体要求如下。

1. 模板的应用

（1）将幻灯片的大小设为"宽屏（16:9）"

（2）给演示文稿应用一个合适的模板美化全文。

（3）在第1张幻灯片之后新增一张目录页幻灯片，两个目录项分别为"夜书所见"和"九月九日忆山东兄弟"。

（4）在合适的位置新增两张章节页幻灯片，内容分别是"01 夜书所见"和"02 九月九日忆山东兄弟"。

2. 设置幻灯片的超链接

（1）在第2张幻灯片中，给目录项的文字建立超链接，链接到相应的章节页上。

（2）将超链接设置成无下画线，超链接颜色和已访问超链接颜色均设为目录项的项目符号的颜色。

（3）在最后一张幻灯片的右下角插入一个自定义动作按钮，按钮文本为"返回首页"，使得单击该按钮时，跳转到第1张幻灯片。

3. 修改幻灯片的母版、版式与背景

（1）将第4张幻灯片的版式设为"两栏内容"，并插入图片"夜书所见.jpg"。

（2）将第11张幻灯片的版式设为"标题幻灯片"，主标题内容设为"谢谢聆听"，删除副标题占位符。

（3）将第8张幻灯片的背景设为"思乡.jpg"。

（4）对于第1张和第11张幻灯片所应用的标题幻灯片母版，将其中的标题样式设为"微软雅黑，48号字"。

4. 设置幻灯片的动画效果

（1）在第4张幻灯片中，调整文本及图片的格式，然后按以下顺序设置动画效果。

① 将标题内容"夜书所见"的强调效果设置为"波浪型"，并且在幻灯片放映1s后自动开始，而不需要单击。

② 按先后顺序依次将4行诗句内容的进入效果设置为"从左侧擦除"。

③ 将图片的进入效果设置为"由内向外缩放"。

（2）在第11张幻灯片中，首先在标题的下方插入两个横排文本框，内容分别为"设计:杨老师""制作:杨老师"，然后按以下顺序设置动画效果。

① 将"设计:杨老师"文本框的进入效果设置为"上一动画之后上升"，退出效果设置为"在上一动画之后上升"。

② 对"制作:杨老师"文本框进行同样的动画效果设置。

③ 把两个文本框的位置重叠。

（3）在第10张和第11张幻灯片之间插入一张新幻灯片，版式为"标题和内容"。在新插入的幻灯片中做以下操作。

① 在标题占位符中输入"课堂练习"，删除内容占位符。

② 插入5个横排文本框，内容分别为《夜书所见》的作者是谁？""A. 王维""B. 叶绍翁""回答正确""回答错误"。

③ 设置动画效果，使得单击B选项时，出现"回答正确"提示，然后提示消失，单击A选项时，出现"回答错误"提示，然后提示消失。

5. 设置幻灯片的字体、背景音乐和切换效果

（1）将演示文稿中所有幻灯片的字体"汉仪尚魏手书W"替换为"华文隶书"。

（2）将第 3 张到第 6 张幻灯片的背景音乐设为"寒江残雪 .mp3"，第 7 张到第 10 张幻灯片的背景音乐设为"高山流水 .mp3"。

（3）将第 1 张到第 6 张幻灯片的切换效果设置为"盒状展开形状"，第 7 张到第 12 张幻灯片的切换效果设置为"左右展开分割"。所有幻灯片实现每隔 5 s 自动切换，也可以单击进行手动切换。

7.2.2 知识要点

（1）模板的应用。

（2）母版的应用。

（3）幻灯片版式与背景的设置。

（4）动作按钮和超链接的使用。

（5）幻灯片动画的设置。

（6）幻灯片背景音乐的设置。

（7）幻灯片切换方式的设置。

（8）幻灯片字体的设置。

7.2.3 操作步骤

视频7-6
第1题

1. 模板的应用

（1）将幻灯片的大小设为"宽屏（16:9）"。

操作步骤如下：

单击"设计"选项卡功能区中的"幻灯片大小"下拉按钮，选择"宽屏（16:9）"，在弹出的"页面缩放选项"对话框中，单击"确保适合"按钮。

（2）给演示文稿应用一个合适的模板美化全文。

操作步骤如下：

单击"设计"选项卡功能区中的"更多设计"按钮，在打开的"全文美化"对话框中，选择合适的模板，在此以"浅色中国风—花—世界"模板为例，先单击"预览换肤效果"，然后单击"应用美化"按钮，如图 7-34 所示。

图 7-34　应用模板"浅色中国风—花—世界"

(3)在第 1 张幻灯片之后新增一张目录页幻灯片,两个目录项分别为"夜书所见"和"九月九日忆山东兄弟"。

操作步骤如下:

① 选中第 1 张幻灯片,单击"开始"选项卡功能区中的"新建幻灯片"下拉按钮,选择"新建"→"配套模板",选中有两个目录项的模板,如图 7-35 所示,单击"立即使用"。

② 输入两个目录项"夜书所见"和"九月九日忆山东兄弟",效果如图 7-36 所示。

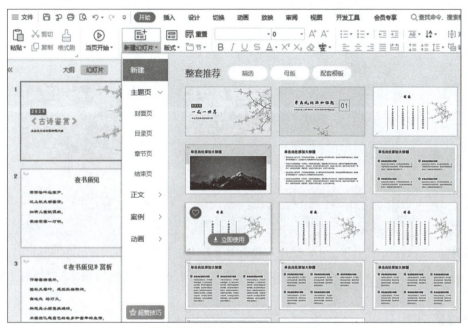

图 7-35　新建"目录页"幻灯片

(4)在合适的位置新增两张章节页幻灯片,内容分别是"01 夜书所见"和"02 九月九日忆山东兄弟"。

操作步骤如下:

① 选中第 2 张幻灯片,单击"开始"选项卡功能区中的"新建幻灯片"下拉按钮,选择"新建"→"配套模板",选中对应的章节页模板,单击"立即使用"。

② 在主标题中输入"夜书所见",删除副标题文本框,效果如图 7-37 所示。

③ 选中第 6 张幻灯片,单击"开始"选项卡功能区中的"新建幻灯片"下拉按钮,选择"新建"→"配套模板",选中对应的章节页模板,单击"立即使用"。

④ 在数字框中输入"02",主标题中输入"九月九日忆山东兄弟",删除副标题文本框,效果如图 7-38 所示。

图 7-36　目录页

图 7-37　章节页 1

图 7-38　章节页 2

2. 设置幻灯片的超链接

(1)在第 2 张幻灯片中,给目录项的文字建立超链接,链接到相应的章节页上。

扫一扫

视频7-7
第2题

操作步骤如下：

① 在第 2 张幻灯片中，选中文字"夜书所见"，单击"插入"选项卡功能区中的"超链接"下拉按钮，选择"本文档幻灯片页"命令，在打开的"插入超链接"对话框中选择第 3 张幻灯片，如图 7-39 所示，单击"确定"按钮，文字"夜书所见"上的超链接设置完成。

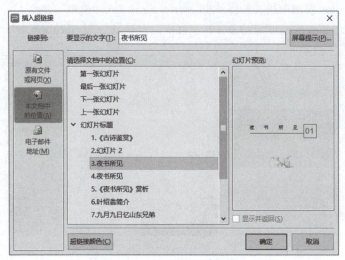

图 7-39 "插入超链接"对话框

② 用同样的方法在文字"九月九日忆山东兄弟"上建立链接到第 7 张幻灯片的超链接。

（2）将超链接设置成无下画线，超链接颜色和已访问超链接颜色均设为目录项的项目符号的颜色。

操作步骤如下：

在第 2 张幻灯片中，右击文字"夜书所见"，在弹出的快捷菜单中选择"超链接"→"超链接颜色"命令，打开图 7-40 所示的"超链接颜色"对话框，单击"超链接颜色"下拉按钮，在图 7-41 所示的颜色列表中选择"取色器"命令，选取项目符号的颜色，对"已访问超链接颜色"进行同样的设置，再选中"链接无下画线"单选按钮，单击"应用到全部"按钮。

（3）在最后一张幻灯片的右下角插入一个自定义动作按钮，按钮文本为"返回首页"，使得单击该按钮时，跳转到第 1 张幻灯片。

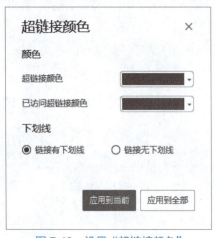

图 7-40 设置"超链接颜色"

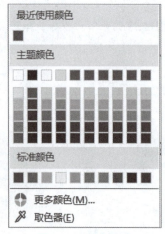

图 7-41 颜色列表

操作步骤如下：

① 选中最后一张幻灯片,单击"插入"选项卡功能区中的"形状"下拉列表中的"动作按钮：自定义"

按钮。

② 在幻灯片的右下角拉出一个大小合适的自定义动作按钮，弹出"动作设置"对话框。

③ 在"单击鼠标时的动作"栏中选择"超链接到"单选按钮，从下拉列表框中选择"第一张幻灯片"，如图 7-42 所示，单击"确定"按钮。

④ 右击该动作按钮，在弹出的快捷菜单中选择"编辑文字"命令，输入按钮文本"返回首页"，自定义动作按钮设置完成。

3. 修改幻灯片的母版、版式与背景

（1）将第 4 张幻灯片的版式设为"两栏内容"，并插入图片"夜书所见.jpg"。

操作步骤如下：

选中第 4 张幻灯片，单击"开始"选项卡功能区中的"版式"下拉按钮，在下拉列表中选择"两栏内容"版式，如图 7-43 所示。然后在幻灯片右侧的内容占位符中单击图 7-44 所示的"插入图片"按钮，在打开的"插入图片"对话框中选择"夜书所见.jpg"，单击"打开"按钮。

图 7-42 "动作设置"对话框

扫一扫

视频7-8
第3题

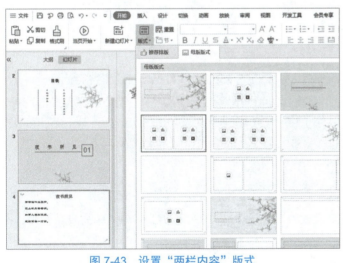

图 7-43 设置"两栏内容"版式

图 7-44 "插入图片"按钮

（2）将第 11 张幻灯片的版式设为"标题幻灯片"，主标题内容设为"谢谢聆听"，删除副标题占位符。

操作步骤如下：

选中第 11 张幻灯片，在"开始"选项卡功能区中的"版式"下拉列表中选择"标题幻灯片"版式，主标题内容输入"谢谢聆听"，选中副标题占位符，按【Delete】键删除。

（3）将第 8 张幻灯片的背景设为"思乡.jpg"。

① 选中第 8 张幻灯片，单击"设计"选项卡中的"背景"按钮，在右侧的"对象属性"任务窗格中选择"图片或纹理填充"。

② 在"图片填充"下拉列表框中选择"本地文件"，在打开的"选择纹理"对话框中选择图片"思乡.jpg"，单击"打开"按钮。

③ 设置背景图的透明度为 50%，放置方式选择"拉伸"，如图 7-45 所示。第 8 张幻灯片的背景图片设置完成。

图 7-45 背景设置

（4）对于第 1 张和第 11 张幻灯片所应用的标题幻灯片母版，将其中的标题样式设为"微软雅黑，48 号字"。

操作步骤如下：

① 选中第 1 张幻灯片，单击"视图"选项卡功能区中的"幻灯片母版"按钮，会自动选中第 1 张和第 11 张幻灯片所应用的"标题幻灯片"版式母版，如图 7-46 所示。

② 在"标题幻灯片"版式母版中选择"编辑标题"，将字体设为"微软雅黑"、字号设为"48"。

③ 单击"关闭母版视图"按钮，单击"开始"选项卡功能区中的"重置"按钮。

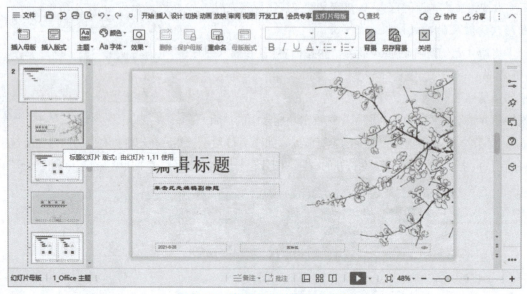

图 7-46 "标题幻灯片"版式母版

视频7-9
第4题

4. 设置幻灯片的动画效果

1）动画效果设置

在第 4 张幻灯片中，调整文本及图片的格式，然后按以下顺序设置动画效果。

（1）将标题内容"夜书所见"的强调效果设置为"波浪型"，并且在幻灯片放映 1s 后自动开始，而不需要单击。

（2）按先后顺序依次将 4 行诗句内容的进入效果设置为"从左侧擦除"。

（3）将图片的进入效果设置为"由内向外缩放"。

操作步骤如下：

（1）在第 4 张幻灯片中，调整文本及图片的格式、大小、位置，效果如图 7-47 所示。

（2）单击"动画"选项卡功能区中的"自定义动画"按钮，打开"自定义动画"任务窗格。选中标题"夜书所见"，在"自定义动画"任务窗格中单击"添加效果"下拉按钮，在可选动画列表中选择华丽型强调动画"波浪型"。

（3）双击该动画对象，在"波浪型"对话框的"计时"选项卡中，把"开始"设为"之后"，延迟设为"1 秒"，单击"确定"按钮。

（4）选中第 1 行诗句，在"自定义动画"任务窗格中单击"添加效果"下拉按钮，在可选动画列表中选择进入动画"擦除"，"开始"设为"之后"，"方向"设为"自左侧"。按照次序分别对第 2 行，第 3 行，第 4 行诗句进行同样的设置。

（5）选中图片对象，在"自定义动画"任务窗格中单击"添加效果"下拉按钮，在可选动画列表中选择温和型进入动画"缩放"，"开始"设为"之后"，"缩放"设为"内"。

设置完成后的自定义动画窗格如图 7-48 所示。

图 7-47　第 4 张幻灯片

图 7-48　第 4 张幻灯片的动画窗格

2）字幕制作

在第 11 张幻灯片中，首先在标题的下方插入两个横排文本框，内容分别为"设计：杨老师""制作：杨老师"，然后按以下顺序设置动画效果。

（1）将"设计：杨老师"文本框的进入效果设置为"上一动画之后上升"，退出效果设置为"在上一动画之后上升"。

（2）对"制作：杨老师"文本框进行同样的动画效果设置。

（3）把两个文本框的位置重叠。

操作步骤如下：

（1）选中第 11 张幻灯片，单击"插入"选项卡功能区中的"文本框"按钮，在标题下方拉出一个文本框，输入文字"设计:杨老师"。同样的方法再插入一个文本框，输入文字"制作:杨老师"，设置好字体大小、格式、位置，效果如图 7-49 所示。

（2）在"动画"选项卡中，单击"自定义动画"按钮，打开"自定义动画"任务窗格。

（3）选中第一个文本框，在"自定义动画"任务窗格中，单击"添加效果"下拉按钮，在可选动画列表中选择温和型进入动画效果"上升"，"开始"设为"之后"。

（4）继续单击"添加效果"下拉按钮，在可选动画列表中选择温和型退出动画效果"上升"，"开始"设为"之后"。

（5）对第二个文本框进行同样的设置，然后调整两个文本框的位置，重叠在一起。

至此，字幕动画制作完毕。预览效果可以看到"设计：杨老师"文本先慢慢上升出现，然后继续慢慢上升消失，接着第二个文本"制作:杨老师"慢慢上升出现,再慢慢上升消失。动画序列如图 7-50 所示。

3）选择题制作

在第 10 张和第 11 张幻灯片之间插入一张新幻灯片，版式为"标题和内容"。在新插入的幻灯片中做以下操作。

（1）在标题占位符中输入"课堂练习"，删除内容占位符。

（2）插入 5 个横排文本框，内容分别为"《夜书所见》的作者是谁？""A. 王维""B. 叶绍翁""回答正确""回答错误"。

图 7-49 第 11 张幻灯片

图 7-50 第 11 张幻灯片的动画窗格

（3）设置动画效果，使得单击 B 选项时，出现"回答正确"提示，然后提示消失，单击 A 选项时，出现"回答错误"提示，然后提示消失。

操作步骤如下：

（1）在左侧的幻灯片缩略图窗格中，把光标定位在第 10 张和第 11 张幻灯片之间，单击"开始"选项卡功能区中的"新建幻灯片"按钮，新插入的幻灯片默认版式为"标题和内容"。

（2）在新插入的幻灯片中，在标题占位符中输入"课堂练习"，选中内容占位符，按【Delete】键删除。

（3）插入 5 个横排文本框，内容分别为"《夜书所见》的作者是谁？""A. 王维""B. 叶绍翁""回答正确""回答错误"，调整好字体、大小、位置。在"开始"选项卡功能区中的"选择"下拉列表中选择"选择窗格"命令，在打开的"选择"任务窗格中分别给对象命名为"题目""选项 A""选项 B""正确提示"和"错误提示"，如图 7-51 所示。

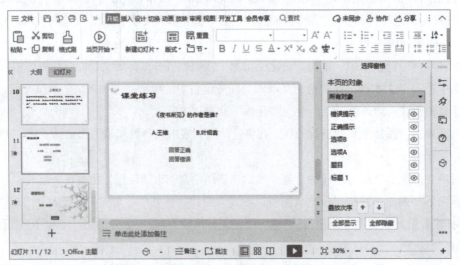

图 7-51 在"选择"任务窗格中给对象命名

（4）选中"正确提示"对象，在"自定义动画"任务窗格中单击"添加效果"下拉按钮，在可选动画列表中选择进入动画效果"切入"。

（5）双击该动画效果，打开"切入"对话框，在"计时"选项卡中设置单击选项 B 触发，如图 7-52 所示。

(6)仍旧选中"正确提示"对象,在"自定义动画"任务窗格中单击"添加效果"下拉按钮,在可选动画列表中选择退出动画效果"切出",把"切出"动画效果也设置成单击选项 B 触发,然后把"开始"设为"之后","方向"设为"到顶部",延迟设为"3 秒"。

这样就实现了单击选项 B,正确提示会以"切入"效果出现,然后 3 秒后自动消失。对于"错误提示",进行类似的设置,完成后的触发器动画序列如图 7-53 所示。

至此,选择题动画制作完成。

图 7-52 触发器设置

图 7-53 触发器动画序列

5. 设置幻灯片的字体、背景音乐、切换效果

(1)将演示文稿中所有幻灯片的字体"汉仪尚巍手书 W"替换为"华文隶书"。

操作步骤如下:

① 单击"开始"选项卡中的"演示工具"下拉按钮,选择"替换字体"命令。

② 在"替换字体"对话框中,"替换"选择需要被替换的字体样式"汉仪尚巍手书 W","替换为"选择要替换为的字体样式"华文隶书",如图 7-54 所示。

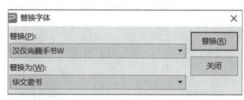

图 7-54 "替换字体"对话框

③ 单击"替换"按钮,即可完成字体的批量替换。

(2)将第 3 张到第 6 张幻灯片的背景音乐设为"寒江残雪 .mp3",第 7 张到第 10 张幻灯片的背景音乐设为"高山流水 .mp3"。

操作步骤如下:

① 选中第 3 张幻灯片,单击"插入"选项卡中的"音频"下拉按钮,再选择"嵌入音频",在打开的"插入音频"对话框中选择"寒江残雪 .mp3"插入幻灯片。

② 选中刚刚插入的音频图标,在"音频工具"选项卡中,"开始"选择"自动",选中"放映时隐藏""循环播放,直至停止""播放完返回开头"复选框,"跨幻灯片播放"至 6 页停止,如图 7-55 所示。

图 7-55 设置"跨幻灯片播放"

③ 选中第 7 张幻灯片，单击"插入"选项卡中的"音频"下拉按钮，再选择"嵌入音频"，在打开的"插入音频"对话框中选择"高山流水 .mp3"插入幻灯片。

④ 选中刚刚插入的音频图标，在"音频工具"选项卡中，"开始"选择"自动"，选中"放映时隐藏""循环播放，直至停止""播放完返回开头"复选框，"跨幻灯片播放"至 10 页停止。

这样设置好以后，第 3 张到第 6 张幻灯片将播放背景音乐"寒江残雪 .mp3"，第 7 张到第 10 张幻灯片将播放背景音乐"高山流水 .mp3"。

（3）将第 1 张到第 6 张幻灯片的切换效果设置为"盒状展开形状"，第 7 张到第 12 张幻灯片的切换效果设置为"左右展开分割"。所有幻灯片实现每隔 5 s 自动切换，也可以单击进行手动切换。

操作步骤如下：

① 选中第 1 张到第 6 张幻灯片，在"切换"选项卡功能区中选择切换效果"形状"，效果选项选择"盒状展开"，选中"单击鼠标时换片"和"自动换片"复选框，自动换片时间为"5 s"，如图 7-56 所示。

图 7-56　设置切换效果

② 选中第 7 张到第 12 张幻灯片，在"切换"选项卡功能区中选择切换效果"分割"，效果选项选择"左右展开"，选中"单击鼠标时换片"和"自动换片"复选框，自动换片时间为"5 s"。

7.2.4　操作提高

对上述制作好的演示文稿文件，完成以下操作。

（1）给演示文稿设计一个片头动画。

（2）修改首页的母版，在合适的位置插入学校 Logo 图片。

（3）修改其他页面的母版，在左下角添加一个文本框，输入学校名称，并在文字上建立超链接，链接到学校的首页。

（4）给最后一页幻灯片中的动作按钮添加进入动画效果"弹跳"和强调动画效果"陀螺旋"。

案例 7.3　西湖美景赏析

7.3.1　问题描述

小杨要制作一个关于宣传杭州西湖的演示文稿，通过该演示文稿介绍杭州西湖的基本情况。小杨已经做了一些前期准备工作，收集了相关的素材和制作了一个简单的演示文稿"魅力西湖 .pptx"，相关素材与演示文稿文件放在同一个文件夹中，如图 7-57 所示。现在需要对该演示文稿进行进一步完善。

图 7-57　相关素材

具体要求如下：

（1）在"标题幻灯片"版式母版中，将 4 个椭圆对象的填充效果设置为相应的 4 幅图片，在幻灯片母版中，将 3 个椭圆对象的填充效果设置为相应的 3 幅图片，效果分别如图 7-58 和图 7-59 所示。

图 7-58 "标题幻灯片"版式母版

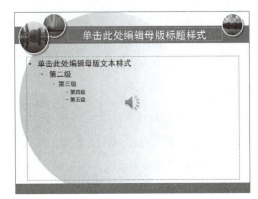

图 7-59 幻灯片母版

（2）给幻灯片添加背景音乐"西湖之春.mp3"，并且在整个幻灯片播放期间一直播放。

（3）在幻灯片首页底部添加从右到左循环滚动的字幕"杭州西湖欢迎您"。

（4）在第 3 张幻灯片中，把图片裁剪为椭圆，图片效果设为"柔化边缘 5 磅"。把介绍西湖的文字动画设为"颜色打字机"，一直自动播放。

（5）在第 4 张幻灯片中插入 4 幅关于杭州西湖的图片，实现多图轮播的动画效果。

（6）在第 5 张幻灯片中，制作以下动画效果。

① 单击三潭印月按钮，以"水平随机线条"方式出现三潭印月图片，2 s 后自动出现"跷跷板"强调动画效果，再 2 s 后以"水平随机线条"方式消失。

② 单击雷峰塔按钮，以"由内而外圆形扩展"方式出现雷峰塔图片，2 s 后自动出现"跷跷板"强调动画效果，再 2 s 后以"由外而内圆形扩展"方式消失。

（7）在第 6 张幻灯片中，以折线图的方式呈现表 7-2 所示的游客人次变化。

（8）在第 7 张幻灯片中，以链接方式插入视频"观唐西湖.wmv"，然后进行以下设置。

表 7-2 景点各月份游客人次表

单位：万人次

年度	1月	2月	3月	4月	5月	6月	7月	8月	9月	10月	11月	12月
上一年度	22	25	13	18	45	17	20	24	18	78	18	16
本年度	19	26	18	22	49	19	26	30	25	75	20	19

① 把视频裁剪为第 7 s 开始，到 105 s 结束。

② 将第 2 s 的帧设为视频封面。

（9）在第 8 张幻灯片中，把文本"欢迎来西湖！"的动画效果设置为：延迟 2 s 自动以"弹跳"的方式出现，然后一直加粗闪烁，直到下一次单击。

（10）给第 2 张幻灯片中的各个目录项建立相关的超链接。

（11）把演示文稿打包成文件夹，文件夹命名为"魅力西湖"，将其保存到指定路径（D:\）下。

7.3.2 知识要点

（1）母版的修改及应用。

（2）声音的应用。

（3）视频的应用。

（4）滚动字幕的制作。

（5）多图轮播的制作。

（6）触发器动画的制作。

（7）图表的应用。

（8）超链接的设置。

（9）将演示文稿打包成文件夹。

7.3.3 操作步骤

视频7-11
第1、2题

1. 修改母版

在"标题幻灯片"版式母版中，将4个椭圆对象的填充效果设置为相应的4幅图片，在幻灯片母版中，将3个椭圆对象的填充效果设置为相应的3幅图片，效果分别如图7-58和图7-59所示。

操作步骤如下：

（1）单击"视图"选项卡功能区中的"幻灯片母版"按钮。

（2）在"标题幻灯片"版式母版中，选中一个椭圆对象，右击，在弹出的快捷菜单中选择"设置对象格式"命令。

（3）在如图7-60所示的"对象属性"任务窗格中选择"图片或纹理填充"单选按钮，在"图片填充"下拉列表框中选择"本地文件"，在打开的"选择纹理"对话框中选择相应的图片，单击"打开"按钮，完成一个椭圆对象的填充效果设置，效果如图7-61所示。

图7-60 "对象属性"任务窗格

图7-61 图片填充后的效果

（4）用同样的方法，依次完成"标题幻灯片"版式母版中的其他3个椭圆对象的填充效果设置，完成后的效果如图7-58所示。

（5）选中缩略图窗格中的第一张幻灯片母版，也采用上述方法，依次完成幻灯片母版中的3个椭圆对象的填充效果设置，完成后的效果如图7-59所示。

（6）单击"幻灯片母版"选项卡功能区中的"关闭"按钮。

至此幻灯片的母版修改完成。

2. 背景音乐

给幻灯片添加背景音乐"西湖之春.mp3"，并且在整个幻灯片播放期间一直播放。

操作步骤如下：

选中第1张幻灯片，单击"插入"选项卡功能区中的"音频"下拉按钮，选择"嵌入背景音乐"命令，选择声音文件"西湖之春.mp3"，单击"打开"按钮，背景音乐添加完成。可以看到此时的"音频工具"

选项卡功能区如图 7-62 所示。

图 7-62 "音频工具"选项卡功能区

3. 滚动字幕

在幻灯片首页的底部添加从右到左循环滚动的字幕"杭州西湖欢迎您"。

操作步骤如下：

（1）在幻灯片首页的底部添加一个文本框，在文本框中输入"杭州西湖欢迎您"，文字大小设为"18号"，颜色设为"红色"。把文本框拖到幻灯片的最左边，并使得最后一个字刚好拖出幻灯片。

（2）在"动画"选项卡中，单击"自定义动画"按钮，打开"自定义动画"任务窗格。选中文本框对象，在"自定义动画"任务窗格中，单击"添加效果"下拉按钮，在可选动画列表中选择进入动画效果"飞入"，"开始"设为"之后"，"方向"设为"自右侧"，如图 7-63 所示。

（3）双击该动画效果，在"飞入"对话框的"计时"选项卡中，将"速度"设为"10"，"重复"设为"直到下一次单击"，如图 7-64 所示，单击"确定"按钮，滚动字幕制作完成。

扫一扫

视频7-12
第3~5题

图 7-63 "自定义动画"任务窗格

图 7-64 "计时"选项卡

4. 美化幻灯片

在第 3 张幻灯片中，把图片裁剪为椭圆，图片效果设为"柔化边缘 5 磅"。把介绍西湖的文字动画设为"颜色打字机"，一直自动播放。

操作步骤如下：

（1）选中第 3 张幻灯片中的图片，在"图片工具"选项卡功能区中的"裁剪"下拉列表中选择"椭圆"，图片就被裁剪为椭圆形状了。

（2）单击"图片工具"选项卡功能区中的"效果"下拉按钮，选择"柔化边缘"→"5 磅"，效果如图 7-65 所示。

（3）选中介绍西湖的文本，在"自定义动画"任务窗格中，单击"添加效果"下拉按钮，在可选动画列表中选择温和型进入动画效果"颜色打字机"，"开始"设为"之后"。

（4）双击该动画效果，在"颜色打字机"对话框的"计时"选项卡中，将"重复"设为"直到下一次单击",如图 7-66 所示,单击"确定"按钮,动画就会一直播放了。

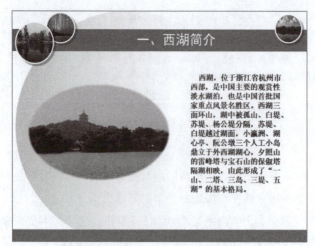

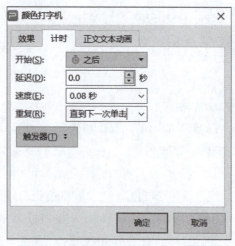

图 7-65　图片处理后的效果　　　　　　　图 7-66　设置"颜色打字机"一直播放

5. 多图轮播

在第 4 张幻灯片中插入 4 幅关于杭州西湖的图片,实现多图轮播的动画效果。

操作步骤如下:

(1)选中第 4 张幻灯片,单击"插入"选项卡功能区中的"图片"下拉按钮,选择"本地图片",在打开的"插入图片"对话框中一起选中 4 幅图片,如图 7-67 所示。

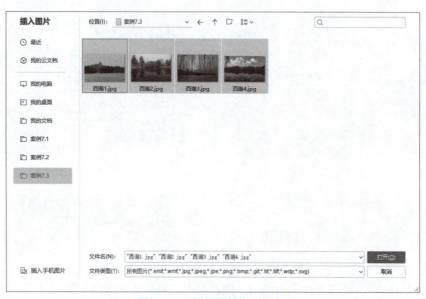

图 7-67　"插入图片"对话框

(2)单击"打开"按钮,此时会自动选中插入的 4 幅图片,单击"图片工具"选项卡功能区中的"多图轮播"下拉按钮,在如图 7-68 所示的"多图动画"列表中选择"banner 式大图轮播",单击"套用轮播"按钮。

(3)调整多图轮播对象的大小和位置,效果如图 7-69 所示。一个多图轮播动画就做好了,可以通过滚轮上下滚动翻看图片。

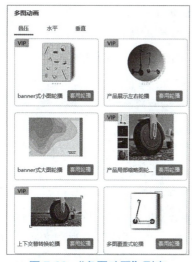
图 7-68 "多图动画"列表

图 7-69 多图轮播动画

6. 触发器动画

在第 5 张幻灯片中,制作以下动画效果。

(1)单击三潭印月按钮,以"水平随机线条"方式出现三潭印月图片,2 s 后自动出现"跷跷板"强调动画效果,再 2 s 后以"水平随机线条"方式消失。

(2)单击雷峰塔按钮,以"由内而外圆形扩展"方式出现雷峰塔图片,2 s 后自动出现"跷跷板"强调动画效果,再 2 s 后以"由外而内圆形扩展"方式消失。

操作步骤如下:

(1)选中第 5 张幻灯片,在"开始"选项卡功能区中的"选择"下拉列表中选择"选择窗格"命令。

(2)在如图 7-70 所示的任务窗格中选中"三潭印月图片"。

(3)在"自定义动画"任务窗格中单击"添加效果"下拉按钮,在可选动画列表中选择进入动画效果"随机线条"。双击该动画效果,打开"随机线条"对话框,在"计时"选项卡中设置单击三潭印月按钮触发,如图 7-71 所示。

图 7-70 "选择窗格"任务窗格

图 7-71 设置触发器动画

(4)继续选中"三潭印月图片",在"自定义动画"任务窗格中单击"添加效果"下拉按钮,在可选动画列表中选择强调动画效果"跷跷板","开始"设为"之后"。双击该动画对象,在"跷跷板"对话框的"计时"选项卡中,把延迟设为"2 秒",触发器设为单击三潭印月按钮触发。

（5）继续选中"三潭印月图片"，在"自定义动画"任务窗格中单击"添加效果"下拉按钮，在可选动画列表中选择退出动画效果"随机线条"，"开始"设为"之后"。双击该动画对象，在"随机线条"对话框的"计时"选项卡中，把延迟设为"2秒"，触发器设为单击三潭印月按钮触发。

（6）选中"雷峰塔图片"，在"自定义动画"任务窗格中单击"添加效果"下拉按钮，在可选动画列表中选择进入动画效果"圆形扩展"，"方向"设为"外"。双击该动画对象，在"圆形扩展"对话框的"计时"选项卡中，触发器设为单击雷峰塔按钮触发。

（7）继续选中"雷峰塔图片"，在"自定义动画"任务窗格中单击"添加效果"下拉按钮，在可选动画列表中选择强调动画效果"跷跷板"，"开始"设为"之后"。双击该动画对象，在"跷跷板"对话框的"计时"选项卡中，把延迟设为"2秒"，触发器设为单击雷峰塔按钮触发。

（8）继续选中"雷峰塔图片"，在"自定义动画"任务窗格中单击"添加效果"下拉按钮，在可选动画列表中选择退出动画效果"圆形扩展"，"方向"设为"内"，"开始"设为"之后"。双击该动画对象，在"圆形扩展"对话框的"计时"选项卡中，把延迟设为"2秒"，触发器设为单击雷峰塔按钮触发。

至此，触发器动画设置完毕，此时的动画序列如图7-72所示。

7. 折线图

在第6张幻灯片中，以折线图的方式呈现表7-2所示的游客人次变化。

操作步骤如下：

（1）选中第6张幻灯片，单击"插入"选项卡功能区中的"图表"下拉按钮，选择"图表"命令，在"插入图表"对话框中选择"折线图"，如图7-73所示，单击"插入预设图表"按钮。

扫一扫

视频7-14
第7题

图7-72 触发器动画序列

图7-73 "插入图表"对话框

（2）在"图表工具"选项卡中单击"编辑数据"按钮，在打开的WPS表格中输入表7-2的数据，关闭WPS表格。

（3）在"图表工具"选项卡中单击"选择数据"按钮，在"编辑数据源"对话框中，图表数据区域选择A1:M3，系列生成方向选择"每行数据作为一个系列"，如图7-74所示，单击"确定"按钮。

第 7 章　WPS 演示高级应用案例

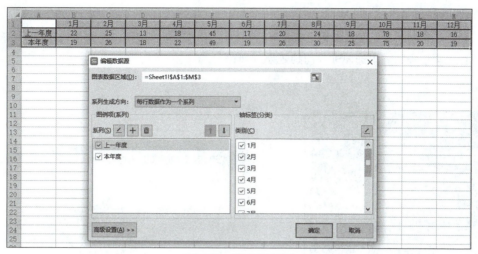

图 7-74　编辑数据源

（4）回到 WPS 演示中，删除图表标题，调整图表的大小、位置，效果如图 7-75 所示。

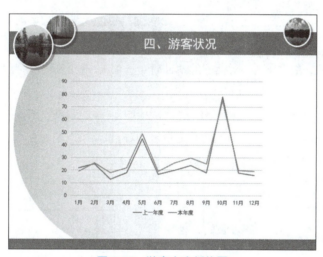

图 7-75　游客人次折线图

8. 视频应用

在第 7 张幻灯片中，以链接方式插入视频"观唐西湖 .wmv"，然后进行以下设置。

（1）将视频裁剪为第 7 s 开始，到 105 s 结束。

（2）将第 2 s 的帧设为视频封面。

操作步骤如下：

（1）选中第 7 张幻灯片，单击"插入"选项卡功能区中的"视频"下拉按钮，选择"链接到本地视频"命令，在"插入视频"对话框中选择视频文件"观唐西湖 .wmv"，单击"打开"按钮。

（2）单击"视频工具"选项卡功能区中的"裁剪视频"按钮，把开始时间设为"00:07"，结束时间设为"01:45"，如图 7-76 所示，单击"确定"按钮。

（3）选中视频，调整大小与位置，定位到第 2 s 的画面，单击"将当前画面设为视频封面"，如图 7-77 所示。

9. 片尾动画

在第 8 张幻灯片中，把文本"欢迎来西湖！"的动画效果设置为：延迟 2 s 自动以"弹跳"的方式出现，然后一直加粗闪烁，直到下一次单击。

扫一扫

视频7-15
第 8～11 题

操作步骤如下：

（1）在第 8 张幻灯片中,选中文本"欢迎来西湖！",在"自定义动画"任务窗格中单击"添加效果"下拉按钮,在可选动画列表中选择进入动画效果"弹跳"。

图 7-76 "裁剪视频"对话框

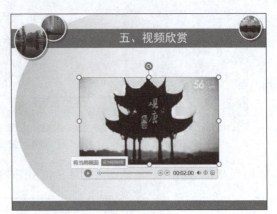

图 7-77 设置视频封面

（2）双击该动画对象,在"弹跳"对话框的"计时"选项卡中,把开始设为"之后",把延迟设为"2 秒",如图 7-78 所示。

（3）继续选中文本,在"自定义动画"任务窗格中单击"添加效果"下拉按钮,在可选动画列表中选择强调动画效果"加粗闪烁","开始"设为"之后"。双击该动画对象,在"加粗闪烁"对话框的"计时"选项卡中,"重复"设为"直到下一次单击",如图 7-79 所示。

至此,片尾动画设置完成。

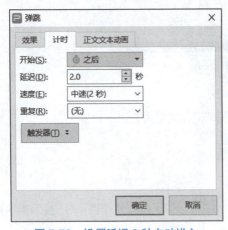

图 7-78 设置延迟 2 秒自动进入

图 7-79 设置一直加粗闪烁

10. 超链接

要给第 2 张幻灯片中的各个目录项建立相关的超链接,可以在文字上建立超链接,也可以在文本框上建立超链接,在此选择在文本框上建立超链接。

操作步骤如下：

（1）在第 2 张幻灯片中,选中相应的文本框,右击,在弹出的快捷菜单中选择"超链接"命令。

（2）在"插入超链接"对话框中,单击"本文档中的位置",选择相应文档中的位置,如图 7-80 所示,单击"确定"按钮即可建立一个目录项的超链接。

（3）依次在其他文本框上用同样的方法建立合适的超链接。

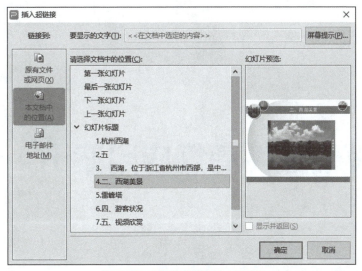

图 7-80 "插入超链接"对话框

11．打包发布

把演示文稿打包成文件夹，文件夹命名为"魅力西湖"，将其保存到指定路径 (D:\) 下。

操作步骤如下：

（1）在"文件"菜单中选择"文件打包"命令，然后再选择"将演示文稿打包成文件夹"命令。

（2）弹出"演示文稿打包"对话框，输入文件夹名称"魅力西湖"，设置好文件夹的位置"D:\"，如图 7-81 所示，单击"确定"按钮进行文件打包。

（3）打包完成后会出现"已完成打包"对话框，单击"打开文件夹"按钮可查看打包好的文件夹内容，如图 7-82 所示。

图 7-81 "演示文件打包"对话框

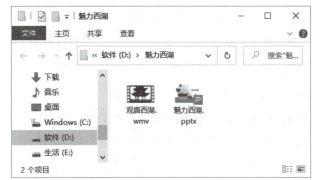

图 7-82 打包后的文件夹内容

7.3.4 操作提高

对上述制作好的演示文稿文件，完成以下操作：

（1）给幻灯片母版右下角添加文字"杭州旅游"。

（2）把所有幻灯片之间的切换效果设为"自右擦除"，每隔 5 s 自动切换，也可以单击鼠标切换。

（3）对背景音乐重新进行设置，要求第 7 张幻灯片不播放，其余幻灯片播放。

第 8 章
WPS 其他组件高级应用案例

本章是 WPS 其他组件的理论知识的实践应用讲解，包含 4 个典型案例，分别是课程归档材料汇总与转换、求和算法流程图、思维导图设计以及大学生课堂手机使用调查表设计。4 个案例囊括了 WPS 其他组件高级应用的绝大部分重点知识。通过本章的学习，使读者能够掌握 WPS 其他组件的编辑和操作技巧。

案例 8.1　课程归档材料汇总与转换

8.1.1　问题描述

李老师在某大学任教，他在本学期教授了"大学计算机 A"课程，到了期末需要把这门课程的所有材料进行归档汇总，归档材料的文件类型各不相同，要求所有材料必须先分门别类，把每门课程的归档材料转换为 PDF 后再整合在一起按照顺序打印输出。在对本案例操作之前，要明确以下两个问题：

（1）理论课和实验课包含的期末归档材料分别有哪些，材料以什么形式保存？

（2）归档材料是否都具有转换为 PDF 的功能？

8.1.2　知识要点

（1）PDF 文档转 WPS 文字文档操作。

（2）PDF 文档转 WPS 表格文档操作。

（3）PDF 文档转 WPS 演示文档操作。

（4）PDF 文档转图片操作。

（5）PDF 文档合并操作。

（6）WPS 文字文档转 PDF 文档操作。

（7）WPS 表格转 PDF 文档操作。

（8）WPS 演示转 PDF 文档操作。

（9）图片转 PDF 文档操作。

扫一扫

视频8-1
案例1

8.1.3　操作步骤

由于 WPS 不支持将各种类型文件同时转换为 PDF 文件，因此需要单独把每种类型文档先转换为 PDF 后再进行统一的合并处理。"大学计算机 A"课程包含的期末归档材料的类别归属、文件名称及文件类型如表 8-1 所示。

表 8-1 "大学计算机 A"课程包含的期末归档材料文件及类型

文件名称	文件类型	归档材料的类别归属
课堂教学日志 1	.DOC	类别 1
教学文档自查表 2	.DOC	类别 1
平时成绩表 3	.XLSX	类别 2
考试成绩 4	.XLSX	类别 2
授课计划 5	.PDF	类别 3
学生作业存放路径 6	.JPG	类别 4
上课课件 7	.PPTX	类别 5

根据表 8-1 列出的材料信息，需根据归档材料的不同类型属性分门别类，该案例的操作步骤如下：

（1）明确文件类型。全面了解课程的原始材料，是否存在无法转换为 PDF 的文件，并对其中要求的学生作业中包含的链接以新建 Word 文件进行存储。

（2）Word、Excel 及 PPT 文件转换为 PDF。第一种方法：光标移至需要转换的文件上并右击，在弹出的快捷菜单中选择"转换为 PDF"命令，然后在弹出的界面中选择合适的参数，包含存储路径、页码范围、是否作为单独文件输出等，单击"开始输出"按钮，完成转换，形成三个分别由 Word、Excel 及 PPT 转换生成的 PDF 文件：PDF-One、PDF-Two 及 PDF-Three；第二种方法：分别双击打开对应 Word、Excel 及 PPT 文件，选择"文件"菜单中的"另存为"按钮，在弹出的对话框的"文件类型"中选择"PDF 文件格式"，单击"保存"按钮即可完成转换。

（3）不同图片类型文件转换为 PDF。光标移动至需要转换的图像文件上右击，在弹出的快捷菜单中选择"多图片合成 PDF 文档"命令，在弹出的界面中选择"合并输出"，调整纸张大小、纸张方向与页面边距等参数与（2）中形成的 PDF 的页面参数保持一致，单击"开始输出"按钮，完成转换，形成一个由多图片转换生成的 PDF 文件：PDF-Four；

（4）PDF 整合。对以上形成的所有 PDF 材料进行整合，新建一个 PDF 空白文档，单击"页面"选项卡功能区中的"插入页面"按钮，在下拉列表中选择"从文件中选择"命令，按照以上文件存储的路径选中需要合并的文件，然后进行 PDF 的汇总，完成 PDF 整合，形成图 8-1 所示合并结果。

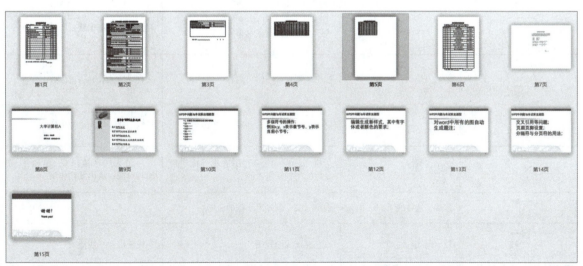

图 8-1 "大学计算机 A"课程期末归档材料的 PDF 合并结果

8.1.4 操作提高

请对某一家公司年终的财务报销材料进行归档和汇总，要求同类型文件并为一类，全部转换为 PDF 后，再进行文档的合并，按照每个部门的编号顺序依次完成。

案例 8.2　求和算法流程图

8.2.1　问题描述

某高校在"C语言课程设计"学习中让学生绘制逻辑求和算法流程图，要求流程图简单明了，体现一定的逻辑性和一致性。问题和算法描述如下：

在程序设计中，如需求解一个累加问题，如对于公式 S=1+2+…+N，其中 N 为正整数，S 为累加和，i 为 1,2,3,…,N 为当前项。其算法描述如下。

（1）设置累加和的初值为 0，即 S=0，当前项 i 从 1 开始，即 i=1。

（2）从键盘输入 N。

（3）判断当前值 i 是否小于 N 的值，若是，则结束累加。

（4）计算新的累加和 S，其值等于当前累加和 S 加上当前值 i，即 S=S+i。

（5）取下一个当前值 i，其值等于当前 i 加上步长 1，即 i=i+1，然后转到步骤（3）。

8.2.2　知识要点

（1）流程图创建方法。

（2）流程图形状编辑方法。

（3）形状组合方法。

（4）形状对齐方式。

（5）页面设置方式。

（6）流程框的表达含义。

扫一扫
视频8-2
案例2

8.2.3　操作步骤

"流程图"所用的基本符号有很多种，其中较为常用的如表 8-2 所示。

表 8-2　常用流程图的基本符号

图形符号	符号名称	说　明	流　线
开始/结束	起始、终止框	表示算法的开始或结束	起始框：一流出线 终止框：一流入线
数据	输入、输出框	框中标明输入、输出内容	只有一流入线和一流出线
流程	处理框	框中标明进行什么处理	只有一流入线和一流出线
判定	判定框	框中标明判定条件并在框外标明判定后的两种结果流向	一流入线两流出现（T和F）但同时只能一流出线起作用
连接线	连线（连接线）	表示从某一框到另一框的流向	一流出线
双向箭头	双向连线	改变连接线的线端	一线流出和一线流入

基于上述表 8-2 流程图基本符号设定，该案例的操作步骤如下：

（1）创建空白流程图文件。单击"文件"菜单，"新建"，从中选择"流程图"，进入绘图环境，单击左上角"新建空白图"加号，可直接进入绘图模式，在左侧的形状栏目中可看到众多形状类型，本案例基于"Flowchart 流程图"形状进行绘制。

（2）调用"Flowchart 流程图"形状。从左侧的"Flowchart 流程图"模具集合中,拖出"开始/结束""判定""流程"形状到绘图页面中,如图 8-2 所示。

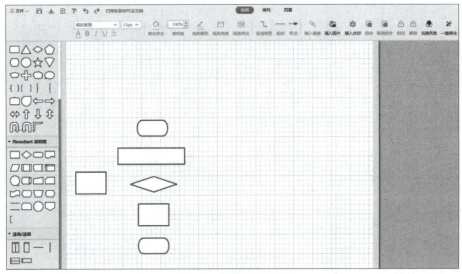

图 8-2　创建基本图形

（3）按住【Ctrl】键依次选中上述拖入的流程图形状,单击"排列"选项卡的"对齐"按钮,在弹出的下拉列表中选择"居中对齐";再按住【Ctrl】键选中判定流程图形状和流程形状,在弹出的下拉列表中选择"垂直居中对齐"。

（4）单击"开始"选项卡"工具"中的"连接线",在每种形状排列完成之后,光标移至当前形状最下边缘时,会出现一个空心圆,单击拖动该空心圆,生成带有方向箭头的连线。

（5）文本编辑。双击绘图页中的形状或连接线,进入文本编辑状态,依次为形状和连接线输入文本,设置所有文本格式。并根据需要调整文字大小,添加文本到形状后的界面如图 8-3 所示。

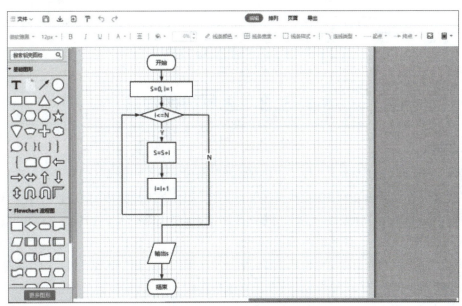

图 8-3　累加算法流程图

8.2.4　操作提高

创建如图 8-4 所示的三居室结构平面图,并在不同房间内部标出对应的尺寸。

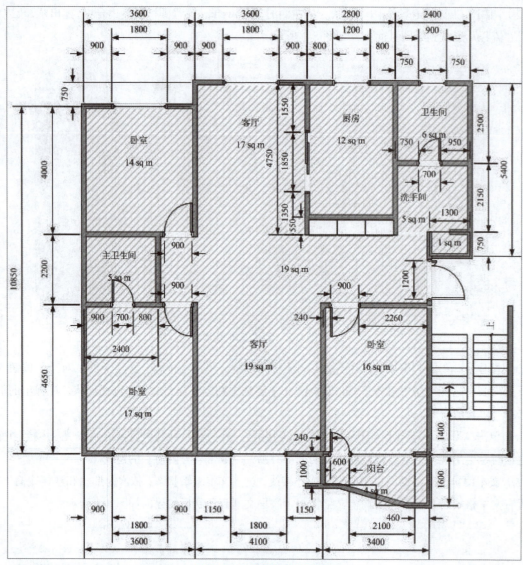

图 8-4　三居室结构平面图

案例 8.3　思维导图设计

8.3.1　问题描述

某大学计算机科学与技术专业开设了"数据结构"课程，随着期末考试的临近，主讲教师让同学们根据课程的整体内容和课程逻辑结构绘制该课程的思维导图，并按照优先级顺序给出每一类结构数据的优先级，对于难点和重点部分进行标注，不同功能的主题框要求用不同颜色表示。在对"数据结构"课程的思维导图进行设计之前，要明确以下两个问题。

（1）明确"数据结构"课程所包含的主要内容，分为线性表、栈、队列、树、图、字符串、数组与广义表以及排列与查找，这八大块内容之间是否有内在联系？这八大部分能否派生出下面的子内容？

（2）主要内容所派生出来的子内容之间是否存在联系？子内容是否可以进一步向下派生，给出更有一般性代表意义的选项。

8.3.2　知识要点

（1）思维导图创建方法。

（2）添加不同类型主题框的方法以及主题框的格式修改。

（3）形状的组合方法。

（4）形状的对齐方式。

（5）页面布局设置。

（6）页面风格更换。

8.3.3 操作步骤

基于以上两个问题的思考，对"数据结构"课程思维导图进行设计，具体操作步骤如下：

（1）新建空白思维导图。启动 WPS Office 软件，单击"文件"菜单中的"新建"选项，在弹出的项目栏中选择"思维导图"，单击左上角的"新建空白图"按钮，进入空白思维导图绘制窗口。

（2）预先设定相互包含关系。在原始的祖父框图中进行子主题框的构建，建造规则可以右击，在弹出的快捷菜单中选择"插入子主题"或单击"插入"选项卡功能区中的 图标，按照"数据结构"的主体内容及其下面的延伸子内容设定"数据结构"整体的课程结构，建构如图 8-5 所示的思维导图。

（3）界面美化。对思维导图 8-5 的美观度进行修正，打开"开始"选项卡功能区组中的"风格"下拉列表，在弹出的列表中选择合适的思维导图风格，本项目选择图 8-6 所示思维导图风格中的第四行第一个风格后，结果如图 8-7 所示。

视频8-3
案例3

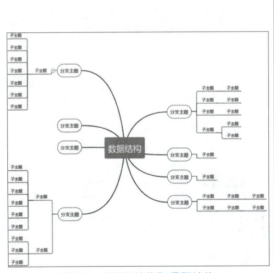

图 8-5 "数据结构"课程结构

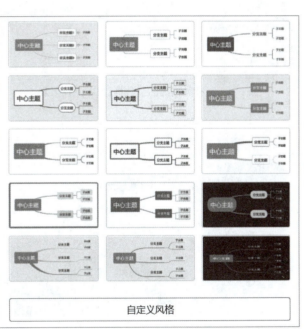

图 8-6 思维导图风格

（4）内容的相互联系。输入每个主题框中的内容，以满足"数据结构"课程的内容安排，需要严格按照包含与被包含的关系进行操作。

（5）设置主题内容的优先级。经过仔细理解并阅读"数据结构"课程的内容，确定主题内容的优先级顺序为：线性表＞栈＞队列＞树＞图＞字符串＞数组与广义表＞排列与查找，按照整个顺序依次对其进行优先级高低排列，把光标置于需要设置优先级的主题框上并右击，在弹出的快捷菜单中选择"任务"，然后单击"优先级"，在下拉菜单中选择合适的值，或者单击"插入"选项卡，选择功能区右侧的 ❶❷❸❹ 等按钮进行设置，更多优先等级的设置单击 ☺ 按钮，弹出图 8-7 所示的下拉列表，根据需要进行选择。

（6）设置学生复习主题内容的进度。在以上设置的主题内容框内，按照某位学生的复习进度对每一块内容进行复习进度的设置。右击需要设置优先级的主题框上，在弹出的快捷菜单中选择"任务"，然后单击"完成进度"，在弹出的界面中进行进度选择，或者单击"插入"选项卡，选择功能区最右侧的◐◐◐●按钮进行设置，更多完成进度的设置单击☺按钮，弹出图8-8所示的下拉列表。

（7）经过以上六个步骤的操作，"数据结构"课程思维导图就完成了，如图8-9所示。

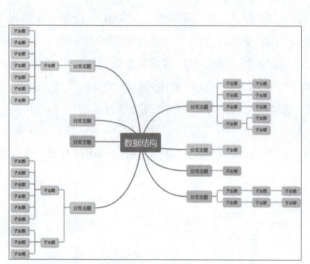

图 8-7　更换风格后的"数据结构"课程结构

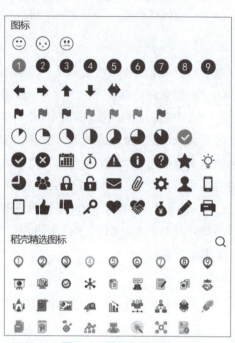

图 8-8　图标下拉列表

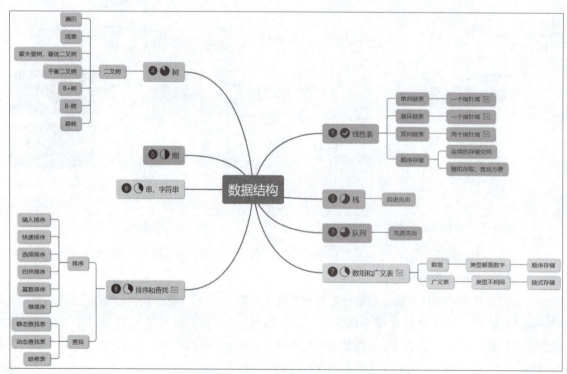

图 8-9　"数据结构"课程的思维导图

8.3.4　操作提高

对图 8-10 所示的高考数学复习思维导图进行设计。

图 8-10　高考数学复习思维导图

案例 8.4　大学生课堂手机使用调查表设计

8.4.1　问题描述

假设某高校对在校大学生进行一次调查，内容主要涉及上课期间是否使用手机以及手机使用频次等问题，校方拟聘请专业设计人员进行该调查表单的设计，请按照以上表单说明设计该表单。

8.4.2　知识要点

（1）表单题目创建方法。
（2）表单自定义选项创建方法。
（3）表单发布方式。
（4）表单后台数据统计方式。
（5）表单设计风格设置。

8.4.3　操作步骤

扫一扫

视频8-4
案例4

根据问题的描述，大学生课堂手机使用调查表设计的具体操作步骤如下：

（1）启动 WPS Office 软件，单击"文件"菜单，选择"新建"，单击"新建空白表单"，建立空白表单。

（2）删除系统自动生成的题目项目，单击"题目模板"中的"性别"选项，勾选"必填"复选框。将光标移至左侧"题目模板"栏，单击选择"手机号"，勾选"必填"复选框。

（3）单击"添加题目"中的"选择题"选项，弹出选择题页面，在"请输入问题"栏中输入"上课期间是否使用过手机"，单击"批量编辑"对两个选项的文字进行修改，选项1改为"是"，选项2改为"否"，勾选"必填"复选框，如图 8-11 所示。

（4）单击"添加题目"中的"选择题"选项，弹出选择题页面，单击"+选项"两次，再单击"添加'其他'项"，并在"请输入问题"栏中输入"上课期间使用手机的频次"，单击"批量编辑"对四个选项的文字进行修改，选项1改为"1次"，选项2改为"2次"，选项3改为"3次"，选项4改为"4次"，选项其他改为"很多次"，勾选"必填"复选框，如图 8-12 所示。

（5）单击"添加题目"中的"选择题"选项，弹出选择题页面，在"请输入问题"栏中输入"上课期间手机有无响过"，单击"批量编辑"对两个选项的文字进行修改，选项1改为"有过"，选项2改为"没有",勾选"必填"复选框。

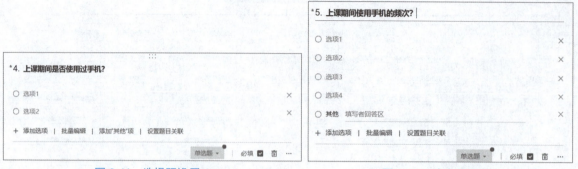

图 8-11 选择题设置 1　　　　　　　图 8-12 填空题设置 2

（6）至此，整个大学生上课期间手机使用调查表的表单制作完毕，下面进行发布。在当前界面的右侧单击"设置"图标 ⚙，打开填写权限中"填写者每日仅可填写一次"和"允许填写者再次修改"的拉伸开关，打开这两个权限，单击"预览"进入预览模式，单击 🖥 图标进入电脑端预览，单击 📱 图标进入手机端预览，如果预览没问题单击"完成创建"按钮，便可生成已经制作完成的表单，选择分享方式展示给指定完成者即可。

（7）用户扫描微信二维码，弹出如图 8-13 和图 8-14 所示的界面，然后进行表单填写即可。所有用户在页面进行的内容编辑和修改，可以通过单击图 8-15 的界面右侧"查看数据汇总表"按钮进行查看。

　　　　　　　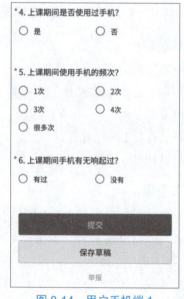

图 8-13 用户手机端 1　　　　　　　图 8-14 用户手机端 1

图 8-15 调查表统计数据

8.4.4 操作提高

某公司需要开发人员设计一个表单对该公司的人员进行考勤，要求一周除了双休日和节假日外每天内员工需考勤四次（早上上班、中午下班、下午上班、下午下班），并对每位员工的个人信息以及出公司的办理请假事项也加入该表单设计中。

参 考 文 献

[1] 陈承欢,聂立文,杨兆辉. 办公软件高级应用任务驱动教程:Windows 10+Office 2019 [M]. 北京:电子工业出版社,2018.

[2] 侯丽梅,赵永会,刘万辉. Office 2019 办公软件高级应用实例教程 [M]. 2 版. 北京:机械工业出版社,2019.

[3] 卞诚君. Windows 10+Office 2019 高效办公 [M]. 北京:机械工业出版社,2019.

[4] 张运明. Excel 2019 数据处理与分析实战秘籍 [M]. 北京:清华大学出版社,2018.

[5] 亚历山大,库斯莱卡. 中文版 Excel 2019 高级 VBA 编程宝典(第 8 版)[M]. 姚瑶,王战红,译. 北京:清华大学出版社,2018.

[6] 吴卿. 办公软件高级应用 Office 2010 [M]. 杭州:浙江大学出版社,2010.

[7] 贾小军,骆红波,许巨定. 大学计算机:Windows 7,Office 2010 版 [M]. 长沙:湖南大学出版社,2013.

[8] 骆红波,贾小军,潘云燕. 大学计算机实验教程:Windows 7,Office 2010 版 [M]. 长沙:湖南大学出版社,2013.

[9] 贾小军,童小素. 办公软件高级应用与案例精选 [M]. 北京:中国铁道出版社,2013.

[10] 於文刚,刘万辉. Office 2010 办公软件高级应用实例教程 [M]. 北京:机械工业出版社,2015.

[11] 谢宇,任华. Office 2010 办公软件高级应用立体化教程 [M]. 北京:人民邮电出版社,2014.

[12] 叶苗群. 办公软件高级应用与多媒体案例教程 [M]. 北京:清华大学出版社,2015.

[13] 胡建化. Excel VBA 实用教程 [M]. 北京:清华大学出版社,2015.

[14] 谭有彬,倪彬. WPS Office 2019 高效办公 [M]. 北京:电子工业出版社,2019.

[15] 凤凰高新教育. WPS Office 2019 完全自学教程 [M]. 北京:北京大学出版社,2020.

[16] 教育部考试中心. 全国计算机考级考试二级教程:WPS Office 高级应用与设计(2021 年版)[M]. 北京:高等教育出版社,2020.